150 Jahre
Wissen für die Zukunft
Oldenbourg Verlag

Grundgebiete der Elektrotechnik 1

Gleichstromnetze, Operationsverstärkerschaltungen, elektrische und magnetische Felder

von
Prof. Dr.-Ing. Horst Clausert,
Prof. Dr.-Ing. Gunther Wiesemann,
Prof. Dr.-Ing. Volker Hinrichsen,
Prof. Dr.-Ing. Jürgen Stenzel

10., überarbeitete Auflage

Oldenbourg Verlag München

Prof. Dr.-Ing. Horst Clausert lehrt seit 1982 an der Technischen Universität Darmstadt am Institut für Nachrichtentechnik. Die vorausgehenden Stationen seiner Berufstätigkeit waren 1966/67 die University of Surrey (England), von 1967 bis 1970 die Siemens AG, von 1970 bis 1974 die Technische Universität Clausthal und für die Jahre 1974 bis 1982 die Universität-Gesamthochschule Wuppertal.
Prof. Dr.-Ing. Gunther Wiesemann war von 1974-2001 Professor im Fachbereich Elektrotechnik der Fachhochschule Braunschweig/Wolfenbüttel; seit 2001 ist er dort weiterhin als Lehrbeauftragter tätig. Er ist Autor bzw. Mitautor einer Reihe von Lehr- und Übungsbüchern.
Prof. Dr.-Ing. Volker Hinrichsen ist seit 2001 Universitätsprofessor für das Fachgebiet Hochspannungstechnik an der TU Darmstadt. Nach dem Studium der Elektrotechnik an der TU Berlin arbeitete er bis 1989 als Wissenschaftlicher Mitarbeiter am Institut für Hochspannungstechnik und Starkstromanlagen der TU Berlin, wo er 1990 promoviert wurde. 1989 ging er in die Industrie als Prüffeldingenieur der Siemens AG. Dort leitete er anschließend von 1992 bis zu seinem Ausscheiden im Juli 2001 die Entwicklungsabteilung für Überspannungsableiter.
Prof. Dr.-Ing. Jürgen Stenzel ist Professor an der Technischen Universität Darmstadt und leitet dort das Fachgebiet Systemführung in Energieversorgungsnetzen.

Bibliografische Information der Deutschen Nationalbibliothek

Die Deutsche Nationalbibliothek verzeichnet diese Publikation in der Deutschen Nationalbibliografie; detaillierte bibliografische Daten sind im Internet über <http://dnb.d-nb.de> abrufbar.

Rosenheimer Straße 145, D-81671 München
Telefon: (089) 45051-0
oldenbourg.de

Lektorat: Anton Schmid
Herstellung: Anna Grosser
Coverentwurf: Kochan & Partner, München
Gedruckt auf säure- und chlorfreiem Papier
Gesamtherstellung: Druckhaus „Thomas Müntzer“ GmbH, Bad Langensalza

ISBN 978-3-486-57697-9

Vorwort zur zehnten Auflage

Seit der Berufung der Professoren Dr.-Ing. Bernhard Dorsch und Dr.-Ing. Horst Clausert auf das Fachgebiet Grundlagen der Elektrotechnik gelten die beiden Bände *Grundgebiete der Elektrotechnik* der Autoren Clausert und Wiesemann als Standardwerk für die Ausbildung der Studierenden der Elektrotechnik an der Technischen Universität Darmstadt und auch weit darüber hinaus. Nach der Emeritierung von Bernhard Dorsch und dem Ausscheiden von Horst Clausert aus dem aktiven Dienst wurden die Grundlagenvorlesungen auf mehrere Kollegen verteilt. Die ersten beiden Semester werden nun durch die Professoren Volker Hinrichsen und Jürgen Stenzel gehalten.

Deshalb ist der Oldenbourg Verlag auf Vorschlag von Horst Clausert an seine Nachfolger herangetreten, die Weiterführung der *Grundgebiete der Elektrotechnik 1 und 2* zu übernehmen. Aus zeitlichen Gründen konnte die neunte Auflage nur als Nachdruck aufgelegt werden. Doch schon nach zwei Jahren war sie vergriffen. Das zeigt sehr deutlich, dass sich das Unterrichtswerk weiterhin einer großen Beliebtheit erfreut.

Wie schon bei der Bearbeitung der 10. Auflage des zweiten Bandes konnte auch hier erstmals auf eine elektronische Form, die durch den Verlag vorbereitet wurde, zurückgegriffen werden. Damit wurde den beiden neuen Co-Autoren die Arbeit außerordentlich erleichtert. Ebenso wie bei der schon vorliegenden zehnten Auflage des zweiten Bandes, wurde auch hier der Versuch unternommen, alle Abbildungen auf einen einheitlichen Stand zu bringen und die geltenden Zeichnungsnormen zu berücksichtigen. Bei der gründlichen Durchsicht konnten ebenfalls noch etliche Druckfehler berichtigt werden. Der Aufbau des Buches wurde aber vollständig beibehalten. Damit liegt nun für beide Teile der *Grundgebiete der Elektrotechnik* eine 10. Auflage vor.

Für die Bearbeitung der Abbildungen konnten wir auf die wertvolle Unterstützung durch die technische Zeichnerin Frau Nada Radosavljevic zurückgreifen. Frau Dr.-Ing. Christiane Eping hat das Manuskript sorgfältig durchgelesen und auf manchen Fehler hingewiesen. Beiden sei für Ihren Einsatz herzlich gedankt.

Dem Oldenbourg Verlag danken wir für die sehr angenehme Zusammenarbeit und die rasche und gute Ausführung der 10. Auflage.

Darmstadt V. Hinrichsen, J. Stenzel

Aus dem Vorwort zur ersten Auflage

In dem vorliegenden ersten Band behandeln wir die elektrischen Netze bei Gleichstrom und elektrische und magnetische Felder. Ein folgender zweiter Band wird der Wechselstromlehre und den Ausgleichsvorgängen gewidmet sein. Dem Lehrbuchcharakter entsprechend enthält jeder wichtige Abschnitt einige Beispiele. Diese sind fast alle als Aufgaben formuliert (mit den zugehörigen, oft recht ausführlichen Lösungen) und früheren Klausuren entnommen worden. Einige Beispiele stellen Ergänzungen des Vorlesungsstoffes dar und können beim ersten Durcharbeiten des Buches übersprungen werden.

Das Buch wendet sich in erster Linie an Studierende der Elektrotechnik, aber auch in der Praxis stehende Ingenieure werden aus dem Buch Nutzen ziehen – vielleicht gerade wegen der vielen Beispiele. Der Leser sollte mit den Grundbegriffen der Differential- und Integralrechnung vertraut sein. Die anspruchsvolleren Hilfsmittel der Feldtheorie dagegen werden nicht vorausgesetzt, sondern – soweit sie hier schon erforderlich sind – im Text erläutert.

Zum Schluss sprechen wir all denen unseren Dank aus, die zum Gelingen des Buches beigetragen haben. Der erstgenannte Verfasser dankt besonders Frau Bauks, die die Reinschrift seines Beitrags zu diesem Buch angefertigt hat, sowie Herrn cand. ing. Butscher für das Entwerfen und Zeichnen eines großen Teils der Bilder. Schließlich möchte er nicht versäumen, an dieser Stelle seines Lehrers Herbert Buchholz (1895–1971) zu gedenken, dessen Darmstädter Vorlesungen die Abschnitte über Felder in mancher Hinsicht beeinflusst haben. Der zweitgenannte Verfasser dankt seiner Frau für das sorgfältige Schreiben seines Manuskripts. Dem Verlag gebührt unser Dank für die gute Zusammenarbeit.

Wuppertal, Braunschweig
im Juli 1978

H. Clausert
G. Wiesemann

Inhalt

0. Einheiten und Gleichungen

0.1 Einheitensysteme

0.1.1 Maßsysteme

Um eine physikalische Größe messen zu können, muss man eine Einheit dieser Größe willkürlich festlegen. Messen heißt dann, dass eine Zahl bestimmt wird, die angibt, wie oft die gewählte Einheit in der zu messenden Größe enthalten ist.

Wegen der bestehenden physikalischen Gesetze, die einen Zusammenhang zwischen den physikalischen Größen herstellen, lässt sich die Anzahl der willkürlich festzulegenden Einheiten auf wenige Grundeinheiten beschränken. So sind zur Beschreibung mechanischer Vorgänge drei Basiseinheiten erforderlich. In der Elektrizitätslehre definiert man zweckmäßigerweise zusätzlich eine vierte Basiseinheit und bei Einbeziehung thermischer Vorgänge schließlich noch eine fünfte Basiseinheit. Je nach der Wahl der Grundgrößen, für die Einheiten festzulegen sind, erhält man verschiedene Maßsysteme.

In der Elektrotechnik hat sich das **MKSA-System** weitgehend durchgesetzt, das von den Grundgrößen Länge, Masse, Zeit und Stromstärke ausgeht. Außerdem wird zur Beschreibung thermischer Vorgänge die Temperatur als fünfte Grundgröße gebraucht.

Die Einheiten dieser fünf Grundgrößen sind Bestandteil des internationalen Einheitensystems oder SI-Systems (Système International).

0.1.2 Die Basiseinheiten

Die für die Elektrotechnik wichtigen Basiseinheiten des SI-Systems sind wie folgt definiert (DIN 1301):

1. Die Länge: 1 Meter (= 1 m) ist die Strecke, die das Licht im Vakuum während 1/299792458 s durchläuft.

2. Die Masse: 1 Kilogramm (= 1 kg) ist bestimmt durch die Masse des in Sèvres aufbewahrten »Urkilogramms«.

3. Die Zeit: 1 Sekunde (= 1 s) ist das 9192631770fache der Periodendauer der Strahlung beim Übergang zwischen zwei bestimmten Energieniveaus des Atoms von Cäsium 133.

4. Die Stromstärke: 1 Ampere (= 1 A) ist definiert durch die Stärke eines zeitlich konstanten Stromes durch zwei geradlinige, parallele, unendlich lange Leiter von vernachlässigbar kleinem Querschnitt, die einen Abstand von 1 m haben und zwischen denen die durch den Strom hervorgerufene Kraft im leeren Raum pro 1 m Leitungslänge $2 \cdot 10^{-7}$ mkg/s^2 beträgt.

5. Die Temperatur: 1 Kelvin (= 1 K) ist der 273,16te Teil der Differenz zwischen der Temperatur des absoluten Nullpunkts und der Temperatur, bei der die drei Zustandsformen des Wassers gleichzeitig auftreten (Tripelpunkt).

Der Zusammenhang zwischen Kelvintemperatur T und Celsiustemperatur ϑ ist gegeben durch

$$\vartheta = T - 273{,}15\,\mathrm{K}$$

Die Bezeichnung MKSA-System soll auf die Basiseinheiten Meter (m), Kilogramm (kg), Sekunde (s) und Ampere (A) hinweisen.

0.1.3 Einige abgeleitete Einheiten

1. Die Kraft:
Wegen des Zusammenhangs Kraft = Masse × Beschleunigung definiert man:

$$1\,\mathrm{kg} \cdot 1\frac{\mathrm{m}}{\mathrm{s}^2} = 1\,\mathrm{Newton} = 1\,\mathrm{N}$$

Die Kraft 1 Newton erteilt also der Masse 1 kg die Beschleunigung $1\,\mathrm{m/s^2}$

2. Arbeit, Energie, Leistung:
Für die Einheit der Arbeit = Kraft × Weg schreibt man:

$$1\,\mathrm{N} \cdot 1\,\mathrm{m} = 1\,\mathrm{Joule} = 1\,\mathrm{J}$$

Demnach muss eine Arbeit von 1 J aufgewendet werden, wenn ein Körper mit der Kraft 1 N um 1 m verschoben wird.

Die Leistung = Arbeit pro Zeit erhält die Einheit

$$\frac{1\,\mathrm{Nm}}{1\,\mathrm{s}} = \frac{1\,\mathrm{J}}{1\,\mathrm{s}} = 1\,\mathrm{Watt} = 1\,\mathrm{W}$$

3. Wärmemenge:
Da es sich bei der Wärmemenge um eine Energie handelt, braucht keine neue Einheit definiert zu werden. Häufig begegnet man noch der älteren Einheit Kalorie (cal). Mit einer Kalorie ist diejenige Energie gemeint, die man braucht, um 1 g Wasser von 14,5 °C auf 15,5 °C zu erwärmen. Experimentell ergibt sich der Zusammenhang

$$1\,\mathrm{cal} \approx 4{,}186\,\mathrm{Ws}.$$

In vielen praktischen Fällen sind die bis jetzt eingeführten Einheiten unhandlich. Sie sind zu groß oder zu klein. Dann kann man vor die Einheit eines der nachfolgend angegebenen Vorsatzzeichen setzen:

Y	Yotta	10^{24}	d	Dezi	10^{-1}
Z	Zetta	10^{21}	c	Zenti	10^{-2}
E	Exa	10^{18}	m	Milli	10^{-3}
P	Peta	10^{15}	µ	Mikro	10^{-6}
T	Tera	10^{12}	n	Nano	10^{-9}
G	Giga	10^{9}	p	Piko	10^{-12}
M	Mega	10^{6}	f	Femto	10^{-15}
k	Kilo	10^{3}	a	Atto	10^{-18}
h	Hekto	10^{2}	z	Zepto	10^{-21}
da	Deka	10^{1}	y	Yocto	10^{-24}

0.2 Schreibweise von Gleichungen

0.2.1 Größengleichungen

Gleichungen werden in der Elektrotechnik im Allgemeinen als Größengleichungen geschrieben. Gleichungen dieser Form haben den Vorteil, dass sie für beliebige Einheiten richtig sind. Man hat dabei die physikalische Größe als Produkt aus Zahlenwert und Einheit in die Gleichung einzusetzen. Man schreibt z. B. für das Formelzeichen *a:*

$$a = \{a\} \cdot [a]$$

wobei $\{a\}$ den Zahlenwert der Größe a bedeutet und $[a]$ ihre Einheit. Zahlenwert und Einheit sind wie algebraische Größen zu behandeln.

Als Beispiel sei hier der Ausdruck für die Energie angegeben, die aufzuwenden ist, um einen Körper der Masse m und der spezifischen Wärme c um die Temperaturdifferenz $\Delta\vartheta$ zu erwärmen:

$$W = \mathrm{c} \cdot \mathrm{m} \cdot \Delta\vartheta$$

Die Anwendung dieser Gleichung führt immer zu richtigen Ergebnissen, wenn man nur jede der Größen W, c, m, $\Delta\vartheta$ als Produkt aus Zahlenwert und Einheit auffasst. Beim Zusammenfassen der Einheiten auf der rechten Seite der Gleichung muss sich eine Energieeinheit ergeben. Das Rechnen mit Größengleichungen hat demnach auch den Vorteil, dass Fehler durch Einheitenkontrolle gefunden werden können.

0.2.2 Zahlenwertgleichungen

Früher wurden in der Physik und Technik sehr oft statt der Größengleichungen die unzweckmäßigeren Zahlenwertgleichungen benutzt. In diesen Gleichungen bedeuten die Formelzeichen reine Zahlenwerte. Solche Gleichungen liefern nur dann richtige Ergebnisse, wenn die eingesetzten Werte in ganz bestimmten Einheiten gemessen werden. Eine der Gleichung in 0.2.1 entsprechende Zahlenwertgleichung sieht z. B. so aus:

$$W = 4{,}186\,\mathrm{c}\cdot\mathrm{m}\cdot\Delta\vartheta$$

Hier wird vorausgesetzt, dass c in cal/(g·K), m in g und $\Delta\vartheta$ in K bekannt sind. Dann liefert die Formel nach Einsetzen der Zahlenwerte die Anzahl der Wattsekunden, die für den Erwärmungsvorgang gebraucht werden.

0.2.3 Der Begriff Dimension

Will man deutlich machen, in welcher Form die Grundgrößen in die abgeleiteten Größen eingehen, so verwendet man den Begriff Dimension (dim) und schreibt z. B. für die Geschwindigkeit v als Quotient aus dem Weg l und der Zeit t:

$$\dim(v) = \frac{\dim(l)}{\dim(t)}$$

1. Grundlegende Begriffe

1.1 Die elektrische Ladung

Bestimmte elektrische Phänomene, die man mit einem geriebenen Bernsteinstab vorführen kann, sind schon seit dem Altertum bekannt. Das griechische Wort für Bernstein (= Elektron) hat der Elektrizität ihren Namen gegeben. Elektrizität kann nicht direkt begriffen werden. Sie ist nur durch ihre Erscheinungen erkennbar. Von einem geriebenen Bernsteinstab berührte Holundermarkkügelchen stoßen sich untereinander ab. Werden sie anschließend in die Nähe eines geriebenen Glasstabes gebracht, so zieht er sie zunächst an, stößt sie nach der Berührung jedoch ab. Diese Beobachtungen lassen sich nicht mit den aus der Mechanik bekannten Gravitationskräften erklären. Vielmehr handelt es sich hier um die Wirkungen einer neuen Größe, die man die **elektrische Ladung** nennt. Da zwischen Ladungen anziehende und abstoßende Kräfte auftreten können, muss es zwei verschiedene Ladungsarten bzw. Ladungen mit unterschiedlichen Vorzeichen geben. Willkürlich ordnet man den Ladungen eines geriebenen Glasstabes das positive Vorzeichen zu, den Ladungen eines geriebenen Bernsteinstabes das negative Vorzeichen. Damit lässt sich die oben beschriebene Erfahrungstatsache so formulieren: Gleichnamige Ladungen stoßen sich ab, ungleichnamige ziehen sich an.

Ladungen lassen sich nicht in beliebig kleine Teilladungen aufteilen. Es gibt vielmehr eine kleinste Ladungsmenge, die so genannte **Elementarladung** e. Eine beliebige Ladung ist immer ein ganzzahliges Vielfaches dieser Elementarladung:

$$Q = n \cdot e \qquad (n = 1, 2, \ldots \infty) \tag{1.1}$$

Das Atom besteht aus einem Kern und einer Hülle. Den Kern bilden **Protonen,** die jeweils die Ladung $+e$ tragen, und **Neutronen,** die – wie die Bezeichnung schon andeutet – ungeladen sind. Die den Kern auf sieben Schalen umkreisenden **Elektronen,** die alle die Ladung $-e$ haben, stellen die Atomhülle dar. Die Ladungen von Kern und Hülle sind gleich groß, jedoch von entgegengesetztem Vorzeichen, so dass das Atom insgesamt elektrisch neutral ist. Als Träger der Masse des Atoms ist im Wesentlichen der Kern anzusehen, da die Elektronen eine etwa 1840 mal kleinere Masse als die Protonen und die Neutronen besitzen. Das hier skizzierte Atommodell geht auf die Vorstellungen Bohrs zurück und wird wegen der nahe liegenden Analogie als Bohrsches Planetenmodell des Atoms bezeichnet.

Die Elektronen eines Atoms sind um so stärker an den Kern „gebunden“, je geringer der Abstand zwischen Kern und Elektron ist. Bei manchen Stoffen lassen sich Elektronen der äußersten Schale wegen der geringeren Bindekräfte aus dem Atomverband herauslösen. Es entsteht ein positives **Ion** (= Kation). Nimmt dagegen die äußerste Schale Elektronen auf, so erhält man ein negatives Ion (= Anion).

1.2 Der elektrische Strom

Der Strom kann mit einer Flüssigkeitsmenge verglichen werden, die innerhalb einer bestimmten Zeit einen gegebenen Querschnitt durchströmt. Die Stärke der Strömung charakterisiert man durch den Quotienten aus Menge und Zeit und nennt ihn die Stromstärke oder einfach den Strom. Zusätzlich ist der Strom durch seine Richtung gekennzeichnet. Entsprechend definiert man den **elektrischen Strom:**

$$\boxed{I_m = \frac{\Delta Q}{\Delta t}} \,. \qquad (1.2)$$

Dabei bedeuten ΔQ die innerhalb des Zeitraums Δt durch den betrachteten Querschnitt hindurchtretende Ladung und I_m die mittlere Stromstärke während des Zeitraums Δt. Wenn zu gleichen Zeitintervallen Δt unterschiedliche Ladungen gehören, gibt man den Augenblickswert des Stromes an:

$$\boxed{i(t) = \lim_{\Delta t \to 0} \frac{\Delta Q}{\Delta t} = \frac{dQ}{dt}} \,. \qquad (1.3)$$

Löst man die Gl. (1.2) nach der Ladung auf erhält man die während des Zeitraums Δt transportierte Ladung:

$$\Delta Q = I_m \Delta t \,. \qquad (1.4)$$

Ist die Stromstärke während des Zeitraums Δt konstant, so schreibt man an Stelle des Mittelwertes I_m einfach I:

$$\boxed{\Delta Q = I\,\Delta t} \,. \qquad (1.5)$$

Bei beliebigem zeitlichen Verlauf des Stromes kann die Ladung, die zwischen den Zeitpunkten t_1 und t_2 durch den betrachteten Querschnitt hindurchtritt, wegen Gl. (1.3) durch folgende Integration bestimmt werden:

$$\boxed{Q = \int_{t_1}^{t_2} i(t)dt} \,. \qquad (1.6)$$

Zeitlich konstante Größen werden durch große Buchstaben gekennzeichnet (z. B. Strom I), zeitlich veränderliche Größen dagegen durch kleine Buchstaben (z. B. Strom i).

Die durch die Gln. (1.2) bis (1.6) beschriebenen Zusammenhänge werden in Bild 1.1 veranschaulicht, und zwar einmal für einen zeitlich konstanten Strom, man spricht hier von einem **reinen Gleichstrom**. Im anderen Fall ist der Strom eine periodische Funktion mit der Periode T, wobei innerhalb dieser Periode genau so viel Ladung in der einen wie in der anderen Richtung, im Mittel also gar keine Ladung transportiert wird. Einen solchen Strom nennt man einen **reinen Wechselstrom**.

Da die Einheiten des Stromes und der Zeit in dem verwendeten Maßsystem bereits festgelegt sind, wird die Einheit der Ladung eine abgeleitete Einheit. Mit Gl. (1.5) erhält man

$$[\Delta Q] = [I][\Delta t] = 1\,\mathrm{A} \cdot 1\,\mathrm{s} \,.$$

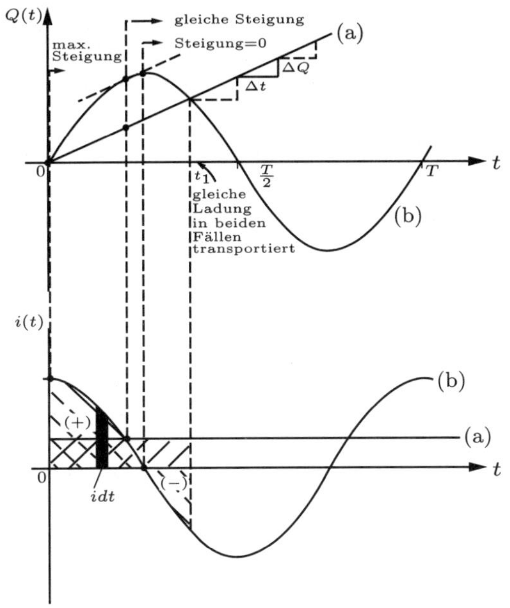

Bild 1.1 *Zusammenhang zwischen transportierter Ladung und Stromstärke.*
(a) reiner Gleichstrom
(b) reiner Wechselstrom

Damit ist eine mögliche Einheit der Ladung 1 Amperesekunde. Da diese Einheit häufig vorkommt, hat sie einen speziellen Namen erhalten:

$$1\ \mathrm{As} = 1\ \mathrm{Coulomb} = 1\ \mathrm{C}\,.$$

Die Ladungseinheit erlaubt nun auch die Angabe der Größe der **Elementarladung**, d. h. des Elektrons:

$$e = 1{,}60217733 \cdot 10^{-19}\,\mathrm{C}\,.$$

Dem elektrischen Strom ist willkürlich eine Richtung zugeordnet worden: Man betrachtet die Bewegungsrichtung positiver Ladungsträger als die positive Stromrichtung und spricht auch von der **konventionellen** oder **technischen Stromrichtung.** Die Bewegungsrichtung der negativen Elektronen z. B. in einer Elektronenröhre stimmt dann also nicht mit der konventionellen Stromrichtung überein (Bild 1.2).

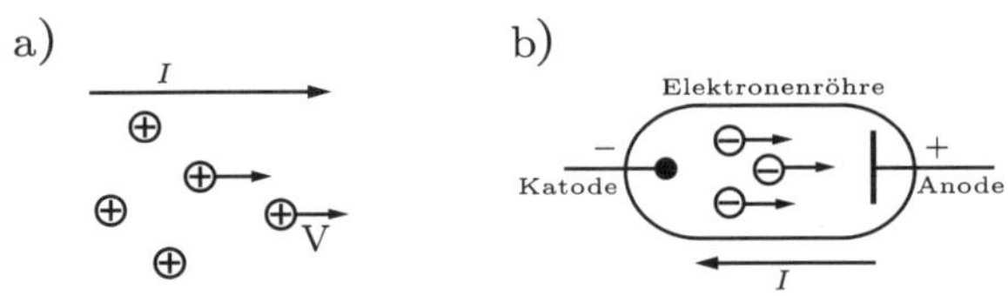

Bild 1.2 *a) Konventionelle Stromrichtung; b) Bewegungsrichtung der Elektronen* in einer Elektronenröhre.

Man teilt die Stoffe nach ihrer Fähigkeit, den Strom zu leiten, in **Leiter, Nichtleiter** und **Halbleiter** ein. Zu den Leitern gehören die Metalle und die Elektrolyte (Säuren und Salzlösungen). Bei diesen Stoffen sind die Ladungsträger frei beweglich. Halbleiter unterscheiden sich in dieser Hinsicht nicht von den Leitern, nur ist die Dichte der frei beweglichen Ladungsträger um Zehnerpotenzen geringer. Beispiele für Halbleiter sind Silizium, Germanium, Selen. Nichtleiter besitzen dagegen keine frei beweglichen Ladungsträger. Hier sind nur geringe Ladungsverschiebungen oder Drehungen (bei Dipolen) möglich. Als Beispiele für Nichtleiter seien genannt: Porzellan, Gummi, Hartpapier.

Die frei beweglichen Ladungsträger in Metallen bewegen sich ungeordnet auf Zickzackbahnen („Elektronengas“, „Elektronenwolke“). Ein Strom durch den Leiter kommt erst zustande, wenn sich dieser statistisch verteilten Bewegung eine Bewegung in einer Vorzugsrichtung überlagert (Driftbewegung).

Der elektrische Strom ist im Wesentlichen durch drei Wirkungen gekennzeichnet:

1. Jeder Strom ist von einem Magnetfeld begleitet (Bild 1.3). Seine Wirkung lässt sich z. B. zur Messung durch ein Drehspulinstrument auswerten.
2. Der Stromfluss ist vor allem bei den Elektrolyten mit einem Stofftransport verbunden. Früher wurde die Einheit der Stromstärke durch das sog. „Silberampere“ definiert, d. h. durch die bei Stromfluss innerhalb einer gewissen Zeit aus einer Silbersalzlösung ausgeschiedene Menge Silber.
3. Ein von einem Strom durchflossener Leiter erwärmt sich. Diese Wirkung wird bei der Strommessung durch Hitzdrahtamperemeter ausgenutzt.

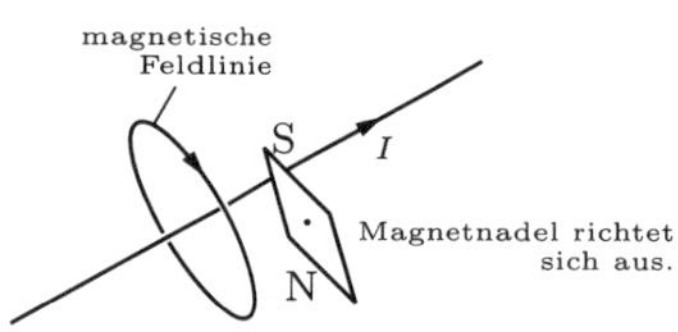

Bild 1.3 *Magnetische Wirkung des elektrischen Stromes.*

Beispiel 1.1

Geschwindigkeit freier Elektronen im Leiter

Durch einen Kupferdraht mit dem Querschnitt $A = 50\ \text{mm}^2$ fließt der Strom $I = 200\,\text{A}$. Wie groß ist die mittlere Geschwindigkeit (Driftgeschwindigkeit) der freien Elektronen, wenn deren Dichte $N = 8{,}5 \cdot 10^{19}\ \text{mm}^{-3}$ beträgt?

Lösung:

Der Weg Δx wird in der Zeit Δt zurückgelegt. Während dieser Zeit wird die Ladung

$$\Delta Q = I \Delta t \text{ mit } \Delta Q = eN\Delta x \times A$$

transportiert (Bild 1.4). Damit folgt

$$\frac{\Delta x}{\Delta t} = v = \frac{I}{eNA} \approx 0{,}3\ \frac{\text{mm}}{\text{s}}\ .$$

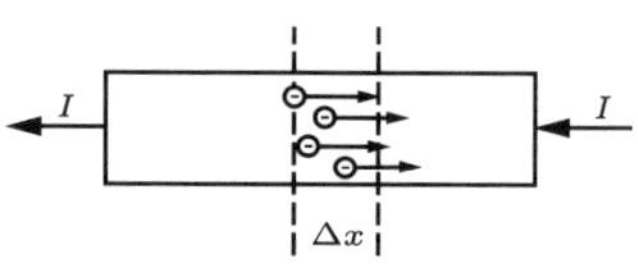

Bild 1.4 *Zur Berechnung der Driftgeschwindigkeit.*

1.3 Die elektrische Spannung

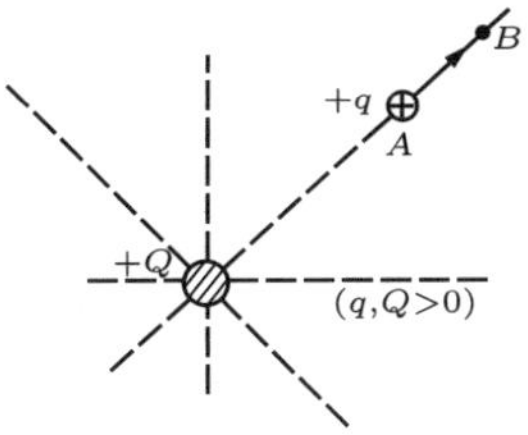

Bild 1.5 *Zur Änderung der potentiellen Energie beim Verschieben der Ladung q von A nach B.*

Im letzten Abschnitt wurde die Frage nach der Ursache für den elektrischen Strom offengelassen. Es liegt nahe, dass eine Kraft erforderlich ist, um die Ladungen im Leiter zu bewegen, und dass mit der Bewegung ein Energieumsatz verbunden ist. Das wird verdeutlicht an Hand von Bild 1.5, in dem zwei Ladungen Q und q dargestellt sind. Haben beide Ladungen gleiches Vorzeichen, so stoßen sie sich nach Abschnitt 1.1 ab. Bei einer Bewegung der Ladung q von A nach B nimmt die potentielle Energie dieser Ladung ab, etwa von W_A auf W_B. Die Energiedifferenz wird in kinetische Energie umgewandelt. Damit ist der Vorgang analog zur Bewegung einer Masse im Schwerefeld der Erde: Ein von A nach B fallender Stein gewinnt eine kinetische Energie, die gleich der Abnahme seiner potentiellen Energie ist. So wie diese potentielle Energie der Masse proportional ist, so erweist sich die potentielle Energie des Ladungsträgers als der Ladung proportional:

$$W_A - W_B \sim q \, .$$

Man führt als Proportionalitätsfaktor auf der rechten Seite die **elektrische Spannung** ein, die mit U bezeichnet wird. Damit haben wir

$$\boxed{\frac{W_A - W_B}{q} = \frac{W_{AB}}{q} = U_{AB}} \, , \tag{1.7}$$

wobei der Index bei U ausdrückt, dass die Spannung zwischen den Punkten A und B gemeint ist.

Ganz allgemein nennt man eine Einrichtung, in der die bewegten Ladungen potentielle Energie abgeben, einen **Verbraucher** und den Quotienten nach Gl. (1.7) den **Spannungsabfall** U (oder einfach die Spannung U an dem Verbraucher). Einrichtungen, die die potentielle Energie der Ladungen erhöhen, bezeichnet man als **Erzeuger,** Spannungsquellen oder Generatoren und die gemäß Gl. (1.7) definierte Spannung als **Quellenspannung** U_q oder U.

Die Ausdrücke Verbraucher und Erzeuger haben sich eingebürgert, obwohl in ihnen Energie weder verbraucht noch erzeugt, sondern nur in andere Energieformen umgesetzt wird, z. B. elektrische Energie in Wärme im stromdurchflossenen Leiter oder mechanische in elektrische Energie in der Dynamomaschine.

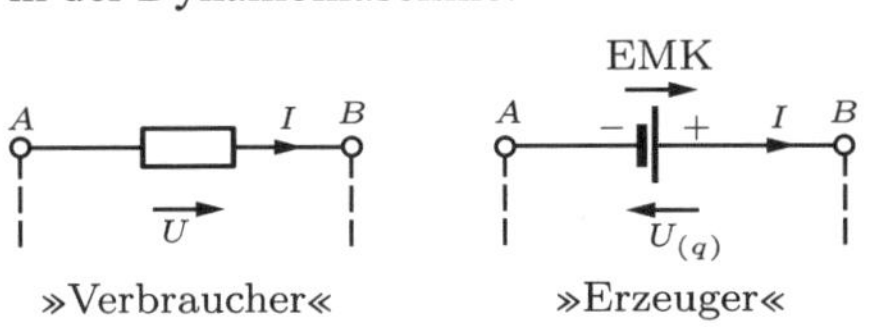

Bild 1.6 *Richtung von Strom und Spannung bei Verbrauchern und Erzeugern.*

Die Richtung der Spannung wählt man bei einem Verbraucher im Allgemeinen genauso wie die des Stromes. (Die möglichen Zuordnungen kommen in Abschnitt 2.4.1 zur Sprache.) Damit gibt der Spannungspfeil die Bewegungsrichtung der positiven Ladungsträger bei Abgabe potentieller Energie an. Bei Zunahme der potentiellen Energie – also bei Generatoren – ist konsequenterweise der Spannungspfeil entgegengesetzt zum Strompfeil einzutragen (Bild 1.6). Den Anschlussklemmen von Verbrauchern und Generatoren ordnet man Vorzeichen zu, und zwar so, dass außerhalb des Generators der Strom vom positiven zum negativen Pol oder Anschluss fließt, somit innerhalb des Generators vom negativen zum positiven Anschluss (Bild 1.6). Die Spannung ist bei Verbrauchern und Generatoren stets vom Pluspol zum Minuspol gerichtet. Aus Gl. (1.7) ergibt sich eine mögliche Einheit der Spannung zu

$$[U] = \frac{[W]}{[q]} = \frac{1\text{J}}{1\text{As}} = \frac{1\text{W}}{1\text{A}},$$

wofür man abkürzend schreibt:

$$\frac{1\text{W}}{1\text{A}} = 1\text{ Volt} = 1\text{ V}.$$

1.4 Der elektrische Widerstand

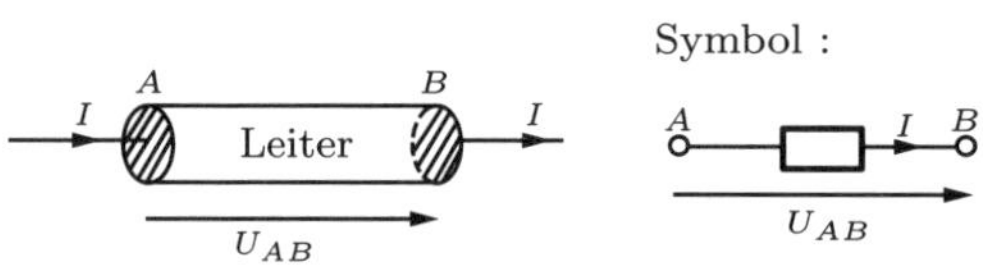

Bild 1.7 *Zur Definition des Widerstandes R_{AB}.*

Um einen elektrischen Strom durch einen Leiter zu treiben, ist Energie erforderlich, da der Leiter der freien Bewegung der Ladungen einen Widerstand entgegensetzt. Je größer der Strom durch den Leiter (Bild 1.7) werden soll, desto größer muss im allgemeinen die Spannung zwischen den Leiterenden A und B sein. Man definiert als **Widerstand** R_{AB} des Leiters den Quotienten aus Spannung U_{AB} und Strom I:

$$\boxed{R_{AB} = \frac{U_{AB}}{I}} \tag{1.8}$$

Dieser Quotient kann vom Strom abhängen, aber auch konstant sein (s. Abschnitt 2.1.1). In manchen Fällen, z. B. zur Charakterisierung nichtlinearer Zweipole (Abschnitt 2.5.1), ist es zweckmäßig, mit einem **differentiellen Widerstand** r_{AB} zu arbeiten, der so definiert ist:

$$r_{AB} = \frac{dU_{AB}}{dI}. \tag{1.9}$$

Eine Einheit des Widerstandes kann aus Gl. (1.8) hergeleitet werden:

$$[R] = \frac{[U]}{[I]} = \frac{1\text{V}}{1\text{A}}.$$

Für den Quotienten V/A schreibt man abkürzend

$$1\,\text{V/A} = 1\ \text{Ohm} = 1\,\Omega\,.$$

Den Kehrwert des Widerstandes R nennt man den **Leitwert** G

$$G = \frac{1}{R} \tag{1.10}$$

mit der möglichen Einheit l/Ohm, die einen speziellen Namen erhalten hat:

$$1/\Omega = 1\ \text{Siemens} = 1\ \text{S}.$$

Bei einem homogenen Leiter von gleichbleibendem Querschnitt A und der Länge l ist der Widerstand erfahrungsgemäß der Länge proportional und dem Querschnitt umgekehrt proportional:

$$R \sim \frac{l}{A}\,.$$

Den Proportionalitätsfaktor auf der rechten Seite nennt man den **spezifischen Widerstand** ϱ des Leitermaterials, seinen Kehrwert bezeichnet man als die **elektrische Leitfähigkeit** γ. Damit hat man

$$\boxed{R = \varrho\frac{l}{A} = \frac{l}{\gamma A}}\,. \tag{1.11}$$

Für die Leitfähigkeit werden vielfach auch die Bezeichnungen σ und χ verwendet. Wir halten uns jedoch hier wie an anderen Stellen an die Empfehlungen von DIN 1304 und ziehen die Bezeichnung γ vor.

Als Einheiten für die Größen ϱ und γ lassen sich mit (1.11) herleiten:

$$[\varrho] = \frac{[R][A]}{[l]} = \frac{\Omega\,\text{m}^2}{\text{m}} = \Omega\,\text{m}$$

$$[\gamma] = \frac{[l]}{[R][A]} = \frac{\text{m}}{\Omega\,\text{m}^2} = \text{S/m}\,.$$

Beispiel 1.2
„Widerstandsnormal"

Ein Quecksilberfaden von 1 mm^2 Querschnitt soll als „Widerstandsnormal" dienen und den Widerstand 1 Ω haben. Wie lang muss der Faden sein, wenn der spezifische Widerstand von Quecksilber 0,958 Ω mm^2/ m beträgt?

Lösung:

Gl. (1.11) wird nach l aufgelöst:

$$l = \frac{R\,A}{\varrho} = \frac{1\Omega \cdot 1\text{mm}^2}{0{,}958\Omega\ \text{mm}^2/\text{m}} \approx 1{,}04\,\text{m}.$$

1.5 Energie und Leistung

Wird eine elektrische Ladung von einem Punkt zu einem anderen bewegt und besteht zwischen diesen beiden Punkten die zeitlich konstante Spannung U, so ist diese Bewegung nach Gl. (1.7) mit einem Energieumsatz von

$$\boxed{W = Q\,U} \tag{1.12}$$

verbunden. Ist nun die Spannung nicht mehr zeitlich konstant, so dass während eines ersten Zeitintervalls Δt_1 die von der Ladung ΔQ_1 durchlaufene Spannung U_1 beträgt und im nächsten Zeitintervall Δt_2 dann zu der Ladung ΔQ_2 die Spannung U_2 gehört usw., so erhält man an Stelle von Gl. (1.12):

$$W = U_1 \Delta Q_1 + U_2 \Delta Q_2 + \ldots \tag{1.13}$$

Durchläuft z. B. die Ladung ΔQ_1 die Spannung U_1 in der Zeit Δt_1, so kann man für ΔQ_1 wegen Gl. (1.5) auch schreiben:

$$\Delta Q_1 = I_1 \Delta t_1 \,.$$

Entsprechendes gilt für die anderen Summanden in Gl. (1.13), so dass folgt:

$$W = U_1 I_1 \Delta t_1 + U_2 I_2 \Delta t_2 + \ldots = \sum_k U_k I_k \Delta t_k \,.$$

Hierbei werden U_k und I_k während der Zeitintervalle Δt_k als konstant angesehen (daher große Buchstaben). Geht man zum Grenzwert der Summe ($\Delta t_k \rightarrow 0$) und damit zum Integral über, so erhält man die zwischen den Zeitpunkten t_1 und t_2 umgesetzte Energie:

$$\boxed{W = \int_{t_1}^{t_2} u(t)\, i(t)\, dt} \tag{1.14}$$

Für den Sonderfall des reinen Gleichstroms (u und i sind konstant) wird die im Zeitraum t umgesetzte Energie

$$\boxed{W = U\,I\,t} \,. \tag{1.15}$$

Eine mögliche Einheit der Energie ergibt sich wegen Gl. (1.15) zu

$$[W] = [U][I][t] = 1\,\mathrm{V}\ 1\,\mathrm{A}\ 1\,\mathrm{s} = 1\,\mathrm{Ws} = 1\,\mathrm{J}\,,$$

womit wir uns in Übereinstimmung mit Abschnitt 0.1.3 befinden. Für viele Zwecke ist die Maßeinheit Ws zu klein, dann verwendet man oft die Einheit Kilowattstunde:

$$1\,\mathrm{kWh} = 3{,}6 \cdot 10^6\,\mathrm{Ws}.$$

Gelegentlich braucht man die folgenden Umrechnungen:

$$1\,\mathrm{Ws} = 0{,}102\,\mathrm{mkp} = 0{,}239\,\mathrm{cal},$$
$$1\,\mathrm{kWh} = 860\,\mathrm{kcal}.$$

In Abschnitt 0.1.3 wurde die Leistung als Arbeit pro Zeit definiert, also

$$P = W/t\,,$$

womit nach Gl. (1.15) für Gleichstrom herauskommt

$$\boxed{P = U\,I}\,. \tag{1.16}$$

Ist die Leistung eine zeitlich veränderliche Größe, so wird der zeitliche Mittelwert der im Zeitraum Δt umgesetzten Leistung

$$P_m = \frac{\Delta W}{\Delta t}$$

und der Augenblickswert

$$\boxed{P(t) = \lim_{\Delta t \to 0} \frac{\Delta W}{\Delta t} = \frac{dW}{dt}}\,. \tag{1.17}$$

2. Berechnung von Strömen und Spannungen in elektrischen Netzen

2.1 Die Grundgesetze

2.1.1 Das Ohmsche Gesetz

Wenn auf die Leitungselektronen des Widerstandes R eine Kraft wirkt (Bild 2.1), so fließt im Widerstand ein Strom I. Dieser Strom wächst, wenn U größer wird; der Strom wächst aber

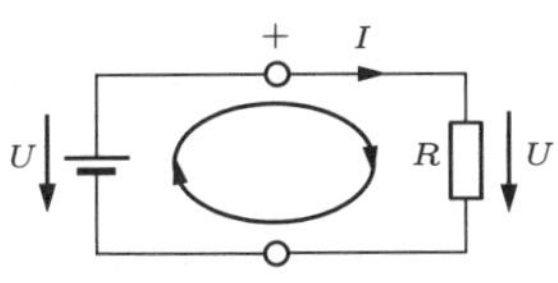

Bild 2.1 *Stromkreis aus Batterie und Widerstand.*

auch, wenn der Wert R des Widerstandes abnimmt. Speziell in einem metallischen Leiter von konstanter Form und Größe ist der Strom der Spannung **streng proportional** (Bild 2.2), solange auch die **Temperatur konstant** gehalten wird:

$$\boxed{I \sim U}\,. \tag{2.1}$$

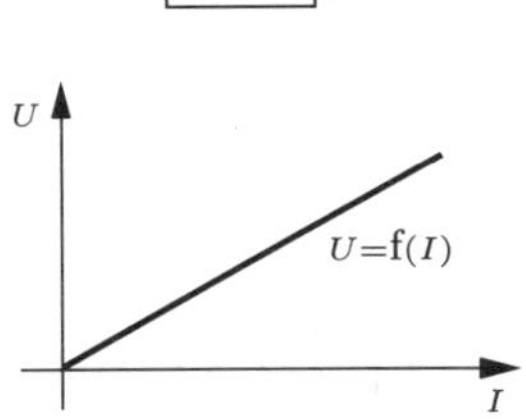

Bild 2.2 *Kennlinie U = f(I) eines ohmschen Widerstandes.*

Diese Proportionalität zwischen Spannung und Strom in metallischen Leitern nennt man **Ohmsches Gesetz.** Normalerweise schreibt man statt der Proportionalität eine Gleichung mit dem Proportionalitätsfaktor R, dem sogenannten ohmschen Widerstand:

$$U = R\,I \quad (\text{mit } R = \text{konst}). \tag{2.2a}$$

Umgeformt ergibt dies

$$I = \frac{U}{R} \tag{2.2b}$$

oder

$$R = \frac{U}{I}\,. \tag{2.2c}$$

Das Bild 2.2 stellt dar, dass der Zusammenhang zwischen U und I eine Gerade ist. Man spricht deshalb auch davon, dass U und I **linear** zusammenhängen (Linearität der Strom-Spannungs-Kennlinie $U = \mathrm{f}(I)$). Den Kehrwert des Widerstandes R nennt man **Leitwert** G:

$$\boxed{G = \frac{1}{R}}\,. \tag{2.3}$$

Damit wird aus den Gln. (2.2)

$$U = \frac{I}{G}; \quad I = GU; \quad G = \frac{I}{U}\,. \tag{2.4a, b, c}$$

Bemerkenswert ist, dass in der deutschen Sprache zwischen dem Bauelement „Widerstand" und seinem Widerstandswert nicht unterschieden wird. (Im Englischen heißt das Bauelement **resistor** und sein Widerstandswert **resistance.)**

Anmerkung: Temperaturabhängigkeit von Widerständen

In einem metallischen Leiter gilt das Ohmsche Gesetz $I \sim U$ nur, solange die Temperatur konstant ist. Der Widerstand solcher Leiter ist also stromunabhängig, aber temperaturabhängig; er nimmt im Allgemeinen mit der Temperatur zu. Bei reinen Metallen (außer den ferromagnetischen) ist der spezifische Widerstand ϱ oberhalb einer bestimmten Temperatur eine nahezu lineare Funktion der Temperatur ϑ (Bild 2.3).

Völlig anders als reine Metalle verhalten sich bestimmte Legierungen, bei denen der spezifische Widerstand innerhalb eines größeren Temperatur-Bereiches sogar abnimmt. So nimmt beispielsweise der spezifische Widerstand von Manganin (86 % Cu, 12 % Mn, 2 % Ni) im Bereich von 35 °C bis 200 °C mit steigender Temperatur geringfügig ab (Bild 2.3).

Bei Temperaturen um $\vartheta = 20$ °C beschreibt man das Verhalten von Widerstands-Materialien gern durch folgende Annäherung der Funktion $R = \mathrm{f}(\vartheta)$ an eine Geraden-Gleichung:

$$\boxed{R \approx R_{20}\left[1 + \alpha_{20}\left(\frac{\vartheta}{°\mathrm{C}} - 20\right)\mathrm{K}\right]}\,.$$

Hierbei ist R_{20} der Wert, den ein ohmscher Widerstand bei 20 °C hat. α_{20} ist der materialspezifische **Temperaturbeiwert** (Temperatur-Koeffizient); er ist ein Maß für die relative Zunahme des Widerstandswertes bei Erhöhung der Temperatur um 1 K. Je weniger linear die Funktion $R = \mathrm{f}(\vartheta)$ in Wirklichkeit ist, desto kleiner ist der Temperaturbereich, in dem die Annäherung durch eine Gerade brauchbar ist. Eine genauere Beschreibung der Temperatur-Abhängigkeit erreicht man folgendermaßen:

$$R = R_{20}\left[1 + \alpha_{20}\left(\frac{\vartheta}{°\mathrm{C}} - 20\right)\mathrm{K} + \beta_{20}\left(\frac{\vartheta}{°\mathrm{C}} - 20\right)^2 \mathrm{K}^2 + \ldots\right].$$

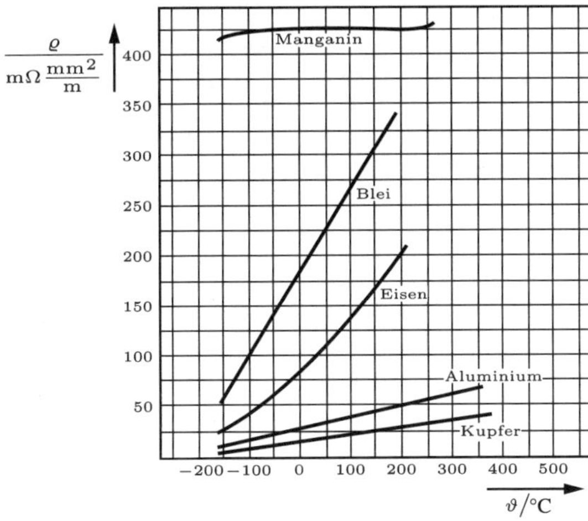

Bild 2.3 *Temperaturabhängigkeit spezifischer Widerstände.*

Hierbei treten zum linearen Term mit dem Koeffizienten α der quadratische Term mit dem Koeffizienten β und eventuell noch mehr Terme hinzu.

In den folgenden Tabellen sind die spezifischen Widerstände ϱ, die spezifischen Leitwerte $\gamma = 1/\varrho$ und die Temperaturbeiwerte α und β für einige wichtige Stoffe zusammengestellt (alle Werte gelten für $\vartheta = 20$ °C).

In diesen Tabellen gibt ϱ_{20} den spezifischen Widerstand bei 20 °C an. Da ϱ_{20} in $\Omega mm^2/m$ angegeben wird, geben die Zahlenwerte in der ersten Spalte der Tabellen unmittelbar an, wieviel Ohm ein Widerstand (Draht) von 1 m Länge und 1 mm^2 Querschnitt hat. So ist z. B. der Widerstandswert eines Konstantandrahtes von 1 m Länge und 1 mm^2 Querschnitt: $R = 0{,}5\ \Omega$.

Spezifischer Widerstand, Leitwert und Temperaturbeiwerte von Reinmetallen

Material	$\frac{\varrho_{20}}{\Omega \frac{mm^2}{m}}$	$\frac{\gamma_{20}}{S \frac{m}{mm^2}}$	$\frac{\alpha_{20}}{1/K}$	$\frac{\beta_{20}}{1/K^2}$
Aluminium	0,027	37	$4{,}3 \cdot 10^{-3}$	$1{,}3 \cdot 10^{-6}$
Blei	0,21	4,75	$3{,}9 \cdot 10^{-3}$	$2{,}0 \cdot 10^{-6}$
Eisen	0,1	10	$6{,}5 \cdot 10^{-3}$	$6{,}0 \cdot 10^{-6}$
Gold	0,022	45,2	$3{,}8 \cdot 10^{-3}$	$0{,}5 \cdot 10^{-6}$
Kupfer	0,017	58	$4{,}3 \cdot 10^{-3}$	$0{,}6 \cdot 10^{-6}$
Nickel	0,07	14,3	$6{,}0 \cdot 10^{-3}$	$9{,}0 \cdot 10^{-6}$
Platin	0,098	10,5	$3{,}5 \cdot 10^{-3}$	$0{,}6 \cdot 10^{-6}$
Quecksilber	0,97	1,03	$0{,}8 \cdot 10^{-3}$	$1{,}2 \cdot 10^{-6}$
Silber	0,016	62,5	$3{,}6 \cdot 10^{-3}$	$0{,}7 \cdot 10^{-6}$
Zinn	0,12	8,33	$4{,}3 \cdot 10^{-3}$	$6{,}0 \cdot 10^{-6}$

Spezifischer Widerstand, Leitwert und Temperaturbeiwert von Legierungen

Material	$\frac{\varrho_{20}}{\Omega \frac{mm^2}{m}}$	$\frac{\gamma_{20}}{S \frac{m}{mm^2}}$	$\frac{\alpha_{20}}{1/K}$
Konstantan (55 % Cu, 44 % Ni, 1 % Mn)	0,5	2	$-4{,}0 \cdot 10^{-5}$
Manganin (86 % Cu, 2 % Ni, 12 % Mn)	0,43	2,27	$\pm 10^{-5}$
Messing	0,066	15	$1{,}5 \cdot 10^{-3}$

Spezifischer Widerstand, Leitwert und Temperaturbeiwert von Kohle und Halbleitern

Material	$\frac{\varrho_{20}}{\Omega \frac{mm^2}{m}}$	$\frac{\gamma_{20}}{S \frac{m}{mm^2}}$	$\frac{\alpha_{20}}{1/K}$
Germanium (rein)	$0{,}46 \cdot 10^6$	$2{,}2 \cdot 10^{-6}$	
Graphit	8,7	0,115	
Kohle (Bürstenkohle)	40 ... 100	0,01 ... 0,025	$-2 \cdot 10^{-4}$ ... $-8 \cdot 10^{-4}$
Silizium (rein)	$2{,}3 \cdot 10^9$	$0{,}43 \cdot 10^{-9}$	

Spezifischer Widerstand und Leitwert von Elektrolyten

Material	$\frac{\varrho_{20}}{\Omega \frac{mm^2}{m}}$	$\frac{\gamma_{20}}{S \frac{m}{mm^2}}$
Kochsalzlösung (10 %)	$79 \cdot 10^3$	$12{,}7 \cdot 10^{-6}$
Schwefelsäure (10 %)	$25 \cdot 10^3$	$40{,}0 \cdot 10^{-6}$
Kupfersulfatlösung (10 %)	$300 \cdot 10^3$	$3{,}3 \cdot 10^{-6}$
Wasser (rein)	$2{,}5 \cdot 10^{11}$	$4{,}0 \cdot 10^{-10}$
Wasser (destilliert)	$4 \cdot 10^{10}$	$2{,}5 \cdot 10^{-9}$
Meerwasser	$300 \cdot 10^3$	$3{,}3 \cdot 10^{-6}$

Spezifischer Widerstand von Isolierstoffen

Material	$\frac{\varrho_{20}}{\Omega \frac{mm^2}{m}}$
Bernstein	10^{22}
Glas	10^{17} ... 10^{18}
Glimmer	10^{19} ... 10^{21}
Holz (trocken)	10^{15} ... 10^{19}
Papier	10^{21} ... 10^{22}
Polystyrol	bis 10^{22}
Porzellan	bis $5 \cdot 10^{18}$
Transformator-Öl	10^{16} ... 10^{19}

Beispiel 2.1

Temperaturabhängigkeit eines Widerstandes

Eine Spule aus Kupferdraht hat bei 15 °C den Widerstandswert 20 Ω und betriebswarm den Wert 28 Ω. Welche Temperatur hat die betriebswarme Spule?

Lösung:

Zwischen dem Wert R_k = 20 Ω des Spulenwiderstandes bei ϑ_k = 15 °C und dem Wert R_{20} (Widerstand bei 20 °C) gilt die Beziehung

$$R_k = R_{20}\left[1+\alpha_{20}\left(\frac{\vartheta_k}{°C}-20\right)\text{K}\right],$$

und für R_w = 28 Ω gilt

$$R_w = R_{20}\left[1+\alpha_{20}\left(\frac{\vartheta_w}{°C}-20\right)\text{K}\right].$$

In diesen beiden Gleichungen sind R_{20} und ϑ_w unbekannt. R_{20} kann sofort eliminiert werden:

$$\frac{R_k}{R_w} = \frac{1+\alpha_{20}\left(\frac{\vartheta_k}{°C}-20\right)\text{K}}{1+\alpha_{20}\left(\frac{\vartheta_w}{°C}-20\right)\text{K}}.$$

Daraus folgt mit $\alpha_{20} \approx 4\cdot 10^{-3}/\text{K}$

$$\vartheta_w = 20\,°C + \frac{R_w}{R_k}\left[\frac{°C/K}{\alpha_{20}} + \vartheta_k - 20\,°C\right] - \frac{°C/K}{\alpha_{20}}$$

$$\vartheta_w = 20\,°C + 1{,}4\left[\frac{10^3}{4}\,°C - 5\,°C\right] - \frac{10^3}{4}\,°C = \underline{\underline{113\,°C}}.$$

2.1.2 Die Knotengleichung (1. Kirchhoffsche Gleichung)

Wenn mehrere Leitungen (Zweige) in einem Knoten leitend miteinander verbunden sind (Bild 2.4a), ist die Summe der zufließenden Ströme (I_1, I_2, I_3) gleich der Summe der abfließenden Ströme (I_4, I_5):

$$I_1 + I_2 + I_3 = I_4 + I_5.$$

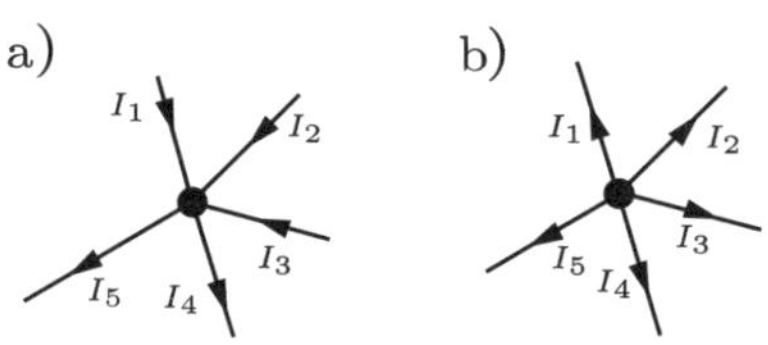

Bild 2.4 *a) Knoten mit 3 zufließenden und 2 abfließenden Strömen; b) Knoten mit 5 abfließenden Strömen.*

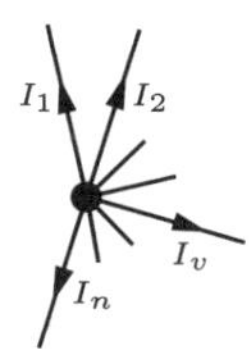

Bild 2.5 *Knoten mit n abfließenden Strömen.*

Allgemein gilt

$$\sum I_{zu} = \sum I_{ab}.$$

In einem Knoten können keine Ladungen und damit auch keine Ströme verschwinden oder entstehen (ähnlich wie beim Zusammenfließen mehrerer Ströme einer inkompressiblen Flüssigkeit).

Wenn man für jeden Strom den Zählpfeil vom Knoten weg orientiert, also alle Ströme als abfließend definiert, so muss die Summe aller dieser Ströme Null werden; es ist daher (Bild 2.4b):

$$I_1 + I_2 + I_3 + I_4 + I_5 = 0 .$$

Allgemein gilt für einen Knoten, aus dem n Ströme abfließen (Bild 2.5):

$$\boxed{\sum_{\nu=1}^{n} I_\nu = 0} . \tag{2.5}$$

Diese Gleichung bezeichnet man als 1. Kirchhoffsche Gleichung.

Die Gl. (2.5) gilt nicht nur für die Summe aller Ströme, die aus einem einzelnen Knoten abfließen, sondern sie gilt auch für die Summe der Ströme, die aus einem ganzen Netz abfließen. Das betrachtete Netz muss allerdings (wie zuvor der Knoten) der Bedingung genügen, dass in jedem einzelnen seiner Knoten und Schaltelemente die Gl. (2.5) gilt.

Beispiel 2.2

Zweimaschiges Netz als Großknoten

Ein Beispiel hierzu ist das in Bild 2.6 dargestellte Netz aus ohmschen Widerständen. Man kann das ganze Netz von außen als einen Großknoten mit den abfließenden Strömen I_A, I_B, I_C betrachten.

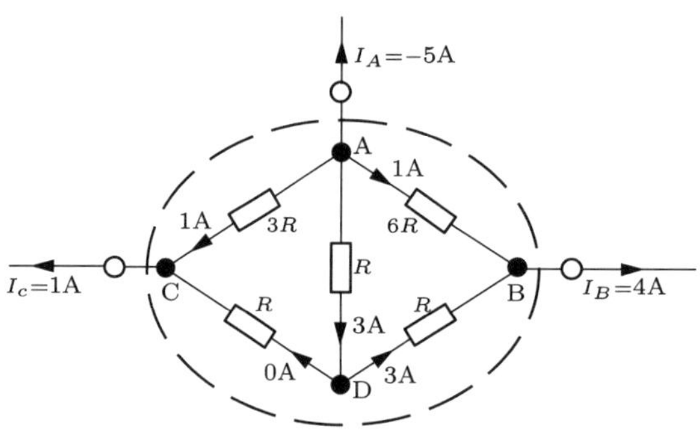

Bild 2.6 *Zusammenfassung von vier Knoten zu einem Großknoten.*

Für die abfließenden Ströme gilt auch hier:

$$\sum I_\nu = I_A + I_B + I_C = 0 .$$

Auch in den Knoten A, B, C, D ist hierbei die Bedingung (2.5) erfüllt.

2.1.3 Die Umlaufgleichung (2. Kirchhoffsche Gleichung)

Bei der Darstellung des Ohmschen Gesetzes in Bild 2.1 wird vorausgesetzt, dass an der Batterie dieselbe Spannung U anliegt wie am Widerstand. U tritt an der Batterie als Erzeugerspannung (Quellenspannung), im Widerstand als Verbraucherspannung (Spannungsabfall) auf.

Für den in Bild 2.1 dargestellten geschlossenen Stromkreis gilt

$$\sum U_\nu = 0 . \tag{2.6}$$

Hierbei ist $\sum U_\nu$ die Summe aller Spannungen, die entlang eines geschlossenen Umlaufs im Uhrzeigersinn (oder im Gegenuhrzeigersinn) auftreten.

Wählt man, wie in Bild 2.1 eingezeichnet, einen geschlossenen Umlauf im Uhrzeigersinn und beginnt mit der Summenbildung an der Minusklemme, so liefert zunächst die Batterie den Beitrag $-U$ (Minuszeichen, weil in der Batterie Spannungszählpfeil und gewählte Umlaufrichtung entgegengerichtet sind) und dann der Widerstand den Beitrag $+U$:

$$\sum_i U_\nu = -U + U = 0 .$$

Beispiel 2.3

Umlaufgleichungen in einem zweimaschigen Netz

Anstatt der einfachen Schaltung in Bild 2.1 soll nun eine verzweigte Schaltung nach Bild 2.7 betrachtet werden. Auch hier gilt Gl. (2.6) für jeden der drei möglichen geschlossenen Umläufe:

$$-U_\mathrm{q} + U_1 = 0 \qquad \text{(linker Umlauf)}$$

$$-U_1 + U_2 + U_3 = 0 \qquad \text{(rechter Umlauf)}$$

$$-U_\mathrm{q} + U_2 + U_3 = 0 \qquad \text{(großer Umlauf).}$$

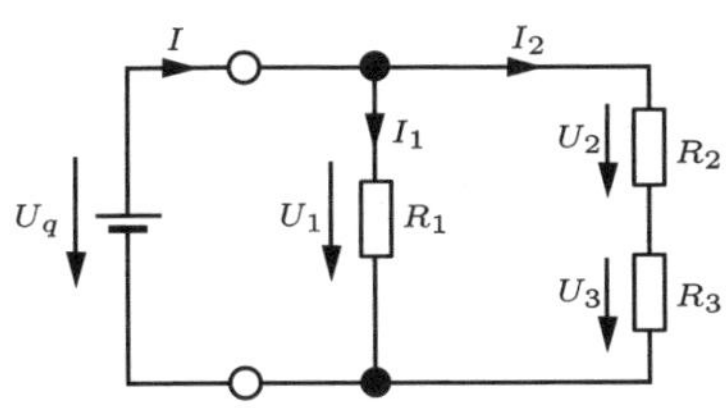

Bild 2.7 *Netz mit 3 Zweigen.*

Die Gl. (2.6) lässt sich aus einer Leistungsbetrachtung begründen. Wir tun dies am Beispiel der Schaltung in Bild 2.7. Die Batterie gibt gemäß Gl. (1.16) die Leistung

$$P_\mathrm{ab} = I\, U_\mathrm{q}$$

ab, die Widerstände nehmen die Leistung

$$P_\mathrm{auf} = I_1 U_1 + I_2 U_2 + I_2 U_3$$

auf. Abgegebene und aufgenommene Leistung müssen gleich sein, also gilt

$$I\, U_\mathrm{q} = I_1 U_1 + I_2 (U_2 + U_3).$$

Wegen Gl. (2.5) ist $I = I_1 + I_2$; damit wird

$$I_1 U_\mathrm{q} + I_2 U_\mathrm{q} = I_1 U_1 + I_2 (U_2 + U_3) .$$

Diese Gleichung muss auch erfüllt sein, wenn der Zweig mit R_2 und R_3 unterbrochen (d. h. $I_2 = 0$) wird; dann gilt

$$I_1 U_q = I_1 U_1$$

$$U_q = U_1 \,. \tag{2.6a}$$

Sie muss aber auch erfüllt sein für $I_1 = 0$; dann ist

$$I_2 U_q = I_2 (U_2 + U_3)$$

$$U_q = U_2 + U_3 \,. \tag{2.6b}$$

Der Vergleich der Gln. (2.6a) und (2.6b) liefert

$$U_1 = U_2 + U_3 \,. \tag{2.6c}$$

Allgemein gilt auch in beliebig komplizierten Netzen auf jedem möglichen Umlauf, der n Spannungen umfasst:

$$\sum_{\nu=1}^{n} U_\nu = 0 \tag{2.7}$$

Diese allgemein gültige Umlaufgleichung wird als 2. Kirchhoffsche Gleichung bezeichnet.

Elektromotorische Kraft

Die Gl. (2.7) sagt aus, dass in einem geschlossenen Umlauf die Summe aller Spannungen gleich Null ist. Diese Aussage kann man auch so formulieren: in einem geschlossenen Umlauf ist die Summe der erzeugten Spannungen gleich der Summe der verbrauchten Spannungen. Früher versuchte man dieser Betrachtungsweise dadurch gerecht zu werden, dass man zwischen erzeugten und verbrauchten Spannungen stärker unterschied. Man bezeichnete eine Erzeuger(Generator)-Spannung gern als elektromotorische Kraft (EMK) mit dem Buchstaben E. Bild 2.8 zeigt, dass die Zählpfeile für U und E einander entgegengerichtet sind. Die 2. Kirchhoffsche Gleichung lautet in dieser (veralteten) Darstellung

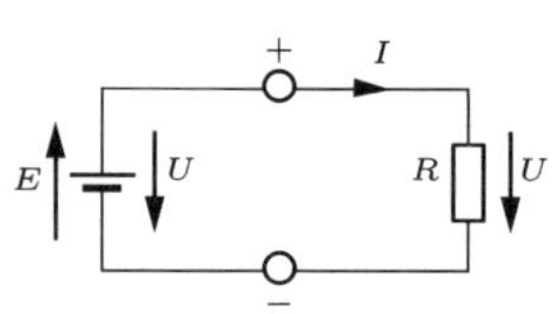

Bild 2.8 *EMK und Spannung einer Batterie.*

$$\sum_{\nu=1}^{m} E_\nu = \sum_{\nu=1}^{n} U_\nu \,, \tag{2.8}$$

d. h.: die Summe der m bei einem Umlauf durchlaufenen Erzeugerspannungen ist gleich der Summe der n bei diesem Umlauf durchlaufenen Verbraucherspannungen.

2.2 Parallel- und Reihenschaltung

2.2.1 Reihenschaltung von Widerständen

Bild 2.9 zeigt drei hintereinander geschaltete (in Reihe geschaltete) Widerstände. Nach dem Ohmschen Gesetz, Gl. (2.2a) gilt

$$U_1 = R_1 I_1 \tag{2.9a}$$

$$U_2 = R_2 I_2 \tag{2.9b}$$

$$U_3 = R_3 I_3 . \tag{2.9c}$$

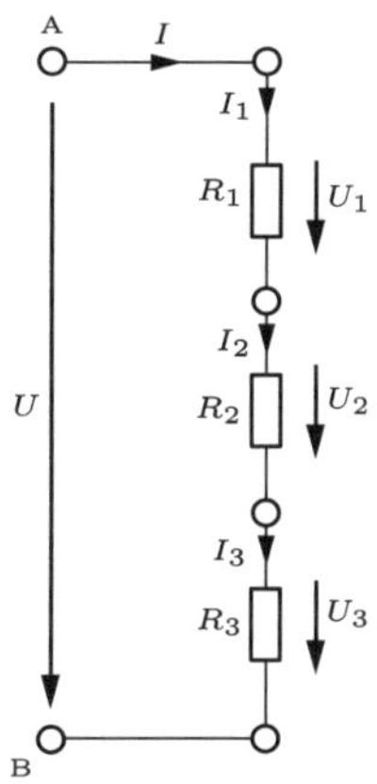

Bild 2.9 *Reihenschaltung dreier Widerstände.*

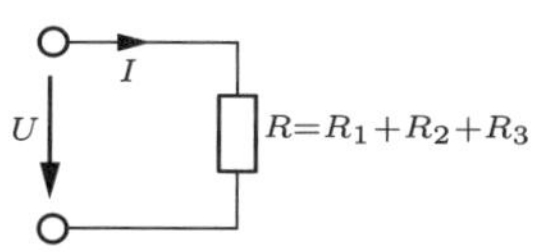

Bild 2.10 *Ergebnis einer Reihenschaltung.*

Die Addition dieser 3 Gleichungen liefert

$$U_1 + U_2 + U_3 = R_1 I_1 + R_2 I_2 + R_3 I_3 . \tag{2.10}$$

Wegen des ersten Kirchhoffschen Gesetzes, Gl. (2.5), gilt hier

$$I_1 = I_2 = I_3 = I \tag{2.11}$$

und wegen des zweiten, Gl. (2.7),

$$U_1 + U_2 + U_3 = U . \tag{2.12}$$

Setzt man die Gln. (2.11) und (2.12) in (2.10) ein, so ergibt sich

$$U = (R_1 + R_2 + R_3) I . \tag{2.13}$$

Dies ist das Ohmsche Gesetz (2.2a) für einen Widerstand von der Größe

$$R = R_1 + R_2 + R_3 , \tag{2.14}$$

Die drei in Reihe geschalteten Widerstände R_1, R_2, R_3 (Bild 2.9) verhalten sich wie ein einziger Widerstand mit dem Wert $R = R_1 + R_2 + R_3$ (Bild 2.10). Den resultierenden Widerstand einer Reihenschaltung von n Widerständen erhält man also aus der Addition der Teilwiderstände:

$$\boxed{R = \sum_{\nu=1}^{n} R_\nu} \text{ (Reihenschaltung).} \qquad (2.15)$$

2.2.2 Spannungsteiler

Aus den Gln. (2.9a) und (2.11) folgt

$$U_1 = R_1 I,$$

und mit Gl. (2.13) gilt dann

$$\frac{U_1}{U} = \frac{R_1 I}{(R_1 + R_2 + R_3)I} = \frac{R_1}{R_1 + R_2 + R_3}.$$

Allgemein gilt für die Teilspannung U_ν am ν-ten Teilwiderstand R_ν einer Reihenschaltung aus n Widerständen:

$$U_\nu = \frac{R_\nu}{\sum_{\nu=1}^{n} R_\nu} U. \qquad (2.16)$$

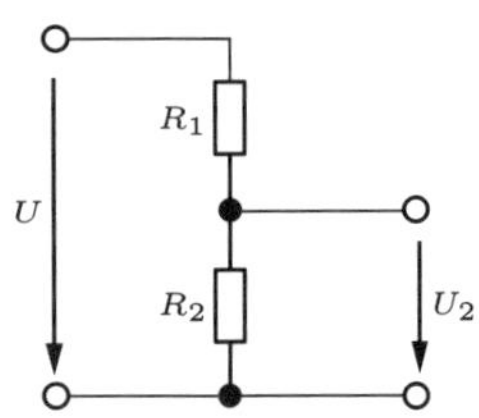

Bild 2.11 *Unbelasteter Spannungsteiler.*

Speziell an einer Reihenschaltung aus zwei Teilwiderständen (Bild 2.11) gilt also

$$\boxed{U_2 = \frac{R_2}{R_1 + R_2} U} \qquad (2.17)$$

und

$$\frac{U_1}{U_2} = \frac{R_1}{R_2}. \qquad (2.18)$$

Die Schaltung in Bild 2.11 nennt man einen **Spannungsteiler.**

2.2.3 Parallelschaltung von Widerständen

Das Bild 2.12 zeigt drei parallelgeschaltete Widerstände mit den Leitwerten

$$G_1 = \frac{1}{R_1}, \qquad G_2 = \frac{1}{R_2}, \qquad G_3 = \frac{1}{R_3}.$$

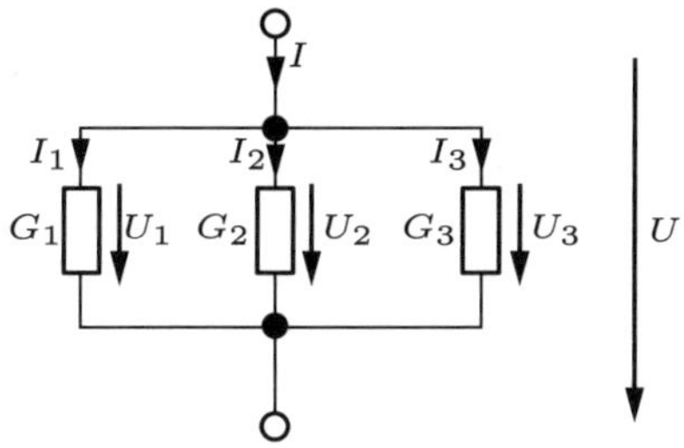

Bild 2.12 *Parallelschaltung dreier Widerstände.*

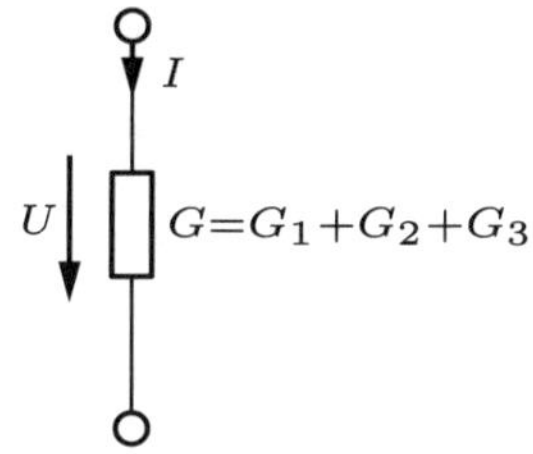

Bild 2.13 *Ergebnis einer Parallelschaltung.*

Wendet man die Darstellung (2.4b) des Ohmschen Gesetzes auf die drei Zweige der Parallelschaltung an, so wird

$$I_1 = G_1 U_1 \tag{2.19a}$$

$$I_2 = G_2 U_2 \tag{2.19b}$$

$$I_3 = G_3 U_3 . \tag{2.19c}$$

Die Addition dieser 3 Gleichungen liefert

$$I_1 + I_2 + I_3 = G_1 U_1 + G_2 U_2 + G_3 U_3 . \tag{2.20}$$

Wegen des zweiten Kirchhoffschen Gesetzes, Gl. (2.7), gilt hier

$$U_1 = U_2 = U_3 = U \tag{2.21}$$

und wegen des ersten, Gl. (2.5),

$$I_1 + I_2 + I_3 = I. \tag{2.22}$$

Setzt man die Gln. (2.21) und (2.22) in Gl. (2.20) ein, so ergibt sich

$$I = (G_1 + G_2 + G_3) U. \tag{2.23}$$

Dies ist das Ohmsche Gesetz (2.4b) für einen Leitwert von der Größe

$$G = G_1 + G_2 + G_3 , \tag{2.24}$$

(Bild 2.13). D. h. die drei parallelgeschalteten Leitwerte G_1, G_2, G_3 verhalten sich wie ein einziger Leitwert von der Größe $G = G_1 + G_2 + G_3$. Den resultierenden Leitwert einer Parallelschaltung von n Leitwerten erhält man aus der Addition der Teilleitwerte:

$$\boxed{G = \sum_{\nu=1}^{n} G_\nu} \text{ (Parallelschaltung).} \tag{2.25}$$

Der Gesamtwiderstand R einer Parallelschaltung von n Teilleitwerten ist demnach

$$R = \frac{1}{G} = \frac{1}{G_1 + G_2 + \ldots + G_\nu + \ldots + G_n} = \frac{1}{\frac{1}{R_1} + \frac{1}{R_2} + \ldots + \frac{1}{R_\nu} + \ldots + \frac{1}{R_n}}$$

$$R = \frac{1}{\sum_{\nu=1}^{n} \frac{1}{R_\nu}} . \tag{2.26}$$

Vergleicht man die Darstellungen in Gl. (2.25) und Gl. (2.26) miteinander, so zeigt sich deutlich, dass bei Parallelschaltung bequemer mit Leitwerten als mit Widerständen zu rechnen ist.

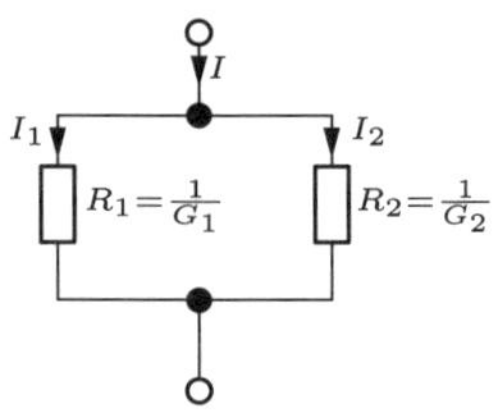

Bild 2.14 *Parallelschaltung zweier Widerstände.*

Speziell für zwei parallelgeschaltete Widerstände (Bild 2.14) gilt

$$R = \frac{1}{G} = \frac{1}{G_1 + G_2} = \frac{1}{\frac{1}{R_1} + \frac{1}{R_2}} = \frac{R_1 R_2}{R_1 + R_2} \tag{2.27}$$

2.2.4 Stromteiler

Aus den Gln. (2.19a) und (2.21) folgt

$$I_1 = G_1 U$$

und mit Gl. (2.23) gilt dann

$$\frac{I_1}{I} = \frac{G_1 U}{(G_1 + G_2 + G_3) U} = \frac{G_1}{G_1 + G_2 + G_3} .$$

Allgemein gilt für den Teilstrom I_ν im ν-ten Teilleitwert G_ν einer Parallelschaltung aus n Leitwerten:

$$I_\nu = \frac{G_\nu}{\sum_{\nu=1}^{n} G_\nu} I . \tag{2.28}$$

Speziell an einer Parallelschaltung aus zwei Teilleitwerten (Bild 2.14) gilt also

$$\boxed{I_2 = \frac{G_2}{G_1 + G_2} I} \tag{2.29a}$$

$$I_2 = \frac{\frac{1}{R_2}}{\frac{1}{R_1} + \frac{1}{R_2}} I$$

$$\boxed{I_2 = \frac{R_1}{R_1 + R_2} I} \qquad (2.29b)$$

und

$$\frac{I_1}{I_2} = \frac{G_1}{G_2}; \qquad \frac{I_1}{I_2} = \frac{R_2}{R_1}. \qquad (2.30a, b)$$

2.2.5 Gruppenschaltung von Widerständen

In bestimmten Schaltungen lassen sich Gruppen von Widerständen zusammenfassen, die vom selben Strom durchflossen werden oder die an derselben Spannung liegen. Eine Schaltung, die sich ganz aus solchen Gruppen zusammensetzt, nennt man **Gruppenschaltung.**

Beispiel 2.4

Berechnung des resultierenden Widerstandes einer Gruppenschaltung

In Bild 2.15 wird eine Schaltung dargestellt, deren Gesamtwiderstand

$$R_{CD} = \frac{U}{I}$$

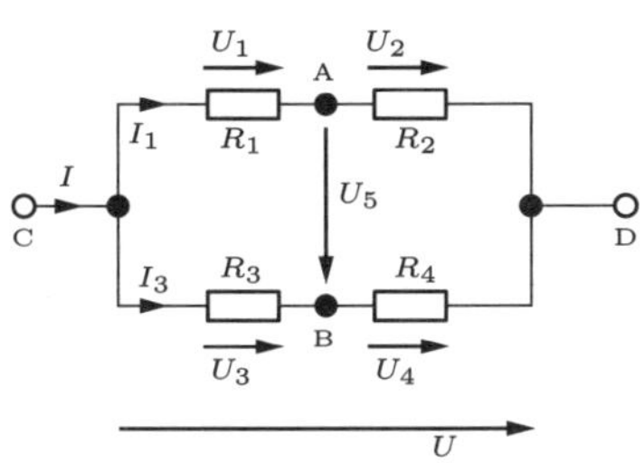

Bild 2.15 *Gruppenschaltung ohmscher Widerstände.*

sich leicht mit den Gln. (2.15) und (2.25) berechnen lässt :

$$R_{1,2} = R_1 + R_2,$$

$$R_{3,4} = R_3 + R_4;$$

$$R_{CD} = \frac{1}{G_{CD}} = \frac{1}{\frac{1}{R_{1,2}} + \frac{1}{R_{3,4}}} = \frac{1}{\frac{1}{R_1 + R_2} + \frac{1}{R_3 + R_4}}$$

$$R_{CD} = \frac{(R_1 + R_2)(R_3 + R_4)}{R_1 + R_2 + R_3 + R_4}. \qquad (2.31)$$

Dagegen lässt sich eine Brückenschaltung (Bild 2.16) nicht einfach als Kombination von Reihen- und Parallelschaltungen auffassen, weil im Allgemeinen hier auch in R_5 ein Strom fließen wird. Dann fließen durch R_1 und R_2 unterschiedliche Ströme: R_1 und R_2 bilden jetzt also keine Reihenschaltung. Das gleiche gilt für R_3 und R_4. Ebenso treten in der Brückenschaltung keine parallelgeschalteten Widerstände auf; der Gesamtwiderstand $R_{CD} = U/I$ kann daher für diese Schaltung nicht aus den Formeln für Reihenschaltung Gl. (2.15) und Parallelschaltung Gl. (2.25) berechnet werden.

2.2.6 Brücken-Abgleich

Für die Spannungen U_1 und U_3 in Bild 2.15 gilt nach der Spannungsteiler-Formel Gl. (2.17):

$$U_1 = \frac{R_1}{R_1 + R_2} U; \qquad U_3 = \frac{R_3}{R_3 + R_4} U.$$

Falls nun

$$\frac{R_1}{R_1 + R_2} = \frac{R_3}{R_3 + R_4} \tag{2.32a}$$

wird, gilt $U_1 = U_3$; man spricht in diesem Fall vom Abgleich der Schaltung in Bild 2.15, und die Anwendung der zweiten Kirchhoffschen Gleichung auf den linken Teil der Schaltung ergibt:

$$U_5 = 0 .$$

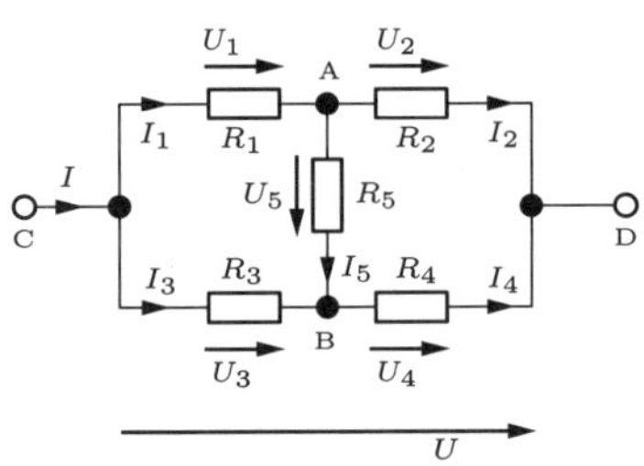

Bild 2.16 *Brückenschaltung.*

Formt man die Gl. (2.32a) um, so entstehen u. a. die folgenden Formulierungen der **Abgleichbedingung** für eine Brückenschaltung (Bild 2.16):

$$R_1 R_4 = R_2 R_3; \quad \frac{R_1}{R_2} = \frac{R_3}{R_4}; \quad R_1 = \frac{R_2 R_3}{R_4} \tag{2.32b, c, d}$$

Ist die Abgleichbedingung erfüllt, so kann zwischen die Punkte A und B der Schaltung in Bild 2.15 ein beliebiger Widerstand R_5 eingefügt werden. Da zwischen diesen Punkten von vornherein keine Spannung anliegt, so fließt durch diesen Widerstand somit kein Strom, und die Spannungen U_1 ... U_4 bleiben ebenso wie die Ströme I_1 ... I_4 unverändert.

Wenn die Schaltung in Bild 2.16 abgeglichen ist, kann demnach der Widerstand R_5 einfach entfernt werden, ohne dass Spannungen und Ströme in der Schaltung hierdurch beeinflusst werden.

Im Abgleichfall lässt sich die Schaltung in Bild 2.16 also durch die einfachere Gruppenschaltung 2.15 ersetzen. Aus Gl. (2.31) und der Abgleichbedingung Gl. (2.32d) ergibt sich für den Widerstand R_{CD} dieser Schaltung

$$R_{\mathrm{CD}}|_{R_5=\infty} \equiv R_{\mathrm{L}} = \frac{\left(\frac{R_2 R_3}{R_4} + R_2\right)(R_3 + R_4)}{\frac{R_2 R_3}{R_4} + R_2 + R_3 + R_4}$$

$$R_{\mathrm{L}} = R_2 \frac{R_3 + R_4}{R_2 + R_4}. \tag{2.33a}$$

Wenn zwischen den Punkten A und B der Schaltung in Bild 2.16 keine Spannung besteht, so kann man diese beiden Punkte auch einfach kurzschließen, wie es in Bild 2.17 dargestellt ist. Diese Schaltung hat den Gesamtwiderstand

$$R_{\mathrm{CD}}|_{R_5=0} \equiv R_{\mathrm{K}} = \frac{R_1 R_3}{R_1 + R_3} + \frac{R_2 R_4}{R_2 + R_4}. \tag{2.34}$$

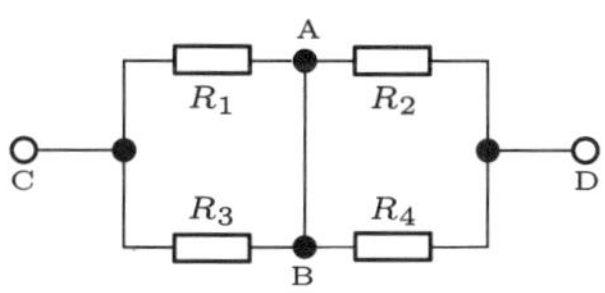

Bild 2.17 *Gruppenschaltung ohmscher Widerstände.*

Mit der Abgleichbedingung Gl. (2.32d) ergibt sich hieraus

$$R_{\mathrm{K}} = \frac{\frac{R_2 R_3}{R_4} R_3}{\frac{R_2 R_3}{R_4} + R_3} + \frac{R_2 R_4}{R_2 + R_4}$$

$$R_{\mathrm{K}} = R_2 \frac{R_3 + R_4}{R_2 + R_4}. \tag{2.33b}$$

Die Ergebnisse in Gln. (2.33a) und (2.33b) bestätigen, dass der Gesamtwiderstand R_{L} der Schaltung in Bild 2.15 mit dem Gesamtwiderstand R_{K} der Schaltung in Bild 2.17 übereinstimmt, falls die Abgleichbedingung erfüllt ist.

2.2.7 Schaltungssymmetrie

Speziell bei symmetrischen Schaltungen, aber auch bei anderen Schaltungen, kann man leicht Paare (oder größere Gruppen) von Punkten erkennen, zwischen denen keine Spannung auftritt. Solche Punkte (man nennt sie Punkte gleichen Potentials) dürfen einfach kurzgeschlossen werden, ohne dass hierdurch Ströme und Spannungen in der Schaltung verändert werden. Ebenfalls dürfen die stromlosen Verbindungen zwischen solchen Punkten einfach aufgetrennt werden.

Beispiel 2.5
Vereinfachung einer symmetrischen Schaltung

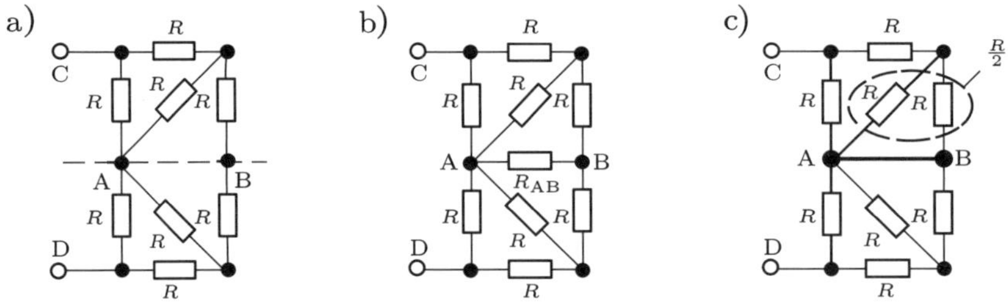

Bild 2.18 *Drei gleichwertige symmetrische Schaltungen.*
a) Schaltung aus 8 Widerständen; b) Schaltung aus 9 Widerständen; c) Gruppenschaltung aus 8 Widerständen.

Aufgrund der Symmetrie der Schaltung in Bild 2.18a ist leicht einzusehen, dass zwischen den Punkten A und B keine Spannung besteht (beide Punkte liegen auf der gestrichelten Symmetrieachse). Man darf also zwischen die Punkte A und B einen beliebigen Widerstand R_{AB} einfügen, ohne dass die ursprünglichen Ströme und Spannungen hierdurch verändert werden (Schaltung in Bild 2.18b). Wählt man $R_{AB} = 0$, so entsteht die Gruppenschaltung in Bild 2.18c. Damit ist gezeigt, dass die Schaltung in Bild 2.18b einfach durch die Schaltung in Bild 2.18c ersetzt werden kann, deren Gesamtwiderstand zwischen den Klemmen C und D R_{CD} leicht berechenbar ist:

$$R_{CD} = 2\frac{R\cdot\frac{3}{2}R}{R+\frac{3}{2}R} = 1{,}2R$$

Dieser Wert gilt also für alle drei Schaltungen in Bild 2.18.

2.3 Strom- und Spannungsmessung

2.3.1 Anforderungen an Strom- und Spannungsmesser

Ein Strommessgerät muss in Reihe zu dem Bauelement eingefügt werden, in dem der Strom gemessen werden soll. Da das Messgerät einen ohmschen Widerstand R_i hat, verändert es grundsätzlich den Messkreis und damit den zu messenden Strom I. Der innere Widerstand R_i des Strommessgerätes sollte also möglichst gering sein.

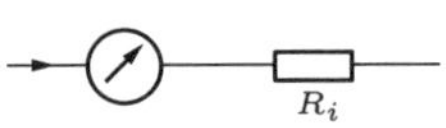

Bild 2.19 *Strommessung.*

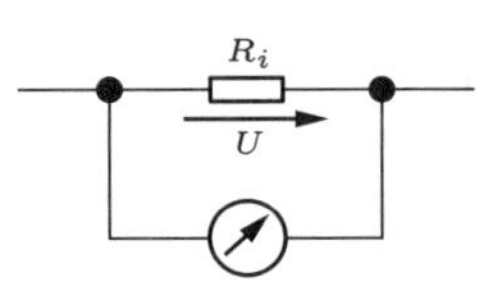

Bild 2.20 *Spannungsmessung.*

Ein Spannungsmessgerät muss parallel zu dem Bauelement geschaltet werden, an dem die Spannung gemessen werden soll. Auch hierbei wird die Schaltung und damit die zu messende Spannung verändert. Der innere Widerstand des Spannungsmessers sollte deshalb möglichst hoch sein.

2.3.2 Eigenschaften des Drehspulmesswerks

Im Drehspulmessinstrument fließt der Messstrom durch eine drehbare Spule (vgl. Beispiel 5.1). Die Spulenachse ist mit zwei Spiralfedern verbunden, die einer Spulendrehung entgegenwirken. Die Spule befindet sich in dem konstanten Magnetfeld eines Dauermagneten. Dadurch wirkt auf sie ein Drehmoment, das dem Messstrom proportional ist (**lineare Skala**). Der Zeiger ist fest mit der Spule verbunden und erreicht seine Ruhelage, wenn das Gegenmoment der Spiralfedern und das Drehmoment auf Grund der Kräfte im Magnetfeld im Gleichgewicht sind.

Schnellen Schwingungen kann die Drehspule mit ihrem Zeiger wegen ihrer mechanischen Trägheit praktisch nicht folgen. Das Messwerk zeigt daher immer nur den zeitlichen Mittelwert des gemessenen Stromes an, ist also vor allem zur Messung von **Gleichstrom** geeignet. Bei einem reinen **Wechselstrom** ergibt sich nur eine Anzeige, wenn er zuvor gleichgerichtet wird. Ein Vorteil des Drehspulmesswerks ist sein (im Vergleich zu anderen Messwerken) **geringer Leistungsverbrauch.** Es kann daher sehr kleine Ströme anzeigen. Außerdem hat das Drehspulmesswerk eine besonders **hohe Messgenauigkeit.**

Als **Vollausschlagsstrom** I_{MV} bezeichnet man den Strom, der gerade fließen muss, damit der Zeiger sich auf den Skalenendwert einstellt. Den ohmschen Widerstand der Drehspule bezeichnet man als **Messwerkswiderstand** R_M.

Beispiel 2.6
Eigenverbrauch eines Drehspulmesswerks mit $I_{MV} = 50\ \mu A$, $R_M = 1\ k\Omega$

Der Eigenverbrauch dieses Messwerks bei Vollausschlag ist

$$P_{MV} = I_{MV}^2 \cdot R_M = (50 \cdot 10^{-6})^2 \cdot A^2 \cdot 10^3 \Omega = 2{,}5 \cdot 10^{-6} W$$

2.3.3 Klassengenauigkeit

Der vom Messinstrument angezeigte Strom kann vom wahren Wert des Stromes abweichen. Der Fehler, der höchstens zu erwarten ist, wird normalerweise in Prozent vom Skalenendwert angegeben: Das sogenannte **Klassenzeichen** gibt den zulässigen **Anzeigefehler** direkt in Prozent an. So hat ein Instrument der Klasse 0,1 einen zulässigen Anzeigefehler von ±0,1 %. Präzisionsinstrumente gehören zu den Klassen 0,1; 0,2 oder 0,5. Betriebsinstrumente gehören zu den Klassen 1; 1,5; 2,5 oder 5.

Beispiel 2.7
Messgenauigkeit eines Drehspulgerätes der Klasse 1,5 im Messbereich 300 mA

Der wahre Wert kann höchstens um 1,5 % von 300 mA, also

$$300\ mA \cdot 0{,}015 = 4{,}5\ mA$$

vom abgelesenen Wert abweichen. Liest man im Messbereich 300 mA z. B. den Wert 150 mA ab, so gilt für den wahren Wert:

$$I = 150\ mA \pm 4{,}5\ mA\ ;$$

es ergibt sich also in diesem Fall eine Abweichung von

$$\pm 3\,\%\ \text{vom Messwert.}$$

Liest man im Messbereich 300 mA z. B. den Strom 50 mA ab, so gilt für den wahren Wert:

$$I = 50\ \text{mA} \pm 4{,}5\ \text{mA}\,;$$

nun ist also sogar eine Abweichung von

$$\pm 9\ \%$$

möglich. Würde man im 300 mA-Messbereich nur den Wert 4,5 mA ablesen, so ergäbe sich für den wahren Wert

$$I = 4{,}5\ \text{mA} \pm 4{,}5\ \text{mA},$$

d. h. der wahre Wert kann im Bereich von 0 mA bis 9 mA liegen, und die Abweichung des wahren Wertes vom gemessenen Wert kann

$$\pm 100\ \%$$

erreichen. Der prozentuale Messfehler nimmt also zu, je kleiner der Zeigerausschlag ist. Daher ist es nötig, für jede Messung einen Messbereich zu haben, bei dem der Zeiger möglichst dicht an das Skalenende herankommt. Daraus ergibt sich die Notwendigkeit, das Messwerk eines Instrumentes für verschiedene Messbereiche (z. B. 50 μA, 300 μA, 1 mA, 3 mA, 10 mA u. a.) verwendbar zu machen: Messbereichserweiterung. Außerdem können Drehspulinstrumente auch zur Anzeige von Spannungen verwendet werden. Fließt z. B. durch das Instrument nach Beispiel 2.6 der Vollausschlagsstrom, so liegt am Instrument die **Vollausschlagsspannung**

$$U_{\text{MV}} = I_{\text{MV}} \cdot R_{\text{M}} \qquad (2.35)$$

$$U_{\text{MV}} = 50 \cdot 10^{-6}\,\text{A} \cdot 10^{3}\,\Omega = 50\ \text{mV}\,.$$

2.3.4 Messbereichserweiterung

Strom-Messbereichserweiterung

Falls mit einem Drehspulmessgerät ein Strom gemessen werden soll, der größer als der Vollausschlagsstrom I_{MV} ist, so lässt sich der Messbereich durch einen Parallelwiderstand R_{p} entsprechend erweitern (Bild 2.21). Wenn durch das Messwerk z. B. gerade der Vollausschlagsstrom I_{MV} fließt, dann erreicht der Gesamtstrom I gemäß der Stromteilerformel Gl. (2.29a) den Wert

$$I_{\text{V}} = \frac{G_{\text{M}} + G_{\text{P}}}{G_{\text{M}}} I_{\text{MV}}\,. \qquad (2.36\text{a})$$

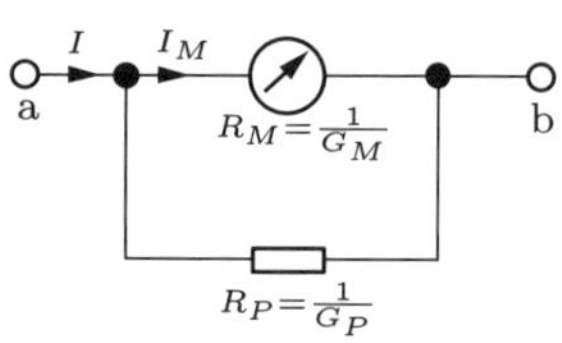

Bild 2.21 *Parallelschaltung eines Widerstandes zum Messwerk.*

Diesen Strom I_{V} kann man nun also dem Skalenendwert anstelle des Stromes I_{MV} zuordnen, denn der Gesamtstrom I ist es ja, der von der Klemme a zur Klemme b fließt und der gemessen werden soll.

Beispiel 2.8

Berechnung eines Parallelwiderstandes zur Strom-Messbereichserweiterung

Ein Drehspulinstrument mit dem Vollausschlagsstrom $I_{\text{MV}} = 50\ \mu\text{A}$ und dem Messwerkswiderstand $R_{\text{M}} = 1\ \text{k}\Omega$ soll Ströme bis zum Wert $I = 1$ mA messen. Wie groß muss R_{p} sein?

Lösung:

Die Gl. (2.36a) lässt sich nach G_p auflösen:

$$G_P = G_M\left(\frac{I_V}{I_{MV}} - 1\right) \tag{2.36b}$$

$$G_P = \frac{1}{10^3\,\Omega}\left(\frac{10^{-3}\,\text{A}}{50\cdot 10^{-6}\,\text{A}} - 1\right) = \frac{19}{10^3\,\Omega} = \frac{1}{R_P}$$

$$R_P = 52{,}6\ \Omega\,.$$

Schaltet man diesen Widerstand zum Messwerk parallel, dann bedeutet – wie gefordert – Vollausschlag des Messinstruments, dass der Gesamtstrom I den Wert $I_v = 1$ mA erreicht.

Normalerweise wird in sogenannten **Vielfach-Instrumenten** ein einziges Messwerk für mehrere Messbereiche verwendet, z. B. 6 Strom- und 6 Spannungs-Messbereiche.

Beispiel 2.9

Dimensionierung der Widerstände eines Vielfach-Messgeräts (Strommessung)

Ein Drehspulmesswerk hat den Vollausschlagsstrom $I_{MV} = 50\ \mu\text{A}$ und den Messwerkswiderstand R_M.

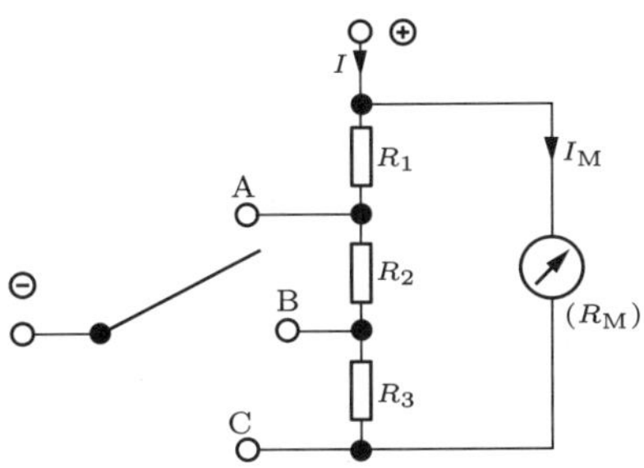

Bild 2.22 *Drehspulmesswerk mit drei Strom-Messbereichen.*

Das Messgerät soll drei Messbereiche haben: 100 µA, 300 µA, 1 mA. Zwischen den Schalterstellungen A, B, C in Bild 2.22, und den drei Strombereichen soll folgende Zuordnung gelten:

Schalterstellung	Messbereich
A	0...1 mA
B	0...300 µA
C	0...100 µA

Die Widerstände R_1, R_2 und R_3 sollen allgemein und für den Sonderfall $R_M = 900\ \Omega$ berechnet werden.

Lösung:

Bei Anschluss an Klemme A und Vollausschlag des Messwerks muss entsprechend der Stromteilerformel Gl. (2.29b) gelten:

$$\frac{R_1}{R_1 + R_2 + R_3 + R_M} = \frac{I_{MV}}{I_{(A)}} = \frac{50\ \mu\text{A}}{1\ \text{mA}} = \frac{1}{20}\,; \tag{2.37a}$$

bei Anschluss an Klemme B:

$$\frac{R_1 + R_2}{R_1 + R_2 + R_3 + R_M} = \frac{I_{MV}}{I_{(B)}} = \frac{50\,\mu A}{300\,\mu A} = \frac{1}{6}\,; \tag{2.37b}$$

bei Anschluss an Klemme C:

$$\frac{R_1 + R_2 + R_3}{R_1 + R_2 + R_3 + R_M} = \frac{I_{MV}}{I_{(C)}} = \frac{50\,\mu A}{100\,\mu A} = \frac{1}{2}\,. \tag{2.37c}$$

Durch einfache Umformung ergibt sich aus den Gln. (2.37):

$$19\,R_1 - R_2 - R_3 = R_M \tag{2.38a}$$

$$5\,R_1 + 5\,R_2 - R_3 = R_M \tag{2.38b}$$

$$R_1 + R_2 + R_3 = R_M\,. \tag{2.38c}$$

Aus der Addition der Gln. (2.38a) und (2.38c) erhält man nun

$$20\,R_1 = 2\,R_M\,; \quad R_1 = \frac{1}{10} R_M\,.$$

Addition der Gl. (2.38b) und der mit (– 5) multiplizierten Gl. (2.38c) liefert

$$-6\,R_3 = -4\,R_M\,; \quad R_3 = \frac{2}{3} R_M\,.$$

Aus Gl. (2.38c) folgt dann

$$R_2 = R_M - R_1 - R_3 = R_M - \frac{1}{10} R_M - \frac{2}{3} R_M\,; \quad R_2 = \frac{7}{30} R_M\,.$$

Mit $R_M = 900\ \Omega$ wird also

$$R_1 = 90\,\Omega, \quad R_2 = 210\,\Omega, \quad R_3 = 600\,\Omega\,.$$

Spannungs-Messbereichserweiterung

Falls eine Spannung gemessen werden soll, die größer ist als U_{MV}, vgl. Gl. (2.35), so lässt sich der Messbereich durch einen Vorwiderstand R_r entsprechend erweitern (Bild 2.23).

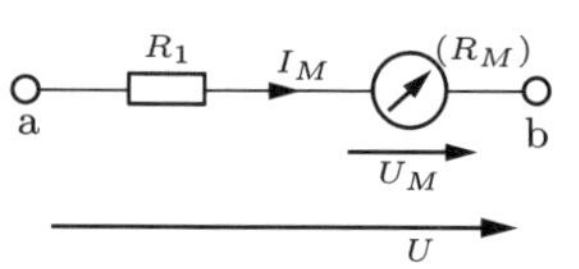

Bild 2.23 *Reihenschaltung eines Widerstandes zum Messwerk.*

Wenn am Messwerk z. B. gerade die Vollausschlagsspannung U_{MV} liegt, dann erreicht die Spannung U an der Reihenschaltung gemäß der Spannungsteilerformel Gl. (2.17) den Wert

$$U_V = \frac{R_r + R_M}{R_M} U_{MV}\,. \tag{2.39a}$$

Diese Spannung U_V kann man nun also dem Skalenendwert anstelle der Spannung U_{MV} zuordnen, denn die Gesamtspannung U ist es ja, die zwischen den Klemmen a und b liegt und die gemessen werden soll.

Beispiel 2.10

Berechnung eines Vorwiderstandes zur Spannungs-Messbereichserweiterung

Ein Drehspulgerät mit dem Vollausschlagsstrom $I_{MV} = 50\ \mu A$ und dem Messwerkswiderstand $R_M = 1\ k\Omega$ soll Spannungen bis zum Wert $U = 100$ V messen. Wie groß muss R_r sein?

Lösung:

Das Messwerk hat die Vollausschlagsspannung

$$U_{MV} = I_{MV} \cdot R_M = 50 \cdot 10^{-6}\,A \cdot 10^3\,\Omega = 50\ mV\ .$$

Die Gl. (2.39a) lässt sich nach R_r auflösen:

$$R_r = R_M \left(\frac{U_V}{U_{MV}} - 1 \right) \tag{2.39b}$$

$$R_r = 10^3\,\Omega \left(\frac{100\,V}{50\,mV} - 1 \right) = 10^3\,\Omega\,(2000 - 1) = 1{,}999\,M\Omega\ .$$

Schaltet man diesen Widerstand in Reihe zum Messwerk, dann bedeutet – wie gefordert – Vollausschlag des Messinstrumentes, dass die Gesamtspannung U den Wert $U_v = 100$ V erreicht.

Beispiel 2.11

Dimensionierung der Widerstände eines Vielfach-Messgerätes (Spannungsmessung)

Ein Drehspulmessgerät hat den Spulenwiderstand $R_M = 1\ \Omega$. Wenn es vom Strom $I_{MV} = 100$ mA durchflossen wird, dann schlägt es voll aus. Es soll als Spannungsmesser eingesetzt werden und vier Messbereiche haben (Bild 2.24). Zwischen den Schalterstellungen A, B, C, D und den vier Spannungs-Messbereichen soll folgende Zuordnung gelten:

Schalterstellung	Messbereich
A	0 ... 300 mV
B	0 ... 1 V
C	0 ... 3 V
D	0 ... 10 V

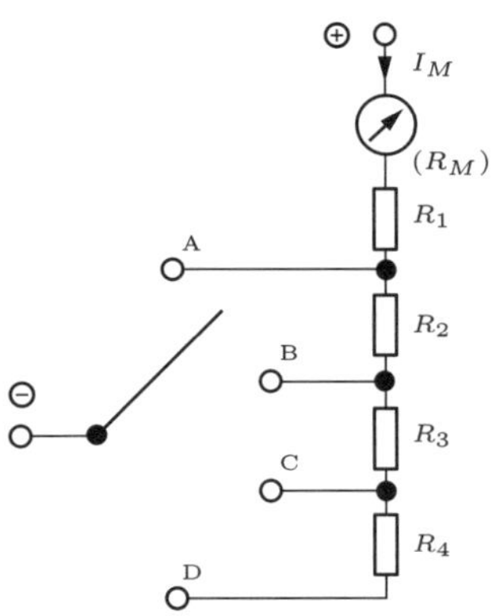

Bild 2.24 *Drehspulmessgerät mit vier Spannungs-Messbereichen.*

Die Widerstände $R_1 \dots R_4$ sollen berechnet werden. Welchen Widerstand R_i hat das Messgerät in den verschiedenen Messbereichen?

Lösung:

In Schalterstellung A gilt: $I_{MV}\,(R_M + R_1) = 300\text{ mV}$

$$R_1 = \frac{300\,\text{mV}}{100\,\text{mA}} - R_M = 3\,\Omega - 1\,\Omega = 2\,\Omega\ .$$

Der Widerstand R_i des Messgerätes ist in diesem Messbereich

$$R_{iA} = R_M + R_1 = 3\,\Omega\ .$$

In Schalterstellung B gilt: $I_{MV}\,(R_M + R_1 + R_2) = 1\text{ V}$

$$R_2 = \frac{1\,\text{V}}{100\,\text{mA}} - R_M - R_1 = 10\,\Omega - 3\,\Omega = 7\,\Omega.$$

Der Widerstand R_i des Messgerätes ist in diesem Messbereich

$$R_{iB} = R_M + R_1 + R_2 = 10\,\Omega.$$

In Schalterstellung C gilt: $I_{MV}\,(R_M + R_1 + R_2 + R_3) = 3\text{ V}$

$$R_3 = \frac{3\,\text{V}}{100\,\text{mA}} - R_M - R_1 - R_2 = 30\,\Omega - 10\,\Omega = 20\,\Omega\ .$$

Der Widerstand R_i des Messgerätes ist in diesem Messbereich

$$R_{ic} = R_M + R_1 + R_2 + R_3 = 30\,\Omega\ .$$

In Schalterstellung D gilt: $I_{MV}(R_M + R_1 + R_2 + R_3 + R_4) = 10\text{ V}$

$$R_4 = \frac{10\,\text{V}}{100\,\text{mA}} - R_M - R_1 - R_2 - R_3 = 100\,\Omega - 30\,\Omega = 70\,\Omega\ .$$

Der Widerstand R_i des Messgerätes ist in diesem Messbereich

$$R_{iD} = R_M + R_1 + R_2 + R_3 + R_4 = 100\,\Omega\ .$$

Anmerkung:

Das betrachtete Messwerk ($R_M = 1\,\Omega$, $I_{MV} = 100$ mA) hat die Vollausschlagsspannung

$$U_{MV} = 1\,\Omega \cdot 100\,\text{mA} = 100\,\text{mV}.$$

Das Gerät (Messwerk + Vorwiderstände) hat daher in allen Messbereichen den auf die jeweilige Vollausschlags-spannung bezogenen (niedrigen) Innenwiderstand

$$r_i^* = 1\,\Omega / 100\,\text{mV} = 10\,\Omega / \text{V}.$$

Zur Spannungsmessung wäre daher ein Messwerk geeigneter, dessen Spule einen höheren Widerstand R_M hat: würde z. B. die Anzahl der Windungen erhöht und dadurch $R_M = 1\text{ k}\Omega$, $I_{MV} = 100\ \mu\text{A}$, so bliebe zwar $U_{MV} = 100$ mV, aber es ergäbe sich

$$r_i^* = 1\,\text{k}\Omega / 100\,\text{mV} = 10\,\text{k}\Omega / \text{V}.$$

Von Vorteil wäre ein Gerät mit $R_M = 1\,\Omega$ wegen der geringeren Spulengröße bei Strommessungen in den Messbereichen von 100 mA an aufwärts (es fehlen ihm aber Messbereiche unter 100 mA).

2.3.5 Messwertkorrektur

Spannungsrichtige Messung

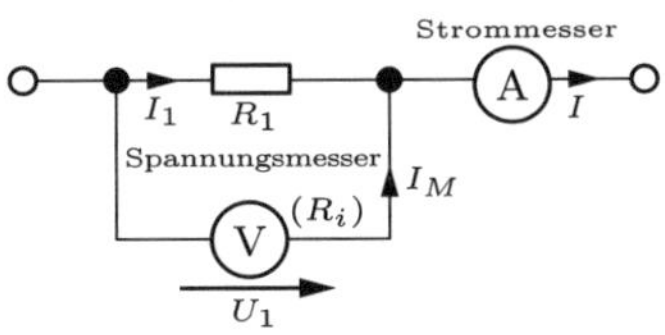

Bild 2.25 *Spannungsrichtige Messung.*

Soll an einem Widerstand R_1 (Bild 2.25) die Spannung gemessen werden, so schaltet man den Spannungsmesser parallel zu R_1. Will man gleichzeitig auch den Strom messen, der durch R_1 fließt, so kann man die Schaltung 2.25 wählen. Diese Schaltung hat aber den Nachteil, dass der Strommesser nicht I_1, sondern I misst. Der Strom I_M durch den Spannungsmesser verfälscht die Anzeige des Strommessers. Hierbei gilt

$$I_1 = I - I_M$$

$$I_1 = I - \frac{U_1}{R_i}. \tag{2.40}$$

Wenn der Widerstand R_i des Spannungsmessers bekannt ist, kann aus dem gemessenen Wert I der Wert I_1 des tatsächlich durch R_1 fließenden Stromes berechnet werden. Man bezeichnet dies als **Stromkorrektur.** Da die gemessene Spannung U_1 bei der Schaltung 2.25 mit der Spannung an R_1 identisch ist, nennt man eine Messung nach der Schaltung in Bild 2.25 eine spannungsrichtige Messung.

Stromrichtige Messung

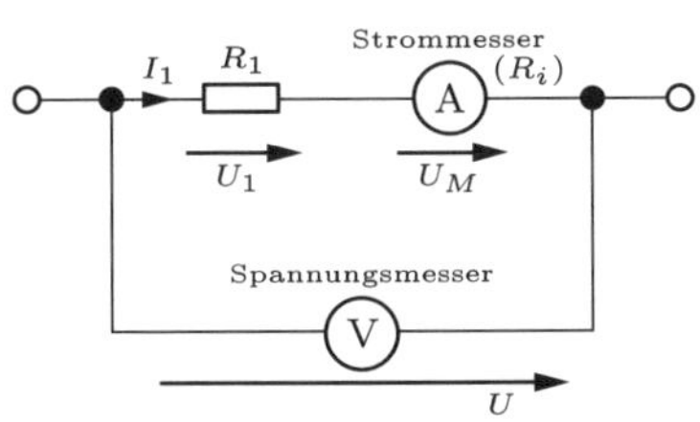

Bild 2.26 *Stromrichtige Messung.*

Soll in einem Widerstand R_1 (Bild 2.26) der Strom gemessen werden, so schaltet man den Strommesser in Reihe zu R_1. Will man gleichzeitig auch die Spannung messen, die an R_1 liegt, so kann man die Schaltung 2.26 wählen. Diese Schaltung hat aber den Nachteil, dass der Spannungsmesser nicht U_1, sondern U misst. Die Spannung U_M am Strommesser verfälscht also die Anzeige des Spannungsmessers. Hierbei gilt:

$$U_1 = U - U_M$$

$$\boxed{U_1 = U - I_1 R_1}. \tag{2.41}$$

Wenn der Widerstand R_i des Strommessgerätes bekannt ist, kann mit Hilfe dieser Gleichung aus dem gemessenen Wert U der Wert U_1 der tatsächlich an R_1 liegenden Spannung berechnet werden. Man bezeichnet dies als **Spannungskorrektur.** Da der gemessene Strom I_1 bei der Schaltung 2.26 mit dem Strom in R_1 identisch ist, nennt man eine Messung mit Schaltung 2.26 eine stromrichtige Messung.

Beispiel 2.12

Genauigkeit einer Widerstandsmessung

Gegeben ist eine Schaltung zur spannungsrichtigen Messung (Bild 2.25). An dem Widerstand R_1 werden die Spannung $U_1 = 10$ V und der Strom $I = 1$ mA gemessen. Der Spannungsmesser hat den Widerstand $R_i = 50$ kΩ.

a) Aus der Strom- und Spannungsmessung soll R_1 bestimmt werden.

b) Der benutzte Spannungsmessbereich ist 0...30 V, der Strommessbereich 0...3 mA. Die beiden Messinstrumente haben das Klassenzeichen 5. Es sollen die Bereiche angegeben werden, in denen die wahren Werte des Stromes I und der Spannung U_1 liegen können.

c) In welchem Bereich kann infolgedessen der wahre Wert R liegen?

Lösung:

a) In der Schaltung 2.25 gilt mit $G_1 = \frac{1}{R_1}$ und $G_i = \frac{1}{R_i}$

$$I = U_1(G_1 + G_i). \tag{2.42}$$

Löst man dies nach G_1 auf, so wird

$$G_1 = \frac{1}{U_1} - G_i \tag{2.43}$$

$$G_1 = \frac{1\,\text{mA}}{10\,\text{V}} - \frac{1}{50\,\text{k}\Omega} = \frac{1}{10\,\text{k}\Omega} - \frac{1}{50\,\text{k}\Omega} = \frac{4}{50\,\text{k}\Omega};$$

$$R_1 = \frac{50\,\text{k}\Omega}{4} = 12{,}5\,\text{k}\Omega\,.$$

b) Im Messbereich 3 mA ist bei einem Instrument der Klasse 5 die Abweichung $3\,\text{mA} \cdot 0{,}05 = 0{,}15\,\text{mA}$ möglich. Wird der Wert $I = 1\,\text{mA}$ angezeigt, so liegt also der wahre Wert mit Sicherheit im Bereich

$$0{,}85\,\text{mA} \le I \le 1{,}15\,\text{mA}\,.$$

Im Spannungsmessbereich 30 V ist bei einem Instrument der Klasse 5 die Abweichung 30 V · 0,05 = 1,5 V möglich. Wird der Wert 10 V angezeigt, so liegt der wahre Wert mit Sicherheit im Bereich

$$8{,}5\,\text{V} \le U_1 \le 11{,}5\,\text{V}.$$

c) Der höchstmögliche Leitwert $\hat{G}_1$ ergibt sich, falls der wahre Strom den Wert $\hat{I} = 1{,}15$ mA und die wahre Spannung den Wert $\check{U}_1 = 8{,}5$ V hat. Aus Gl. (2.43) folgt dann

$$\hat{G}_1 = \frac{\hat{I}}{\check{U}_1} - G_i = \frac{1{,}15\,\text{mA}}{8{,}5\,\text{V}} - \frac{1}{50\,\text{k}\Omega}$$

$$\check{R}_1 = \frac{1}{\hat{G}_1} \approx 8{,}7\,\text{k}\Omega.$$

Umgekehrt ergibt sich der minimal mögliche Leitwert $\check{G}_1$ aus den Werten $\check{I} = 0{,}85$ mA und $\hat{U}_1 = 11{,}5$ V:

$$\check{G}_1 = \frac{\check{I}}{\hat{U}_1} - G_i = \frac{0{,}85\,\text{mA}}{11{,}5\,\text{V}} - \frac{1}{50\,\text{k}\Omega}$$

$$\hat{R}_1 = \frac{1}{\check{G}_1} \approx 18{,}5\,\text{k}\Omega$$

Die Ungenauigkeit der verwendeten Messgeräte (± 5 % vom Skalenendwert) führt hier also zu einer noch viel größeren Ungenauigkeit bei der Widerstandsmessung:

$$8{,}7\,\text{k}\Omega \le R_1 \le 18{,}5\,\text{k}\Omega$$

$$R_1 = 13{,}6\,\text{k}\Omega \pm 4{,}9\,\text{k}\Omega = 13{,}6\,\text{k}\Omega \pm \frac{36}{100} 13{,}6\,\text{k}\Omega\ .$$

Bei der Widerstandsmessung ist also eine Abweichung von ± 36 % möglich.

Anmerkung zu a): Ohne Stromkorrektur (und ohne Berücksichtigung der Ungenauigkeit des Messgerätes) hätte sich ergeben

$$R_{1\text{I}} = \frac{U_1}{I} = \frac{10\text{ V}}{1\text{ mA}} = 10\text{ k}\Omega\ ;$$

die Stromkorrektur (d. h. die Berücksichtigung des Innenwiderstandes des Spannungsmessers) darf hier also nicht unterbleiben.

Bei der Messung des Widerstandes R_1 = 12,5 kΩ hätte stromrichtige Messung (bei idealer Messgenauigkeit) für R_i = 10 Ω z. B. zu folgenden Messwerten geführt (Bild 2.26):

$$I_1 = 1\text{ mA},\quad U = 12{,}51\text{ V}.$$

Ohne Spannungskorrektur ergibt das

$$R_{1\text{U}} = \frac{U}{I_1} = \frac{12{,}51\,\text{V}}{1\text{ mA}} = 12{,}51\text{ k}\Omega\ .$$

Mit Spannungskorrektur hätte sich für R_i = 10 Ω ergeben:

$$R_1 = \frac{U}{I_1} - R_\text{i} = 12{,}5\text{ k}\Omega.$$

Bei stromrichtiger Messung hätte also in diesem Fall der Spannungsabfall am Strommesser vernachlässigt werden können. Die Spannungskorrektur ist hier überflüssig, weil ihr Einfluss wesentlich geringer ist als der mögliche Fehler eines Präzisions-Messgerätes.

Allgemein gilt: Wenn der zu messende Widerstand klein ist (im Vergleich zum Innenwiderstand R_i des Spannungsmessers), ist spannungsrichtige Messung zweckmäßig. Ist dagegen der zu messende Widerstand groß, so ist die stromrichtige Messung geeigneter.

2.4 Lineare Zweipole

Beliebige elektrische Schaltungen mit zwei Anschlüssen bezeichnet man als Zweipole. Auch Schaltungen mit mehr Anschlüssen können als Zweipole aufgefasst werden, wenn nur zwei Anschlüsse benutzt werden. Zweipole haben schon in den vorangehenden Abschnitten eine Rolle gespielt: ein einzelner ohmscher Widerstand mit seinen zwei Anschlüssen ist ein Zweipol, die Reihenschaltung mehrerer Widerstände (Bild 2.9) kann als Zweipol mit den Anschlussklemmen A und B angesehen werden. Ein solcher Zweipol kann im übrigen außer ohmschen Widerständen auch alle möglichen anderen Verbraucher (z. B. Spulen, Dioden, Glühlampen) und Spannungsquellen enthalten.

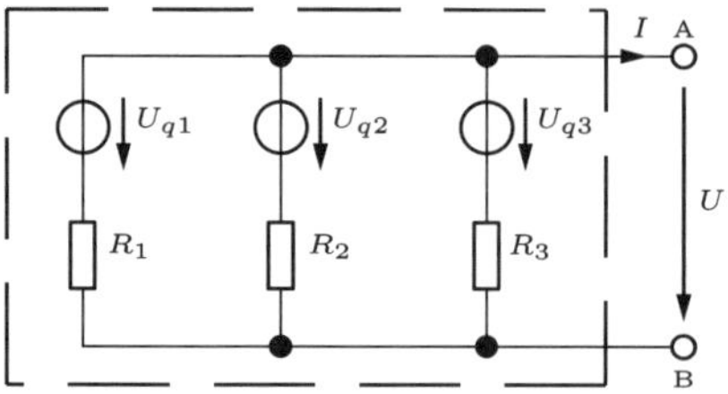

Bild 2.27 *Zweipol mit 3 Spannungsquellen und 3 Widerständen.*

In Bild 2.27 wird ein Zweipol dargestellt, der drei Spannungsquellen und drei Widerstände enthält; dieser Zweipol ist an den Klemmen A und B zugänglich. Messbar sind nur die Klemmenspannung U und der Klemmenstrom I.

2.4.1 Generator- und Verbraucher-Zählpfeilsystem

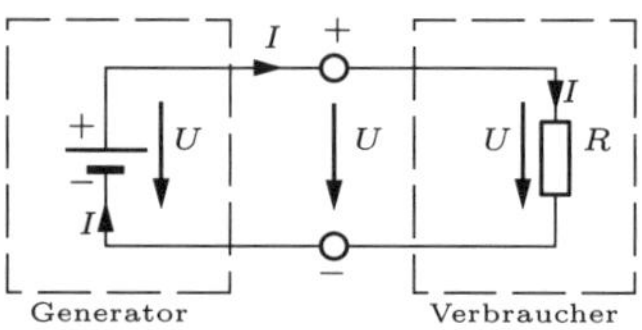

Bild 2.28 *Zählpfeile am Generator- und Verbraucher-Zweipol.*

Wenn eine Batterie Leistung abgibt (Bild 2.28), fließt aus ihrer Plusklemme ein Strom heraus. Nur beim Aufladen (d. h. wenn die Batterie Leistung aufnimmt) fließt in ihre Plusklemme ein Strom hinein. Im Normalfall der Leistungsabgabe sind also in einer Batterie und in jedem anderen Erzeuger (Generator) elektrischer Leistung der Strom und die Spannung einander entgegengerichtet. In einem Verbraucher dagegen haben Strom und Spannung immer gleiche Richtung. Bei entsprechender Wahl der Zählpfeile für I und U spricht man von einem **Verbraucher-Zählpfeilsystem.** Die Darstellung

$$U = R\,I \tag{2.2a}$$

für das Ohmsche Gesetz gilt unter der Voraussetzung dieses Zählpfeilsystems.

Man kann die Pfeile von Strom und Spannung auch so festlegen, dass sie beim Generator die gleiche Richtung haben. Dann spricht man von einem **Generator-Zählpfeilsystem.** In diesem System haben Strom und Spannung an einem Verbraucher nicht mehr die gleiche Richtung; das Ohmsche Gesetz erhält die Form

$$U = -R\,I.$$

Im Falle des Verbraucher-Zählpfeilsystems an einem Zweipol bedeutet

$$\left.\begin{array}{ll} P = U\,I > 0 & \text{Leistungsaufnahme} \\ P = U\,I < 0 & \text{Leistungsabgabe.} \end{array}\right. \qquad \text{(VZS)}$$

Beim Generator-Zählpfeilsystem entspricht

$$\left.\begin{aligned} P &= U\,I > 0 \quad \text{Leistungsabgabe} \\ P &= U\,I < 0 \quad \text{Leistungsaufnahme.} \end{aligned}\right\} \quad \text{(GZS)}$$

2.4.2 Spannungsquellen

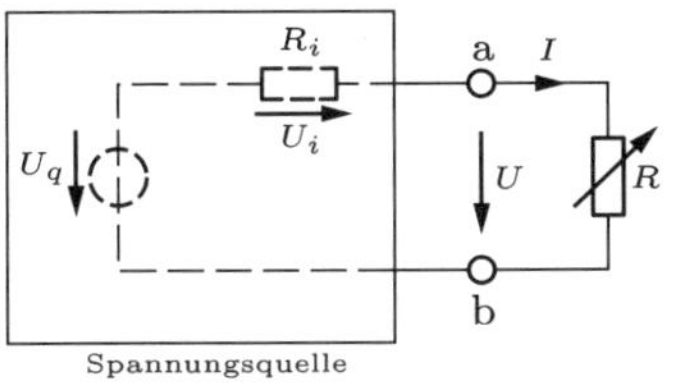

Bild 2.29 *Belastung einer Spannungsquelle mit dem Widerstand R.*

Die wichtigsten Spannungsquellen sind die Drehstrom-Generatoren, die den technischen Wechselstrom erzeugen; Gleichspannung können sie nicht unmittelbar, sondern erst nach Gleichrichtung liefern. Alle Arten von chemischen Spannungsquellen, wie Trockenbatterien und Blei-Sammler (-Akkumulatoren) erzeugen Gleichspannung.

Die Spannung U, die an den Klemmen a, b einer Gleichspannungsquelle (Bild 2.29) auftritt, nimmt mit wachsendem Belastungsstrom I ab. Dies kann durch die Gleichung

$$U = U_q - R_i\,I \tag{2.44}$$

beschrieben werden. Hierbei sind die **Quellenspannung** U_q und der **innere Widerstand** R_i fiktive Größen; d. h. Größen, die nicht unmittelbar messbar sind, sondern nur den messbaren Zusammenhang $U = f(I)$ richtig beschreiben. In vielen wichtigen Fällen ist dieser Zusammenhang nahezu **linear**, die Funktion $U = f(I)$ ergibt dann eine Gerade (Bild 2.30).

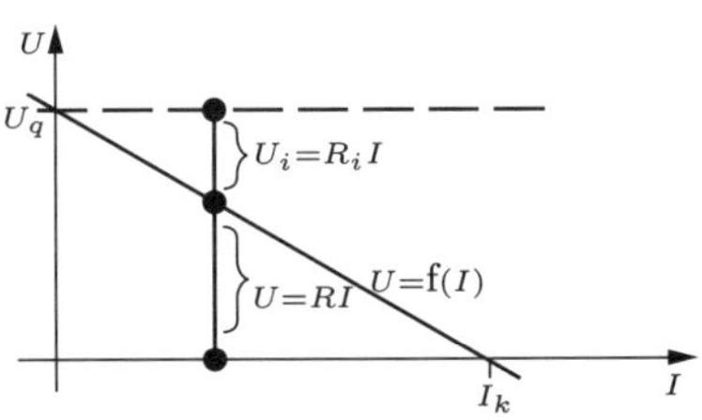

Bild 2.30 *Abhängigkeit der Klemmenspannung vom Belastungsstrom bei einer linearen Spannungsquelle.*

Die Gl. (2.44) beschreibt im übrigen nur dann eine Gerade, wenn

$$U_q = \text{konst} \tag{2.45}$$

und

$$R_i = \text{konst} \tag{2.46}$$

sind. Man spricht in diesem Fall von einer **linearen** Spannungsquelle. In den folgenden Abschnitten soll der Einfachheit halber stets mit linearen Spannungsquellen gerechnet werden.

Dass die Gl. (2.44) und die in Bild 2.29 gestrichelte Schaltung eine angemessene Darstellung für das Verhalten einer Spannungsquelle sind, kann man sich für viele Fälle leicht plausibel machen:

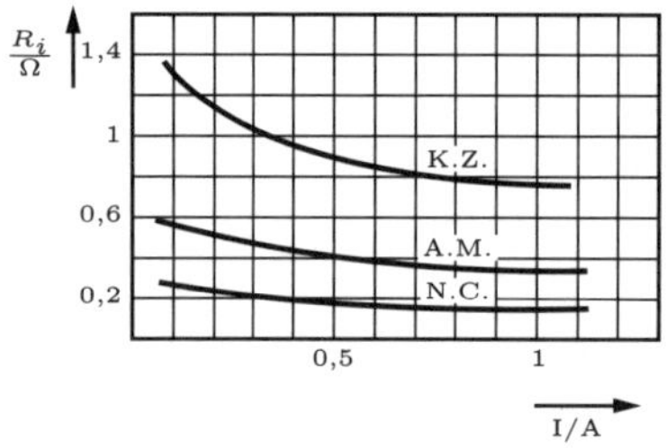

K.Z. = Kohle-Zink-Element
A.M. = Alkali-Mangan-Element
N.C. = wieder aufladbares Nickel-Cadmium-Element

Bild 2.31 *Innenwiderstand $R_i = f(I)$ bei verschiedenen neuwertigen 1,5-V-Trockenbatterien.*

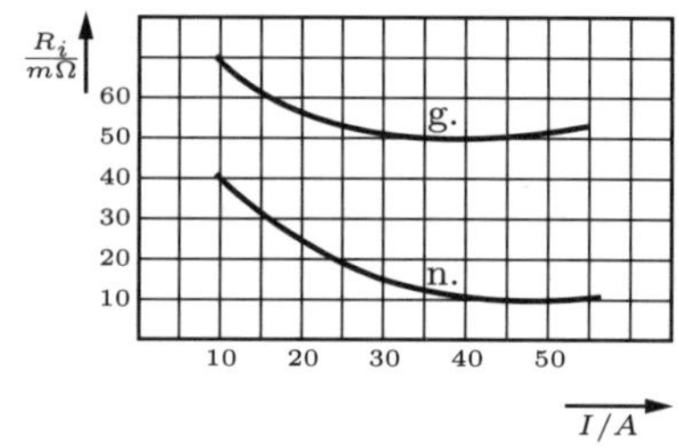

g. = gebrauchter Akku
n. = neuwertiger Akku

Bild 2.32 *Innenwiderstand zweier 12-V-Blei-Akkumulatoren (Auto-Batterien).*

Im Inneren der Quelle wird eine Spannung erzeugt, deren Größe (nahezu) belastungsunabhängig ist. Durch metallische und elektrolytische Leitung im Innern der Quelle entsteht ein Spannungsabfall, der mit dem Strom zunimmt.

In den Bildern 2.31 und 2.32 werden Beispiele für den Innenwiderstand R_i von Spannungsquellen gegeben (R_i als Funktion des Belastungsstromes I), bei denen die Linearitätsbedingung nach Gl. (2.46) nicht ganz erfüllt ist.

Für den **Kurzschlussstrom** I_k einer Spannungsquelle (Bild 2.33) gilt:

$$I_k = \frac{U_q}{R_i}\,. \tag{2.47}$$

Dieser Wert kann unmittelbar gemessen werden, falls kein Teil der Schaltung hierdurch überlastet wird. Die **Leerlaufspannung** kann ebenfalls unmittelbar gemessen werden (Bild 2.34).

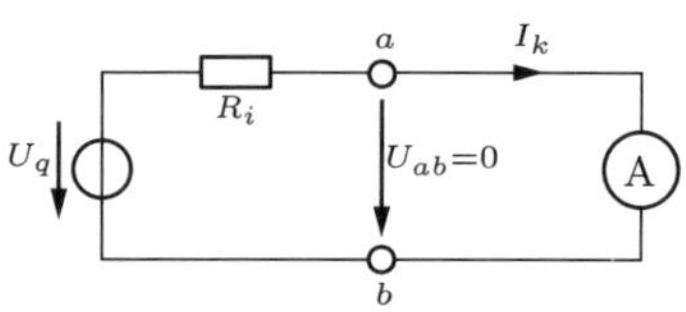

Bild 2.33 *Messung des Kurzschlussstromes I_k.*

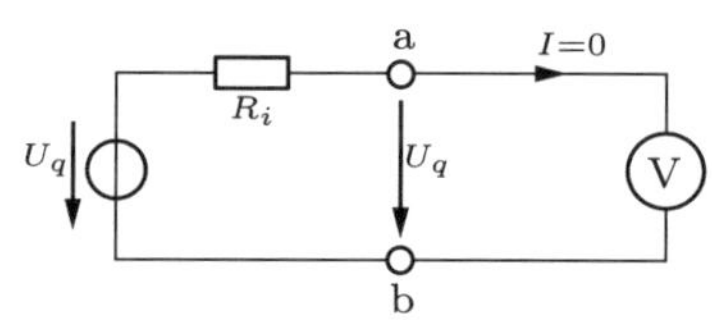

Bild 2.34 *Messung des Leerlaufspannung U_q.*

Aus der Messung des Kurzschlussstromes (Kurzschlussversuch) und der Leerlaufspannung (Leerlaufversuch) ergeben sich I_k und U_q unmittelbar. Mit Hilfe der Gl. (2.47) kann dann aus diesen beiden Größen R_i bestimmt werden:

$$R_i = \frac{U_q}{I_k}\,. \tag{2.48}$$

Diese Gleichung gilt bei Kurzschluss. Bei geringerer Belastung kann sich in einer nichtlinearen Spannungsquelle z. B. ein höherer Wert für R_i ergeben, wie aus den Bildern 2.31 und 2.32 zu erkennen ist. Die Bestimmung von U_q und R_i aus nur zwei Messungen ist also nur dann ausreichend, wenn die Linearitätsbedingungen nach Gln. (2.45) und (2.46) erfüllt sind.

Falls der Kurzschlussversuch zu einem unzulässig hohen Kurzschlussstrom führt und auch der Leerlaufversuch nicht möglich ist, kann man zur Bestimmung von R_i und U_q zwei beliebige Belastungsfälle heranziehen. In der Schaltung in Bild 2.29 können für R zwei verschiedene Werte eingestellt und die zugehörigen Werte der Klemmenspannung ($U_{(1)}$ und $U_{(2)}$) und des Stromes ($I_{(1)}$ und $I_{(2)}$) gemessen werden. Wendet man die Gl. (2.44) auf die beiden Belastungsfälle an,

$$U_{(1)} = U_q - R_i I_{(1)} \tag{2.49a}$$

$$U_{(2)} = U_q - R_i I_{(2)}, \tag{2.49b}$$

so stellen sie zwei Bestimmungsgleichungen für R_i und U_q dar.

Beispiel 2.13

Bestimmung von R_i und U_q aus zwei Belastungsfällen

Eine Spannungsquelle wird mit dem Widerstand R belastet (Bild 2.29). Zunächst wird $R = R_{(1)}$ eingestellt und der zugehörige Strom $I = I_{(1)}$ gemessen. Danach wird $R = R_{(2)}$ eingestellt und der zugehörige Strom $I = I_{(2)}$ gemessen.

Aus den Größen $R_{(1)}$, $R_{(2)}$, $I_{(1)}$, $I_{(2)}$ sollen U_q und R_i berechnet werden.

Lösung:

Im ersten Fall gilt

$$I_{(1)} = \frac{U_q}{R_i + R_{(1)}}, \tag{2.50a}$$

im zweiten Fall

$$I_{(2)} = \frac{U_q}{R_i + R_{(2)}}. \tag{2.50b}$$

Division von Gl. (2.50a) durch (2.50b) ergibt

$$\frac{I_{(1)}}{I_{(2)}} = \frac{R_i + R_{(2)}}{R_i + R_{(1)}}$$

$$R_i = \frac{R_{(2)} I_{(2)} - R_{(1)} I_{(1)}}{I_{(1)} - I_{(2)}}. \tag{2.51}$$

Setzt man dies in Gl. (2.50a) ein, so wird

$$U_q = I_{(1)}(R_i + R_{(1)}) \tag{2.52}$$

$$U_q = \frac{R_{(2)} - R_{(1)}}{\frac{I_{(1)}}{I_{(2)}} - 1} I_{(1)}. \tag{2.53}$$

2.4.3 Linearität

Im Abschnitt 2.1.1 (Ohmsches Gesetz) wurde betont, dass das Ohmsche Gesetz

$$U = R\,I \tag{2.2a}$$

eine lineare Gleichung ist, wenn die Bedingung R = konst erfüllt ist. Im Abschnitt 2.4.2 (Spannungsquellen) wurde dargestellt, dass bei Spannungsquellen ein Zusammenhang zwischen Strom und Spannung besteht,

$$U = U_q - R_i I, \tag{2.44}$$

der ebenfalls linear ist, falls U_q und R_i konstant sind. Außerdem sind offensichtlich auch die beiden Kirchhoffschen Gln. (2.5) und (2.7) lineare Beziehungen (d. h. Gleichungen, in denen alle Variablen nur in der ersten Potenz auftreten):

$$I_1 + I_2 + I_3 + \ldots = 0\,,$$

$$U_1 + U_2 + U_3 + \ldots = 0\,.$$

Ein Netz, das nur ohmsche Widerstände und lineare Quellen enthält, nennt man ein **lineares Netz.** In ihm können mit Hilfe der Kirchhoffschen Gleichungen und den Gln. (2.2a) und (2.44) jede beliebige Spannung und jeder beliebige Strom berechnet werden, und zwar als lineare Funktion jedes beliebigen anderen Stromes oder jeder beliebigen anderen Spannung. Einfache Beispiele hierfür sind die Spannungsteilerregel (2.17), bei der U_2 = f(U) angegeben wird, oder die Stromteilerregel (2.29a), bei der I_2 = f(I) angegeben wird.

Dass in linearen Netzen grundsätzlich alle Ströme und Spannungen lineare Funktionen anderer Ströme und Spannungen sind, liegt daran, dass bei der Umformung und Auflösung linearer Gleichungssysteme ebenfalls immer nur lineare Gleichungen entstehen können.

Beispiel 2.14

Lineare Zusammenhänge an einem belasteten Spannungsteiler

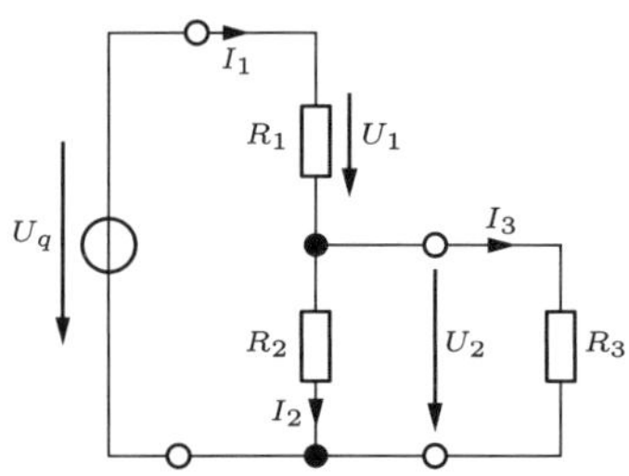

Bild 2.35 *Belasteter Spannungsteiler.*

Bei einem einfachen Spannungsteiler nach Bild 2.35, an den ein Belastungswiderstand R_3 angeschlossen ist, gilt:

$$I_1 = \mathrm{f}(U_q) = \frac{U_q}{R_1 + \dfrac{R_2\,R_3}{R_2 + R_3}}$$

$$U_1 = \mathrm{f}(U_q) = \frac{R_1}{R_1 + \dfrac{R_2\,R_3}{R_2 + R_3}}\,U_q$$

$$U_1 = \mathrm{f}(I_1) = R_1\,I_1$$

$$U_2 = \mathrm{f}(U_q) = \frac{R_2\,R_3}{R_1\,R_2 + R_2\,R_3 + R_3\,R_1}\,U_q$$

$$U_2 = \mathrm{f}(U_1) = \frac{R_2\,R_3}{R_1(R_2 + R_3)}\,U_1$$

$$U_2 = \mathrm{f}(I_1) = \frac{R_2\,R_3}{R_2 + R_3}\,I_1 \qquad \text{u. a.}$$

Diese Ergebnis-Beispiele zeigen, wie bei einer einfachen Schaltung jede Strom- oder Spannungsgröße als lineare Funktion jeder anderen Strom- oder Spannungsgröße dargestellt werden kann. Auch lineare Gleichungen folgenden Typs können angegeben werden:

$$I_1 = \mathrm{f}(U_2, I_3) = \frac{U_2}{R_2} + I_3$$

$$U_1 = \mathrm{f}(U_2, I_3) = \frac{R_1}{R_2}\,U_2 + R_1\,I_3 \qquad \text{u. a.}$$

2.4.4 Quellen-Ersatzzweipole

Die Ersatzspannungsquelle

Trennt man ein beliebiges lineares Netz aus ohmschen Widerständen und Spannungsquellen an irgendeiner Stelle auf, so entstehen zwei freie Enden, die als Anschlussklemmen zugänglich sein sollen. Wenn alle anderen Knoten des Netzes unzugänglich sind, so ist also das Netz ein Quellen-Zweipol. Der Zusammenhang $U = \mathrm{f}(I)$ an den Klemmen muss linear sein, wenn das im Zweipol enthaltene Netz linear ist (vgl. Abschnitt 2.4.3):

$$U = K_1 - K_2 I. \tag{2.54}$$

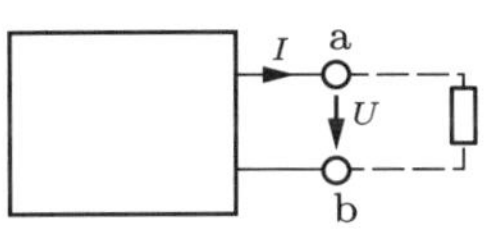

Bild 2.36 *Linearer Quellen-Zweipol.*

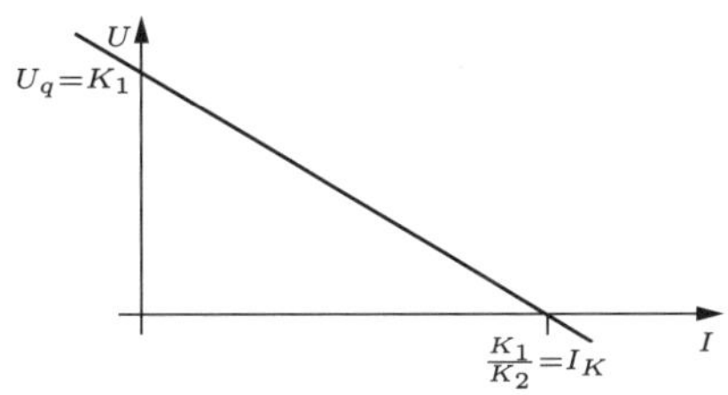

Bild 2.37 *Die Klemmenspannung an einem linearen Quellen-Zweipol.*

Dieser Zusammenhang stellt in einem U, I-Koordinatensystem eine Gerade dar. Hierbei ist K_1 der Achsenabschnitt auf der U-Achse und K_1/K_2 der Achsenabschnitt auf der I-Achse (Bild 2.37). Sind von einer Geraden die beiden Achsenabschnitte bekannt, so ist sie dadurch eindeutig bestimmt. Zur Bestimmung des Klemmenverhaltens eines linearen Quellen-Zweipols genügt also die Berechnung der beiden Konstanten K_1 und K_2. Die beiden Bestimmungsgleichungen für sie können besonders gut aus dem Kurzschluss- und Leerlaufversuch gewonnen werden.

Bei einem Leerlaufversuch ($I = 0$) wird die Leerlaufspannung $U\big|_{I=0} = U_1$ gemessen, und mit Gl. (2.54) gilt

$$U\big|_{I=0} = U_1 = K_1, \tag{2.55}$$

d. h. K_1 ist identisch mit der bei Leerlauf messbaren Klemmenspannung.

Bei einem Kurzschlussversuch ($U = 0$) wird der Kurzschlussstrom $I\big|_{U=0} = I_k$ gemessen, und mit Gl. (2.54) gilt

$$0 = K_1 - K_2\, I\big|_{U=0}$$

$$I\big|_{U=0} = I_k = \frac{K_1}{K_2}$$

$$K_2 = \frac{K_1}{I_k} = \frac{U_1}{I_k}\,. \tag{2.56}$$

Setzt man die Ergebnisse der Gln. (2.55) und (2.56) in Gl. (2.54) ein, so ergibt sich

$$U = U_1 - \frac{U_1}{I_k}\, I\,. \tag{2.57}$$

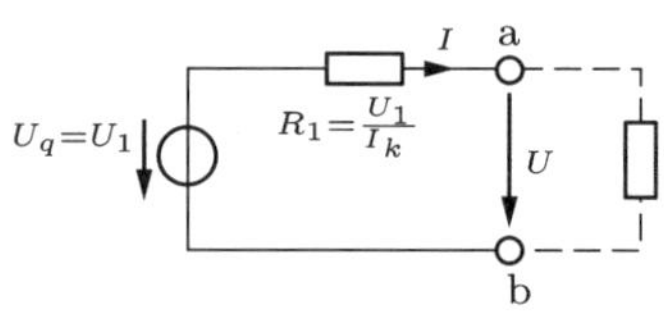

Bild 2.38 *Ersatzspannungsquelle für einen beliebigen linearen Zweipol mit der Leerlaufspannung U_1 und dem Kurzschlussstrom I_k.*

Vergleicht man dies mit der Gl. (2.44), so zeigt sich, dass der betrachtete Zweipol (Bild 2.36) sich an den Klemmen a, b ebenso verhält wie eine Spannungsquelle mit der Quellenspannung U_1, und dem Innenwiderstand U_1/I_k (Bild 2.38). Demnach kann ein beliebiger linearer Zweipol durch eine einfache Spannungsquelle ersetzt werden, die man deshalb als Ersatzspannungsquelle bezeichnet. Der beliebige Zweipol und seine Ersatzspannungsquelle verhalten sich an ihren Klemmen gleich. Die Funktionen

$$U = \mathrm{f}(I)$$

stimmen bei beiden überein. Im Innern (d. h. links von den Klemmen) kann der ursprüngliche Zweipol natürlich gänzlich anders aufgebaut sein und sich anders verhalten als seine Ersatzspannungsquelle. Grundsätzlich lässt sich eine Ersatzspannungsquelle nicht nur durch Kurzschluss- und Leerlauf-Messung bestimmen, sondern auch aus dem Aufbau des zu ersetzenden Zweipols berechnen.

Beispiel 2.15

Berechnung der Leerlaufspannung U_q und des Innenwiderstandes R_i einer Ersatzspannungsquelle

Werden die Klemmen a, b der Schaltung in Bild 2.39 kurzgeschlossen, so ergibt sich

$$I_k = \frac{U_{q1}}{R_1}\,. \tag{2.58}$$

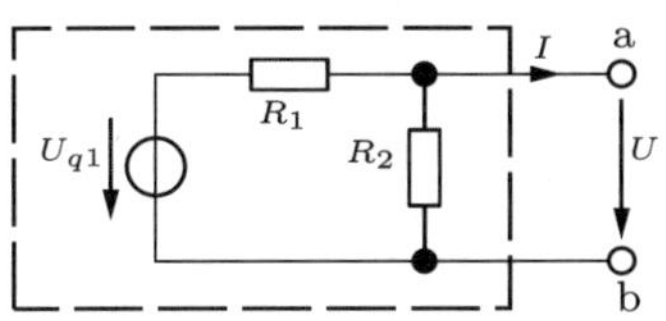

Bild 2.39 *Linearer Zweipol (Spannungsteiler).*

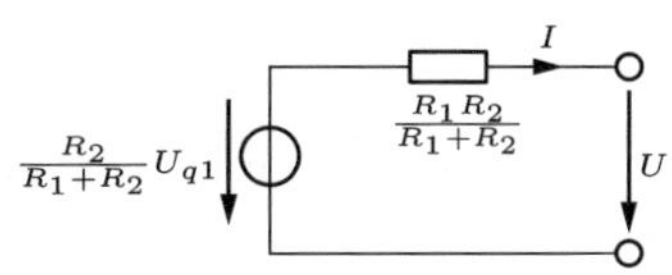

Bild 2.40 *Ersatzspannungsquelle eines Spannungsteilers.*

Bei Leerlauf gilt

$$U_q = U_1 = \frac{R_2}{R_1 + R_2} U_{q1}. \tag{2.59}$$

Der Innenwiderstand ist

$$R_i = \frac{U_1}{I_k} = \frac{R_1 R_2}{R_1 + R_2}, \tag{2.60}$$

R_i lässt sich als Parallelschaltung der beiden Widerstände R_1 und R_2 auffassen. Zu diesem Ergebnis kommt man auch, wenn man in der Schaltung in Bild 2.39 die Quelle U_q kurzschließt und dann den Widerstand bestimmt, der sich von den Klemmen a, b aus ergibt.

Die Ersatzstromquelle

Wegen Gl. (2.47) gilt

$$U_q = R_i I_k.$$

und die Gl. (2.44) lässt sich folgendermaßen darstellen:

$$U = R_i I_k - R_i I \tag{2.61}$$

$$I = I_k - \frac{U}{R_i} \tag{2.62}$$

$$I = I_k - I_i.$$

Die Gl. (2.62) beschreibt das Verhalten der Schaltung 2.41a. In dieser Schaltung tritt keine konstante Quellenspannung, sondern eine Konstantstromquelle auf, deren Strom I_k bei Leerlauf ganz durch R_i fließen muss, so dass dann gilt

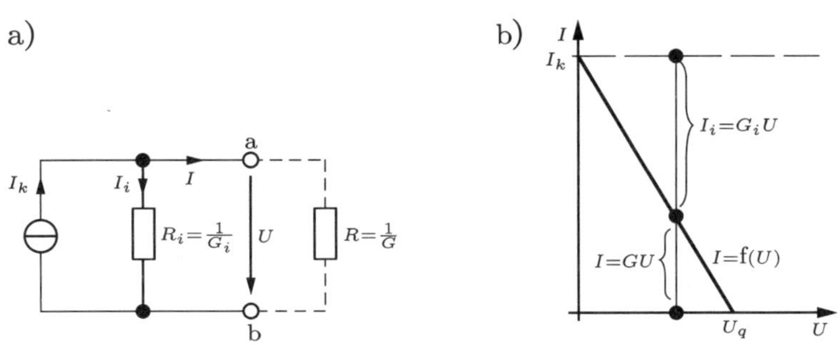

Bild 2.41 *a) Ersatzstromquelle; b) Abhängigkeit des Klemmenstromes I von der Klemmenspannung U bei einer linearen Stromquelle.*

$$U_q = R_i\, I_k\,;$$

im Kurzschlussfall fließt kein Strom durch den Innenwiderstand R_i der Stromquelle; dann ist

$$U = R_i\, I_i = 0.$$

Sofern der Quellenstrom I_k und die Quellenspannung U_q der Gl. $U_q = R_i\, I_k$ genügen und die Innenwiderstände beider Schaltungen gleich sind, stimmt die Gl. (2.44), die das Klemmenverhalten einer Spannungsquelle beschreibt, mit der Gl. (2.61) überein, die das Klemmenverhalten einer Ersatzstromquelle beschreibt. Spannungs- und Stromquelle sind dann gleichwertig.

Beispiel 2.16

Berechnung des Quellenstromes I_k und des Innenwiderstandes R_i einer Ersatzstromquelle

Das Klemmenverhalten der Schaltung 2.39 lässt sich nicht nur durch eine Ersatzspannungsquelle (Beispiel 2.15), sondern auch durch eine Ersatzstromquelle (Bild 2.41a) beschreiben.

Im Kurzschlussfall gilt für den Klemmenstrom I in Schaltung 2.39:

$$I_k = U_{q\,1}/R_1\,. \tag{2.58}$$

Die Leerlaufspannung ist

$$U_1 = \frac{R_2}{R_1 + R_2} U_{q\,1} \tag{2.59}$$

und der Innenwiderstand

$$R_i = \frac{U_1}{I_k} = \frac{R_1 R_2}{R_1 + R_2}\,, \tag{2.60}$$

vgl. Bild 2.42.

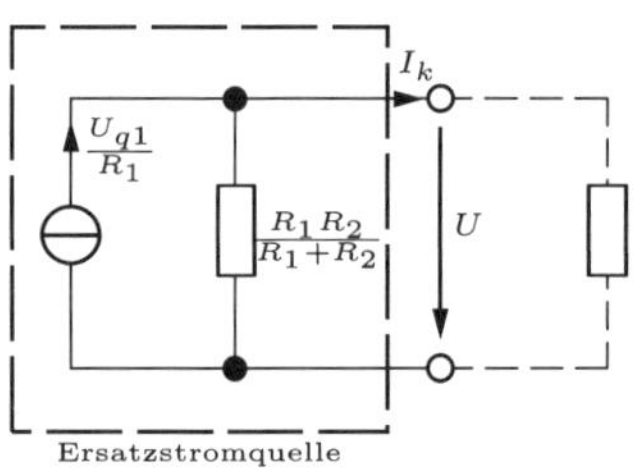

Bild 2.42 *Ersatzstromquelle für einen Spannungsteiler (Bild 2.39).*

Beispiel 2.17

Parallelschaltung dreier Spannungsquellen

Die Widerstände R_R, R_S, R_T, R_M und die Quellenspannungen U_R, U_S, U_T sind gegeben. Gesucht ist die Spannung U_{NM} (Bild 2.43).

Lösung:

Diese Aufgabe ist mit der Methode der Ersatzstromquelle besonders gut lösbar. Schließt man die Klemmen M und N kurz, so erhält man den Quellenstrom I_k der gesuchten Ersatzstromquelle (Bild 2.44):

$$I_k = \frac{U_R}{R_R} + \frac{U_S}{R_S} + \frac{U_T}{R_T}. \tag{2.63}$$

Der Innenwiderstand R_i der Ersatzquelle ergibt sich wie folgt: Die Quellen mit den Spannungen U_R, U_S, U_T werden kurzgeschlossen, und dann wird der Widerstand ermittelt, den der Zweipol an den Klemmen M, N hat.

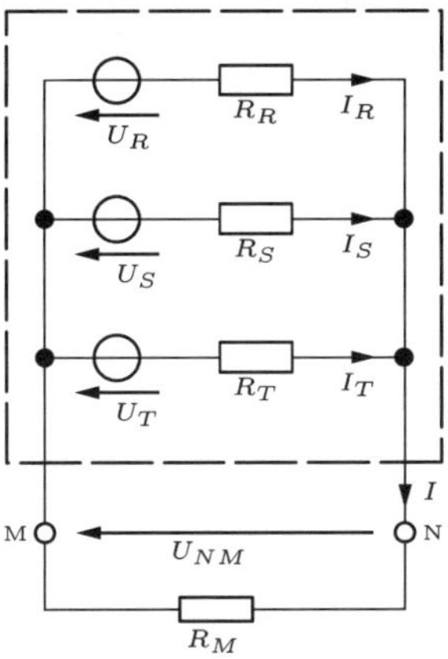

Bild 2.43 *Parallelschaltung dreier Spannungsquellen.*

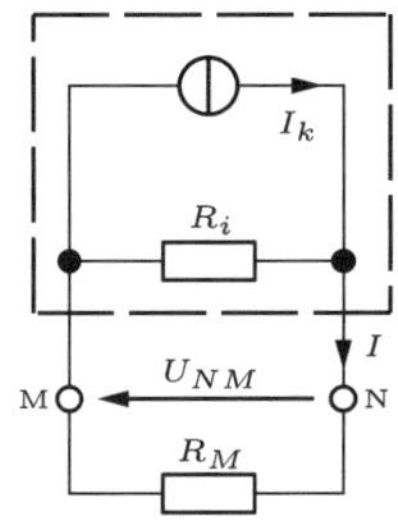

Bild 2.44 *Ersatzstromquelle zum Zweipol in Bild 2.43.*

In diesem Fall entsteht der Innenwiderstand einfach aus der Parallelschaltung von R_R, R_S und R_T (Bild 2.45):

$$\frac{1}{R_i} = G_i = \frac{1}{R_R} + \frac{1}{R_S} + \frac{1}{R_T} \,. \tag{2.64}$$

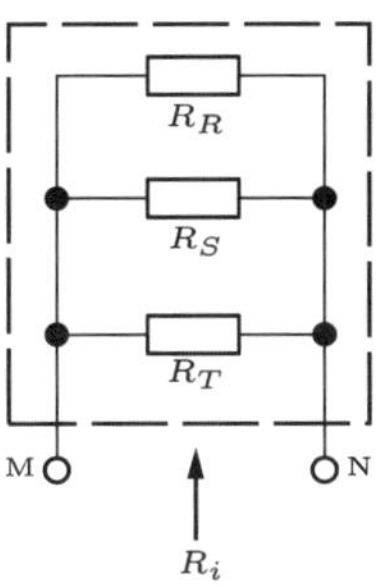

Bild 2.45 *Zur Bestimmung des Innenwiderstandes eines Zweipols.*

Falls die Ersatzstromquelle mit dem Quellenstrom I_k und dem Innenwiderstand R_i an den Widerstand R_M angeschlossen wird, fließt der Strom I_k durch die Parallelschaltung von R_i und R_M (Bild 2.44), es gilt

demnach mit $G_M = \dfrac{1}{R_M}$

$$U_{NM} = \frac{I_k}{G_i + G_M} = \frac{I_k}{\dfrac{1}{R_R} + \dfrac{1}{R_S} + \dfrac{1}{R_T} + \dfrac{1}{R_M}}$$

$$\boxed{U_{NM} = \frac{\dfrac{U_R}{R_R} + \dfrac{U_S}{R_S} + \dfrac{U_T}{R_T}}{\dfrac{1}{R_R} + \dfrac{1}{R_S} + \dfrac{1}{R_T} + \dfrac{1}{R_M}}} \,. \tag{2.65}$$

Äquivalenz von Zweipolen

In Abschnitt 2.4.4 wurde gezeigt, dass ein beliebiger Zweipol in bezug auf seine Klemmen durch seine Ersatzspannungs- oder Ersatzstromquelle **ersetzt** werden kann. Zweipole, die sich an ihren Klemmen gleich verhalten, sind äquivalent, d. h. sie verhalten sich nach außen hin gleich. Es ist messtechnisch unmöglich, sie von außen (d. h. von ihrem Klemmenpaar aus) zu unterscheiden. Im Innern können sie aber sehr voneinander abweichen. Der Leistungsumsatz im Innern von Quellenzweipolen (d. h. Zweipolen, die eine oder mehrere Quellen enthalten) kann sehr unterschiedlich sein. Z. B. wird im Innern des Zweipols, der in Bild 2.39 dargestellt ist, auch dann Leistung verbraucht, wenn die Klemmen a und b leerlaufen. Im Innern der äquivalenten Ersatzspannungsquelle (Bild 2.40) dagegen wird im Leerlauf keine Leistung verbraucht. Die äquivalente Ersatzstromquelle (Bild 2.42) wiederum muss im Innern gerade bei Leerlauf ihre maximale Leistung aufbringen.

Beispiel 2.18

Vergleich mehrerer äquivalenter Zweipole

In Bild 2.46 werden vier äquivalente Zweipole miteinander verglichen, und zwar bei Leerlauf und Kurzschluss. Im Leerlauf stimmen die Klemmenspannungen und im Kurzschluss die Klemmenströme überein. Die Gesamtleistung P_{ges} ist in allen vier leerlaufenden Zweipolen unterschiedlich; auch im Kurzschlussfall stimmt sie in allen vier Zweipolen nicht überein.

Alle vier Zweipole sind äquivalent. Das heißt: die Schaltung A kann nicht nur durch ihre Ersatzspannungsquelle C oder ihre Ersatzstromquelle D ersetzt werden, sondern beispielsweise auch durch die Schaltung B.

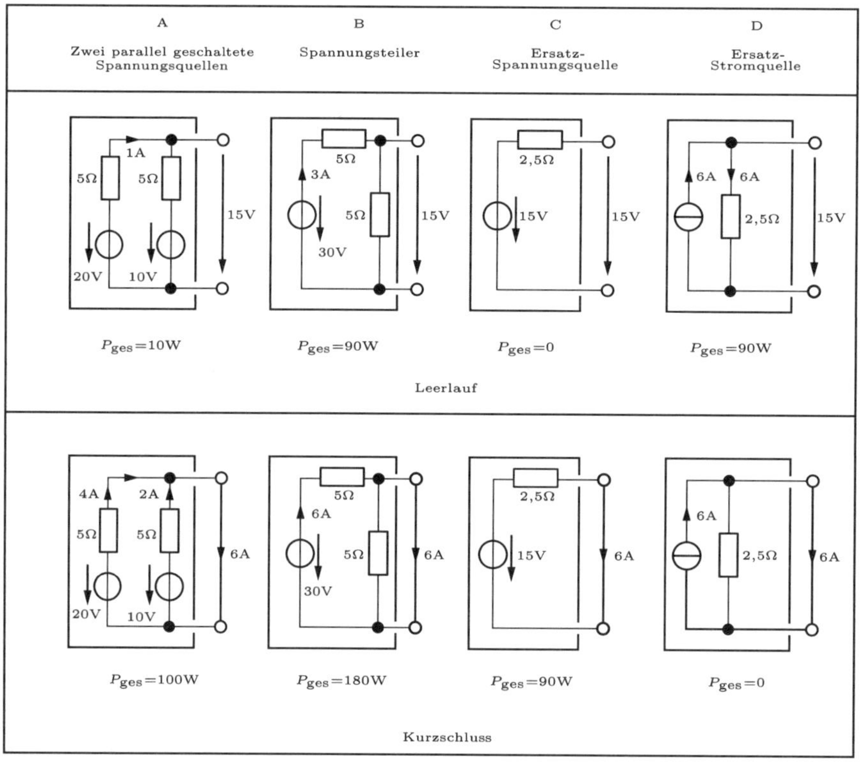

Bild 2.46 *Vier äquivalente Quellen-Zweipole.*

2.4.5 Leistung an Zweipolen

Wirkungsgrad

Man definiert als Energie-Wirkungsgrad

$$\eta_\mathrm{w} = \frac{\text{genutzte Energie}}{\text{gesamte aufgewendete Energie}} = \frac{W_n}{W_g} \tag{2.66}$$

Als Leistungs-Wirkungsgrad definiert man

$$\eta_\mathrm{P} = \frac{\text{genutzte Leistung}}{\text{gesamte aufgewendete Leistung}} = \frac{P_n}{P_g} \tag{2.67}$$

Falls η_P zeitlich konstant ist, gilt $\eta_\mathrm{P} = \eta_\mathrm{W}$. Speziell an einer belasteten Spannungsquelle (Bild 2.29) gilt wegen der Spannungsteilerformel Gl. (2.17):

$$U = \frac{R}{R+R_\mathrm{i}} U_\mathrm{q} . \tag{2.68}$$

Die Nutzleistung ist

$$P_\mathrm{n} = IU , \tag{2.69}$$

die Gesamtleistung

$$P_\mathrm{g} = IU_\mathrm{q} . \tag{2.70}$$

Daraus folgt mit den Gln. (2.67) bis (2.70):

$$\eta_\mathrm{p} = \frac{IU}{IU_\mathrm{q}} = \frac{U}{U_\mathrm{q}} = \frac{\frac{R}{R+R_\mathrm{i}} U_\mathrm{q}}{U_\mathrm{q}}$$

$$\eta_\mathrm{p} = \frac{R}{R+R_\mathrm{i}} . \tag{2.71}$$

Beispiel 2.19

Wirkungsgrade bei Belastung einer Auto-Batterie

Eine Autobatterie hat die Spannung U_q = 12 V und den inneren Widerstand (einschließlich Widerstand der Zuleitungen) R_i = 20 mΩ. Während des Anlassens wird die Batterie 30 s lang mit dem Widerstand R_w = 40 mΩ belastet. Danach betreibt die Batterie 10 min lang die Lichtanlage (R_W = 2 Ω).

a) Wie groß ist der Leistungs-Wirkungsgrad während des Anlassens?

b) Wie groß ist er danach?

c) Mit welchem Energie-Wirkungsgrad hat die Batterie während der gesamten Betriebszeit gearbeitet?

Lösung:

a) Gl. (2.71) ergibt hier (Bild 2.29):

$$\eta_\mathrm{P1} = \frac{40\,\mathrm{m}\Omega}{40\,\mathrm{m}\Omega + 20\,\mathrm{m}\Omega} = \underline{\underline{0{,}666}} .$$

b) In diesem Fall folgt aus Gl. (2.71)

$$\eta_{P2} = \frac{2\,\Omega}{2\,\Omega + 0{,}02\,\Omega} = \underline{\underline{0{,}99}}\,.$$

c) Die Gesamtleistung während des Anlassens ist

$$P_{1g} = \frac{U_q^2}{R_{(1)} + R_i} = \frac{12^2\,\text{V}^2}{60\,\text{m}\Omega} = \frac{144\,\text{V}^2}{6\cdot 10^{-2}\,\Omega} = \underline{\underline{2{,}4\,\text{kW}}}$$

und die Nutzleistung

$$P_{1n} = \eta_{P1}\,P_{1g} = \frac{2}{3}\cdot 2{,}4\,\text{kW} = \underline{\underline{1{,}6\,\text{kW}}}.$$

Die Batterie gibt beim Anlassen die Gesamtenergie

$$W_{1g} = P_{1g}\cdot t_1 = 2{,}4\,\text{kW}\cdot 0{,}5\,\text{min} = \underline{\underline{1{,}2\,\text{kW min}}}$$

ab bei einem Nutzanteil von

$$W_{1n} = P_{1n}\cdot t_1 = \underline{\underline{0{,}8\,\text{kW min}}}\,.$$

Während die Lichtanlage gespeist wird, liefert die Batterie die Gesamtleistung

$$P_{2g} = \frac{U_q^2}{R_{(2)} + R_i} = \frac{12^2\,\text{V}^2}{2{,}02\,\Omega} = \underline{\underline{71{,}3\,\text{W}}};$$

die Nutzleistung ist

$$P_{2n} = \eta_{P2}\,P_{2g} = 0{,}99\cdot 71{,}3\,\text{W} = \underline{\underline{70{,}5\,\text{W}}}.$$

Die Batterie gibt für den Betrieb der Lichtanlage die Gesamtenergie

$$W_{2g} = P_{2g}\cdot t_2 = 71{,}3\,\text{W}\cdot 10\,\text{min} = \underline{\underline{0{,}713\,\text{kW min}}}$$

ab; der Nutzanteil ist dabei

$$W_{2n} = P_{2n}\cdot t_2 = \underline{\underline{0{,}705\,\text{kW min}}}\,.$$

Als Energie-Wirkungsgrad ergibt sich mit diesen Werten aus der Definition (2.66)

$$\eta_w = \frac{W_n}{W_g} = \frac{W_{1n} + W_{2n}}{W_{1g} + W_{2g}} = \frac{0{,}8 + 0{,}705}{1{,}2 + 0{,}713} = \underline{\underline{0{,}786}}.$$

Beispiel 2.20

Leistungs-Wirkungsgrad einer Taschenlampe

Eine Glühlampe (Nenndaten: 2,5 V; 0,5 W) wird in einer Taschenlampe mit zwei hintereinander geschalteten Kohle-Zink-Batterien (je 1,5 V und 1,25 Ω) betrieben.

a) Welchen Leistungs-Wirkungsgrad hat die Schaltung?

b) Es stehen vier Batterien (mit ebenfalls je 1,5 V und 1,25 Ω) zur Verfügung.
Welche Betriebsspannung *U* und welchen Betriebswiderstand *R* müsste eine Glühlampe haben, die bei Anschluss an die vier hintereinander geschalteten Batterien ebenfalls 0,5 W aufnehmen soll? Welcher Leistungs-Wirkungsgrad ergibt sich nun?

Lösung:

a) Aus den Nenndaten der Glühlampe ergibt sich deren Widerstand

$$R = \frac{U^2}{P} = \frac{2{,}5^2\,\mathrm{V}^2}{0{,}5\,\mathrm{W}} = \underline{\underline{12{,}5\,\Omega}},$$

und mit Gl. (2.71) folgt

$$\eta_\mathrm{a} = \frac{R}{R+R_\mathrm{i}} = \frac{12{,}5}{12{,}5+2\cdot 1{,}25} = \frac{5}{6} = \underline{\underline{0{,}833}}.$$

b) Wenn vier Batterien verwendet werden, gilt

$$R_\mathrm{i} = 4\cdot 1{,}25\,\Omega = 5\,\Omega;\quad U_\mathrm{q} = 4\cdot 1{,}5\,\mathrm{V} = 6\,\mathrm{V}.$$

Die Leistung der Glühlampe soll weiterhin $P = 0{,}5$ W sein. Für diese Leistung gilt außerdem (Bild 2.29)

$$P = RI^2 = \frac{U_\mathrm{q}^2}{(R_\mathrm{i}+R)^2}R$$

$$(R_\mathrm{i}+R)^2 = \frac{U_\mathrm{q}^2}{P}R.$$

Mit der Abkürzung

$$\alpha = \frac{U_\mathrm{q}^2}{P} = \frac{36\,\mathrm{V}^2}{0{,}5\,\mathrm{W}} = 72\,\Omega$$

wird

$$(R_\mathrm{i}+R)^2 = \alpha R\,.$$

Dies kann als Bestimmungsgleichung für den Lampenwiderstand *R* verwendet werden:

$$R^2 + 2R\left(R_\mathrm{i} - \frac{\alpha}{2}\right) + R_\mathrm{i}^2 = 0.$$

Die Auflösung dieser quadratischen Gleichung liefert

$$R = \frac{\alpha}{2} - R_\mathrm{i} \pm \sqrt{\alpha\left(\frac{\alpha}{4} - R_\mathrm{i}\right)}.$$

Mit den gegebenen Zahlenwerten wird daraus

$$R = 31\,\Omega \pm \sqrt{72(18-5)}\,\Omega = 31\,\Omega \pm 6\sqrt{26}\,\Omega$$

$$R_{(1)} = \underline{\underline{61{,}6\,\Omega}}$$

$$R_{(2)} = 0{,}406\,\Omega.$$

Die erste Lösung ergibt

$$\eta_\mathrm{b1} = \frac{R}{R+R_\mathrm{i}} = \frac{61{,}6}{66{,}6} = \underline{\underline{0{,}925}},$$

also eine Verbesserung des Wirkungsgrades durch Verwendung von mehr Batterien.

Die zweite Lösung würde praktisch den Kurzschluss der Batterien bedeuten; sie hätte den schlechten Wirkungsgrad

$$\eta_{b2} = \frac{0,406}{5+0,406} = 0,075$$

und kommt natürlich nicht in Betracht.

Leistungs-Anpassung

Wenn ein Verbraucher-Widerstand R (Bild 2.29) sehr groß wird im Vergleich zum Innenwiderstand R_i, dann kann er einer Spannungsquelle schließlich immer weniger Leistung entnehmen. Wird $R = \infty$ (Leerlauf), so gilt

$$P = \frac{U^2}{R} = \frac{U_q^2}{\infty} = 0.$$

Aber auch wenn R sehr klein ist, wird schließlich die an den Verbraucher abgegebene Leistung sehr klein. Im Kurzschluss gibt die Batterie ihre gesamte Leistung an den inneren Widerstand R_i ab und für die Verbraucher-Leistung folgt

$$P = I^2 R = I_k^2 \cdot 0 = 0.$$

Wenn in den beiden Extremfällen Leerlauf und Kurzschluss keine Leistung nach außen abgegeben wird, so muss mindestens ein Belastungsfall (d. h. ein Wert R) möglich sein, bei dem P maximal wird.

Für die Leistung P am Belastungswiderstand R gilt:

$$P = I^2 R = \frac{U_q^2}{(R+R_i)^2} R$$

$$P = \frac{U_q^2}{R_i} \frac{R/R_i}{(1+R/R_i)^2}. \qquad (2.72)$$

Mit der Abkürzung

$$\alpha = \frac{R}{R_i} \qquad (2.73)$$

für das Widerstandsverhältnis lautet Gl. (2.72):

$$P = \frac{U_q^2}{R_i} \frac{\alpha}{(1+\alpha)^2}. \qquad (2.74)$$

Hierbei ist

$$\frac{U_q^2}{R_i} = P_{qk}$$

die Leistung, die die Quelle bei Kurzschluss aufbringen muss. Die genaue Untersuchung der in Gl. (2.74) beschriebenen Funktion $P = f(\alpha)$ zeigt, dass P maximal wird, wenn $\alpha = 1$ ist (Bild 2.47). Mit Hilfe der Differentialrechnung lässt sich das Maximum der Funktion

$$P = P_{qk} \frac{\alpha}{(1+\alpha)^2}$$

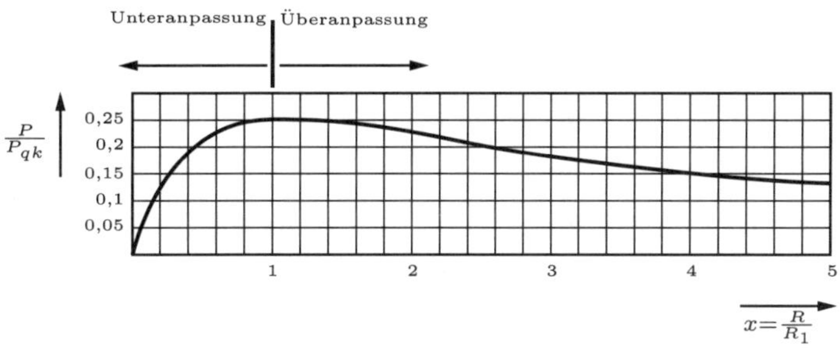

Bild 2.47 *Verbraucherleistung in Abhängigkeit vom Widerstandsverhältnis.*

leicht auffinden. Nach der Quotientenregel ergibt sich als erste Ableitung:

$$\frac{\mathrm{d}P}{\mathrm{d}\alpha} = P_{\mathrm{qk}} \frac{(1+\alpha)^2 - \alpha \cdot 2(1+\alpha)}{(1+\alpha)^4} = P_{\mathrm{qk}} \frac{1-\alpha}{(1+\alpha)^3}. \tag{2.75}$$

Ein Extremwert der Funktion $P = \mathrm{f}(\alpha)$ folgt aus der Bedingung

$$\frac{\mathrm{d}P}{\mathrm{d}\alpha} = 0,$$

mit Gl. (2.75) also aus

$$P_{\mathrm{qk}} \frac{1-\alpha}{(1+\alpha)^3} = 0.$$

Diese Bedingung wird erfüllt für

$$\alpha_{\mathrm{opt}} = 1,$$

vgl. Bild 2.47. Der Extremwert der Funktion $P = \mathrm{f}(\alpha)$ tritt also auf, wenn

$$R = R_{\mathrm{i}} \tag{2.76}$$

wird; d. h. ein Verbraucher-Widerstand R kann einer Spannungsquelle dann eine maximale Leistung entnehmen, wenn er gerade so groß wie der Innenwiderstand R_{i} der Quelle ist. Man spricht in diesem Fall von **Leistungsanpassung** und unterscheidet die drei Fälle

$R < R_{\mathrm{i}}$ Unteranpassung,

$R = R_{\mathrm{i}}$ Anpassung,

$R > R_{\mathrm{i}}$ Überanpassung.

Der Wirkungsgrad ist im Anpassungsfall gemäß Gl. (2.71)

$$\eta = \frac{R}{R+R_{\mathrm{i}}} = 0,5.$$

2.5 Nichtlineare Zweipole

2.5.1 Kennlinien nichtlinearer Zweipole

Viele der bisher behandelten Gesetzmäßigkeiten und Lösungsmethoden setzen voraus, dass nur lineare Zweipole vorkommen; vgl. Gl. (2.2a) und Bild 2.2. Bei einer Reihe technisch wichtiger Bauelemente hängen jedoch U und I nicht linear zusammen. Bei der Berechnung von Schaltungen, die solche nichtlinearen Zweipole enthalten, geht man immer von der **Strom-Spannungs-Kennlinie** $I = f(U)$ aus. Deshalb werden hier zunächst einige Beispiele wichtiger nichtlinearer Kennlinien dargestellt.

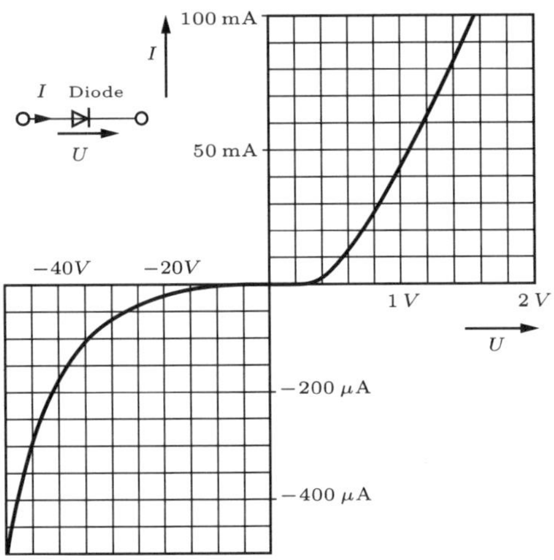

Bild 2.48 *Kennlinie einer Germaniumdiode.*

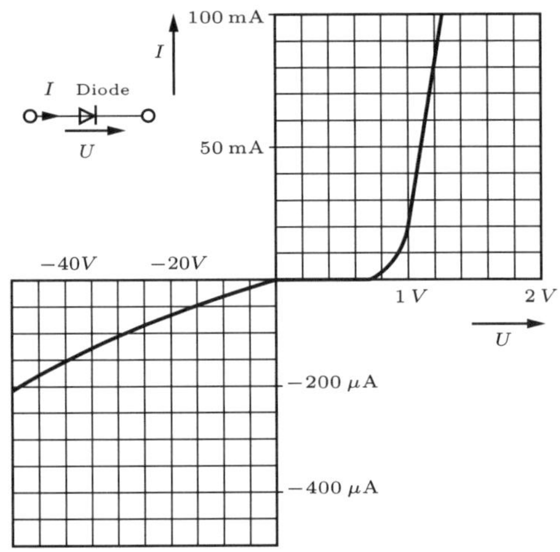

Bild 2.49 *Kennlinie einer Siliziumdiode.*

Germanium- und Silizium-Dioden sollen in einem bestimmten Spannungsbereich möglichst nicht leiten und außerhalb dieses Bereiches möglichst gut leiten. Die Kennlinie der Dioden muss also stark von einer Geraden abweichen (Bild 2.48 bis 2.50).

Bild 2.51 zeigt das Verhalten einer Glühlampe: bei ihr nimmt – im Gegensatz zur Diode – der Wert $U/I = R$ mit wachsender Spannung U zu.

Bei den Kennlinien in Bild 2.48 bis 2.51 ist die Zuordnung zwischen U und I eindeutig: zu jedem Wert I gehört nur ein Wert U (und umgekehrt). Beispiele nicht eindeutiger Kennlinien liefern Tunneldiode, Glimmlampe, Kaltleiter und Heißleiter (Bild 2.52 bis 2.55).

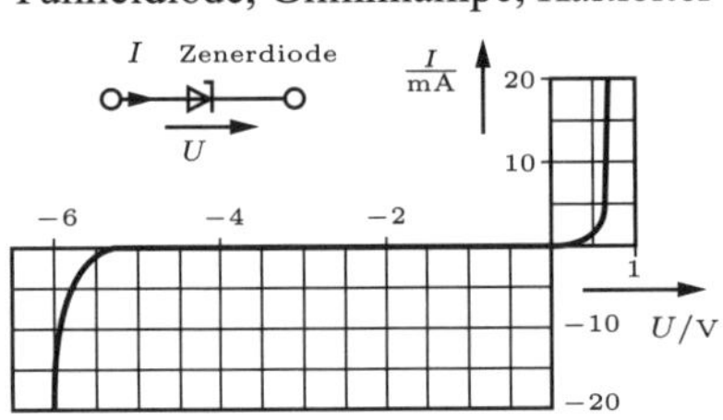

Bild 2.50 *Kennlinie einer Z-Diode.*

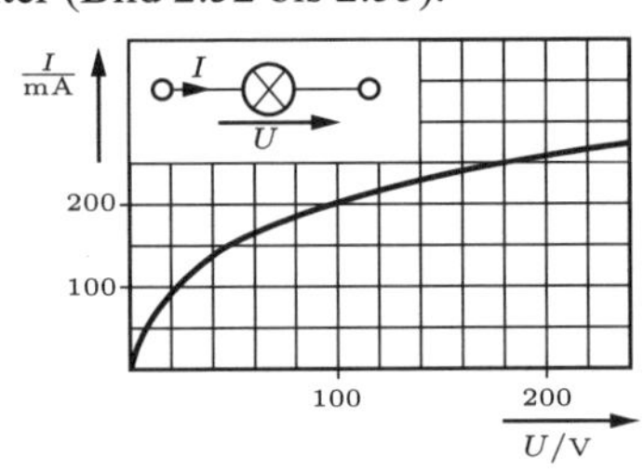

Bild 2.51 *Kennlinie einer Glühlampe.*

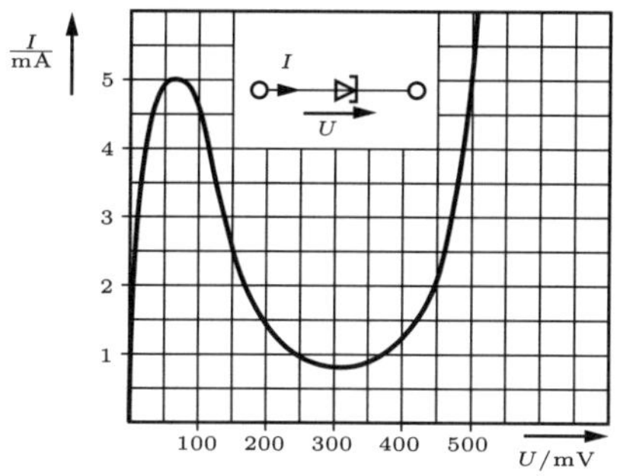

Bild 2.52 Kennlinie einer Tunneldiode.

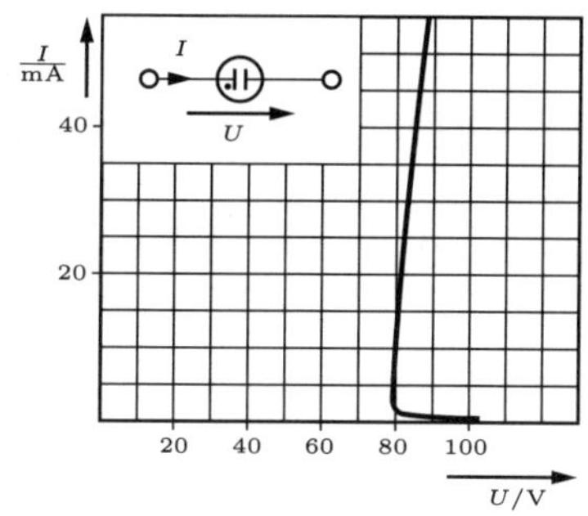

Bild 2.53 Kennlinie einer Glimmlampe.

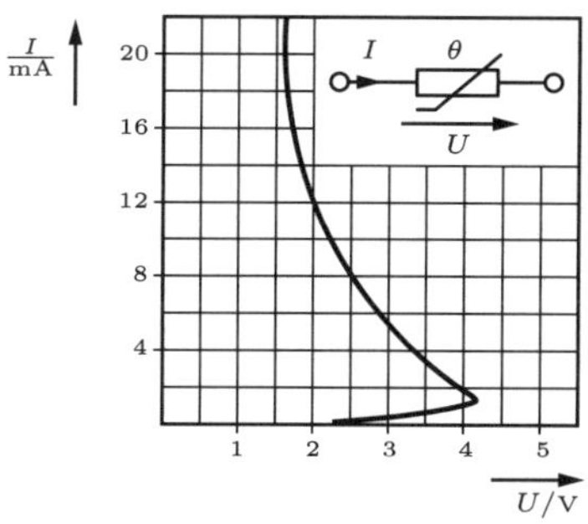

Bild 2.54 Kennlinie eines Heißleiters.

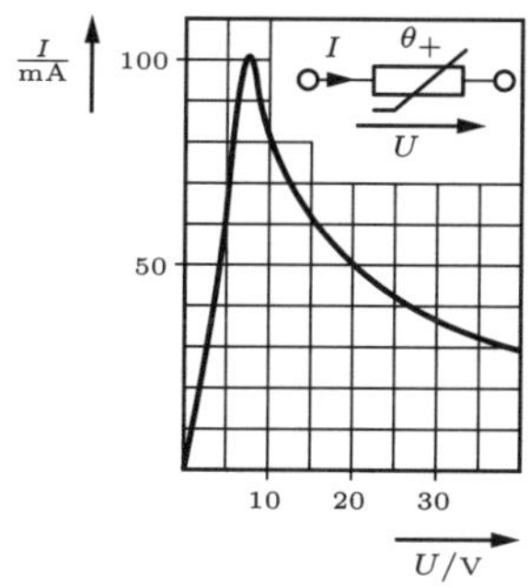

Bild 2.55 Kennlinie eines Kaltleiters.

Bildet man zu den einzelnen Punkten der Funktion I = f(U) jeweils den Quotienten $R=U/I$, so zeigt sich, dass Bauelemente mit nichtlinearer Kennlinie I = f(U) auch durch die Funktion R = f(U) beschrieben werden können (R ist hier nicht konstant, im Gegensatz zum ohmschen Widerstand). Das Bild 2.56 zeigt den Verlauf R = f(U) für die in Bild 2.48 dargestellte Kennlinie, und Bild 2.57 gehört zu Bild 2.51.

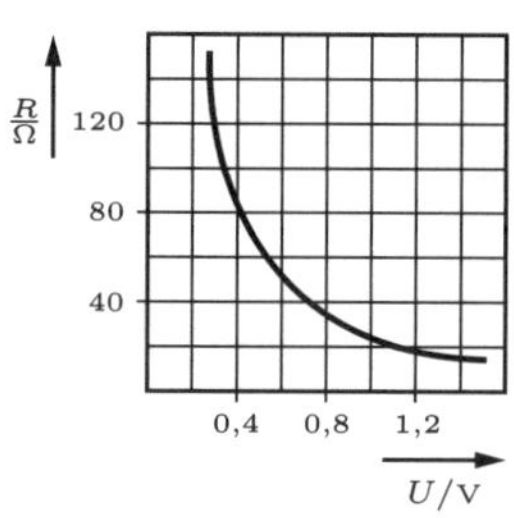

Bild 2.56 Widerstand einer Germaniumdiode als Funktion der Spannung.

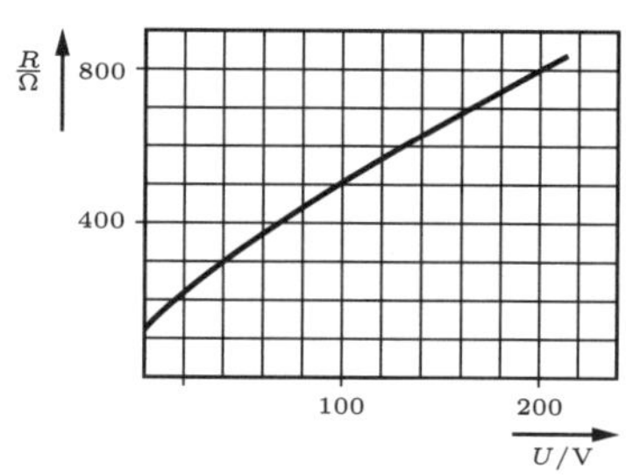

Bild 2.57 Widerstand einer Glühlampe als Funktion der Spannung.

2.5.2 Grafische Bestimmung des Stromes in Netzen mit einem nichtlinearen Zweipol

Netze, die nur Konstant-Spannungsquellen und ohmsche Widerstände enthalten, sind leicht zu berechnen. Alle einfachen Rechenverfahren setzen die Kenntnis des Widerstandswertes

$$R = \frac{U}{I}$$

für die im Netz vorhandenen passiven Zweipole voraus. Gerade dieser Wert R ist aber bei den nichtlinearen Zweipolen vom Strom abhängig und kann daher nicht als bekannte Größe in die Gleichungen eingeführt werden.

Für Netze, die außer linearen Elementen ein nichtlineares Element enthalten, gibt es ein einfaches grafisches Lösungsverfahren.

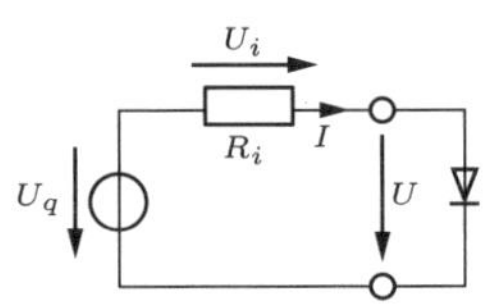

Bild 2.58 *Reihenschaltung eines ohmschen Widerstandes und einer Diode.*

Als Beispiel betrachten wir die Ermittlung des Stromes I (Bild 2.58) aus den gegebenen Werten U_q, R_i und der ebenfalls gegebenen Kennlinie I = f(U) (Bild 2.59). Das zweite Kirchhoffsche Gesetz liefert für die betrachtete Schaltung

$$U_{\mathrm{q}} = U_{\mathrm{i}} + U \tag{2.77}$$

$$U_{\mathrm{q}} = R_{\mathrm{i}} I + U \tag{2.78}$$

$$I = \frac{U_{\mathrm{q}} - U}{R_{\mathrm{i}}}. \tag{2.79}$$

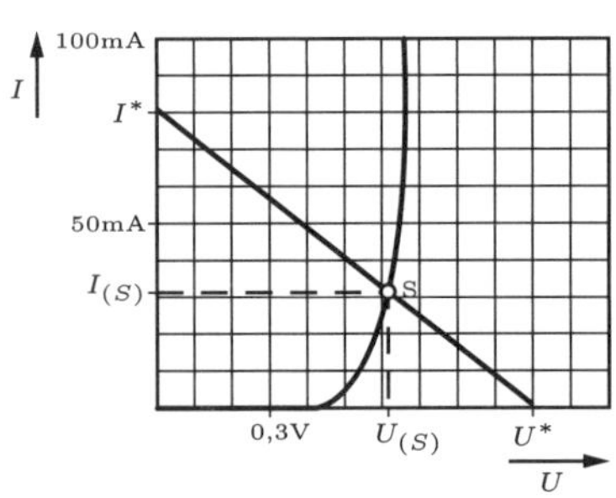

Bild 2.59 *Bestimmung des Schnittpunktes der Dioden-Kennlinie mit der Arbeitsgeraden.*

Diese Gleichung stellt I als Funktion von U dar und beschreibt die in Bild 2.59 dargestellte Gerade. Der Schnittpunkt dieser Geraden mit der Kennlinie

$$I = \mathrm{f}(U) \tag{2.80}$$

befriedigt sowohl die Gl. (2.79) als auch die Funktion (2.80). Die Koordinaten $I_{(S)}$, $U_{(S)}$ des Schnittpunkts können also als Lösung der beiden Gln. (2.79) und (2.80) mit den Unbekannten I und U

angesehen werden. Allerdings liegt hierbei die Funktion (2.80) nur als Kurve in einem U,I-Koordinatensystem vor.

Die Gerade nach Gl. (2.79) nennt man **Quellengerade (Arbeitsgerade)**, weil ihre Lage allein vom inneren Widerstand R_i und der Spannung U_q der Quelle abhängt. Die Achsenabschnitte der Geraden sind leicht zu berechnen. Der U-Achsenabschnitt U^* ergibt sich, wenn man in Gl. (2.79) $I = 0$ setzt (Leerlauf):

$$0 = \frac{U_\mathrm{q} - U^*}{R_\mathrm{i}}$$

$$U^* = U_\mathrm{q}. \tag{2.81}$$

Der I-Achsenabschnitt I^* ergibt sich, wenn in Gl. (2.79) $U = 0$ gesetzt wird (Kurzschluss):

$$I^* = \frac{U_\mathrm{q}}{R_\mathrm{i}}. \tag{2.82}$$

Wird bei konstanter Quellenspannung U_q nur der Widerstand R_i verändert, so bleibt der U-Achsenabschnitt U^* erhalten und nur der I-Achsenabschnitt I^* nimmt gemäß Gl. (2.82) mit wachsendem R_i ab; das ergibt eine Drehung um den Punkt U^* (Bild 2.60a).

Wird bei konstantem R_i nur U_q verändert, so ändern sich gemäß den Gln. (2.81) und (2.82) beide Achsenabschnitte in gleichem Maße; das ergibt eine Parallelverschiebung der Arbeitsgeraden (Bild 2.60b).

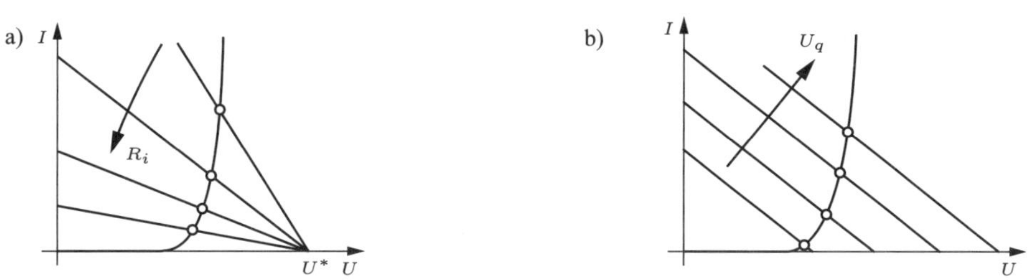

Bild 2.60 *a) Drehung der Arbeitsgeraden durch Verändern des Reihenwiderstandes* R_i; b) *Parallelverschiebung der Arbeitsgeraden durch Verändern der Quellenspannung* U_q.

Schaltet man zu der in Bild 2.58 dargestellten Diode einen Widerstand (R_N) parallel (Bild 2.61), so gilt

$$U_\mathrm{q} = (I + I_\mathrm{N})R_\mathrm{i} + U \qquad \text{und} \qquad I_\mathrm{N} = \frac{U}{R_\mathrm{N}},$$

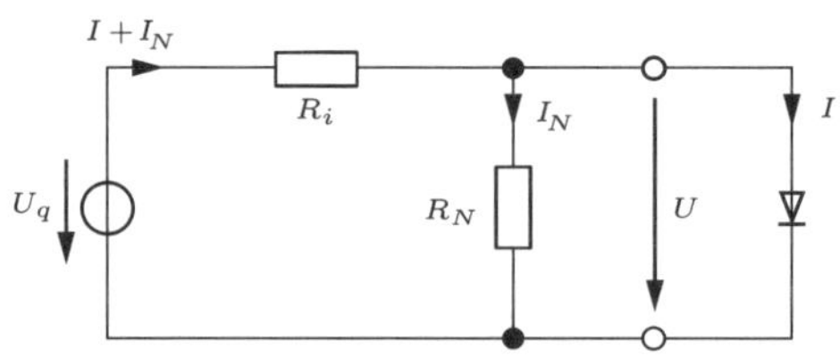

Bild 2.61 *Zweimaschiges Netz mit einer Diode.*

also

$$U_q = \left(I + \frac{U}{R_N} \right) R_i + U = U \left(1 + \frac{R_i}{R_N} \right) + I\, R_i .$$

Dies ist die Gleichung für eine Gerade mit den Achsenabschnitten

$$U^* = \frac{U_q}{1 + \frac{R_i}{R_N}}; \quad I^* = \frac{U_q}{R_i}.$$

Wird R_N verändert, so bleibt I^* konstant, aber der U-Achsenabschnitt nimmt mit R_N zu (Bild 2.62).

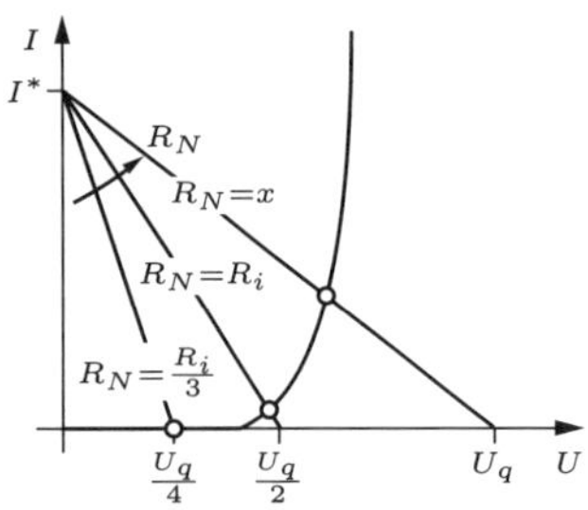

Bild 2.62 *Drehung der Widerstandsgeraden durch Verändern des Parallel-Widerstandes* R_N.

Beispiel 2.21

Bestimmung des Diodenstromes aus Diodenkennlinie und Arbeitsgerade

In Bild 2.58 sind für die Quellenspannung U_q und den Widerstand R_i folgende Zahlenwerte gegeben:

$$U_q = 1\ \text{V}; \qquad R_i = 12{,}5\,\Omega.$$

Die Diode hat die in Bild 2.59 dargestellte Kennlinie. Welcher Wert U und welcher Wert I ergeben sich für die Diode?

Lösung:

Wegen Gl. (2.81) wird der U-Achsenabschnitt der Arbeitsgeraden

$$U^* = U_q = 1\ \text{V};$$

und der I-Achsenabschnitt wird wegen Gl. (2.82)

$$I^* = \frac{U_q}{R_i} = \frac{1\,\text{V}}{12{,}5\,\Omega} = 80\ \text{mA}.$$

Diese Werte sind in Bild 2.59 eingezeichnet. Die Arbeitsgerade schneidet die Kennlinie im Punkt S. Die Koordinaten dieses Schnittpunktes stellen die gesuchte Lösung dar:

$$I = I_{(S)} = \underline{\underline{32\,\text{mA}}}, \qquad U = U_{(S)} = \underline{\underline{0{,}61\,\text{V}}}.$$

Beispiel 2.22

Spannungs-Stabilisierung mit zwei Dioden

Die Spannung an dem Widerstand R_N soll auf ungefähr 1,2 V stabilisiert werden. Zu diesem Zweck werden zwei Siliziumdioden des gleichen Typs parallel zu R_N geschaltet (Bild 2.63a). Die Dioden haben die in Bild 2.64 dargestellte Kennlinie $I = f(U)$.

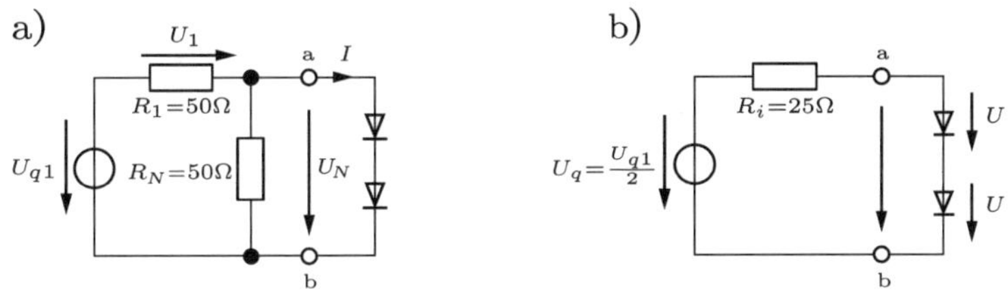

Bild 2.63 *a) Schaltung zur Spannungs-Stabilisierung mit Dioden; b) Vereinfachung durch eine Ersatzspannungsquelle.*

a) Zwischen welchen Werten schwankt U_N, wenn sich die Quellenspannung

$$U_{q1} = 4\,\text{V}$$

um ± 1 V verändert?

b) Wie groß ist der Wirkungsgrad η im Fall $U_{q1} = 4\,\text{V}$ ohne die Dioden?

c) Welchen Wert hat η, wenn die Dioden hinzukommen?

Lösung:

a) Für den Zweipol links von den Klemmen a, b (Bild 2.63a) wird zunächst die Ersatzspannungsquelle bestimmt (Bild 2.63b). Die Leerlaufspannung an den Klemmen a, b ist gemäß Gl. (2.59)

$$U_q = U_1 = \frac{50\,\Omega}{50\,\Omega + 50\,\Omega} U_{q1} = \underline{\underline{\frac{1}{2} U_{q1}}}$$

und der innere Widerstand

$$R_i = \frac{R_1 R_N}{R_1 + R_N} = 25\,\Omega.$$

Der Kurzschlussstrom ist

$$I_k = \frac{U_{q1}}{R_1} = \frac{U_{q1}}{50\,\Omega}.$$

Von der Kennlinie $I = \text{f}(U)$ einer einzelnen Diode kann man leicht auf die Kennlinie

$$I = \text{f}(U_N)$$

der Diodenreihenschaltung schließen. Zu jedem Stromwert der in Bild 2.64 dargestellten Kennlinie gehört der doppelte Spannungswert:

$$U_N = 2U.$$

Das ist in Bild 2.64 dadurch berücksichtigt, dass unter die U-Achse eine zweite Achse eingezeichnet ist, auf der die zugehörigen Werte U_N aufgetragen sind. Die Arbeitsgerade A,

$$I = \frac{U_q - U_N}{R_i},$$

hat mit $U_q = \frac{1}{2} U_{q1} = \frac{1}{2} 4\,\text{V} = 2\,\text{V}$ folgende Achsenabschnitte:

$$U_N^* = U_q = 2\,\text{V}; \quad I^* = I_k = \frac{4\,\text{V}}{50\,\Omega} = 80\,\text{mA}.$$

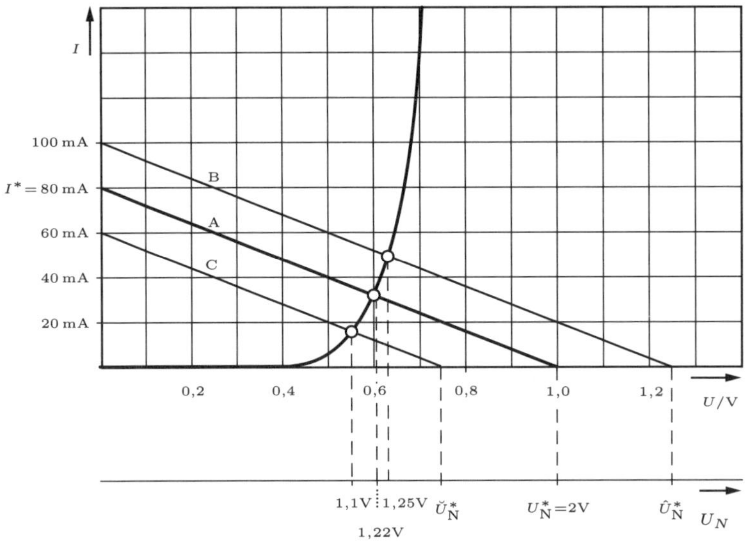

Bild 2.64 *Spannungs-Stabilisierung mit Dioden.*

Für den Wert $\hat{U}_{q1} = 5\,\text{V}$ wird $\hat{U}_N^* = 2{,}5\,\text{V}$ und für $\check{U}_{q1} = 3\,\text{V}$ wird $\check{U}_N^* = 1{,}5\,\text{V}$. Zu den Stellen $\hat{U}_N^*$ und $\check{U}_N^*$ auf der U_N-Achse gehören die entsprechenden Arbeitsgeraden B und C, die gegenüber der Geraden A parallel verschoben sind (in Bild 2.64 dünn eingezeichnet). Aus den Schnittpunkten der Geraden B und C mit der Kennlinie ergeben sich die zugehörigen Spannungen U_N:

$$\hat{U}_N = \underline{\underline{1{,}25\,\text{V}}}$$

$$\check{U}_N = \underline{\underline{1{,}1\,\text{V}}}.$$

Durch die Dioden wird also erreicht, dass bei einer Schwankung der Quellenspannung um ±25 % an R_N nur noch eine Spannungs-Schwankung von knapp ±6 % auftritt.

b) Ohne die Dioden gilt gemäß Gl. (2.71)

$$\eta = \frac{R_N}{R_1 + R_N} = \underline{\underline{0{,}5}}.$$

c) Die Ersatzspannungsquelle (Bild 2.63b) diente in dieser Aufgabe dazu, die Klemmenspannung U und den Klemmenstrom I zu berechnen. Zur Berechnung der Gesamtleistung müssen wir allerdings wieder auf die ursprüngliche Schaltung (Bild 2.63a) zurückgreifen. Die Leistung im Nutzwiderstand R_N ist

$$P_N = \frac{U_N^2}{R_N}.$$

Die Verlustleistung in den Dioden ist

$$P_D = U_N I;$$

im Widerstand R_1 ist sie

$$P_1 = \frac{U_1^2}{R_1} = \frac{(U_{q1} - U_N)^2}{R_1},$$

und speziell wegen $R_1 = R_N$ wird

$$P_1 = \frac{(U_{q1} - U_N)^2}{R_N}.$$

Der Wirkungsgrad ist nun (vgl. Gl. (2.67))

$$\eta = \frac{P_N}{P_N + P_D + P_1} = \frac{U_N^2}{U_N^2 + U_N I\, R_N + (U_{q1} - U_N)^2} = \frac{1{,}22^2}{1{,}22^2 + 1{,}22 \cdot 3{,}2 \cdot 10^{-2} \cdot 50 + 2{,}78^2}$$

$$\eta = \underline{\underline{0{,}133}}.$$

2.6 Der Überlagerungssatz (Superpositionsprinzip nach Helmholtz)

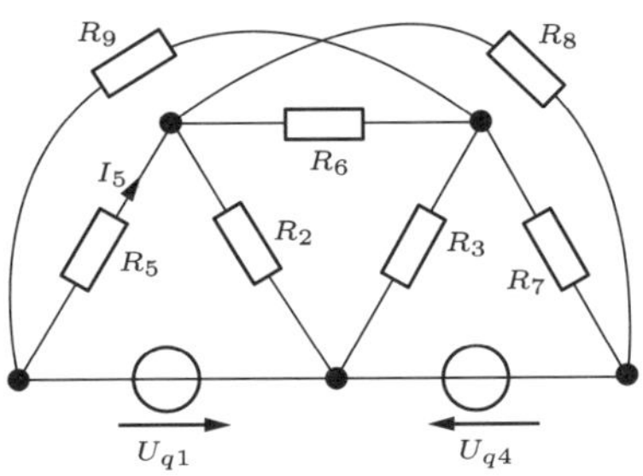

Bild 2.65 *Netz mit zwei Spannungsquellen.*

In Abschnitt 2.4.3 (Linearität) wurde gezeigt, dass zwischen einem beliebigen Strom und einer beliebigen Spannung in einem Netz aus Widerständen und konstanten Quellenspannungen ein linearer Zusammenhang besteht. So muss beispielsweise der Strom I_5 (Bild 2.65) linear von den im Netz vorhandenen Quellenspannungen (U_{q1}, U_{q4}) abhängen:

$$I_5 = k_5^{(1)} U_{q1} + k_5^{(4)} U_{q4}. \tag{2.83}$$

Daraus folgt, dass der Strom I_5 auch auf folgende Weise bestimmt werden kann: Man berechnet zunächst den Strom I_5, der sich gemäß Gl. (2.83) ergeben würde, wenn alle Quellenspannungen bis auf U_{q1} zu Null gemacht (d. h. kurzgeschlossen) werden:

$$I_5^{(1)} = k_5^{(1)} U_{q1}. \tag{2.84}$$

Danach berechnet man den Strom $I_5^{(4)}$, der allein durch U_{q4} verursacht würde:

$$I_5^{(4)} = k_5^{(4)} U_{q4}. \tag{2.85}$$

Der tatsächlich im Zweig 5 fließende Strom I_5 ergibt sich also, wie die Gln. (2.83) bis (2.85) zeigen, als Summe der beiden Stromanteile:

$$I_5 = I_5^{(1)} + I_5^{(4)}. \tag{2.86}$$

Allgemein gilt folgendes:

Wenn ein lineares Netz n Spannungsquellen (U_{q1}, U_{q2}, …, U_{qn}) enthält, dann verursacht die Quelle 1 den Stromanteil

$$I_{\mathrm{m}}^{(1)} = k_{\mathrm{m}}^{(1)} U_{\mathrm{q}1}$$

im Zweig m; die Quelle 2 verursacht den Stromanteil

$$I_{\mathrm{m}}^{(2)} = k_{\mathrm{m}}^{(2)} U_{\mathrm{q}2}$$

usw. Damit gilt für den Strom I_{m} im Zweig m:

$$\boxed{I_m = k_{\mathrm{m}}^{(1)} U_{\mathrm{q}1} + k_{\mathrm{m}}^{(2)} U_{\mathrm{q}2} + \ldots + k_{\mathrm{m}}^{(n)} U_{\mathrm{q}n} = I_{\mathrm{m}}^{(1)} + I_{\mathrm{m}}^{(2)} + \ldots + I_{\mathrm{m}}^{(n)}} \,. \tag{2.87}$$

Die hier beschriebene Gesetzmäßigkeit folgt zwangsläufig aus der Linearität des Netzes. Man nennt sie den Überlagerungssatz (Superpositionsprinzip), weil jeder Zweigstrom (jede Zweigspannung) als Summe von Anteilen der Ströme (Spannungen) aufgefasst werden kann, die jeweils von nur einer Quelle verursacht werden.

Mit Hilfe des Überlagerungssatzes lässt sich auch zeigen, dass für einen linearen Quellen-Zweipol mit der Leerlaufspannung U_1 und dem Kurzschlussstrom I_{k} immer gilt $U_1/I_{\mathrm{k}} = R_{\mathrm{i}}$, wobei R_{i} der Widerstand des Zweipols ist, wenn man ihn von den Klemmen a, b aus betrachtet (Bild 2.66); Abschnitt 2.4.4.

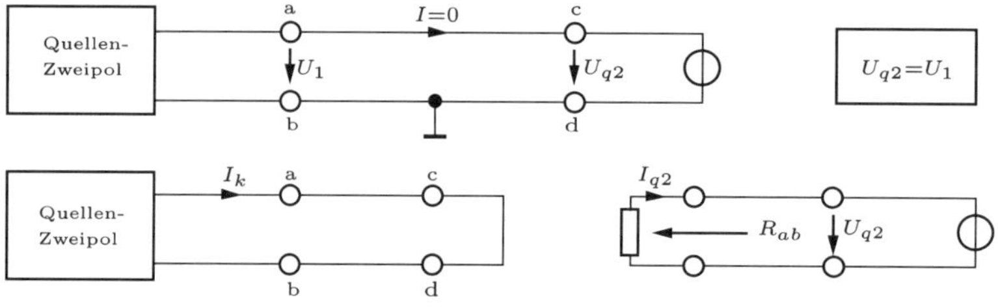

Bild 2.66 *Zur Begründung der Aussage $U_l/I_k = R_{ab}$.*

Wenn man zunächst die Klemmen b und d miteinander kurzschließt (gemeinsames Massepotential), kann noch kein Strom fließen. Die zunächst noch unverbundenen Klemmen a, c haben dann (wegen $U_{q2} = U_1$) gleiches Potential und können nun kurzgeschlossen werden, ohne dass ein Strom entsteht. I kann als Überlagerung des vom Quellenzweipol hervorgerufenen Stromes I_{k} und des durch die ideale Quelle U_{q2} hervorgerufenen Stromes I_{q2} aufgefasst werden:

$$I = I_{\mathrm{K}} + I_{\mathrm{q}2} = 0.$$

Für I_{q2} gilt $I_{q2} = - U_{q2}/R_{ab}$. Somit wird $I_{\mathrm{k}} = -I_{\mathrm{q}2} = \dfrac{U_{\mathrm{q}2}}{R_{\mathrm{ab}}} = \dfrac{U_1}{R_{\mathrm{ab}}}$, d. h. es ist $U_1 / I_{\mathrm{k}} = R_{\mathrm{ab}}$.

Beispiel 2.23

Parallelschaltung dreier Spannungsquellen

Aufgabenstellung wie in Beispiel 2.17.

Lösung:

Zur Lösung dieser Aufgabe kann der Überlagerungssatz herangezogen werden. Wenn nur die Quelle mit der Spannung U_R wirksam ist, fließt durch sie der Strom (Bild 2.43)

$$I_R^{(R)} = \frac{U_R}{\dfrac{1}{G_R} + \dfrac{1}{G_S + G_T + G_M}}.$$

Nach der Stromteilerformel (2.28) gilt dann für den Strom in R_M

$$I_M^{(R)} = \frac{G_M}{G_S + G_T + G_M} I_R^{(R)} = \frac{G_M}{G_S + G_T + G_M} \frac{U_R}{\dfrac{1}{G_R} + \dfrac{1}{G_S + G_T + G_M}} = U_R \frac{G_M G_R}{G_R + G_S + G_T + G_M}.$$

Auf die gleiche Weise ergeben sich die Stromanteile, die von den Quellenspannungen U_S und U_T bewirkt werden:

$$I_M^{(S)} = U_S \frac{G_M G_S}{G_R + G_S + G_T + G_M} \quad \text{und} \quad I_M^{(T)} = U_T \frac{G_M G_T}{G_R + G_S + G_T + G_M}.$$

Aus der Überlagerung der Stromanteile ergibt sich der Strom I_M:

$$I_M = I_M^{(R)} + I_M^{(S)} + I_M^{(T)} = \frac{G_M}{G_R + G_S + G_T + G_M} (U_R G_R + U_S G_S + U_T G_T).$$

Die Spannung an R_M ist

$$U_{NM} = \frac{I_M}{G_M} = \frac{U_R G_R + U_S G_S + U_T G_T}{G_R + G_S + G_T + G_M} = \frac{\dfrac{U_R}{R_R} + \dfrac{U_S}{R_S} + \dfrac{U_T}{R_T}}{\dfrac{1}{R_R} + \dfrac{1}{R_S} + \dfrac{1}{R_T} + \dfrac{1}{R_M}}. \tag{2.65}$$

Dieses Ergebnis stimmt mit dem aus Beispiel 2.17 überein. Der Rechengang zeigt, dass die Methode der Ersatzstromquelle in diesem Fall schneller zum Ziel führt.

Beispiel 2.24

Berechnung eines Stromes in einem Netz mit zwei Stromquellen (mit Hilfe des Überlagerungssatzes)

In einem Netz (Bild 2.67) sind sämtliche Widerstände und die beiden Quellenströme I_B, I_C gegeben. Der Strom I_1 ist allgemein und für die Werte

$$I_B = 4\,\text{A}, \quad I_C = 1\,\text{A}$$

zu berechnen.

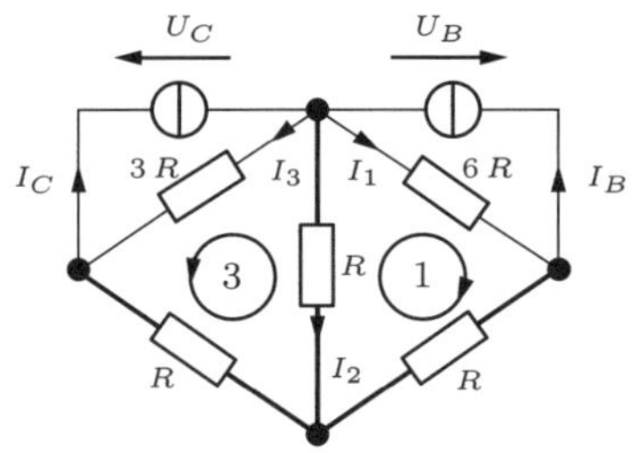

Bild 2.67 *Netz mit zwei Stromquellen.*

Lösung:

Falls nur die linke Stromquelle (I_C) in Bild 2.68a wirkt, so folgt durch zweimaliges Anwenden der Stromteiler-Regel (2.29b)

$$I_1^{(C)} = \frac{3R}{3R + \frac{R \cdot 7R}{R+7R} + R} \cdot \frac{R}{R+7R} I_C = \frac{1}{13} I_C .$$

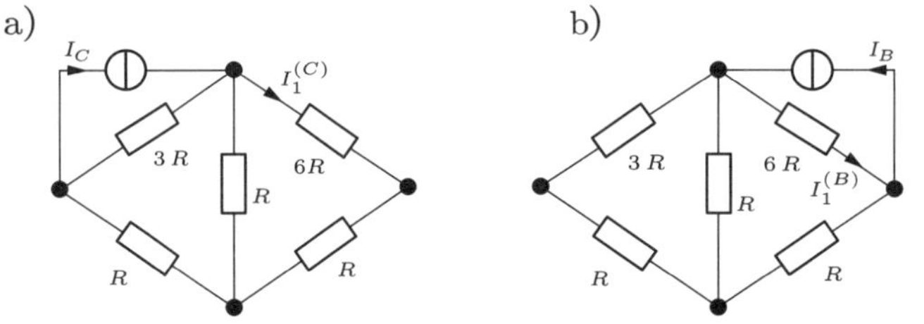

Bild 2.68 *Zur Anwendung des Überlagerungssatzes bei der Berechnung von I_1.*

Wirkt nur die rechte Quelle (I_B) (Bild 2.68b), so gilt nach der Stromteiler-Regel (2.29b)

$$I_1^{(B)} = \frac{R + \frac{R \cdot 4R}{R+4R}}{R + \frac{R \cdot 4R}{R+4R} + 6R} I_B = \frac{3}{13} I_B .$$

Aus den beiden Stromanteilen $I_1^{(C)}$ und $I_1^{(B)}$ ergibt sich schließlich I_1:

$$I_1 = I_1^{(C)} + I_1^{(B)} = \underline{\underline{\frac{1}{13}(I_C + 3I_B)}}$$

$$I_1 = \frac{1}{13}(1\,\text{A} + 3 \cdot 4\,\text{A}) = \underline{\underline{1\,\text{A}}}.$$

2.7 Stern-Dreieck-Transformation

Nicht nur Zweipole können durch äquivalente Schaltungen ersetzt werden, sondern auch Dreipole, Vierpole usw. Ein wichtiger Sonderfall solcher Methoden der Netzumwandlung ist die Umrechnung passiver Sternschaltungen in äquivalente Vieleckschaltungen, z. B. die Umwandlung eines Vierer-Sterns in ein Viereck (Bild 2.69). Grundsätzlich lässt sich jede Sternschaltung in eine Vieleckschaltung umwandeln; d. h. es lässt sich zu jeder Sternschaltung eine Vieleckschaltung finden, die sich nach außen hin ebenso verhält.

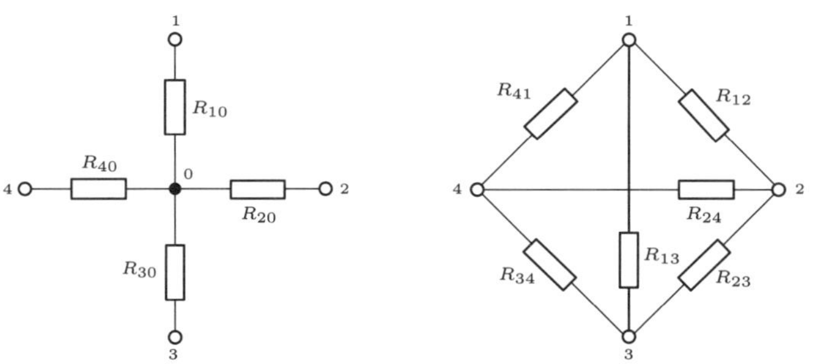

Bild 2.69 *Vierer-Stern und Viereck aus ohmschen Widerständen.*

Von besonderer praktischer Bedeutung ist die Umwandlung von Dreier-Sternen in Dreiecke oder umgekehrt von Dreiecken in Dreier-Sterne (Bild 2.70). Wenn sich beide Schaltungen dieses Bildes nach außen hin gleich verhalten sollen, so muss gelten

$$R_{10} + R_{20} = R_{12} \parallel (R_{23} + R_{31})$$

$$R_{10} + R_{20} = \frac{R_{12}(R_{23} + R_{31})}{R} \qquad (2.88a)$$

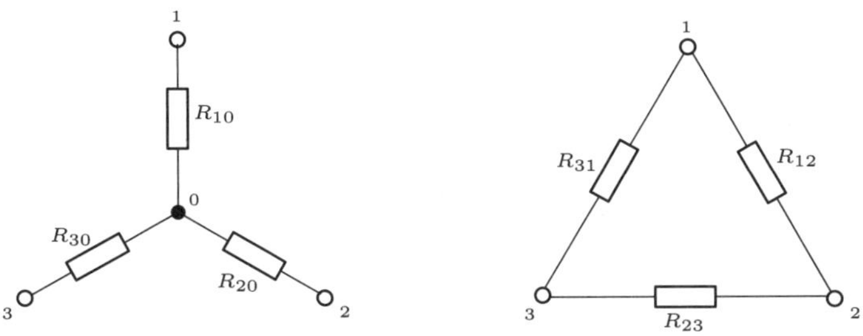

Bild 2.70 *(Dreier-)Stern- und Dreieck-Schaltung.*

$$R_{20} + R_{30} = \frac{R_{23}(R_{31} + R_{12})}{R} \qquad (2.88b)$$

$$R_{30} + R_{10} = \frac{R_{31}(R_{12} + R_{23})}{R}. \qquad (2.88c)$$

Hierbei wurde als Abkürzung verwendet:

$$R = R_{12} + R_{23} + R_{31}. \qquad (2.89)$$

2.7.1 Umwandlung eines Dreiecks in einen Stern

Addiert man die Gln. (2.88a) und (2.88c) und subtrahiert Gl. (2.88b), so erhält man

$$R(R_{10} + R_{20} - R_{20} - R_{30} + R_{30} + R_{10}) = R_{12}R_{23} + R_{12}R_{31} - R_{23}R_{31} - \\ -R_{23}R_{12} + R_{31}R_{12} + R_{31}R_{23}$$

$$2R\,R_{10} = 2R_{12}R_{31}$$

$$\boxed{R_{10} = \frac{R_{12}R_{31}}{R_{12} + R_{23} + R_{31}}}. \qquad (2.90a)$$

Setzt man dies in Gl. (2.88a) ein, so ergibt sich

$$R_{20} = \frac{R_{12}(R_{23} + R_{31})}{R} - R_{10} = \frac{R_{12}(R_{23} + R_{31})}{R} - \frac{R_{12}R_{31}}{R}$$

$$\boxed{R_{20} = \frac{R_{12}R_{23}}{R_{12} + R_{23} + R_{31}}}. \qquad (2.90b)$$

Setzt man Gl. (2.90a) in Gl. (2.88c) ein, so wird schließlich

$$R_{30} = \frac{R_{31}(R_{12}+R_{23})}{R} - R_{10} = \frac{R_{31}(R_{12}+R_{23})}{R} - \frac{R_{12}R_{31}}{R}$$

$$\boxed{R_{30} = \frac{R_{23}R_{31}}{R_{12}+R_{23}+R_{31}}} . \tag{2.90c}$$

Die Ergebnisse (2.90a, b, c) bedeuten folgendes. Wenn die Dreieckswiderstände gegeben sind, gilt für die Berechnung der Sternwiderstände:

$$\text{Sternwiderstand} = \frac{\text{Produkt der Anliegerwiderstände}}{\text{Umfangswiderstand}} .$$

2.7.2 Umwandlung eines Sterns in ein Dreieck

Es lassen sich nicht nur die Sternwiderstände aus den Dreieckswiderständen berechnen, sondern umgekehrt auch die Dreieckswiderstände R_{12}, R_{23}, R_{31} aus vorgegebenen Sternwiderständen R_{10}, R_{20}, R_{30}. Hierzu müssten die Gln. (2.88a, b, c) nach R_{12}, R_{23}, R_{31} aufgelöst werden. Einfacher ist es von den Gln. (2.90a, b, c) auszugehen. Aus ihnen folgt

$$\frac{R_{12}R_{31}}{R_{10}} = R_{12}+R_{23}+R_{31} \tag{2.91a}$$

$$\frac{R_{12}R_{23}}{R_{20}} = R_{12}+R_{23}+R_{31} \tag{2.91b}$$

$$\frac{R_{23}R_{31}}{R_{30}} = R_{12}+R_{23}+R_{31} . \tag{2.91c}$$

Ein Vergleich der Gl. (2.91a) mit (2.91b) ergibt

$$R_{23} = R_{31}\frac{R_{20}}{R_{10}} \tag{2.92}$$

und ein Vergleich der Gl. (2.91b) mit (2.91c):

$$R_{12} = R_{31}\frac{R_{20}}{R_{30}} . \tag{2.93}$$

Auf der rechten Seite der Gl. (2.91a) ersetzt man R_{23} und R_{12} mit Hilfe der Gln. (2.92) und (2.93):

$$\frac{R_{12}R_{31}}{R_{10}} = R_{31}\frac{R_{20}}{R_{30}} + R_{31}\frac{R_{20}}{R_{10}} + R_{31} \tag{2.94}$$

$$\frac{R_{12}}{R_{10}} = \frac{R_{20}}{R_{30}} + \frac{R_{20}}{R_{10}} + 1$$

$$R_{12} = \frac{R_{10}R_{20}}{R_{30}} + R_{20} + R_{10} \tag{2.95}$$

$$R_{12} = \frac{R_{10}R_{20} + R_{20}R_{30} + R_{30}R_{10}}{R_{30}}. \tag{2.96}$$

Wenn also die Sternwiderstände gegeben sind, gilt für die Berechnung der Dreieckswiderstände:

$$\text{Dreieckswiderstand} = \frac{\text{Produkt der Anliegerwiderstände}}{\text{gegenüberliegender Widerstand}} + \text{Summe der Anliegerwiderstände.}$$

Verwendet man in Gl. (2.96) statt der Widerstandswerte die Leitwerte, so wird

$$\frac{1}{G_{12}} = G_{30}\left[\frac{1}{G_{10}G_{20}} + \frac{1}{G_{20}G_{30}} + \frac{1}{G_{30}G_{10}}\right] = \frac{G_{10} + G_{20} + G_{30}}{G_{10}G_{20}}$$

$$\boxed{G_{12} = \frac{G_{10}G_{20}}{G_{10} + G_{20} + G_{30}}}. \tag{2.97a}$$

In entsprechender Weise erhält man

$$\boxed{G_{23} = \frac{G_{20}G_{30}}{G_{10} + G_{20} + G_{30}}} \tag{2.97b}$$

und

$$\boxed{G_{31} = \frac{G_{10}G_{30}}{G_{10} + G_{20} + G_{30}}}. \tag{2.97c}$$

Die Gln. (2.97b) und (2.97c) lassen sich auch direkt aus Gl. (2.97a) durch zyklische Vertauschung der Indizes 1, 2, 3 herleiten. Dies ist wegen der Struktur-Symmetrie des Widerstandsdreiecks und -sterns zulässig. (Struktur-Symmetrie: bei Drehung des Dreiecks oder des Sterns in Bild 2.70 um $2\pi/3$ kommt wieder jeweils die gleiche Schaltungsstruktur zustande.)

Ein Vergleich der Gln. (2.90) für die Sternwiderstände mit den Gln. (2.97) für die Dreiecksleitwerte zeigt, dass die Transformationen

$$\mathrm{Y} \rightarrow \Delta \quad \text{und} \quad \Delta \rightarrow \mathrm{Y}$$

analogen Gesetzen unterliegen.

Die Ergebnisse (2.97) bedeuten folgendes. Wenn die Sternleitwerte gegeben sind, gilt für die Berechnung der Dreiecksleitwerte:

$$\text{Dreiecksleitwert} = \frac{\text{Produkt der Anliegerleitwerte}}{\text{Knotenleitwert}}.$$

2.7.3 Vor- und Nachteile der Netzumwandlung

Ersetzt man einen Stern durch ein Dreieck (oder umgekehrt), so ergeben sich **in speziellen Fällen** einfachere Netze. Wie sich grundsätzlich eine Netzumwandlung auswirkt, zeigt Bild 2.71.

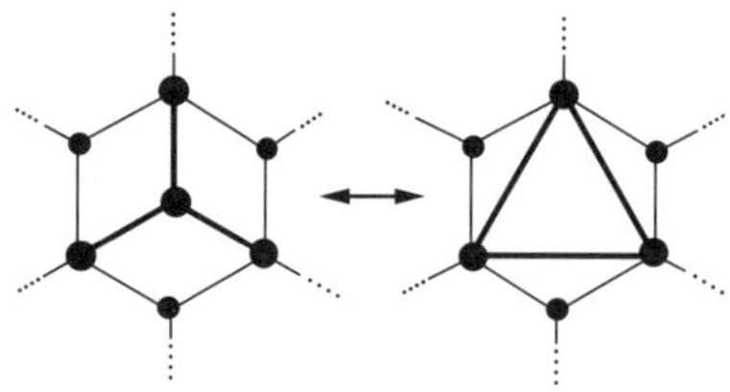

Bild 2.71 *Netzumwandlung.*

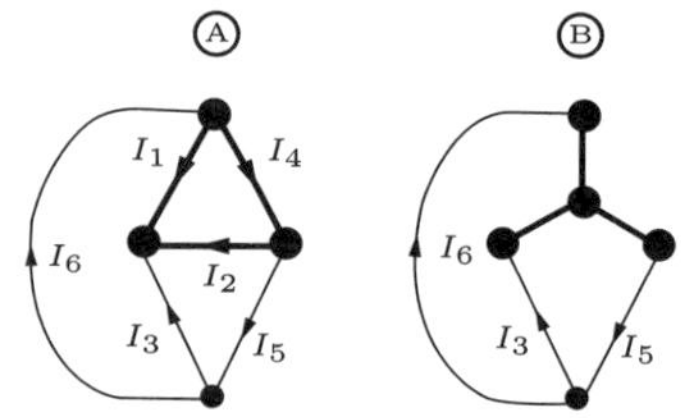

Bild 2.72 *Dreieck-Stern-Transformation eines einfachen Netzes (Reduktion von 3 auf 2 Maschen).*

Das linke Teilnetz geht in das rechte über, wenn man den (dick eingezeichneten) Innenstern in ein Dreieck umwandelt. Das linke Teilnetz hat 3 Maschen und 7 Knoten. Durch Umwandlung des Sternes in ein Dreieck wird die Zahl der Maschen auf 4 vergrößert, die Zahl der Knoten auf 6 vermindert. Die Verwandlung eines Dreiecks in einen Stern ist vor allem dann zweckmäßig, wenn das Netz nach Verminderung der Maschenzahl leichter untersucht werden kann (Bild 2.72). Einen Nachteil der Umwandlung muss man allerdings in Kauf nehmen: im transformierten Netz treten die Ströme I_1, I_2 und I_4 nicht mehr auf. Insofern würde also eine vollständige Analyse des Netzes A auf dem Umweg über das Netz B nicht unmittelbar möglich sein.

Beispiel 2.25

Berechnung des Eingangs-Widerstandes einer Brückenschaltung

In Bild 2.73 wird eine Brücke dargestellt, deren Eingangs-Widerstand R_{ab} berechnet werden soll.

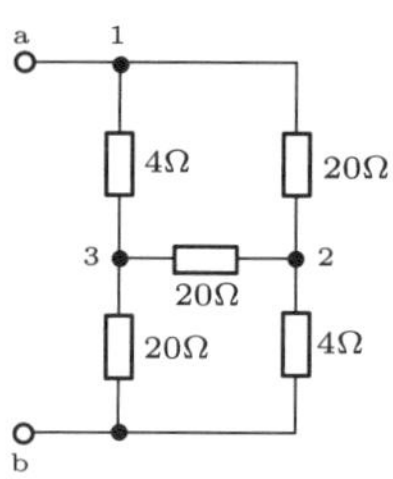

Bild 2.73 *Unabgeglichene Brücke.*

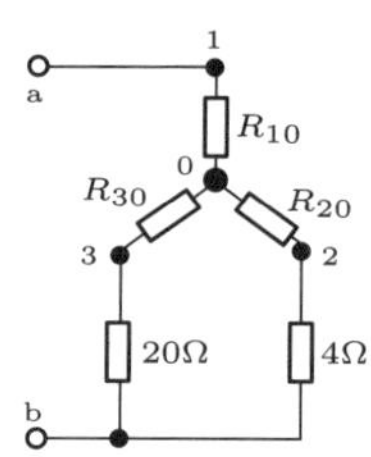

Bild 2.74 *Brückenschaltung nach Dreieck-Stern-Transformation.*

Lösung:

R_{ab} lässt sich nicht einfach auf Parallel- und Reihenschaltungen von Widerständen oder Widerstandsgruppen zurückführen (Abschnitt 2.2.5). Man kann aber eines der beiden in der Schaltung enthaltenen Widerstands-Dreiecke (1; 2; 3) in einen Stern umwandeln (Bild 2.74) und erhält so eine reine Gruppenschaltung. Die Sternwiderstände können mit den Gln. (2.90) berechnet werden:

$$R_{10} = \frac{20 \cdot 4}{20+20+4}\Omega = \frac{80}{44}\Omega = \frac{20}{11}\Omega$$

$$R_{20} = \frac{20 \cdot 20}{44}\Omega = \frac{100}{11}\Omega$$

$$R_{30} = \frac{20 \cdot 4}{44}\Omega = \frac{20}{11}\Omega.$$

Die vier unteren Widerstände in Bild 2.74 lassen sich wie folgt zusammenfassen:

$$R_{b0} = \frac{\left(\frac{20}{11}+20\right)\left(\frac{100}{11}+4\right)}{\frac{20}{11}+20+\frac{100}{11}+4}\Omega = \frac{240\cdot 144}{11\cdot 384}\Omega = \frac{90}{11}\Omega.$$

Als Gesamtwiderstand zwischen den Klemmen a, b ergibt sich damit

$$R_{ab} = R_{b0} + R_{10} \tag{2.98}$$

$$R_{ab} = \frac{90}{11}\Omega + \frac{20}{11}\Omega = \underline{\underline{10\,\Omega}}\,.$$

2.8 Umlauf- und Knotenanalyse linearer Netze

2.8.1 Die Bestimmungsgleichungen für die Ströme und Spannungen in einem Netz; lineare Abhängigkeit

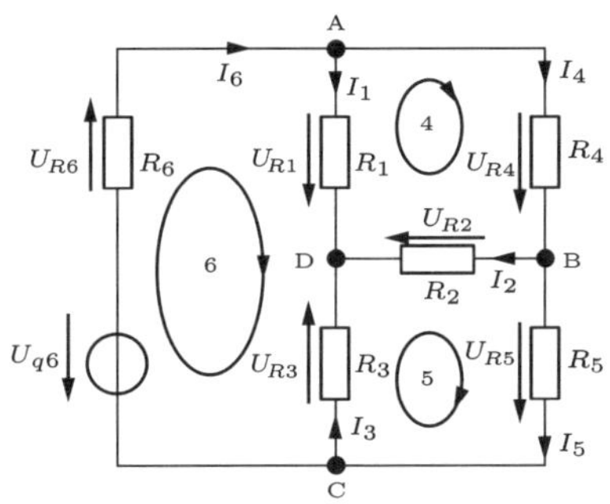

Bild 2.75 *Netz mit drei Maschen und einer Spannungsquelle.*

Wenn in einem linearen Netz sämtliche Widerstände und Quellenspannungen bekannt sind, so können der Strom in jedem Zweig und die Spannung an jedem Zweig berechnet werden. Hierzu genügen das Ohmsche Gesetz und die beiden Kirchhoffschen Gleichungen. Das Ohmsche Gesetz lässt sich auf jeden Widerstand anwenden, die erste Kirchhoffsche Gleichung auf jeden Knoten und die zweite Kirchhoffsche Gleichung auf jeden Umlauf. Umläufe, die im Innern keine Zweige enthalten, nennt man **Maschen.** Die Schaltung in Bild 2.75 hat 3 Maschen (4; 5; 6). Am Beispiel dieses dreimaschigen Netzes sollen alle möglichen Gleichungen untersucht werden, die aus der Anwendung des Ohmschen Gesetzes und der Kirchhoffschen Regeln folgen.

Das Ohmsche Gesetz kann für alle 6 Widerstände angegeben werden. Es liefert sechs Gleichungen:

$$U_{R1} = R_1\, I_1 \tag{2.100a}$$

$$\vdots \qquad\qquad \vdots$$

$$U_{R6} = R_6\, I_6. \tag{2.100f}$$

Die erste Kirchhoffsche Gleichung (Knotengleichung) kann auf die Knoten A, B, C und D angewendet werden:

$$\text{Knoten A}: \; I_1 = -I_4 + I_6 \tag{2.101a}$$

$$\text{Knoten B}: \; I_2 = I_4 - I_5 \tag{2.101b}$$

$$\text{Knoten C}: \; I_3 = I_5 - I_6 \tag{2.101c}$$

$$\text{Knoten D}: \; I_1 + I_2 + I_3 = 0\,. \tag{2.101d}$$

Die erste Kirchhoffsche Gleichung kann aber auch für größere Teile des Netzes (Großknoten) angeschrieben werden. Z. B. ergibt sich für den Großknoten, der die Knoten A und B enthält (Bild 2.76):

$$\text{A, B}: \; I_1 + I_2 = I_6 - I_5\,. \tag{2.101e}$$

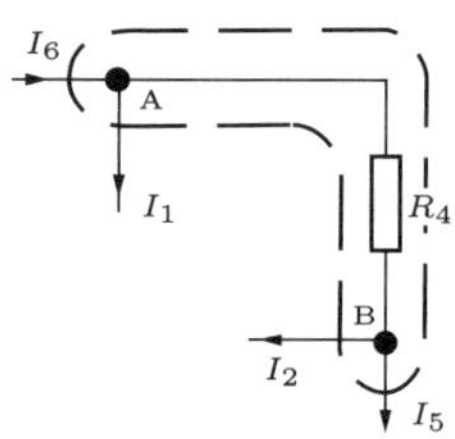

Bild 2.76 *Großknoten in dem Netz aus Bild 2.75.*

Entsprechend folgt:

$$\text{A, C}: \; I_1 + I_3 = I_5 - I_4 \tag{2.101f}$$

$$\text{A, D}: \; I_2 + I_3 = I_4 - I_6 \tag{2.101g}$$

$$\text{B, C}: \; I_2 + I_3 = I_4 - I_6 \tag{2.101g}$$

$$\text{B, D}: \; I_1 + I_3 = I_5 - I_4 \tag{2.101f}$$

$$\text{C, D}: \; I_1 + I_2 = I_6 - I_5 \tag{2.101e}$$

$$\text{A, B, C}: \; I_1 + I_2 + I_3 = 0 \tag{2.101d}$$

usw.

Beim Aufstellen dieser Gleichungen zeigt sich, dass aus den 3 Gln. (2.101a, b, c) alle folgenden hergeleitet werden können. Gl. (2.101d) entsteht z. B. aus der Addition der drei ersten Gleichungen. Gl. (2.101e) entsteht aus der Addition der beiden ersten Gleichungen, usw.

Gleichungen, die sich auf andere (lineare) Gleichungen zurückführen lassen, nennt man **linear abhängig;** sie sind beim Aufstellen der Bestimmungsgleichungen für die Spannungen und Ströme überflüssig. Daher muss bei der Auswahl der Gleichungen auf lineare Unabhängigkeit geachtet werden.

Es lässt sich zeigen, dass ganz allgemein gilt:

> In einem Netz mit k Knoten können $(k - 1)$ linear unabhängige Knotengleichungen aufgestellt werden.

Die zweite Kirchhoffsche Gleichung (Umlaufgleichung) kann auf die Umläufe (Maschen) 4, 5 und 6 (Bild 2.75) angewendet werden:

$$\text{Masche 4:}\quad -U_{\text{R1}} + U_{\text{R2}} + U_{\text{R4}} = 0 \tag{2.102a}$$

$$\text{Masche 5:}\quad -U_{\text{R2}} + U_{\text{R3}} + U_{\text{R5}} = 0 \tag{2.102b}$$

$$\text{Masche 6:}\quad U_{\text{R1}} - U_{\text{R3}} + U_{\text{R6}} = U_{\text{q6}}\,. \tag{2.102c}$$

Die zweite Kirchhoffsche Gleichung kann aber auch für weitere Umläufe angegeben werden, z. B. für den Umlauf A – B – C – D – A in Bild 2.75:

$$-U_{\text{R1}} + U_{\text{R3}} + U_{\text{R4}} + U_{\text{R5}} = 0. \tag{2.102d}$$

Diese Gleichung und die drei übrigen Umlaufgleichungen (für A – B – D – C – A, A – D – B – C – A, A – B – C – A) können aber durch Addition aus den Gln. (2.102a, b, c) gewonnen werden, sind von diesen also linear abhängig; z. B. entsteht Gl. (2.102d) einfach aus der Addition der beiden Gln. (2.102a, b).

Diese Überlegungen lassen sich verallgemeinern:

> In einem Netz mit m Maschen können m linear unabhängige Umlaufgleichungen aufgestellt werden.

Für die 6 unbekannten Ströme und 6 unbekannten Spannungen des betrachteten dreimaschigen Netzes existieren tatsächlich 12 linear unabhängige Gleichungen, nämlich

Gl. (2.100a) bis (2.100f)

Gl. (2.101a) bis (2.101c)

Gl. (2.102a) bis (2.102c),

aus denen die 12 Unbekannten bestimmt werden können. Wenn sämtliche Zweigströme berechnet werden sollen, drücken wir zunächst in den Gln. (2.102a) bis (2.102c) mit Hilfe der Gln. (2.100a) bis (2.100f) die Spannungen $U_{\text{R1}} \ldots U_{\text{R6}}$ durch die Ströme $I_1 \ldots I_6$ aus:

$$-R_1 I_1 + R_2 I_2 + R_4 I_4 = 0 \tag{2.103a}$$

$$-R_2 I_2 + R_3 I_3 + R_5 I_5 = 0 \tag{2.103b}$$

$$R_1 I_1 - R_3 I_3 + R_6 I_6 = U_{\text{q6}}\,. \tag{2.103c}$$

In diesen drei Gleichungen kann man die Ströme I_1, I_2, I_3 mit Hilfe der drei Knotengleichungen (2.101a, b, c) eliminieren:

$$-R_1(-I_4 + I_6) + R_2(I_4 - I_5) + R_4 I_4 = 0$$

$$-R_2(I_4 - I_5) + R_3(I_5 - I_6) + R_5 I_5 = 0$$

$$R_1(-I_4 + I_6) - R_3(I_5 - I_6) + R_6 I_6 = U_{\text{q6}}\,.$$

Ordnet man diese drei Gleichungen nach den drei Unbekannnten I_4, I_5, I_6, so entsteht folgendes Gleichungs-System:

$$④ \quad (R_1+R_2+R_4)I_4 \quad -R_2 I_5 \quad -R_1 I_6 = 0 \tag{2.104a}$$

$$⑤ \quad -R_2 I_4 \quad +(R_2+R_3+R_5)I_5 \quad -R_3 I_6 = 0 \tag{2.104b}$$

$$⑥ \quad -R_1 I_4 \quad -R_3 I_5 \quad +(R_1+R_3+R_6)I_6 = U_{q6}\,. \tag{2.104c}$$

Die Untersuchung eines linearen Netzes mit drei Maschen führt also zu dem linearen Gleichungs-System (2.104) für drei unbekannte Ströme, das nun nur noch aufgelöst werden muss.

Beispiel 2.26

Berechnung der Ströme in einem dreimaschigen Netz mit einer Spannungsquelle

In Bild 2.75 ist ein lineares Netz mit sechs ohmschen Widerständen und einer konstanten Quellenspannung dargestellt. Es gelten folgende Zahlenwerte:

$R_1 = 3\ \Omega;\quad R_2 = 1\ \Omega;\quad R_3 = 2\ \Omega;\quad R_4 = 1\ \Omega;\quad R_5 = 5\ \Omega;\quad R_6 = 1\ \Omega$

$U_{q6} = 10\,\text{V}.$

Gesucht sind sämtliche Ströme.

Lösung:

Mit den gegebenen Zahlenwerten lautet das Gleichungs-System (2.104a, b, c):

$$\begin{aligned} 5\ \Omega\cdot I_4 - 1\ \Omega\cdot I_5 - 3\ \Omega\cdot I_6 &= 0\\ -1\ \Omega\cdot I_4 + 8\ \Omega\cdot I_5 - 2\ \Omega\cdot I_6 &= 0\\ -3\ \Omega\cdot I_4 - 2\ \Omega\cdot I_5 + 6\ \Omega\cdot I_6 &= 10\,\text{V}. \end{aligned}$$

Kürzt man alle drei Gleichungen durch die Einheit Ω, so entsteht

$$5I_4 - I_5 - 3I_6 = 0 \tag{2.105a}$$

$$-I_4 + 8I_5 - 2I_6 = 0 \tag{2.105b}$$

$$-3I_4 - 2I_5 + 6I_6 = 10\ \text{A}. \tag{2.105c}$$

Zunächst eliminieren wir I_5. Dazu wird Gl. (2.105a) mit 8 multipliziert und zu Gl. (2.105b) addiert:

$$\begin{aligned} 40I_4 - 8I_5 - 24I_6 &= 0\\ -I_4 + 8I_5 - \ \ 2I_6 &= 0\\ \hline 39I_4 \qquad -26I_6 &= 0. \end{aligned} \tag{2.106a}$$

Dann wird Gl. (2.105c) mit 4 multipliziert und zu Gl. (2.105b) addiert:

$$\begin{aligned} -12I_4 - 8I_5 + 24I_6 &= 40\,\text{A}\\ -\ \ I_4 + 8I_5 - \ \ 2I_6 &= 0\\ \hline -13I_4 \qquad + 22I_6 &= 40\,\text{A}\,. \end{aligned} \tag{2.106b}$$

Die beiden Gln. (2.106) bilden nun ein Gleichungs-System mit den beiden Unbekannten I_4 und I_6. Um in diesem System I_4 zu eliminieren, multiplizieren wir Gl. (2.106b) mit 3 und addieren Gl. (2.106a):

$$
\begin{aligned}
-39I_4 + 66I_6 &= 120\text{ A} \\
39I_4 - 26I_6 &= 0 \\
\hline
40I_6 &= 120\text{ A}; \quad \underline{\underline{I_6 = 3\text{ A}}}.
\end{aligned}
$$

Setzt man dieses Ergebnis in Gl. (2.106a) ein, so folgt

$$39I_4 \qquad = 26\cdot 3\text{ A}; \ \underline{\underline{I_4 = 2\text{ A}}}.$$

Mit den Werten von I_4 und I_6 erhält man aus Gl. (2.105a):

$$I_5 = 5I_4 - 3I_6 = 10\text{ A} - 9\text{ A} = \underline{\underline{1\text{ A}}}.$$

Die übrigen drei Ströme ergeben sich durch Einsetzen dieser drei Ergebnisse in die Knotengleichungen (2.101a, b, c):

$$
\begin{aligned}
I_1 &= -I_4 + I_6 = -2\text{ A} + 3\text{ A} = \underline{\underline{1\text{ A}}} \\
I_2 &= I_4 - I_5 = 2\text{ A} - 1\text{ A} = \underline{\underline{1\text{ A}}} \\
I_3 &= I_5 - I_6 = 1\text{ A} - 3\text{ A} = \underline{\underline{-2\text{ A}}}.
\end{aligned}
$$

Der hier gewählte Weg zur Auflösung des linearen Gleichungs-Systems (2.105) ist selbstverständlich nur einer von mehreren möglichen.

An der Herleitung des Gleichungs-Systems (2.104) wird deutlich, welcher Aufwand getrieben werden muss, um mit Hilfe der Kirchhoffschen Gleichungen und des Ohmschen Gesetzes die Ströme und Spannungen in einem Netz zu berechnen. Dieser Aufwand lässt sich wesentlich reduzieren durch zwei Verfahren, bei denen die Probleme der Gleichungsauswahl und zweckmäßigen Elimination vermindert werden und die Anzahl der Unbekannten von vornherein minimiert wird. Diese Verfahren werden in den folgenden Abschnitten dargestellt.

2.8.2 Topologische Grundbegriffe beliebiger Netze

Wir betrachten als Beispiel eines Netzes die in Bild 2.75 dargestellte Schaltung. Stellt man die 6 Zweige dieses Netzes nur durch einfache Linien dar, so entsteht ein Graph (Bild 2.77). Man nennt das Netz wegen seiner 4 Knoten ein Viereck; da alle möglichen Verbindungen zwischen den Knoten vorhanden sind, ist es ein **vollständiges Viereck.** (Entsprechend spricht man auch von Fünfecken, vollständigen Fünfecken usw.) Jeder Zweig trägt einen Richtungspfeil, durch den die Zählpfeile der **Zweigspannung** und des **Zweigstromes** (willkürlich) festgelegt werden (Bild 2.78).

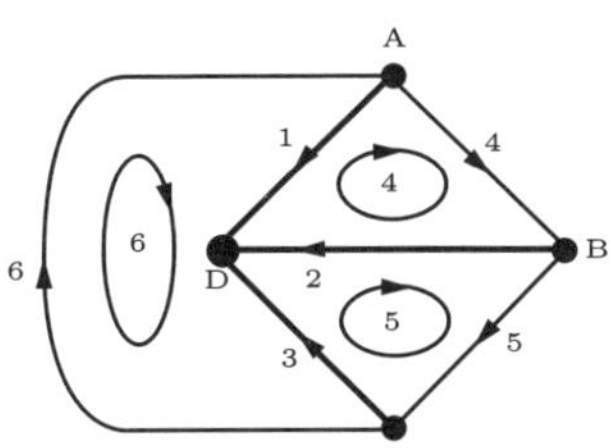

Bild 2.77 *Struktur eines Netzes (Graph) mit 4 Knoten und 3 Maschen.*

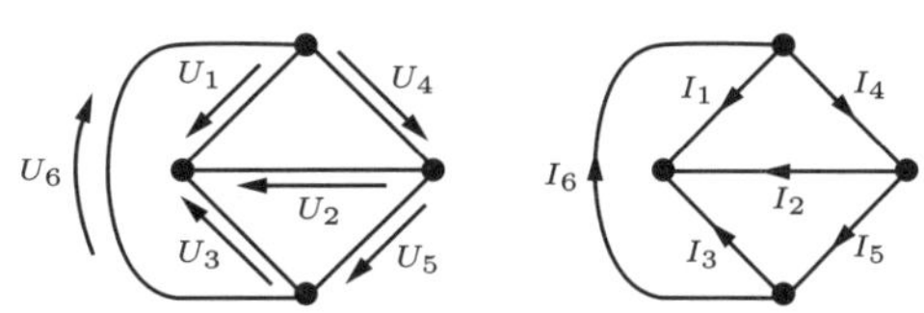

Bild 2.78 *Festlegung der U- und I-Zählpfeile durch die in Bild 2.77 gewählten Zweigrichtungen.*

Jede Zweigspannung kann sich aus einem ohmschen Spannungsabfall und einer Quellenspannung zusammensetzen, wie z. B. in Zweig 6 in Bild 2.75:

$$U_6 = -U_{q6} + U_{R6}. \tag{2.107}$$

Einen Linienkomplex, in dem kein geschlossener Umlauf enthalten ist, nennt man **Baum.** Beispiele für Bäume in dem Netz aus Bild 2.77 zeigt Bild 2.79. Als **vollständig** bezeichnet man einen Baum, der alle Knoten miteinander verbindet (z. B. die Zweige 1, 2, 3 in Bild 2.77).

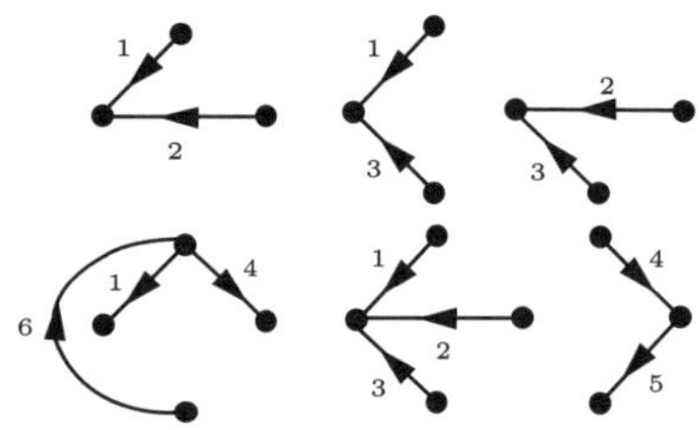

Bild 2.79 *Beispiele für Bäume im vollständigen Viereck.*

In einem Netz mit k Knoten hat also ein vollständiger Baum

$$b = (k-1)$$

Zweige. Die Zweige eines vollständigen Baumes nennt man auch die **Baumzweige,** die übrigen Zweige die **Verbindungszweige** (z. B. 4, 5, 6 in Bild 2.77). Ein Netz mit k Knoten und z Zweigen hat allgemein

$$v = z - b = z + 1 - k$$

Verbindungszweige. Die möglichen vollständigen Bäume des vollständigen Vierecks (Bild 2.77) sind in Bild 2.80 zusammengestellt. Ein Netz, dessen Zweige sich in einer Ebene kreuzungsfrei darstellen lassen, nennt man **eben.** Das vollständige Viereck ist ein ebenes Netz. Ein vollständiges Fünfeck dagegen ist schon kein ebenes Netz mehr (Bild 2.81).

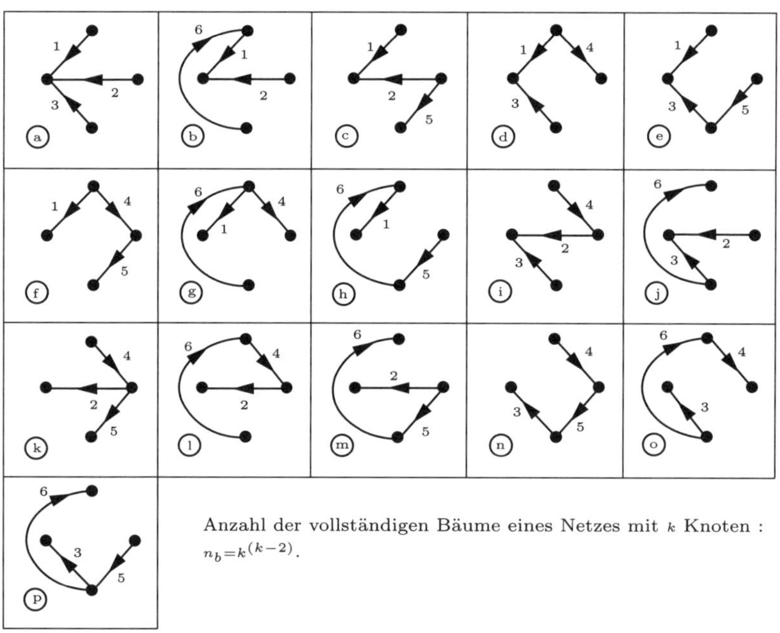

Bild 2.80 *Die möglichen vollständigen Bäume des vollständigen Vierecks (Bild 2.77).*

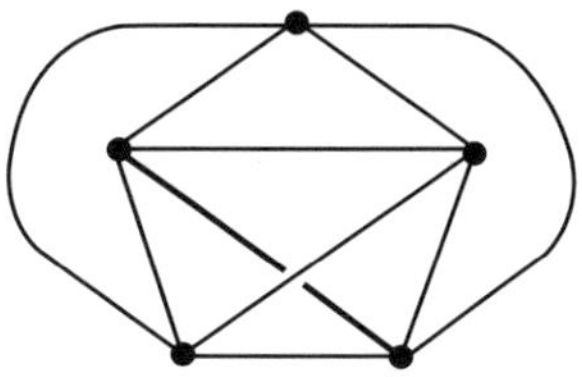

Bild 2.81 *Vollständiges Fünfeck.*

2.8.3 Umlaufanalyse

Unabhängige und abhängige Ströme; Maschenströme

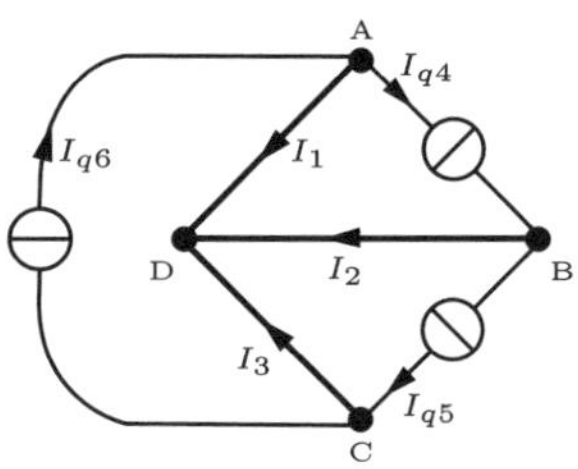

Bild 2.82 *Unabhängige Ströme in den Verbindungszweigen.*

Betrachtet wird das Netz in Bild 2.77. Die Zweige 1, 2, 3 sollen den vollständigen Baum bilden. Man kann nun in jedem Verbindungszweig (4, 5, 6) einen beliebigen Stromwert vorschreiben. Dies ist in Bild 2.82 durch ideale Stromquellen (d. h. Ersatzstromquellen ohne inneren Leitwert) dargestellt. Unmöglich ist es dagegen, zugleich in 4 Zweigen Ströme beliebig vorzugeben, weil sonst in einem Knoten die Knotengleichung nicht erfüllt werden kann. Es ist auch unmöglich, die Ströme in den drei Zweigen 1, 2, 3 zugleich vorzuschreiben, denn in der Gleichung

$$I_1 + I_2 + I_3 = 0 \tag{2.101d}$$

können höchstens zwei der drei Ströme unabhängig voneinander vorgegeben werden. Da man in jedem Verbindungszweig einen Strom willkürlich festsetzen kann, sieht man die Ströme in Verbindungszweigen als voneinander unabhängig an und bezeichnet sie deshalb als **unabhängige Ströme.** Im Gegensatz dazu sind die Ströme in den Baumzweigen die **abhängigen Ströme.**

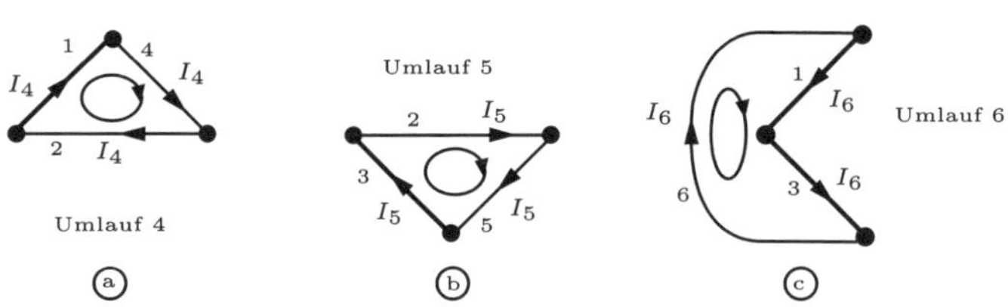

Bild 2.83 *Maschen und Maschenströme des Netzes 2.77.*

Die unabhängigen Ströme kann man auch **Umlaufströme** nennen oder – wenn die Umläufe mit den Maschen des Netzes identisch sind – Maschenströme. Wir stellen uns z. B. vor, dass die unabhängigen Ströme I_4, I_5 und I_6 (Bilder 2.77 und 2.78) als Maschenströme nur jeweils die zugehörige Masche durchfließen, wie es in Bild 2.83 dargestellt ist. Die Ströme in den Baumzweigen entstehen dann aus einer Überlagerung der Maschenströme (Kreisströme), die durch den betreffenden Baumzweig fließen. Zum Beispiel fließen durch Baumzweig 1 der Maschenstrom I_4 (entgegen der Zählrichtung dieses Zweiges, vgl. Bild 2.77) und der Maschenstrom I_6 (in der Zählrichtung dieses Zweiges), es gilt also

$$I_1 = -I_4 + I_6 ; \tag{2.101a}$$

dies ist nichts anderes als die Stromgleichung für den Knoten A.

Das Schema zur Aufstellung der Umlaufgleichungen

Drückt man in dem System der Umlaufgleichungen (2.102a, b, c) zunächst die ohmschen Spannungsabfälle U_{R1}, U_{R2} usw. durch die Ströme I_1, I_2 usw. aus, so erhält man ein Gleichungs-System mit 3 Gleichungen für die 6 Ströme $I_1 \ldots I_6$. In diesem System lassen sich die abhängigen Ströme (I_1, I_2, I_3) durch die unabhängigen ersetzen (I_4, I_5, I_6), und zwar mit Hilfe der Knotengleichungen (2.101a, b, c). Hierbei entstehen – wie in Abschnitt 2.8.1 dargestellt – die Gln. (2.104a, b, c). Zu ihrer Deutung betrachten wir als Beispiel die Gl. (2.104c):

$$-R_1 I_4 - R_3 I_5 + (R_1 + R_3 + R_6) I_6 = U_{q6} . \tag{2.104c}$$

Wenn der Umlaufstrom I_6 nur durch den Umlauf 6 fließt (Bild 2.83c), verursacht er dort den Spannungsabfall

$$(R_1 + R_3 + R_6) I_6 .$$

In dem Baumzweig 1 des Umlaufs 6 überlagert sich dem Strom I_6 aber noch der Strom I_4 (Bild 2.83a) in entgegengesetzter Richtung. Dadurch kommt im Umlauf 6 der Spannungsabfall

$$-R_1 I_4$$

hinzu. Im Baumzweig 3 des Umlaufs 6 überlagert sich dem Strom I_6 der Strom I_5 (Bild 2.83b) ebenfalls in entgegengesetzter Richtung. Damit kommt dort noch der Spannungsabfall

$$-R_3 I_5$$

hinzu. Da im Zweig 6 die Quellenspannung U_{q6} enthalten ist, tritt diese Spannung ebenfalls in der Spannungsgleichung (2.104c) auf, und zwar auf der rechten Seite mit positivem Vorzeichen, weil sie dem Umlaufsinn des Umlaufstromes I_6 entgegengerichtet ist. Der Umlaufstrom I_6 findet in seinem Umlauf den Widerstand $R_1 + R_3 + R_6$ vor; man bezeichnet diesen Widerstand

$R_1 + R_3 + R_6$ als **Umlaufwiderstand**

des Umlaufs 6 (der Umlaufwiderstand kann als Reihenschaltung sämtlicher im Umlauf enthaltenen Widerstände aufgefasst werden). Der Umlaufstrom I_4 überlagert sich dem Umlaufstrom I_6 nur im Baumwiderstand R_1, daher bezeichnet man

R_1 als **Kopplungswiderstand**

der beiden Umläufe 4 und 6. Entsprechend ist der Baumwiderstand

R_3 der Kopplungswiderstand

der beiden Umläufe 5 und 6.

Die Gl. (2.104c) kann direkt folgendermaßen aufgestellt werden:

1. Es wird für die gegebene Schaltung (Bild 2.75) ein vollständiger Baum ausgewählt (z. B. die Zweige 1, 2 und 3). In den Verbindungszweigen werden Zählpfeile für die unabhängigen Ströme (I_4, I_5, I_6) eingetragen.
2. Die Gleichung enthält auf der linken Seite als Unbekannte alle unabhängigen Ströme (I_4, I_5, I_6).
3. Hierbei tritt der Umlaufwiderstand $(R_1 + R_3 + R_6)$ als Koeffizient beim Umlaufstrom (I_6) des betrachteten Umlaufs (6) auf.
4. Die Koeffizienten für die anderen Umlaufströme (I_4, I_5) sind die Kopplungswiderstände (R_1, R_3). Ihr Vorzeichen ist positiv, wenn die Umlaufströme, die der Kopplungswiderstand miteinander verknüpft, im Kopplungswiderstand gleiche Zählrichtung haben, und andernfalls negativ.
5. Auf der rechten Seite erscheint die Summe aller Quellenspannungen des Umlaufs (U_{q6}). Jede Quellenspannung erhält hierbei ein negatives Vorzeichen, wenn ihr Zählpfeil mit der Umlaufrichtung des Umlaufstromes übereinstimmt, andernfalls ein positives.

Nach diesen Regeln erhält man leicht das ganze Gleichungs-System (2.104) für die drei Umlaufströme unmittelbar ohne zuvor die Gln. (2.100), (2.101), (2.102) und (2.103) aufstellen und bearbeiten zu müssen. Das System (2.104) stellen wir noch übersichtlicher dar:

I_4	I_5	I_6	
$R_1 + R_2 + R_4$	$-R_2$	$-R_1$	0
$-R_2$	$R_2 + R_3 + R_5$	$-R_3$	0
$-R_1$	$-R_3$	$R_1 + R_3 + R_6$	U_{q6}

(2.104)

Das aus den 3 Umlauf- und 6 Kopplungswiderständen gebildete Koeffizientenschema nennt man **Widerstandsmatrix.** Bei ihr fällt auf, dass die Hauptdiagonale die drei Umlaufwiderstände enthält und dass die Kopplungswiderstände symmetrisch zur Hauptdiagonalen liegen. Hierbei wird vorausgesetzt, dass die Reihenfolge der Umlaufgleichungen (2.104) für die Umläufe 4, 5 und 6 (vgl. Bild 2.77) der Reihenfolge der drei Unbekannten (I_4, I_5, I_6) entspricht. Das Verfahren zur unmittelbaren Aufstellung der Widerstandsmatrix nennt man **Umlaufanalyse.**

Beispiel 2.27

Analyse eines zweimaschigen Netzes mit einer Spannungsquelle

Gegeben sind die Quellenspannung U_q und die vier ohmschen Widerstände in einem Netz mit zwei Maschen (Bild 2.84). Gesucht ist die Spannung U_4 für folgenden Sonderfall: $R_1 = R_3$ und $R_2 = R_4$.

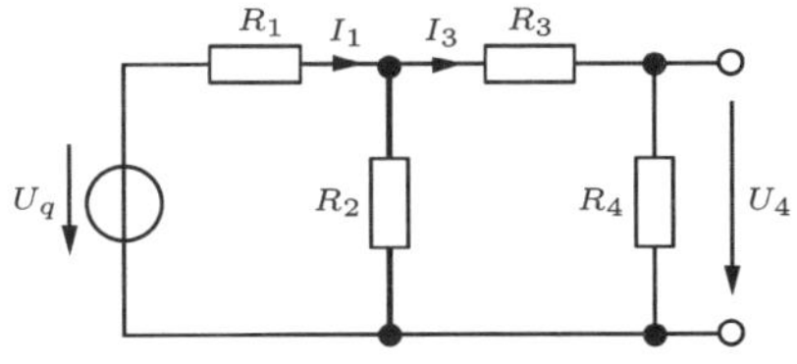

Bild 2.84 *Zweimaschiges Netz mit einer Spannungsquelle.*

Lösung:

Wenn der Zweig mit R_2 zum vollständigen Baum gemacht wird, werden I_1 und I_3 zu unabhängigen Strömen, für die sich nach den Regeln der Umlaufanalyse folgendes Gleichungs-System ergibt:

I_1	I_3	
$R_1 + R_2$	$-R_2$	U_q
$-R_2$	$R_2 + R_3 + R_4$	0

Wegen $R_1 = R_3$ und $R_2 = R_4$ folgt hieraus:

I_1	I_3	
$R_1 + R_2$	$-R_2$	U_q
$-R_2$	$R_1 + 2R_2$	0

Zur Elimination von I_1 wird die obere Gleichung mit R_2, die untere mit $(R_1 + R_2)$ multipliziert, und dann werden beide Gleichungen addiert. Damit wird

$$I_3(R_1^2 + 3R_1 R_2 + R_2^2) = R_2 U_q$$

und

$$U_4 = I_3 R_4 = I_3 R_2 = \frac{R_2^2}{R_1^2 + 3R_1 R_2 + R_2^2} U_q .$$

Beispiel 2.28

Berechnung eines Stromes in einem Netz mit zwei Stromquellen

Aufgabenstellung wie in Beispiel 2.24.

Lösung:

Wenn man diese Aufgabe mit Hilfe der Umlaufanalyse zu lösen sucht, so fällt zunächst auf, dass in dem Schema zur Aufstellung der Widerstandsmatrix von Stromquellen keine Rede ist. Um dem Schema gerecht zu werden, kann man die Stromquellen durch äquivalente Spannungsquellen ersetzen. Man kann aber auch die Stromquellen einfach in die Verbindungszweige legen. Bei der Aufstellung des Gleichungs-Systems für die unabhängigen Ströme werden die Quellenströme (I_B, I_C) dann ebenso behandelt wie andere unabhängige Ströme auch. Wir wählen die in Bild 2.67 dick eingezeichneten Zweige als vollständigen Baum und erhalten nach den Regeln der Umlaufanalyse ein Gleichungs-System für die vier unabhängigen Ströme I_1, I_3, I_B, I_C:

I_1	I_3	I_B	I_C			
$8R$	R	$-2R$	$-R$	0	(Masche 1)	(2.108a)
R	$5R$	$-R$	$-2R$	0	(Masche 3)	(2.108b)
$-2R$	$-R$	$2R$	R	U_B		(2.108c)
$-R$	$-2R$	R	$2R$	U_C		(2.108d)

Dieses Gleichungs-System enthält die Unbekannten

$$I_1, I_3; \qquad U_B, U_C .$$

Um I_1 und I_3 zu berechnen, brauchen wir nur die Gln. (2.108a) und (2.108b) zu nehmen. Sie bilden ein System zweier Gleichungen für nur zwei Unbekannte (I_1, I_3). Weil die Quellenströme I_B und I_C keine Unbekannten sind, ziehen wir sie auf die rechten Seiten der Gleichungen:

I_1	I_3		
$8R$	R	$R(2I_B + I_C)$	(2.108a)
R	$5R$	$R(I_B + 2I_C)$	(2.108b)

Diese Gleichungen werden durch R dividiert:

$$8I_1 + I_3 = 2I_B + I_C$$
$$I_1 + 5I_3 = I_B + 2I_C.$$

Zur Elimination von I_3 wird die obere Gleichung mit (–5) multipliziert und zur unteren addiert:

$$-40I_1 - 5I_3 = -10I_B - 5I_C$$
$$I_1 + 5I_3 = I_B + 2I_C$$
$$\overline{-39I_1 = -9I_B - 3I_C}$$

$$13I_1 = 3I_B + I_C$$

$$\underline{\underline{I_1 = \frac{3I_B + I_C}{13}}} = \frac{3\cdot 4\ \text{A} + 1\ \text{A}}{13} = \underline{\underline{1\ \text{A}}}.$$

Beispiel 2.29

Analyse eines symmetrischen dreimaschigen Netzes

Für den Klemmenwiderstand

$$R_{ab} = \frac{U_q}{I}$$

einer Brückenschaltung (Bild 2.85) soll gelten

$$R_{ab} = 10\ \Omega.$$

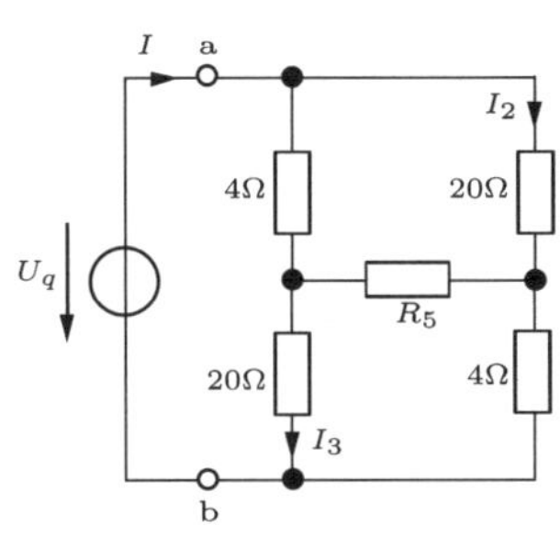

Bild 2.85 *Unabgeglichene Brücke.*

Wie groß muss R_5 sein, damit diese Forderung erfüllt wird?

Lösung:

Wenn der mittlere Zweig (mit R_5) aufgetrennt wird, ist $R_{ab} = 12\ \Omega$. Wenn $R_5 = 0$ wird, dann ist $R_{ab} = \frac{20}{3}\ \Omega$.

Es muss also möglich sein, durch richtige Wahl von R_5 die Bedingung $R_{ab} = 10\ \Omega$ zu erfüllen. Zur Analyse des Netzes wird der vollständige Baum so gelegt, dass I, I_2 und I_3 zu unabhängigen Strömen werden:

I	I_2	I_3	
$8\,\Omega + R_5$	$-(4\,\Omega + R_5)$	$-(4\,\Omega + R_5)$	U_q
$-(4\,\Omega + R_5)$	$24\,\Omega + R_5$	R_5	0
$-(4\,\Omega + R_5)$	R_5	$24\,\Omega + R_5$	0

Subtrahiert man die dritte von der zweiten Gleichung, so entsteht

$$24\,\Omega I_2 - 24\,\Omega I_3 = 0, \text{ also}$$

$$I_2 = I_3.$$

Damit vereinfacht sich das Gleichungs-System wie folgt:

I	I_2	$I_2 = I_3$	
$8\,\Omega + R_5$	$-(4\,\Omega + R_5)$	$-(4\,\Omega + R_5)$	U_q
$-(4\,\Omega + R_5)$	$24\,\Omega + R_5$	R_5	0

I	I_2	
$8\,\Omega + R_5$	$-2(4\,\Omega + R_5)$	U_q
$-(4\,\Omega + R_5)$	$2(12\,\Omega + R_5)$	0

Durch Elimination von I_2 ergibt sich:

$$(80\,\Omega^2 + 12\,\Omega \cdot R_5) \cdot I = (12\,\Omega + R_5) U_q .$$

Mit $R_{ab} = \dfrac{U_q}{I}$ wird

$$80\,\Omega^2 + 12\,\Omega \cdot R_5 = R_{ab}(12\,\Omega + R_5)$$

$$R_5 = \frac{4\,\Omega(3R_{ab} - 20\,\Omega)}{12\,\Omega - R_{ab}} = \frac{4\,\Omega(30 - 20)\Omega}{12\,\Omega - 10\,\Omega} = \underline{\underline{20\,\Omega}}.$$

Hierdurch wird das Ergebnis aus Beispiel 2.25 bestätigt (dort ergibt sich mit der gegebenen Größe $R_5 = 20\,\Omega$ der Wert $R_{ab} = 10\,\Omega$).

Beispiel 2.30

Digital-Analog-Umsetzer (DAU)

Für eine Kettenschaltung mit n Spannungsquellen in Bild 2.86a soll die Spannung U_A berechnet werden.

Lösung:

Vorbemerkung: Durch Maschenanalyse der Kettenschaltung entsteht ein Gleichungssystem für $n+1$ unbekannte Ströme. Eine wesentlich einfachere Lösung ergibt sich hier mit Hilfe der Methode der Ersatzspannungsquelle, da alle Kettenglieder in Bezug auf die Widerstände (R, $2R$) übereinstimmen und sich der Innenwiderstand R_i bei einer Verlängerung der Kette nicht ändert (Bild 2.86b).

Zunächst soll der DAU für den Sonderfall $n = 3$ (Bild 2.86b) betrachtet werden. Der Zweipol links von den Klemmen A_2, B (DAU mit $n = 2$) hat den Innenwiderstand $R_i = R$, und seine Leerlaufspannung nennen wir $U_{A(2)}$. Der DAU mit $n = 3$ entsteht dadurch, dass an A_2, B die Reihenschaltung R, $2R$, U_{q3} angeschlossen wird. Aus Bild 2.86c geht der Zusammenhang zwischen $U_{A(2)}$ und $U_{A(3)}$ hervor:

$$U_{\mathrm{A(3)}} = U_{\mathrm{q3}} + 2RI_3 = U_{\mathrm{q3}} + \frac{U_{\mathrm{A(2)}} - U_{\mathrm{q3}}}{4R} 2R = \frac{1}{2}(U_{\mathrm{q3}} + U_{\mathrm{A(2)}}) \,.$$

Allgemein gilt offenbar

$$U_{\mathrm{A}(n)} = \frac{1}{2}(U_{\mathrm{A(n-1)}} + U_{qn}) \qquad \textit{mit} \qquad n = 1, 2, 3, \ldots \,. \tag{2.109a}$$

bzw.

$$U_{\mathrm{A(n+1)}} = \frac{1}{2}(U_{\mathrm{A(n)}} + U_{\mathrm{q(n+1)}}) . \tag{2.109b}$$

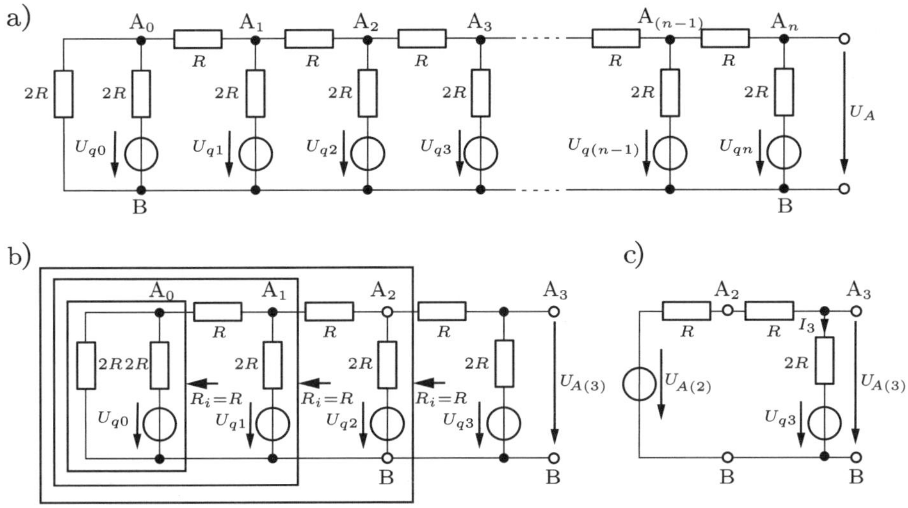

Bild 2.86 *Binärer Digital-Analog-Umsetzer (DAU).*
a) DAU mit n Kettengliedern
b) Entstehung eines DAU mit n = 3 aus der Verlängerung des DAU mit n = 2 um ein Kettenglied
c) Zusammenfassung des linken Teiles der Schaltung b)
(Zweipol mit den Klemmen A_2, B) zu einer Ersatzspannungsquelle

Es ist für $n = 0$

$$U_{\mathrm{A(0)}} = \frac{1}{2} U_{\mathrm{q0}} \,.$$

Die Rekursionsformel (2.109a) ergibt dann für

$$n = 1: \quad U_{\mathrm{A(1)}} = \frac{1}{2} U_{\mathrm{A(0)}} + \frac{1}{2} U_{\mathrm{q1}} = \frac{1}{4} U_{\mathrm{q0}} + \frac{1}{2} U_{\mathrm{q1}} ;$$

$$n = 2: \quad U_{\mathrm{A(2)}} = \frac{1}{2} U_{\mathrm{A(1)}} + \frac{1}{2} U_{\mathrm{q2}} = \frac{1}{8} U_{\mathrm{q0}} + \frac{1}{4} U_{\mathrm{q1}} + \frac{1}{2} U_{\mathrm{q2}} ;$$

usw.

Hieraus ist zu vermuten, dass für beliebiges n gilt

$$\boxed{U_{\mathrm{A}(n)} = \frac{1}{2 \cdot 2^n} \sum_{\nu=0}^{n} 2^\nu U_{\mathrm{q}\nu} \,.} \tag{2.109c}$$

Ersetzt man nämlich n durch $(n + 1)$, so wird

$$U_{\mathrm{A}(n+1)} = \frac{1}{2\cdot 2^{n+1}}\sum_{\nu=0}^{n+1} 2^{\nu} U_{\mathrm{q}\nu} = \frac{1}{2}\left[\underbrace{\frac{1}{2\cdot 2^{n}}\sum_{\nu=0}^{n} 2^{\nu} U_{\mathrm{q}\nu}}_{=U_{\mathrm{A}(n)}} + U_{\mathrm{q}(n+1)}\right],$$

wodurch die Rekursionsformel (2.109b) bestätigt wird. Die Reihendarstellung (2.109c) gilt also für beliebiges n.

1. Anmerkung (Realisierung mit Schaltern)

Die vierstellige Dualzahl

$$y = x_3 2^3 + x_2 2^2 + x_1 2^1 + x_0 2^0 \tag{2.109d}$$

kann durch vier Schalter (S_0 ... S_3, siehe Bild 2.87) eingestellt werden. So kann mit $U_B = 16$ V jede der Quellenspannungen (in Bild 2.86b: U_{q0} ... U_{q3}) entweder den Wert 0 V (mit $x_\nu = 0$ wird $U_{q\nu} = x_\nu U_B = 0$ V) oder 16 V (mit $x_\nu = 1$ wird $U_{q\nu} = x_\nu U_B = 16$ V) annehmen. Aus (2.109c) folgt dann:

$$U_{\mathrm{A}(3)} = \frac{1}{2\cdot 2^3}\sum_{\nu=0}^{3} 2^{\nu} x_\nu U_{\mathrm{B}} = 1\,\mathrm{V}[x_3 2^3 + x_2 2^2 + x_1 2^1 + x_0 2^0]\,.$$

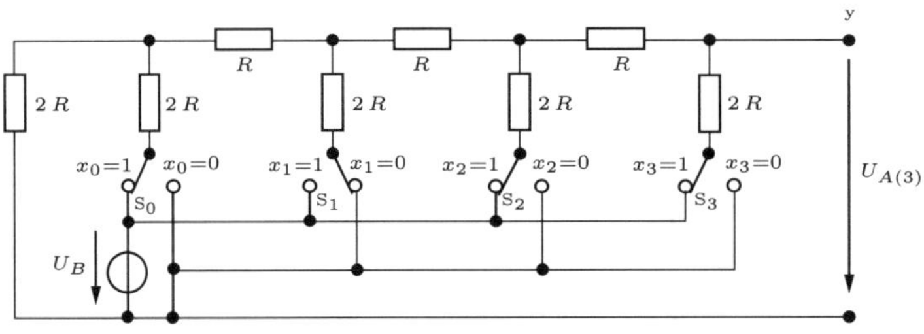

Bild 2.87 *Einstellung einer vierstelligen Dualzahl mit Hilfe von vier Schaltern, Umsetzung in den Analogwert (in der dargestellten Schalterstellung ist $y = 13$).*

Die $2^4 = 16$ verschiedenen Kombinationen der Schalterstellungen x_0 ... x_3 und die sich daraus ergebende (stufige) Analogspannung $U_{A(3)}$ sind in der folgenden Tabelle zusammengefasst:

x_3	x_2	x_1	x_0	$y = U_{A(3)}$/V
0	0	0	0	0
0	0	0	1	1
0	0	1	0	2
0	0	1	1	3
0	1	0	0	4
0	1	0	1	5
0	1	1	0	6
0	1	1	1	7
1	0	0	0	8
1	0	0	1	9
1	0	1	0	10
1	0	1	1	11
1	1	0	0	12
1	1	0	1	13
1	1	1	0	14
1	1	1	1	15

2. Anmerkung (Verallgemeinerung des binären DAU)

Ist eine mehrstellige Zahl in einem beliebigen Stellenwertsystem (Basis *b)* gegeben (z. B. Dezimalsystem: $b = 10$) und soll sie durch einen DAU mit einer Struktur wie in Bild 2.86 in ein Analogsignal umgesetzt werden, so ergeben sich andere Widerstandsverhältnisse (Bild 2.88a). Für die Dimensionierung der Widerstände gelten nun die folgenden drei Bedingungen:

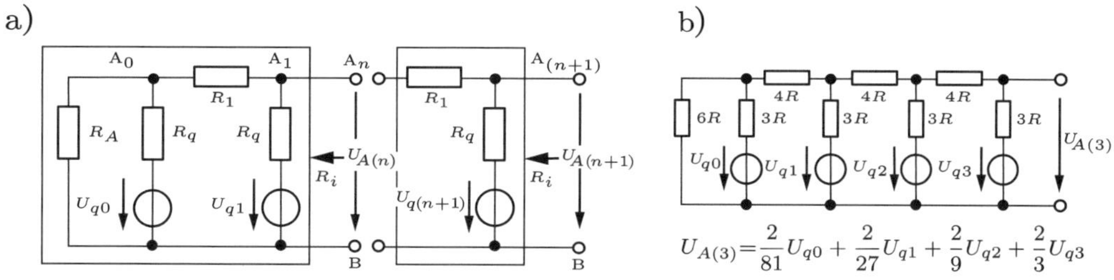

Bild 2.88 *DAU für ein beliebiges Stellenwertsystem.*
a) Zur Dimensionierung des DAU
b) DAU mit b = 3 und n = 3

1. Beim Anschluss des $(n + 1)$ten Kettengliedes (Bild 2.88a) an die Klemmen A_n, B muss der Innenwiderstand R_i unverändert bleiben:

$$\frac{1}{R_i + R_l} + \frac{1}{R_q} = \frac{1}{R_i}. \tag{2.109e}$$

2. Soll das $(n + 1)$te Kettenglied den Beitrag aller vorangehenden Quellenspannungen (U_{q0} ... U_{qn}) durch die Basis b eines beliebigen Stellenwertsystems (im Beispiel von Schaltung 2.88 ist $b = 2$) dividieren, so muss für den Spannungsteiler R_q, $(R_l + R_i)$ gelten:

$$\frac{R_q}{R_q + R_l + R_i} = \frac{1}{b}; \qquad R_q(b-1) = R_i + R_l. \tag{2.109f, g}$$

3. Auch der Zweipol mit den Klemmen A_0, B muss den Innenwiderstand R_i haben:

$$\frac{1}{R_A} + \frac{1}{R_q} = \frac{1}{R_i}. \tag{2.109h}$$

Setzt man (2.109g) in (e) ein, so wird

$$\frac{1}{R_q(b-1)} + \frac{1}{R_q} = \frac{1}{R_i}; \quad R_i = R_q\frac{b-1}{b}. \tag{2.109i, j}$$

Ersetzt man R_i mit Hilfe von (j), so entsteht aus (g)

$$R_l = R_q\frac{(b-1)^2}{b} \tag{2.109k}$$

und aus (h)

$$R_A = R_q(b-1). \tag{2.109l}$$

Eine der vier Widerstandsgrößen R_q, R_l, R_i, R_A kann willkürlich gewählt werden, die übrigen drei ergeben sich dann aus den Beziehungen (2.109j, k, l). Wählt man $R_q = bR$, so wird

$$R_q = bR; \quad R_i = (b-1)R; \quad R_l = (b-1)^2 R; \quad R_A = b(b-1)R; \tag{2.109m, n, o, p}$$

vgl. folgende Tabelle, in der die erste Spalte den Fall der Schaltung 2.88a darstellt.

$R_q/R = b$	2	3	4	5	6	7	8	9	10	11	12	13	14	15	16
R_i/R	1	2	3	4	5	6	7	8	9	10	11	12	13	14	15
R_l/R	1	4	9	16	25	36	49	64	81	100	121	144	169	196	225
R_A/R	2	6	12	20	30	42	56	72	90	110	132	156	182	210	240

Für einen DAU mit beliebiger Basis b gilt

$$\boxed{U_{A(n)} = \frac{b-1}{b^{n+1}} \sum_{\nu=0}^{n} b^{\nu} U_{q\nu}} \;.$$

Bild 2.88b zeigt einen DAU mit b = 3 und n = 3.

Die Auswahl des vollständigen Baumes

Grundsätzlich kann ein vollständiger Baum für eine Umlaufanalyse beliebig ausgewählt werden. Zum Beispiel kann man für das dreimaschige Netz, das in Bild 2.75 dargestellt ist, beliebig einen von den 16 möglichen vollständigen Bäumen nehmen. Trotzdem gibt es Gesichtspunkte, die zur Bevorzugung eines bestimmten Baumes führen können:

1. Der vollständige Baum sollte so liegen, dass die entstehenden Umläufe möglichst einfach werden. Z. B. führt der Baum a aus Bild 2.80 zu Umläufen, die mit den Maschen des Netzes identisch sind. Der Baum c dagegen – in Beispiel 2.29 verwendet – führt zu einem unübersichtlicheren Umlauf für den Umlaufstrom I_6.
   Wenn möglichst einfache Umläufe ausgewählt werden, treten zwischen den einzelnen Umläufen im Allgemeinen auch wenige Kopplungen auf. D. h. es entstehen Paare von Umläufen, die nicht miteinander gekoppelt sind (Kopplungswiderstand gleich Null). Wählt man in einer Kettenschaltung den Baum sternförmig (Bild 2.89a), so treten im Gleichungs-System nur 3 Kopplungswiderstände auf, nämlich zwischen den jeweils benachbarten Maschen. Nimmt man dagegen den Baum, der in Bild 2.89b dargestellt ist, so sind über den Zweig 1 offensichtlich **alle** unabhängigen Ströme miteinander gekoppelt. In der Widerstandsmatrix ergeben sich nun keine Nullen.

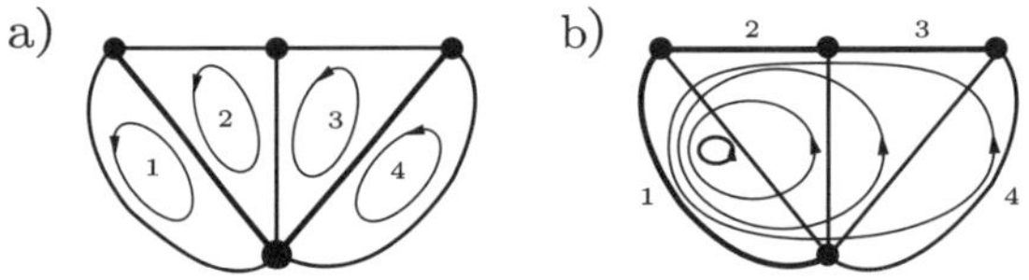

Bild 2.89 *Zwei vollständige Bäume für eine viermaschige Kettenschaltung.*

2. Vorgegebene Ströme (Quellenströme) sollten als unabhängige Ströme von vornherein in Verbindungszweigen bleiben (Beispiel 2.28).
3. Wenn nicht alle Ströme gesucht sind, sollte man den vollständigen Baum so legen, dass die gesuchten Ströme in Verbindungszweigen fließen (Beispiele 2.27; 2.28).
4. Spannungsquellen sollten in Verbindungszweige gelegt werden. Sie treten dann im Gleichungs-System nur einmal auf (Beispiele 2.27; 2.29).
5. Der Baum sollte einer möglicherweise vorhandenen Schaltungssymmetrie gerecht werden (Beispiel 2.29).

Im Allgemeinen können diese Gesichtspunkte nicht alle gleichzeitig berücksichtigt werden.

2.8.4 Knotenanalyse

Abhängige und unabhängige Spannungen

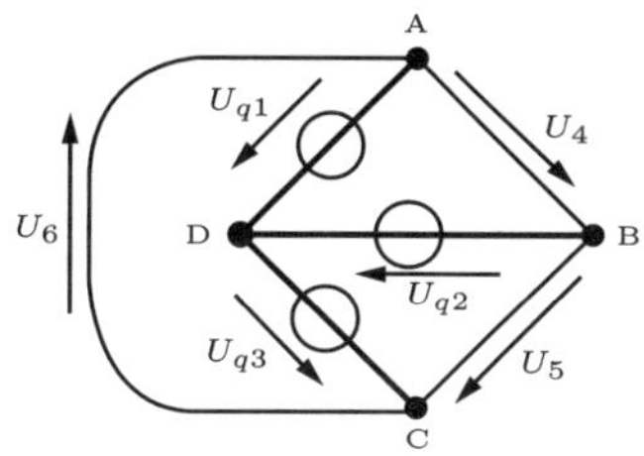

Bild 2.90 *Unabhängige Spannungen in den Baumzweigen.*

Wir betrachten wieder das in Bild 2.75 dargestellte Netz und bilden den vollständigen Baum aus den Zweigen 1, 2 und 3. Man könnte nun in jedem Baumzweig eine beliebige Spannung vorschreiben. Dies ist in Bild 2.90 durch ideale Spannungsquellen (d. h. Spannungsquellen ohne inneren Widerstand) dargestellt. Unmöglich wäre es dagegen, zugleich in 4 Zweigen Spannungen beliebig vorzuschreiben, weil sonst in einem Umlauf die Umlaufgleichung nicht erfüllt werden könnte. Es wäre auch unmöglich, die Spannungen an den drei Zweigen 4, 5, 6 zugleich vorzuschreiben, denn in der Gleichung

$$U_4 + U_5 + U_6 = 0$$

können höchstens zwei der drei Spannungen unabhängig voneinander vorgegeben werden. Da man in jedem Baumzweig eine Spannung willkürlich festsetzen kann, sieht man die Spannungen an Baumzweigen als voneinander unabhängig an und bezeichnet sie deshalb als unabhängige Spannungen. Im Gegensatz dazu sind die Spannungen an den Verbindungszweigen die abhängigen Spannungen.

Das Schema zur Aufstellung der Knotengleichungen

Man kann in dem Netz, dessen Struktur in Bild 2.77 dargestellt wird, alle vorhandenen Spannungsquellen durch ihre Ersatzstromquellen ersetzen. Zum Beispiel wird dann das in Bild 2.75 dargestellte Netz in ein Netz verwandelt, dessen Zweig 6 eine Stromquelle

$$I_{q6} = U_{q6}/R_6$$

mit dem Innenleitwert $G_6 = \dfrac{1}{R_6}$

(anstatt der Spannungsquelle mit U_{q6} und dem Innenwiderstand R_6) enthält. Dies zeigt Bild 2.91, wobei anstatt der Widerstandswerte jeweils die Leitwerte angegeben sind:

$$G_1 = \frac{1}{R_1} \quad \text{usw.}$$

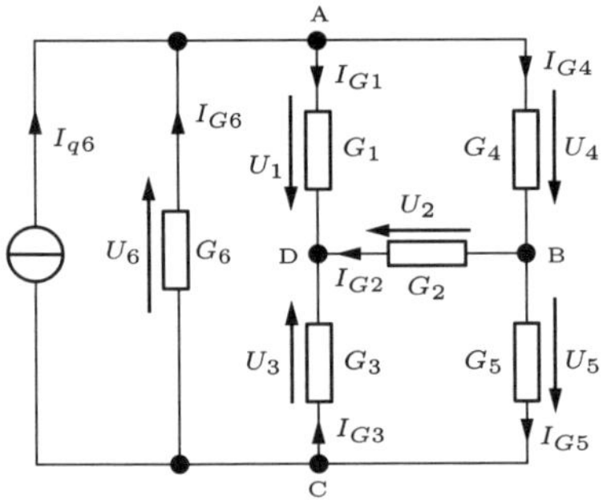

Bild 2.91 *Netz mit drei Maschen und einer Stromquelle.*

Für die 6 Widerstände kann das Ohmsche Gesetz in folgender Form geschrieben werden:

$$I_{G1} = G_1 U_1 \tag{2.110a}$$

$$\vdots$$

$$I_{G6} = G_6 U_6 . \tag{2.110b}$$

Als System der Knotengleichungen ergibt sich nun

$$\text{Knoten A}: \quad I_{G1} + I_{G4} - I_{G6} = I_{q6} \tag{2.111a}$$

$$\text{Knoten B}: \quad I_{G2} - I_{G4} + I_{G5} = 0 \tag{2.111b}$$

$$\text{Knoten C}: \quad I_{G3} - I_{G5} + I_{G6} = -I_{q6} \tag{2.111c}$$

und als System der Umlaufgleichungen

$$U_4 = U_1 - U_2 \tag{2.112a}$$

$$U_5 = U_2 - U_3 \tag{2.112b}$$

$$U_6 = U_3 - U_1 . \tag{2.112c}$$

Wenn man nun in den Gln. (2.111) die Ströme $I_{G1} \ldots I_{G6}$ durch die zugehörigen Spannungen ausdrückt, so ergibt sich

$$G_1 U_1 + G_4 U_4 - G_6 U_6 = I_{q6} \tag{2.113a}$$

$$G_2 U_2 - G_4 U_4 + G_5 U_5 = 0 \tag{2.113b}$$

$$G_3 U_3 - G_5 U_5 + G_6 U_6 = -I_{q6} . \tag{2.113c}$$

In diesen drei Gleichungen kann man die abhängigen Spannungen U_4, U_5, U_6 mit Hilfe der drei Maschengleichungen (2.112) eliminieren:

$$G_1 U_1 + G_4 (U_1 - U_2) - G_6 (U_3 - U_1) = I_{q6}$$

$$G_2 U_2 - G_4 (U_1 - U_2) + G_5 (U_2 - U_3) = 0$$

$$G_3 U_3 - G_5 (U_2 - U_3) + G_6 (U_3 - U_1) = -I_{q6} .$$

Ordnet man diese drei Gleichungen nach den drei Unbekannten U_1, U_2, U_3, so entsteht folgendes Gleichungs-System für die unabhängigen Spannungen:

$$\text{A}: \quad (G_1+G_4+G_6)U_1 \quad -G_4U_2-G_6U_3 \quad =I_{q6} \tag{2.114a}$$

$$\text{B}: \quad -G_4U_1+(G_2+G_4+G_5)U_2-G_5U_3 \quad =0 \tag{2.114b}$$

$$\text{C}: \quad -G_6U_1 \quad -G_5U_2+(G_3+G_5+G_6)U_3 \quad =-I_{q6}\,. \tag{2.114c}$$

Dieses Gleichungs-System lässt sich folgendermaßen deuten. Zum Beispiel ist die Gl. (2.114a) aus der Gl. (2.111a) für den Knoten A hervorgegangen. Der (einzige) Baumzweig, der mit diesem Knoten verbunden ist, ist der Zweig 1 mit der unabhängigen Spannung U_1. Als Koeffizient dieser Spannung tritt die Summe aller drei in A zusammengeführten Leitwerte $G_1 + G_4 + G_6$ auf. Man bezeichnet

$G_1+G_4+G_6$ als **Knotenleitwert**

des Knotens A (der Knotenleitwert kann als Parallelschaltung sämtlicher im Knoten zusammentreffenden Leitwerte aufgefasst werden).

Als Koeffizient für U_2 tritt der Leitwert G_4 auf, der die Knoten A und B direkt verbindet (U_2 ist die unabhängige Spannung, die dem Knoten B zugeordnet ist). Wir betrachten daher

G_4 als **Kopplungsleitwert**

der beiden Knoten A und B. Entsprechend ist der Leitwert

G_6 der **Kopplungsleitwert**

der beiden Knoten A und C.

Die Gl. (2.114a) kann also direkt folgendermaßen aufgestellt werden:

1. Es wird für die gegebene Schaltung (z. B. Bild 2.91) ein sternförmiger vollständiger Baum ausgewählt (z. B. die Zweige 1, 2, 3), indem man von einem beliebigen Bezugsknoten ausgeht (hier Knoten D) und alle Verbindungen von diesem Knoten zu den anderen Knoten zu Baumzweigen macht. Sind nicht alle Knoten direkt mit dem Bezugsknoten (D) verbunden, so sind in solchen Fällen Zweige mit dem Leitwert $G = 0$ einzufügen.
2. Die Zählpfeile der unabhängigen Spannungen (U_1, U_2, U_3) zeigen alle auf den Bezugsknoten (D).
3. Die Gleichung enthält auf der linken Seite als Unbekannte alle unabhängigen Spannungen (U_1, U_2, U_3).
4. Hierbei tritt der Knotenleitwert ($G_1 + G_4 + G_6$) als Koeffizient bei der unabhängigen Spannung (U_1) auf, die dem betrachteten Knoten (A) zugeordnet ist.
5. Die Koeffizienten für die anderen unabhängigen Spannungen (U_2, U_3) sind die Kopplungsleitwerte (G_4, G_6). Ihr Vorzeichen ist immer negativ (aufgrund der Regeln 1 und 2).
6. Auf der rechten Gleichungsseite erscheint die Summe aller Quellenströme (I_{q6}), die in den betreffenden Knoten (A) hineinfließen. Jeder Quellenstrom erhält hierbei ein Pluszeichen, wenn er in den Knoten hineinfließt; ein Minuszeichen, wenn er herausfließt.

Der vollständige Baum muss nicht so gewählt werden, wie die Regel 1 es vorschreibt. Doch dann werden die Regeln 4 und 5 zur Bestimmung der Koeffizienten viel undurchsichtiger. Es lohnt sich hier – im Gegensatz zur Umlaufanalyse –, bei der Auswahl des vollständigen Baumes von vornherein eine erhebliche Einschränkung hinzunehmen.

Nach den Regeln 1 ... 6 hätte das Gleichungs-System (2.114) unmittelbar aufgestellt werden können. Auch dieses Gleichungs-System kann in einer übersichtlichen Form dargestellt werden:

U_1	U_2	U_3	
$G_1 + G_4 + G_6$	$-G_4$	$-G_6$	I_{q6}
$-G_4$	$G_2 + G_4 + G_5$	$-G_5$	0
$-G_6$	$-G_5$	$G_3 + G_5 + G_6$	$-I_{q6}$

(2.114)

Das aus den 3 Knoten- und 6 Kopplungsleitwerten gebildete Koeffizientenschema nennt man **Leitwertmatrix.** Die Hauptdiagonale enthält die drei Knotenleitwerte, die Kopplungsleitwerte liegen symmetrisch zur Hauptdiagonalen. Das Verfahren zur unmittelbaren Aufstellung der Leitwertmatrix nennt man **Knotenanalyse.**

Beispiel 2.31

Analyse eines Netzes mit 3 Maschen und einer Stromquelle

In einem Netz (Bild 2.92) sind die Leitwerte $G_1 \dots G_6$ und der eingeprägte Strom I_{q6} gegeben;

$$G_1 = 6\text{ S},\quad G_2 = 8\text{ S},\quad G_3 = 11\text{ S},\quad G_4 = 12\text{ S},\quad G_5 = 4\text{ S},\quad G_6 = 3\text{ S};$$
$$I_{q6} = 23{,}5\text{ A}.$$

Die Spannung U_3 ist gesucht.

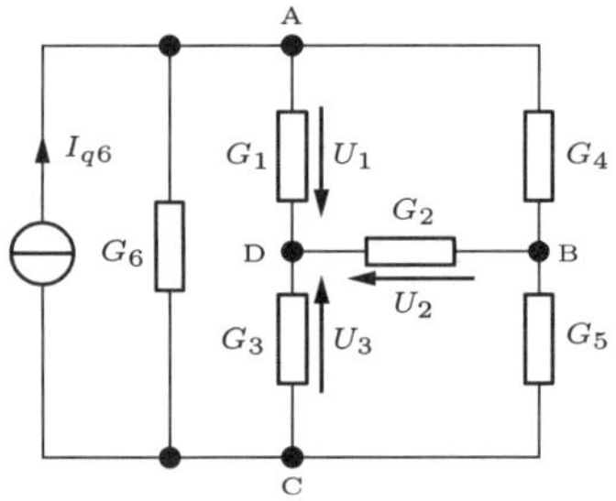

Bild 2.92 *Dreimaschiges Netz mit einer Stromquelle.*

Lösung:

Nach den Regeln der Knotenanalyse lässt sich das Gleichungs-System (2.114) für die Spannungen U_1, U_2, U_3 angeben (Bezugsknoten D). Mit den gegebenen Zahlenwerten wird dann:

	U_1	U_2	U_3	
A	21 S	–12 S	–3 S	23,5 A
B	–12 S	24 S	–4 S	0
C	–3 S	–4 S	18 S	–23,5 A

Durch Multiplikation mit der Einheit $\Omega = \frac{1}{\mathrm{S}}$ erhält man

U_1	U_2	U_3	
21	–12	–3	23,5 V
–12	24	–4	0
–3	–4	18	–23,5 V

Wir multiplizieren die dritte Gleichung mit 3 und addieren die beiden anderen Gleichungen:

U_1	U_2	U_3		
21	–12	–3	23,5 V	} +
–12	24	–4	0	
–9	–12	54	–70,5 V	

Wegen der speziellen Zahlenwerte für $G_1 \ldots G_6$ lässt sich das Gleichungs-System hier also besonders schnell auflösen:

$$47\,U_3 = -47\ \mathrm{V} \qquad \underline{\underline{U_3 = -1\ \mathrm{V}}}.$$

Beispiel 2.32

Berechnung der Ströme in einem dreimaschigen Netz mit einer Spannungsquelle

Aufgabenstellung: wie in Beispiel 2.26.

Lösung:

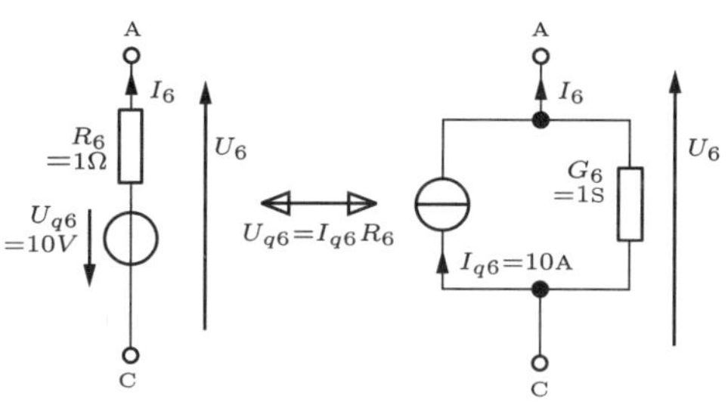

Bild 2.93 *Äquivalente Quellen.*

Um die Knotenanalyse anwenden zu können, wird die Spannungsquelle im Zweig 6 in eine Stromquelle umgewandelt (Bild 2.93); vgl. Abschnitt 2.4.4. Das gegebene Netz (Bild 2.75) kann dann so dargestellt werden wie in Bild 2.94. Für die unabhängigen Spannungen U_1, U_2, U_3 ergibt sich mit den Regeln der Knotenanalyse:

U_1	U_2	U_3	
$\frac{7}{3}$	–1	–1	10 V
–1	$\frac{11}{5}$	$-\frac{1}{5}$	0
–1	$-\frac{1}{5}$	$\frac{17}{10}$	–10 V

Die Auflösung dieses Gleichungs-Systems ergibt

$$U_1 = 3\text{ V};\quad U_2 = 1\text{ V};\quad U_3 = -4\text{ V}.$$

Daraus folgt

$$U_4 = U_1 - U_2 = 2\text{ V}$$
$$U_5 = U_2 - U_3 = 5\text{ V}$$
$$U_6 = U_3 - U_1 = -7\text{ V}.$$

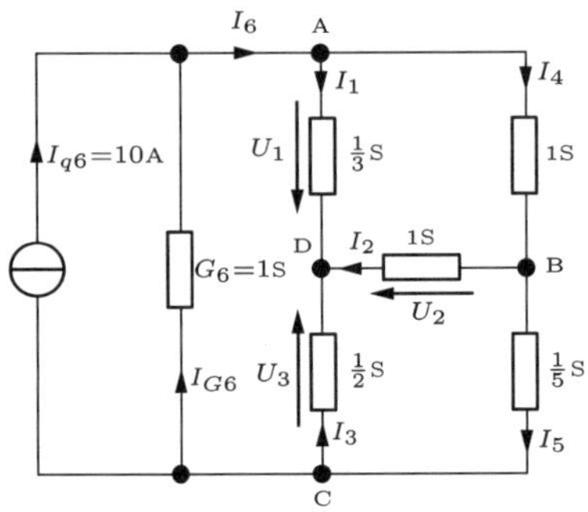

Bild 2.94 *Dreimaschiges Netz mit einer Stromquelle.*

Die gesuchten Ströme sind

$$I_1 = U_1 G_1 = \frac{3\text{ V}}{3\,\Omega} = \underline{\underline{1\text{ A}}}$$

$$I_2 = U_2 G_2 = \frac{1\text{ V}}{1\,\Omega} = \underline{\underline{1\text{ A}}}$$

$$I_3 = U_3 G_3 = \frac{-4\text{ V}}{2\,\Omega} = \underline{\underline{-2\text{ A}}}$$

$$I_4 = U_4 G_4 = \frac{2\text{ V}}{1\,\Omega} = \underline{\underline{2\text{ A}}}$$

$$I_5 = U_5 G_5 = \frac{5\text{ V}}{5\,\Omega} = \underline{\underline{1\text{ A}}}$$

$$I_6 = I_{q6} + I_{G6} = I_{q6} + U_6 G_6 = 10\text{ A} + \frac{-7\text{ V}}{1\,\Omega} = \underline{\underline{3\text{ A}}}.$$

Hierdurch werden die Ergebnisse des Beispiels 2.26 bestätigt.

Beispiel 2.33

Analyse eines Netzes mit fünf Knoten und neun Zweigen (davon zwei ideale Spannungsquellen)

Ein Netz enthält 7 ohmsche Widerstände und 2 ideale Spannungsquellen (Bild 2.95). Folgende Zahlenwerte sind gegeben:

$$G_2 = 14\text{ S};\quad G_3 = 11\text{ S}$$
$$G_5 = 4\text{ S}$$
$$G_6 = 8\text{ S};\quad G_7 = 11\text{ S}$$
$$G_8 = 6\text{ S};\quad G_9 = 2\text{ S}.$$
$$U_{q1} = 15\text{ V};\quad U_{q4} = 6\text{ V}.$$

Gesucht ist der Strom I_8.

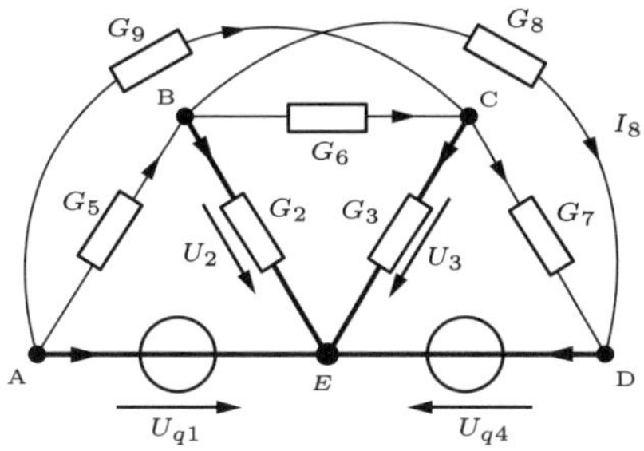

Bild 2.95 *Netz mit 5 Knoten und 9 Zweigen.*

Lösung:

Mit Hilfe der Knotenanalyse ergeben sich (mit dem Bezugsknoten E) für die Knoten B und C folgende Gleichungen für die vier unabhängigen Spannungen U_{q1}, U_2, U_3, U_{q4}:

	U_{q1}	U_2	U_3	U_{q4}	
B	$-G_5$	$(G_2 + G_5 + G_6 + G_8)$	$-G_6$	$-G_8$	0
C	$-G_9$	$-G_6$	$(G_3 + G_6 + G_7 + G_9)$	$-G_7$	0

(2.115)

Die Gleichungen für die Knoten A und D enthalten auf der rechten Seite die von den Quellen abgegebenen (unbekannten) Ströme. Hier genügen zur Analyse des Netzes schon die beiden Gln. (2.115), weil in ihnen nur U_2 und U_3 unbekannt, U_{q1} und U_{q4} dagegen vorgegeben sind. Um das deutlich zu machen, ziehen wir U_{q1} und U_{q4} auf die rechten Gleichungs-Seiten.

U_2	U_3	
$(G_2 + G_5 + G_6 + G_8)$	$-G_6$	$G_5U_{q1} + G_8U_{q4}$
$-G_6$	$(G_3 + G_6 + G_7 + G_9)$	$G_9U_{q1} + G_7U_{q4}$

Mit den gegebenen Zahlenwerten wird

U_2	U_3	
32	–8	96 V
–8	32	96 V

Vertauschung von U_2 und U_3 ändert am Gleichungs-System nichts, d. h. es ist

$$U_2 = U_3 .$$

Damit folgt

$$24U_2 = 96\text{ V}; \quad U_2 = 4\text{ V} = U_3.$$

Wegen

$$U_8 = U_2 - U_{q4} = 4\text{ V} - 6\text{ V} = -2\text{ V}$$

gilt dann

$$I_8 = U_8\, G_8 = -2\text{ V} \cdot 6\text{ S} = \underline{\underline{-12\text{ A}}}.$$

2.8.5 Vergleich zwischen Umlauf- und Knotenanalyse

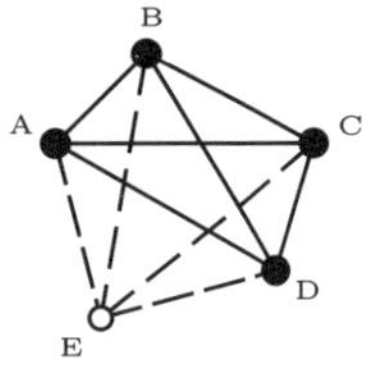

Bild 2.96 *Zur Herstellung des Zusammenhangs zwischen k und* $\hat{z}$.

Zunächst soll der Zusammenhang zwischen der Anzahl k der Knoten eines Netzes und der maximalen Anzahl $\hat{z}$ der Zweige bestimmt werden: Fügt man einem Netz mit k Knoten (z. B. $k = 4$ in Bild 2.96) noch einen Knoten hinzu (E), so sind hierdurch k neue Zweige möglich (in Bild 2.96 gestrichelt gezeichnet):

$$\hat{z}_{\mathrm{k}+1} = k + \hat{z}_{\mathrm{k}} = k + k - 1 + \hat{z}_{\mathrm{k}-1} = k + k - 1 + k - 2 + \ldots + 1$$

$$\hat{z}_{\mathrm{k}+1} = (k+1)\frac{k}{2}.$$

Ersetzt man hierin $k + 1$ durch k, so wird

$$\hat{z}_k = k\frac{k-1}{2}.$$

Da für die Anzahl b der Baumzweige gilt

$$b = k - 1$$

und für die maximale Anzahl $\hat{v}$ der Verbindungszweige

$$\hat{v} = \hat{z} - b,$$

kann man folgende Tabelle aufstellen:

k	b	$\hat{z}$	$\hat{v}$	$\hat{v} - b$
2	1	1		
3	2	3	1	–1
4	3	6	3	0
5	4	10	6	2
6	5	15	10	5
7	6	21	15	9

Bei der Anwendung der Umlaufanalyse entsteht ein Gleichungs-System mit v Unbekannten, bei der Knotenanalyse mit b Unbekannten. Ist in einem Netz also

$$v > b,$$

so führt die Knotenanalyse zu einem Gleichungs-System mit weniger Unbekannten als die Umlaufanalyse. Das ist nur für Netze mit $k \geqslant 5$ möglich. Zum Beispiel hat ein Fünfeck nur 4 unabhängige Spannungen, liefert bei der Knotenanalyse also 4 Unbekannte. Falls das Fünfeck 9 Zweige hat (wie z. B. in Bild 2.95), existieren 5 unabhängige Ströme, die Umlaufanalyse liefert also 5 Unbekannte. Falls das Fünfeck sogar 10 Zweige hat (wie z. B. in Bild 2.96), ergibt sich demnach aus der Umlaufanalyse ein Gleichungs-System mit 6 Unbekannten.

Die Knotenanalyse ist also der Umlaufanalyse vor allem in stark „vermaschten" Netzen mit 5 und mehr Knoten überlegen. Sind allerdings die Ströme oder Spannungen einzelner Zweige vorgegeben, so treten jeweils weniger unbekannte unabhängige Ströme bzw. unabhängige Spannungen auf.

Ist in einem Netz $k = 4$, $z = 6$ eine ideale Spannungsquelle enthalten, so kann in diesem Fall die Knotenanalyse schneller zum Ziel führen als die Umlaufanalyse, wie das folgende Beispiel zeigt.

Beispiel 2.34

Analyse eines dreimaschigen Netzes mit einer idealen Spannungsquelle

In einem Netz nach Bild 2.97 sind die Leitwerte G_2 ... G_6 und die Spannung U_{q1} gegeben:

$$G_2 = 2\text{ S}; \quad G_3 = 3\text{ S}$$
$$G_4 = 4\text{ S}; \quad G_5 = 6\text{ S}$$
$$G_6 = 8\text{ S};$$
$$U_{q1} = 7\text{ V}.$$

Alle Spannungen sind gesucht.

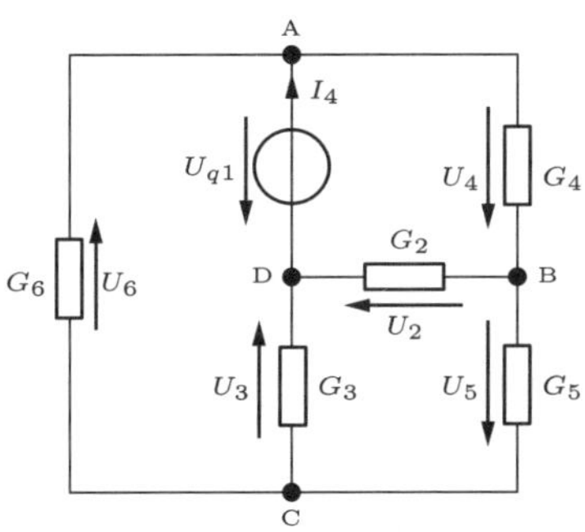

Bild 2.97 *Dreimaschiges Netz mit einer idealen Spannungsquelle.*

Lösung:

Nach den Regeln der Knotenanalyse gilt (mit D als Bezugsknoten):

	U_{q1}	U_2	U_3	
A:	$(G_4 + G_6)$	$-G_4$	$-G_6$	I_1
B:	$-G_4$	$(G_2 + G_4 + G_5)$	$-G_5$	0
C:	$-G_6$	$-G_5$	$(G_3 + G_5 + G_6)$	0

In diesem Gleichungs-System mit den Unbekannten U_2, U_3 und I_1 enthält nur die oberste Gleichung die Unbekannte I_1. Wir lassen diese Gleichung weg und erhalten so ein Gleichungs-System für die beiden Unbekannten U_2, U_3:

U_2	U_3	
$(G_2 + G_4 + G_5)$	$-G_5$	$G_4\, U_{q1}$
$-G_5$	$(G_3 + G_5 + G_6)$	$G_6\, U_{q1}$

Mit den gegebenen Zahlenwerten wird:

U_2	U_3	
12	–6	28 V
–6	17	56 V

Die zweite Gleichung wird mit 2 multipliziert und zur ersten addiert:

$$\begin{array}{rrcl} 12U_2 & -6U_3 & = & 28\ \text{V} \\ -12U_2 & 34U_3 & = & 112\ \text{V} \\ \hline & 28\,U_3 & = & 140\ \text{V} \end{array} \qquad U_3 = \underline{\underline{5\ \text{V}}}.$$

Setzt man dies in die erste Gleichung ein, so wird

$$12\,U_2 = 28\ \text{V} + 6 \cdot 5\ \text{V} \qquad U_2 = \underline{\underline{\frac{29}{6}\ \text{V}}}.$$

Daraus ergeben sich die abhängigen Spannungen:

$$U_4 = U_{q1} - U_2 = 7\ \text{V} - \frac{29}{6}\ \text{V} = \underline{\underline{\frac{13}{6}\ \text{V}}}$$

$$U_5 = U_2 - U_3 = \frac{29}{6}\ \text{V} - 5\ \text{V} = \underline{\underline{-\frac{1}{6}\ \text{V}}}$$

$$U_6 = U_3 - U_{q1} = 5\ \text{V} - 7\ \text{V} = \underline{\underline{-2\ \text{V}}}.$$

2.8.6 Gesteuerte Quellen

In Abschnitt 2.4.4 wurde gezeigt, dass man lineare Quellen (bzw. lineare aktive Zweipole) durch eine ideale Quelle (Spannungs- oder Stromquelle) und einen Innenwiderstand darstellen kann. Die idealen Quellen sind dadurch gekennzeichnet, dass – unabhängig von der Belastung – bei der idealen Spannungsquelle die Spannung zwischen den Klemmen eine Konstante ist, während die ideale Stromquelle einen konstanten Strom abgibt.

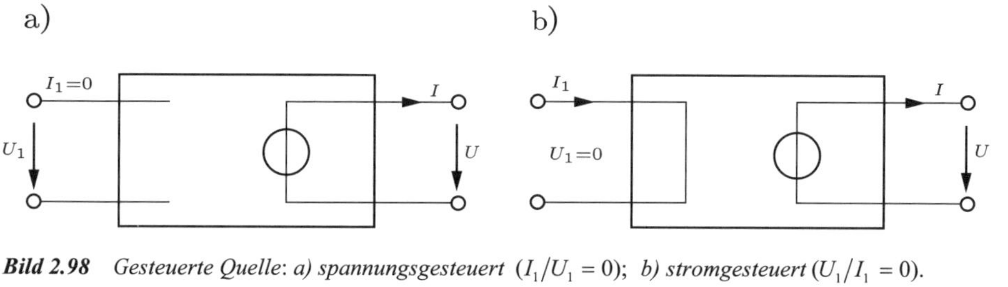

Bild 2.98 *Gesteuerte Quelle: a) spannungsgesteuert* $(I_1/U_1 = 0)$; *b) stromgesteuert* $(U_1/I_1 = 0)$.

Im Hinblick auf viele Anwendungen (z. B. Verstärkerschaltungen) ist es zweckmäßig, neben den idealen Quellen mit einer konstanten Klemmengröße sog. **gesteuerte Quellen** einzuführen. Bei diesen hängt eine der beiden Klemmengrößen U oder I (Bild 2.98) von einer der steuernden Eingangsgrößen U_1 oder I_1 ab. Insgesamt gibt es demnach vier Arten gesteuerter Quellen:

U_1 steuert U: spannungsgesteuerte Spannungsquelle
U_1 steuert I: spannungsgesteuerte Stromquelle
I_1 steuert U: stromgesteuerte Spannungsquelle
I_1 steuert I: stromgesteuerte Stromquelle

Im einfachsten Fall ist die gesteuerte Größe der steuernden Größe proportional. Damit lassen sich die vier Arten gesteuerter Quellen so beschreiben:

$$U = k_1 U_1$$
$$I = k_2 U_1$$
$$U = k_3 I_1$$
$$I = k_4 I_1.$$

Beispiele

Die folgenden Betrachtungen beziehen sich auf die Schaltung nach Bild 2.95. Zuerst wird die Spannungsquelle U_{q4} durch eine spannungsgesteuerte Stromquelle $I_{q4} = k \cdot U_2$ (Stromrichtung: von D nach E) ersetzt. Die Gleichungen werden wie in Beispiel 2.33 aufgestellt. Hinzu kommt eine dritte Gleichung für den Knoten D.

	U_{q1}	U_2	U_3	U_4	
B:	$-G_5$	$G_2+G_5+G_6+G_8$	$-G_6$	$-G_8$	0
C:	$-G_9$	$-G_6$	$G_3+G_6+G_7+G_9$	$-G_7$	0
D:	0	$-G_8$	$-G_7$	G_7+G_8	$-I_{q4}=-kU_2$.

In der letzten Gleichung zieht man den Term $-kU_2$ auf die linke Seite:

D:	0	$-G_8+k$	$-G_7$	G_7+G_8	0

Damit entsteht ein Gleichungssystem für die drei Unbekannten U_2, U_3, U_4. Es lässt sich auf folgende Form bringen:

U_2	U_3	U_4	
	...		G_5U_{q1}
	...		G_9U_{q1}
	...		0

Ebenso lässt sich auch der Fall der spannungsgesteuerten Spannungsquelle behandeln: Es sei $U_{q4} = k \cdot U_2$. Dann ist in dem Gleichungssystem U_{q4} durch kU_2 zu ersetzen. Man erhält zunächst für die Knoten B und C:

U_{q1}	U_2	U_3	kU_2	
$-G_5$	$G_2+G_5+G_6+G_8$	$-G_6$	$-G_8$	0
$-G_9$	$-G_6$	$G_3+G_6+G_7+G_9$	$-G_7$	0

Nach Zusammenfassen der Spalten 2 und 4 erhält man

U_{q1}	U_2	U_3	
$-G_5$	$G_2+G_5+G_6+G_8-kG_8$	$-G_6$	0
$-G_9$	$-G_6-kG_7$	$G_3+G_6+G_7+G_9$	0

oder

U_2	U_3	
	...	G_5U_{q1}
	...	G_9U_{q1}

Diese Aufgabe lässt sich besonders einfach lösen, weil die steuernde Spannung in dem Schema als Knotenspannung unmittelbar vorkommt. Etwas aufwendiger wird die Untersuchung eines Netzes, wenn die steuernde Spannung zuerst noch durch Knotenspannungen ausgedrückt werden muss. Wir betrachten den Fall $U_{q4} = kU_6$. Aus dem Schaltbild entnimmt man $U_6 = U_2 - U_3$; demnach ist $U_{q4} = kU_2 - kU_3$. Man hat also

U_{q1}	U_2	U_3	$k(U_2 - U_3)$	
$-G_5$	$G_2 + G_5 + G_6 + G_8$	$-G_6$	$-G_8$	0
$-G_9$	$-G_6$	$G_3 + G_6 + G_7 + G_9$	$-G_7$	0

oder

U_{q1}	U_2	U_3	
$-G_5$	$G_2 + G_5 + G_6 + G_8 - kG_8$	$-G_6 + kG_8$	0
$-G_9$	$-G_6 - kG_7$	$G_3 + G_6 + G_7 + G_9 + kG_7$	0

usw.

Spannungsgesteuerte Spannungs- und Stromquellen können also bei der Knotenanalyse ohne weiteres berücksichtigt werden.

Wir wenden uns nun dem Fall der stromgesteuerten Spannungsquelle zu: Es sei $U_{q4} = kI_6$. Wir drücken I_6 mit Hilfe des Ohmschen Gesetzes durch Knotenspannungen aus: $I_6 = G_6\,(U_2 - U_3)$. Damit wird

U_{q1}	U_2	U_3	$kG_6(U_2 - U_3)$	
		...		

Der Fall kann also wie das vorige Beispiel behandelt werden.

Es lässt sich also feststellen, dass mit der Knotenanalyse Netze mit spannungsgesteuerten Quellen besonders einfach zu behandeln sind. Entsprechend können mit der Umlaufanalyse Schaltungen mit stromgesteuerten Quellen leichter untersucht werden.

Der Operationsverstärker als spannungsgesteuerte Spannungsquelle

Als wichtiger Typ einer gesteuerten Quelle soll hier der Operationsverstärker behandelt werden (Bild 2.99), der sich als spannungsgesteuerte Spannungsquelle durch

$$U_A = k_1\, U_E \tag{2.116}$$

beschreiben lässt. Dies gilt aber nur, wenn er nicht übersteuert wird, d. h. nur innerhalb eines relativ kleinen Wertebereiches für die Eingangsspannung U_E (im Beispiel des Bildes 2.100 für $-1{,}2$ mV < U_E < $+1{,}2$ mV). In diesem Bereich linearer Verstärkung schreibt man für den Proportionalitätsfaktor statt k_1 meist v_0 und nennt ihn die Leerlaufverstärkung des Operationsverstärkers:

$$v_0 = \frac{U_A}{U_E}. \tag{2.117}$$

In Bild 2.100 ist $v_0 = 10^4$. Bei den meisten Anwendungen werden die Operationsverstärker im Bereich linearer Verstärkung betrieben, so dass sie in Datenbüchern über integrierte Halbleiterschaltungen sogar kurzerhand als lineare Schaltungen bezeichnet werden. Es gibt aber auch wichtige Anwendungen, bei denen die Operationsverstärker außerhalb des Bereiches der linearen Verstärkung betrieben werden (insbesondere in Mitkopplungsschaltungen, aber auch in übersteuerten Gegenkopplungsschaltungen). Genaueres hierzu in Abschnitt 2.9.

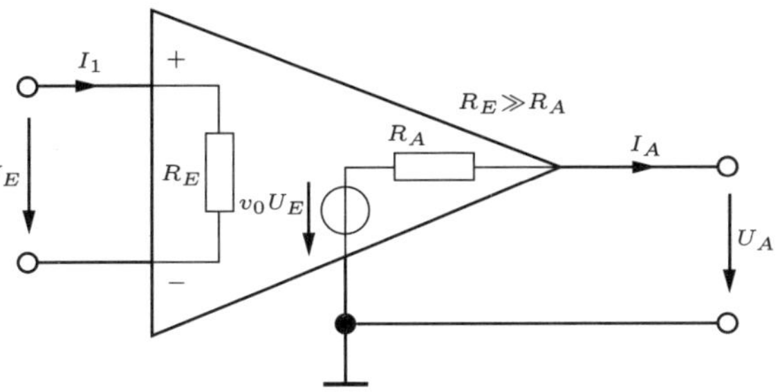

Bild 2.99 *Nicht-übersteuerter Operationsverstärker als spannungsgesteuerte Spannungsquelle.*

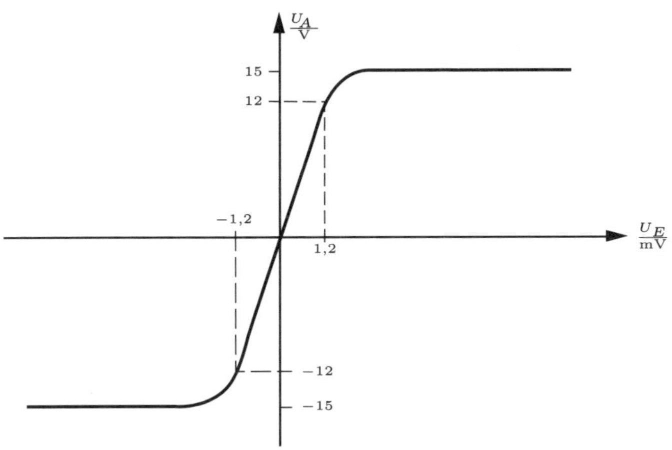

Bild 2.100 *Beispiel für die Verstärkungs-Kennlinie eines Operationsverstärkers.*

Der Transistor als gesteuerte Quelle

Der Transistor ist ein Halbleiterbauelement mit drei Anschlüssen, in dem drei unterschiedlich dotierte Schichten aufeinander folgen. Eine p-leitende Schicht liegt zwischen zwei n-leitenden, oder umgekehrt. Man spricht daher von NPN- bzw. PNP-Transistoren (Bild 2.101).

Bild 2.101 *Transistor-Schaltsymbole.*

Die drei Anschlüsse bezeichnet man als Basis (B), Emitter (E) und Kollektor (C). Auf die innere Wirkungsweise des Transistors wird hier nicht eingegangen. Er soll hier nur durch sein Klemmenverhalten beschrieben werden, und zwar durch seine Eingangskennlinie $I_B = f(U_{BE})$ und sein Ausgangskennlinienfeld $I_C = f(U_{CE}; I_B)$ (Bilder 2.102 und 2.103).

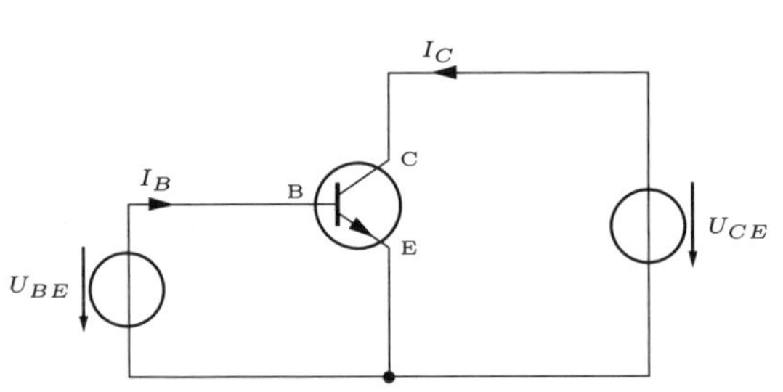

Bild 2.102 *Spannungen und Ströme eines NPN-Transistors.*

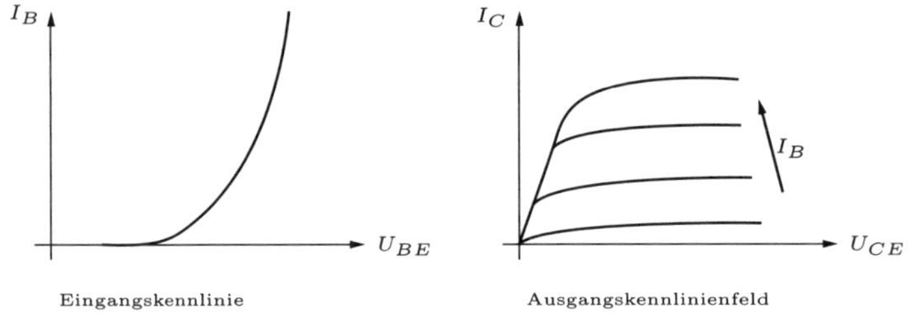

Bild 2.103 *Kennlinien eines NPN-Transistors.*

Da alle Beziehungen des NPN-Transistors durch Vorzeichenwechsel der Spannungen und Ströme auf die des PNP-Transistors übertragbar sind, soll hier nur der NPN-Transistor betrachtet werden.

Die Eingangskennlinie hängt übrigens geringfügig von U_{CE} ab; diese Rückwirkung wird im Folgenden vernachlässigt.

Die in Bild 2.103 dargestellten Kennlinien sind zwar nichtlinear, können aber für viele Anwendungen durch Geraden ersetzt oder aus mehreren Geradenstücken zusammengesetzt werden (Bild 2.104).

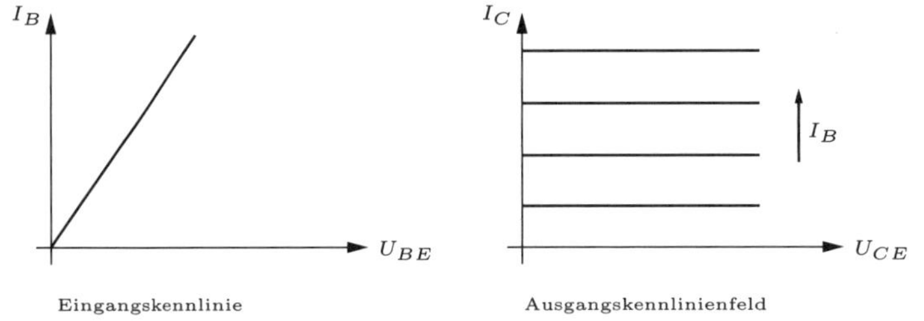

Bild 2.104 *Linearisierung der Transistor-Kennlinien.*

Die Eingangskennlinie ist im Bereich positiver Werte U_{BE} durch einen ohmschen Widerstand realisierbar, die Ausgangskennlinien können als das Verhalten einer Stromquelle gedeutet werden, die vom Strom I_{B} gesteuert wird. Bild 2.105b beschreibt in einem Ersatzschaltbild den Transistor dementsprechend als stromgesteuerte Stromquelle.

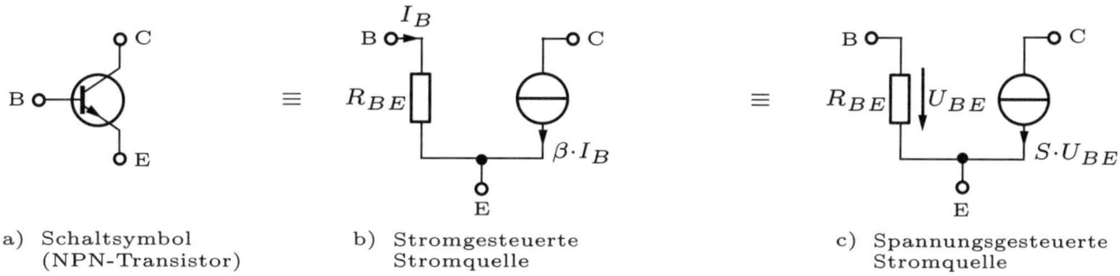

Bild 2.105 *Vereinfachtes Transistor-Ersatzschaltbild.*

Die Stromverstärkung β ist ein Qualitätsmerkmal des Transistors und wird in Datenblättern angegeben. Über die Beziehung $U_{BE} = I_B R_{BE}$ lässt sich der Transistor auch als spannungsgesteuerte Stromquelle darstellen (Bild 2.105c). Die Größe $S = \beta / R_{BE}$ nennt man Steilheit.

Eine bessere Annäherung an die tatsächlichen Kennlinien als in Bild 2.104 erhält man durch die in Bild 2.106 gewählte Darstellung.

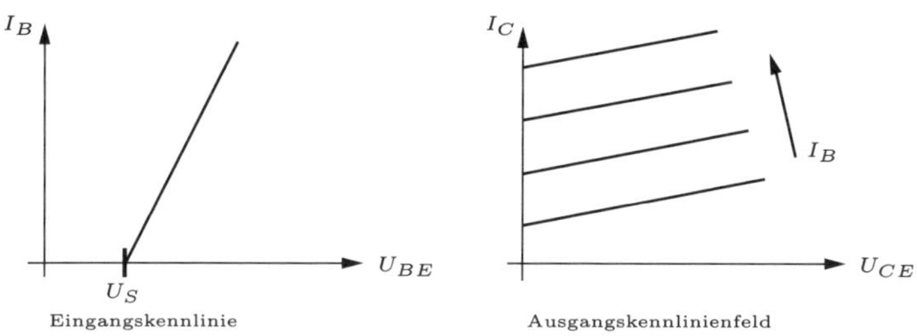

Bild 2.106 *Verbesserte Linearisierung der Transistor-Kennlinien.*

Die Eingangskennlinie kann nun als Kennlinie einer Spannungsquelle U_S mit dem Innenwiderstand R_{BE} aufgefasst werden, die Ausgangskennlinien kann man als Kennlinien einer stromgesteuerten Stromquelle mit dem Innenwiderstand R_{CE} beschreiben (Bild 2.107).

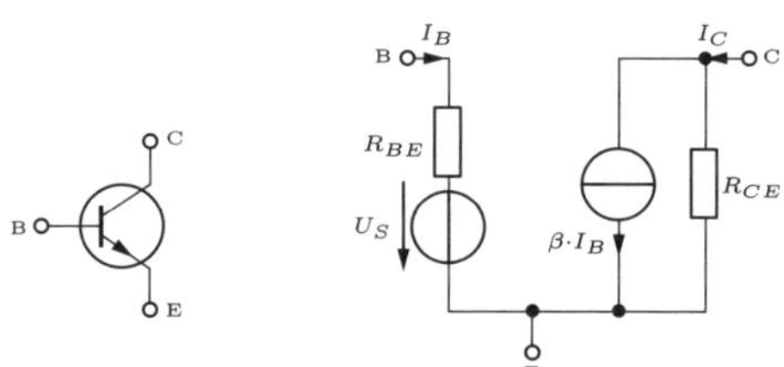

Bild 2.107 *Verbessertes Transistor-Ersatzschaltbild.*

Diese Ersatzschaltbilder gelten nur, falls durch die äußere Beschaltung sichergestellt ist, dass Kollektor- und Basisstrom fließen können (d. h. insbesondere, dass in Reihe zur Kollektor-Emitter-Strecke eine Versorgungsspannung vorhanden sein muss).

Beispiel

Transistor-Verstärker

Für eine Transistorschaltung nach Bild 2.108 soll die Ausgangsspannung U_A als Funktion der Eingangsspannung U_E berechnet werden.

$$U_{RC} = U_0 - U_A = U_E \frac{\beta R_C}{R_{BE} + R_E + \beta R_E}$$

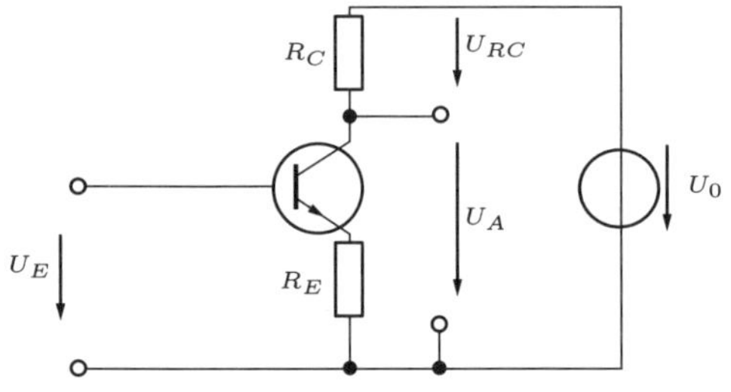

Bild 2.108 *Einfacher Transistor-Verstärker.*

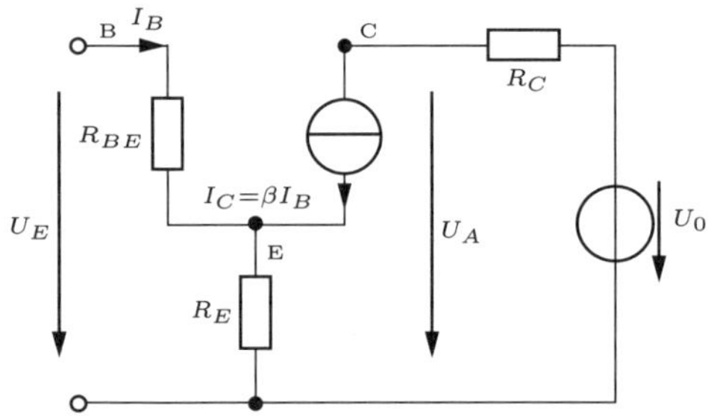

Bild 2.109 *Ersatzschaltbild des Transistor-Verstärkers.*

Setzt man die Größen R_{BE} und β und außerdem die Widerstände R_E und R_C sowie die Betriebsspannung U_0 als bekannt voraus, so kann man den Transistor in Schaltung 2.108 durch die Ersatzschaltung 2.105b darstellen und erhält so die Schaltung 2.109.

Hier gelten die beiden Spannungs-Umlaufgleichungen

$$U_E = I_B R_{BE} + R_E (I_B + \beta I_B)$$

und

$$U_0 = \beta I_B R_C + U_A,$$

aus denen sich nach Elimination von I_B

$$U_A = U_0 - U_E \frac{\beta R_C}{R_{BE} + R_E + \beta R_E}$$

ergibt.

2.9 Operationsverstärkerschaltungen

Im Abschnitt 2.8 ist der Operationsverstärker als spannungsgesteuerte Spannungsquelle beschrieben worden, die den Verstärkungsfaktor v_0 hat, eine für den Verstärker charakteristische Größe. v_0 ist normalerweise sehr groß. Braucht man aber eine gesteuerte Spannungsquelle mit einem Verstärkungsfaktor $v < v_0$, so kann man dies durch sogenannte Gegenkopplung erreichen: am einfachsten mit einem ohmschen Spannungsteiler (Umkehrverstärker, Bild 2.114a; Elektrometerverstärker, Bild 2.114b).

Ist die Verstärker-Ausgangsklemme mit mindestens einer Eingangsklemme verbunden, so spricht man von Rückkopplung, und zwar ist bei rein ohmschen Schaltungen eine Verbindung A–N eine Gegenkopplung, A–P eine Mitkopplung.

Als gesteuerte lineare Quellen kommen nur Gegenkopplungsschaltungen in Frage. Schaltungen, bei denen Gegen- und Mitkopplung miteinander kombiniert sind, muss der Gegenkopplungseffekt überwiegen (Abschnitt 2.9.6).

Im Folgenden beschränken wir uns auf Schaltungen, in denen außer einem Operationsverstärker nur Spannungsquellen und ohmsche Widerstände vorkommen. Trotz dieser Einschränkung lassen sich hieran die Rückkopplungsprinzipien und ihre wichtigsten Kombinationen gut darstellen.

2.9.1 Der ideale Operationsverstärker

Um Verstärkerschaltungen verstehen und entwerfen zu können, ist es zweckmäßig, zunächst von einem idealen Operationsverstärker auszugehen. Seine wichtigsten Eigenschaften sind:

1. Eingangswiderstand $R_E = \infty$ (Bild 2.99) und damit Eingangsströme $i_P = i_N = 0$.
2. Ausgangswiderstand $R_A = 0$ (Bild 2.99)
3. Eingangs-Offsetspannung $U_{\text{Doffset}} = 0$ (Bild 2.110b)
4. Gleichtaktverstärkung $v_{\text{cm}} = 0$
5. Proportionalität $u_A \sim u_D$ im Bereich der linearen Verstärkung $(U_{\text{Du}} < u_D < U_{\text{Do}})$; den Proportionalitätsfaktor im Bereich $U_{\text{Du}} < u_D < U_{\text{Do}}$ nennt man Leerlaufverstärkung $v_0 = u_A / u_D$.
6. Unabhängigkeit des Verlaufes der Verstärkungskennlinie $u_A = \text{f}(u_D)$ von irgendwelchen Parametern (Temperatur, Alterung, Frequenz o.a.).

Die Annahme 4 besagt, dass sich z. B. im Falle $u_P = 1{,}5\,\text{mV}$, $u_N = 1\,\text{mV}$ und im Falle $u_P = 2{,}5\,\text{mV}$, $u_N = 2\,\text{mV}$ jedes Mal der gleiche Wert u_A ergibt, da u_D in beiden Fällen übereinstimmt: $u_D = u_P - u_N = 0{,}5\,\text{mV}$.

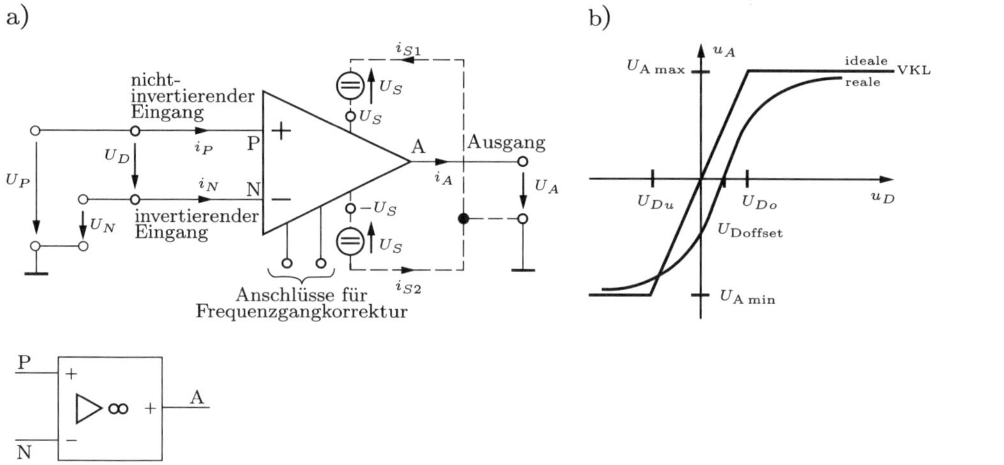

Bild 2.110 *Operationsverstärker: a) Schaltsymbole; b) Verstärkungskennlinie (VKL).*

Wenn bei einem realen Operationsverstärker z. B. $R_E = 10\ \mathrm{M\Omega}$ und $R_A = 100\ \Omega$ ist, dann sollten die Widerstände, mit denen der Verstärker beschaltet wird, wesentlich kleiner als R_E aber auch wesentlich größer als R_A sein, also z. B. in dem Bereich 1 kΩ … 1 MΩ liegen.

Die Forderung $v_0 = \infty$ zählen wir nicht zu den Eigenschaften eines idealen Operationsverstärkers; erst recht nicht die Forderung $u_D \approx 0$, die nur bei gegengekoppelten nichtübersteuerten Verstärkern berechtigt ist. Die Forderungen 1 bis 6 kann man dagegen unabhängig vom Betriebsfall aufrechterhalten, also auch für übersteuerte Gegenkopplungsschaltungen und mitgekoppelte Verstärker. Trotzdem ist es oftmals zweckmäßig, $v_0 = \infty$ oder sogar $u_D = 0$ vorauszusetzen, falls der Verstärker überwiegend gegengekoppelt ist und nicht übersteuert wird.

Selbstverständlich braucht auch ein idealer Verstärker eine Stromversorgung (normalerweise zwei gleiche Spannungsquellen, Bild 2.110a). In Prinzipschaltbildern werden die Versorgungsspannungen jedoch meist nicht eingezeichnet, sondern es werden nur die Klemmen P, N und A dargestellt. Da gewöhnlich $i_{S1} + i_{S2} \neq 0$ ist, kann für den Verstärker, bei dem nur die drei Anschlüsse P, N, A berücksichtigt werden, die Gleichung $\sum i = 0$ nicht gelten.

2.9.2 Komparatoren

Wenn v_0 sehr groß ist, lässt sich die ideale Verstärkungskennlinie praktisch als Sprungfunktion

$$u_A = \begin{cases} U_{\mathrm{Amin}} & \text{für} \quad u_D < 0 \\ U_{\mathrm{Amax}} & \text{für} \quad u_D > 0 \end{cases}$$

auffassen (Bild 2.111).

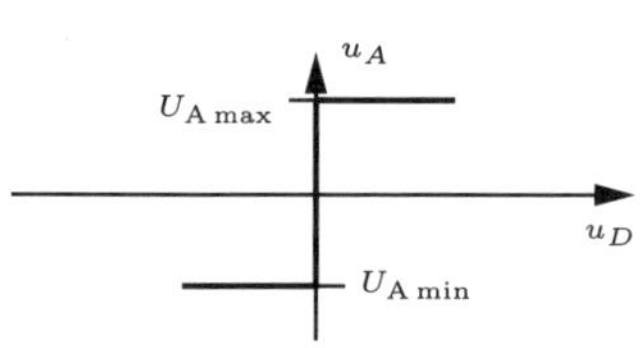

Bild 2.111 *Verstärkungskennlinie.*

So betrachtet ist der Verstärker ein Komparator (Vergleicher). Er vergleicht u_D mit dem Wert 0 V. Die Bezugsschwelle muss aber nicht 0 V bleiben, sondern kann verschoben werden (Bild 2.112: hier durchläuft u_D den Wert 0 V, wenn u_E den Wert U_r annimmt).

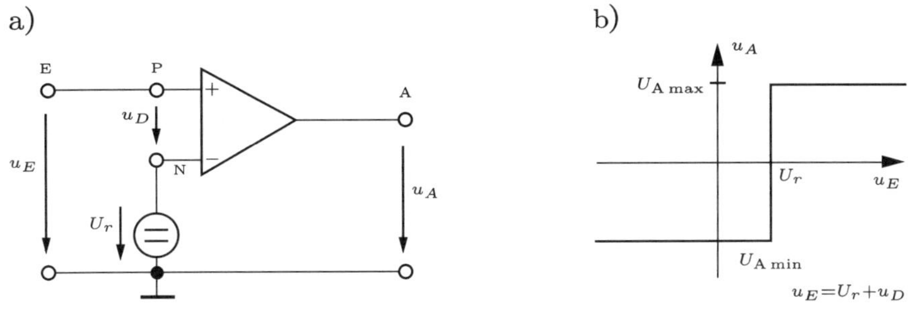

Bild 2.112 *Nichtinvertierender Komparator.*

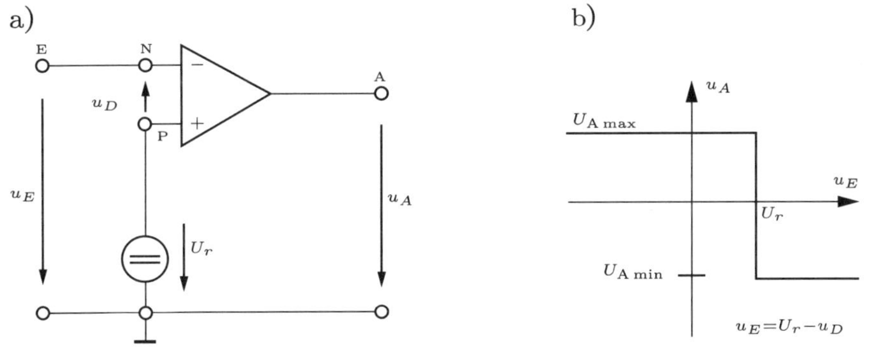

Bild 2.113 *Invertierender Komparator.*

Die Referenzspannung (Bezugsspannung) U_r wird beim praktischen Schaltungsaufbau natürlich nicht durch eine besondere Spannungsquelle realisiert, sondern durch einen Abgriff an einem Spannungsteiler, der von den ohnehin für den Verstärker notwendigen Spannungsquellen ($\pm\, U_s$ in Bild 2.110a) versorgt wird. Vertauscht man die beiden Eingangsklemmen miteinander (Bild 2.113), so durchläuft auch in diesem Fall u_D genau dann den Wert 0 V, wenn u_E den Wert U_r annimmt. Es wird aber – wegen $u_D = U_r - u_E$ für $u_E > U_r$ – die Eingangsdifferenzspannung $u_D < 0$, also $u_A = U_{Amin}$. Entsprechend wird für $u_E < U_r$ die Ausgangsspannung $u_A = U_{Amax}$.

Legt man das Potential u_E an die Klemme N des Verstärkers, so entsteht demnach ein invertierender Komparator. Niedrige Werte u_E führen am Ausgang zu $u_A = U_{Amax}$, hohe Werte u_E zu $u_A = U_{Amin}$. Man bezeichnet deshalb die Klemme N als den invertierenden Eingang des Operationsverstärkers und dementsprechend P als nichtinvertierenden Eingang und daher die Schaltung 2.112 als nichtinvertierenden Komparator.

2.9.3 Rückkopplungsprinzipien

Übersicht

Wenn bei rein ohmscher Beschaltung der Ausgang A eines Verstärkers mit dem nichtinvertierenden Verstärkereingang P gekoppelt, d. h. über einen Widerstand verbunden wird, so bezeichnet man dies als Mitkopplung (MK). Wenn der Ausgang A mit dem invertierenden Verstärkereingang N verbunden wird, handelt es sich um eine Gegenkopplung (GK). Wird hierbei E über einen Widerstand mit P verbunden, so ergibt sich eine nichtinvertierende Schaltung. Verbindet man dagegen E mit N, so entsteht eine invertierende Schaltung (Bild 2.114) wie schon bei den beiden Komparatorschaltungen in den Bildern 2.112 und 2.113.

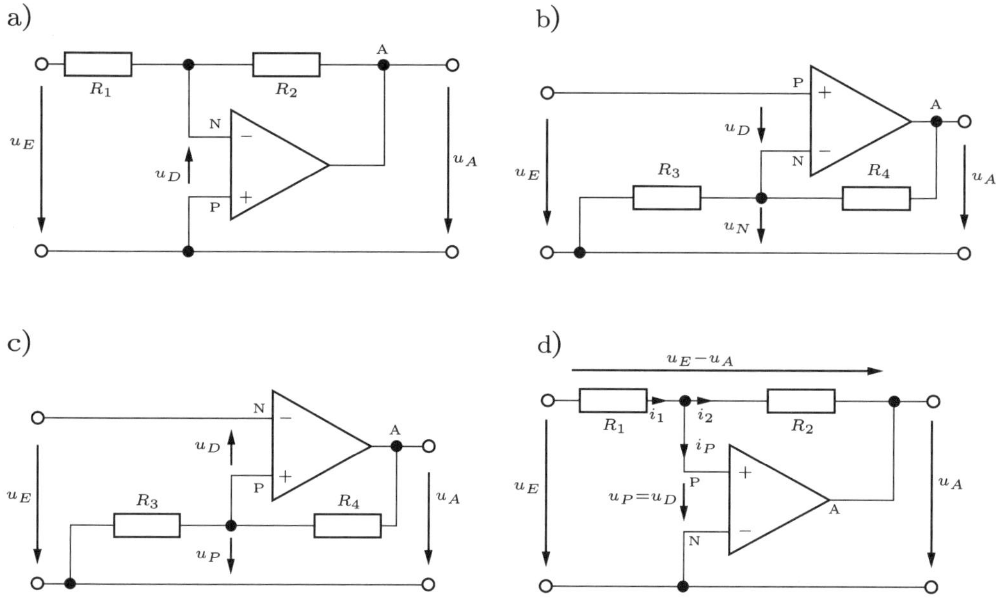

Bild 2.114 *Vier Rückkopplungsarten.*
a) Umkehrverstärker; b) Elektrometerverstärker; c) invertierender Schmitt-Trigger; d) nichtinvertierender Schmitt-Trigger.

Arbeitsgeraden

Für die Spannungen u_E, u_D, u_A in den vier Rückkopplungs-Grundschaltungen (Bild 2.114) gilt unabhängig von den Eigenschaften des Verstärkers jeweils ein einfacher linearer Zusammenhang. So gilt in Schaltung 2.114d für den Knoten P (Knotenanalyse!)

u_E	$u_D = u_P$	u_A	
$-G_1$	$G_1 + G_2$	$-G_2$	0

(2.118)

d $\boxed{u_A = +\frac{R_1 + R_2}{R_1} u_D - \frac{R_2}{R_1} u_E}$ (nichtinvertierende Mitkopplung). (2.119)

Dies ist die Gleichung der Arbeitsgeraden (AG) $u_A = f(u_D; u_E)$ (u_D als unabhängige Veränderliche, u_E als Scharparameter).

Außer dieser Gleichung muss auch der vom Verstärker vorgegebene Zusammenhang zwischen u_A und u_D, die Verstärkerkennlinie (VKL), gelten (Bild 2.110b). Die Schnittpunkte einer Arbeitsgeraden mit der Verstärkerkennlinie geben also an, welche Betriebszustände möglich sind. In bestimmten Bereichen von u_E gibt es nur einen einzigen Schnittpunkt (Bild 2.115a).

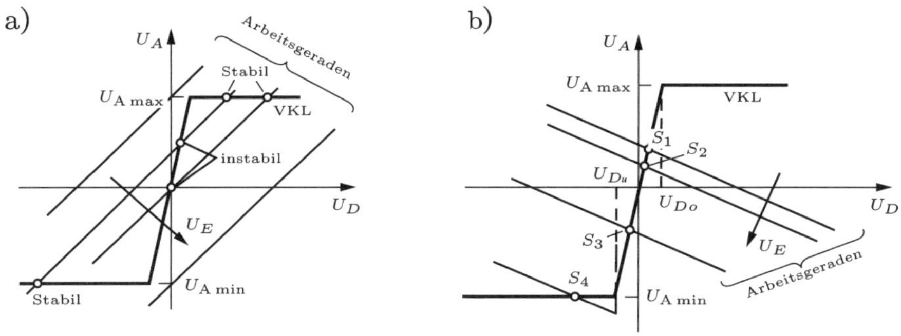

Bild 2.115 *Schnittpunkte der Verstärkungskennlinie mit den Arbeitsgeraden.*

Bevor untersucht wird, welcher der drei möglichen Schnittpunkte sich einstellt, sollen auch die Arbeitsgeraden der drei anderen Rückkopplungsschaltungen berechnet werden. Für den Knoten N in der Schaltung in Bild 2.114a gilt

$$-G_1 u_E + (G_1 + G_2) u_N - G_2 u_A = 0,$$

woraus wegen $u_D = -u_N$ die Arbeitsgeraden-Gleichung

$$\text{a} \quad \boxed{u_A = -\frac{R_1 + R_2}{R_1} u_D - \frac{R_2}{R_1} u_E} \quad \text{(invertierende Gegenkopplung).} \tag{2.120}$$

hervorgeht (Bild 2.115b). Für die Schaltung in Bild 2.114c gilt

$$u_p = \frac{R_3}{R_3 + R_4} u_A \tag{2.121}$$

und wegen $u_p = u_D + u_E$

$$\text{c} \quad \boxed{u_A = \frac{R_3 + R_4}{R_3} u_D + \frac{R_3 + R_4}{R_3} u_E} \quad \text{(invertierende Mitkopplung).} \tag{2.122}$$

Für die Schaltung in Bild 2.114b gilt $u_N = u_A R_3/(R_3 + R_4)$ und wegen $u_N = -u_D + u_E$

$$\text{b} \quad \boxed{u_A = \frac{R_3 + R_4}{R_3} u_D + \frac{R_3 + R_4}{R_3} u_E} \quad \text{(nichtinvertierende Gegenkopplung).} \tag{2.123}$$

Vergleicht man die Gln. (2.119), (2.120), (2.122) und (2.123) für die vier Arbeitsgeraden miteinander, so fällt auf, dass bei Mitkopplung die Steigung der Arbeitsgeraden $u_A = f(u_D)$ positiv ist, bei

Gegenkopplung negativ. Die Kehrwerte der Steigungen der Arbeitsgeraden bezeichnet man auch als Rückkopplungsfaktoren. Auch sie sind bei Gegenkopplung negativ:

$$-R_1/(R_1 + R_2) \quad \text{bzw.} \quad -R_3/(R_3 + R_4);$$

bei Mitkopplung ergeben sich:

$$+R_1/(R_1 + R_2) \quad \text{bzw.} \quad +R_3/(R_3 + R_4); \qquad \text{(Abschnitt 2.9.6).}$$

Stabile und instabile Arbeitspunkte

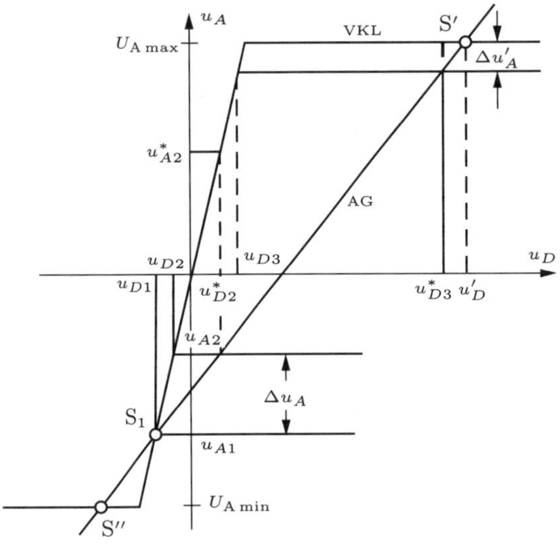

Bild 2.116 *Zur Stabilität und Instabilität von Arbeitspunkten.*

Es wird der Schnittpunkt S_1 einer Arbeitsgeraden (AG) (Bild 2.114d und Gl. (2.119)) mit der Verstärkerkennlinie (VKL) betrachtet (Bild 2.116). Die Werte u_{D_1}, u_{A_1} stellen einen möglichen Betriebsfall dar, der sich allerdings als instabil erweist. Dies sollen die folgenden Überlegungen zeigen: Kommt zur Ausgangsspannung u_{A_1} kurzzeitig eine sehr kleine Störung Δu_A hinzu (z. B. durch induktive Einwirkung benachbarter Schaltungsteile), so kann der Verstärker den neuen Wert $u_{A_2} = u_{A_1} + \Delta u_A$ durch den Wert u_{D_2} aufrechterhalten. Der Spannungsteiler R_1, R_2 erhöht aber, wie die Arbeitsgerade zeigt, aufgrund des Wertes $u_A = u_{A_2}$ den Wert u_D über u_{D_2} hinaus auf $u^*_{D_2}$. Dieser Wert wiederum muss wegen der VKL zu einer weiteren Erhöhung von u_A über u_{A_2} hinaus auf $u^*_{A_2}$ führen. u_A wird in dieser Weise immer weiter anwachsen bis maximal zum Wert U_{Amax}, so dass sich schließlich der Schnittpunkt S′ (u'_D ; U_{Amax}) ergibt. Dieser Schnittpunkt ist stabil. Eine kurzzeitige Erhöhung von u_A über U_{Amax} hinaus kann vom Verstärker auch durch die hierdurch bewirkte Erhöhung von u_D nicht aufrechterhalten werden. Eine kurzzeitige Verminderung von u_A um $\Delta' u_A$ auf den Wert $U_{\text{Amax}} - \Delta u'_A$ kann der Verstärker nur dann aufrechterhalten, wenn $u_D = u_{D_3}$ ist. Der Spannungsteiler bewirkt aber beim Wert $u_A = U_{\text{Amax}} - \Delta u'_A$, dass u_D wieder über u_{D_3} hinaus auf $u^*_{D_3}$ anwächst. Bei diesem Wert muss der Verstärker aber zu $u_A = U_{\text{Amax}}$ zurückkehren. Das heißt: überlagert sich im Betriebsfall S′ der Ausgangsspannung eine Störung, so führt dies wieder in den ursprünglichen Zustand zurück: S′ ist stabil. Geht man übrigens bei der Betrachtung des Betriebszustandes S_1 von einer Abnahme des Wertes u_{A_1} aus, so führt auch dies aus dem Zustand u_{D_1}, u_{A_1} heraus in einen stabilen Betriebspunkt (S″).

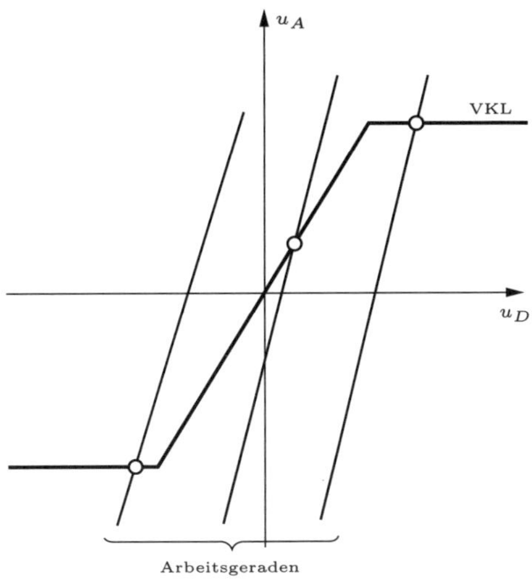

Bild 2.117 *Mitkopplung mit nur stabilen Arbeitspunkten.*

Falls v_0 kleiner als die Arbeitsgeradensteigung einer Mitkopplungsschaltung ist (Bild 2.117), so haben alle Arbeitsgeraden jeweils nur einen einzigen Schnittpunkt mit der Verstärkerkennlinie (VKL). Dieser Arbeitspunkt ist stabil, wie sich durch eine Überlegung zeigen lässt ähnlich der für den Punkt S_1 in Bild 2.116.

Gleichartige Überlegungen zeigen außerdem, dass der Schnittpunkt der Verstärkerkennlinie mit einer fallenden Arbeitsgeraden – also negativer Steigung – (Gln. (2.120), (2.123) für die Gegenkopplungsschaltungen in Bild 2.114a, b) stabil ist, ganz gleich ob er innerhalb oder außerhalb des Bereiches $U_{Du} < u_D < U_{Do}$ liegt.

Spannungsübertragungsfunktionen $u_A = f(u_E)$
Gegenkopplungsschaltungen

a) Invertierende Gegenkopplung (Umkehrverstärker)

Wenn eine Arbeitsgerade (Gl. (2.120)) die Verstärkerkennlinie im Bereich der linearen Verstärkung ($U_{Du} < u_D < U_{Do}$) schneidet, so kann man in Gl. (2.120) u_D durch u_A/v_0 ersetzen. Damit wird

$$u_A = -\frac{R_1 + R_2}{R_1} \cdot \frac{u_A}{v_0} - \frac{R_2}{R_1} u_E$$

und mit der Abkürzung $R_2/R_1 = r$

$$\boxed{v = \frac{u_A}{u_E} = \frac{-r}{1 + \dfrac{1+r}{v_0}}}. \tag{2.124a}$$

v bezeichnet man als die Gesamtverstärkung des Umkehrverstärkers. In dem wichtigen Fall sehr großer Leerlaufverstärkung v_0 ($v_0 >> 1 + r$) gilt

$$\boxed{\lim_{v_0 \to \infty} \frac{u_A}{u_E} = -r = \frac{R_2}{R_1}}. \tag{2.124b}$$

In diesem Fall hängt also v nur vom Verhältnis R_2/R_1 ab, d. h. von externen Widerständen. Durch die Gegenkopplung kann man die (Gesamt-)Verstärkung begrenzen und vom Wert v_0 unabhängig machen. Statt der Gl. (2.124b) schreibt man die Näherung

$$\boxed{\frac{u_\mathrm{A}}{u_\mathrm{E}} \approx -r} \,. \tag{2.124c}$$

Diese Schreibweise ist besonders verbreitet, aber etwas missverständlich, weil die Voraussetzung $v_0 \to \infty$ unerwähnt bleibt. Ist z. B. $r = 100$ und $v_0 = 10$, so ergibt Gl. (2.124a) den Wert $v = -9$, während die Näherungsgleichung (2.124c) zu dem falschen Ergebnis $v \approx -100$ führen würde. Die Gleichung (2.124a) bestätigt, dass bei reiner Gegenkopplung immer $v < v_0$ bleiben muss. Über v_0 hinaus kann die Gesamtverstärkung nur erhöht werden in Mitkopplungsschaltungen (Beispiel 2.39c; $v_0 = 3$ wird durch MK zu $v = 5$, also $v > v_0$) und bei Kombination von MK und GK, falls dort die MK überwiegt (Beispiel 2.40d; hier ist $v_0 = 2$ aber die Gesamtverstärkung $v = u_\mathrm{A}/u_\mathrm{E} = 2{,}5$).

Die Näherungsgleichung (2.124c) lässt sich sehr einfach herleiten. Mit $v_0 \to \infty$ wird $u_\mathrm{D} \approx 0$, solange nur Betriebsfälle im Bereich der linearen Verstärkung betrachtet werden (Bild 2.118).

Dieses vereinfachende Vorgehen lohnt sich immer dann, wenn die Gesamtverstärkung v eines nichtübersteuerten gegengekoppelten Verstärkers mit großem v_0 näherungsweise zu berechnen ist. Die Gl. (2.124a) kann auch in der Form

$$u_\mathrm{A} = -\frac{r}{1+\dfrac{1+r}{v_0}} u_\mathrm{E} \tag{2.125}$$

geschrieben werden. Bild 2.119 zeigt diesen Zusammenhang $u_\mathrm{A} = \mathrm{f}(u_\mathrm{E})$ und berücksichtigt zugleich, dass $U_\mathrm{Amin} \leqq u_\mathrm{A} \leqq U_\mathrm{Amax}$ sein muss, dass also die gestrichelten Teile der durch Gl. (2.125) beschriebenen Gerade nicht gelten.

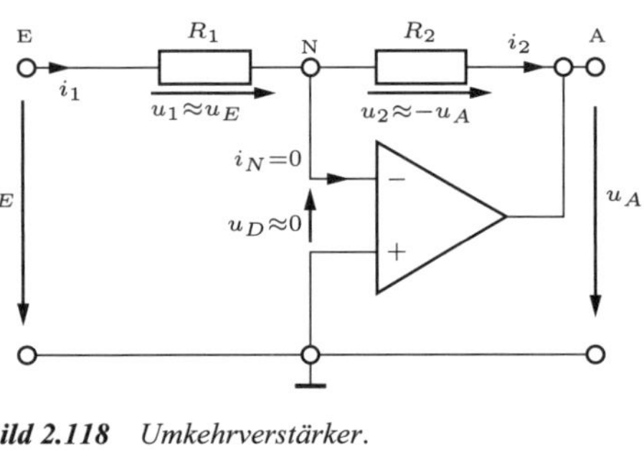

$i_1 = i_2$; $u_1/R_1 = u_2/R_2$;
$u_E/R_1 \approx -u_A/R_2$; $\boxed{u_A/u_E \approx -R_2/R_1} = -r$.

Bild 2.118 *Umkehrverstärker.*

Das Bild 2.119 veranschaulicht, dass die in Gl. (2.125) beschriebene Proportionalität zwischen u_A und u_E nur im Bereich $U_\mathrm{Eu} \leqq u_\mathrm{E} \leqq U_\mathrm{Eo}$ gilt, hierbei ist

$$U_\mathrm{Eu} = -\frac{U_\mathrm{Amax}\left(1+\dfrac{1+r}{v_0}\right)}{r} \approx -\frac{U_\mathrm{Amax}}{r} \tag{2.126a}$$

$$U_{\mathrm{Eo}} = -\frac{U_{\mathrm{Amin}}\left(1+\frac{1+r}{v_0}\right)}{r} \approx -\frac{U_{\mathrm{Amin}}}{r}. \tag{2.126b}$$

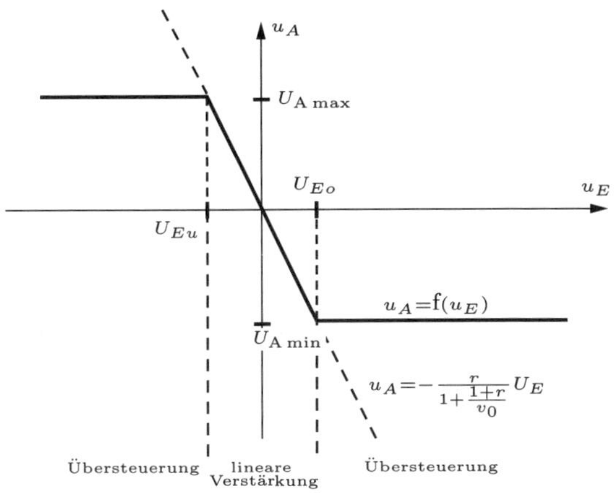

Bild 2.119 *Gesamtverstärkung $u_A = f(u_E)$ des Umkehrverstärkers.*

Übersteuerung: Treten Werte $u_{\mathrm{E}} < U_{\mathrm{Eu}}$ oder $u_{\mathrm{E}} > U_{\mathrm{Eo}}$ auf, so wird der Umkehrverstärker „übersteuert". Ein- und Ausgangssignal sind dann nicht mehr proportional zueinander (Begrenzung des Ausgangssignals u_{A}). Bild 2.120 gibt hierfür ein Beispiel. Wenn die Amplitude (Scheitelwert) der zeitlich sinusförmigen Spannung $u_{\mathrm{E}}(t)$ größer als 4 V ist, so ist die Ausgangsspannung $u_{\mathrm{A}}(t)$ nicht mehr sinusförmig.

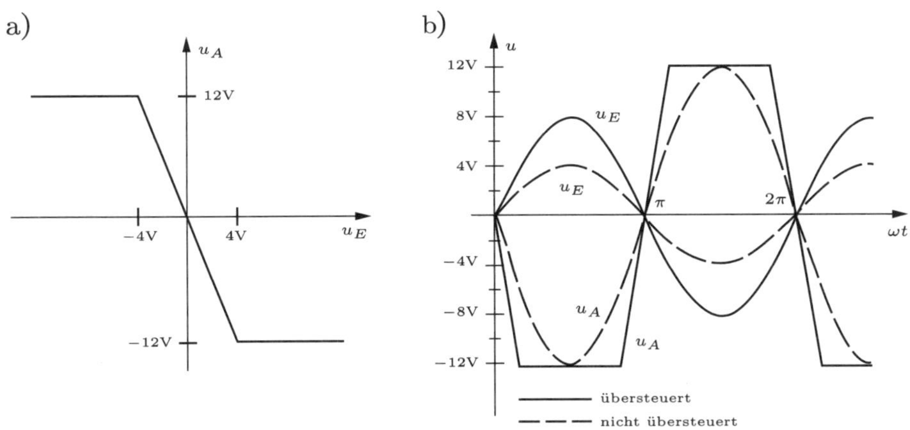

Bild 2.120 *Lineare Verstärkung und Übersteuerung beim Umkehrverstärker.*

Die Gln. (2.126) zeigen, dass der Bereich, in dem u_{E} linear verstärkt wird, umso größer ist, je kleiner r ist (Bild 2.121).

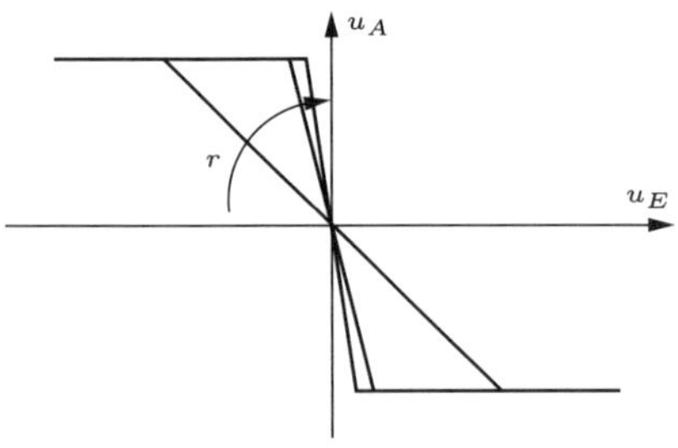

Bild 2.121 *Abhängigkeit der Gesamtverstärkung des Umkehrverstärkers vom Widerstandsverhältnis* $r = R_2/R_1$.

b) Nichtinvertierende Gegenkopplung (Elektrometerverstärker)

Beim Elektrometerverstärker in Bild 2.114b ergeben sich ebenso wie beim Umkehrverstärker fallende Arbeitsgeraden (Gl. (2.123)). Falls sie die Verstärkerkennlinie im Bereich linearer Verstärkung schneiden ($u_D = u_A/v_0$), so wird mit $r = R_4/R_3$

$$\boxed{v = \frac{u_A}{u_E} = \frac{1+r}{1+\dfrac{1+r}{v_0}}} \tag{2.127a}$$

und

$$\boxed{\lim_{v_0 \to \infty} \frac{u_A}{u_E} = 1+r} \tag{2.127b}$$

oder für $v_0 \to \infty$ einfach

$$\boxed{\frac{u_A}{u_E} \approx 1+r}\,, \tag{2.127c}$$

was man auch hier direkt aus der Annahme $u_D \approx 0$ herleiten kann (Bild 2.122a).

Die Gl. (2.127a) zeigt, dass auch beim Elektrometerverstärker ebenso wie beim Umkehrverstärker der Betrag der Gesamtverstärkung v mit r zunimmt (Bild 2.123a), wobei die Grenzen für die Gültigkeit der Gleichung selbstverständlich ebenfalls bei U_{Amax} und U_{Amin} liegen (Bild 2.123b).

Falls v_0 sehr groß ist, kann die Gesamtverstärkung v beim Elektrometerverstärker den Wert 1 nicht unterschreiten, vgl. Gl. (2.127c). Für die Grenzen U_{Eu} und U_{Eo}, zwischen denen u_E linearverstärkt wird, gilt:

$$U_{Eu} = \frac{1+(1+r)/v_0}{1+r} U_{Amin} \approx \frac{1}{1+r} U_{Amin} \tag{2.128a}$$

$$U_{Eo} = \frac{1+(1+r)/v_0}{1+r} U_{Amax} \approx \frac{1}{1+r} U_{Amax}\,. \tag{2.128b}$$

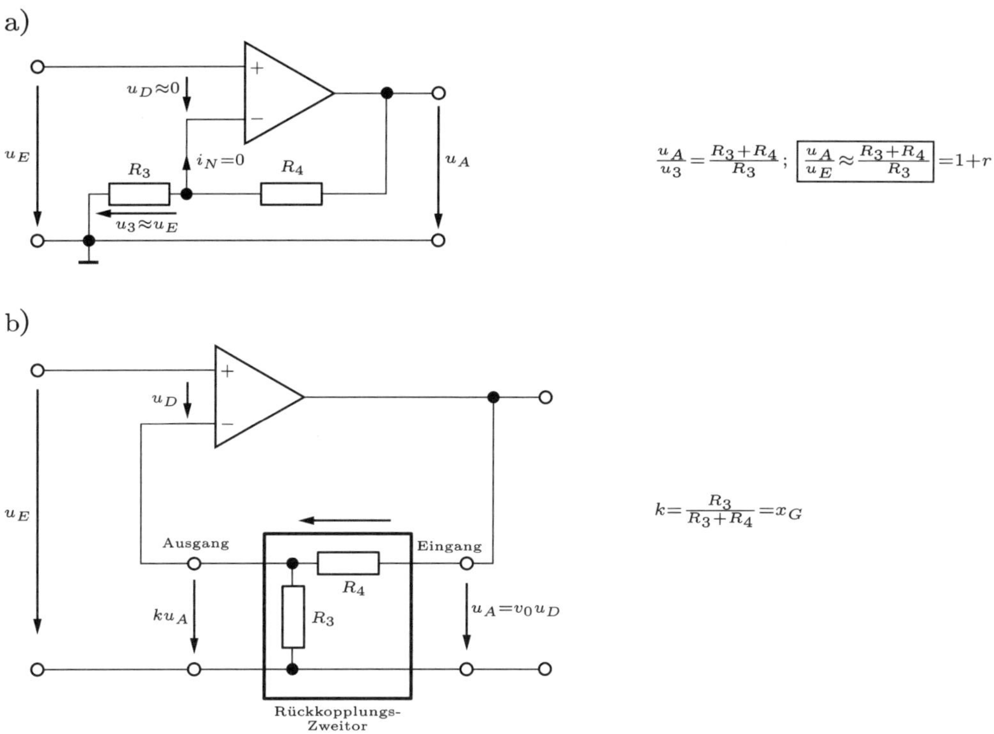

Bild 2.122 *Elektrometerverstärker.*

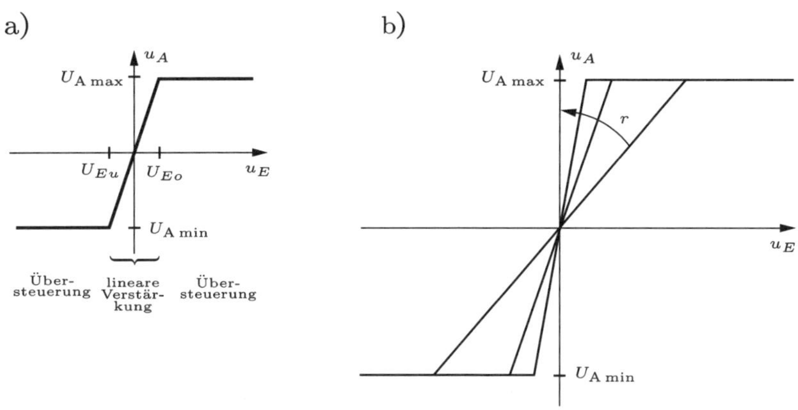

Bild 2.123 *Gesamtverstärkung $u_A = f(u_E)$ des Elektrometerverstärkers.*

Anmerkung zur Gesamtverstärkung des Elektrometerverstärkers:
Das Zusammenspiel des Verstärkers mit dem Rückkopplungsnetzwerk beschreibt man bei nicht-invertierender Gegenkopplung mit Hilfe eines Rückkopplungs-Zweitores (Bild 2.122b), an dessen Eingang die Verstärkerausgangsspannung u_A liegt und das den Übertragungsfaktor k hat. Im Bereich linearer Verstärkung ($u_A = v_0 u_D$) gilt wegen $u_E = u_D + ku_A$:

$$\boxed{u_E = u_A / v_0 + k u_A \quad \text{und} \quad \frac{u_A}{u_E} = \frac{v_0}{1 + k v_0}} \; .$$

Mitkopplungsschaltungen

c) Invertierende Mitkopplung

In Bild 2.124b sind Arbeitsgeraden der Schaltung in Bild 2.124a für verschiedene Werte u_E eingezeichnet (Gl. (2.122)). Geht man davon aus, dass zunächst $u_E = u_{E1}$ ist, so gilt im einzigen Schnittpunkt VKL/AG, den es in diesem Fall gibt, $u_A = U_{Amax}$.

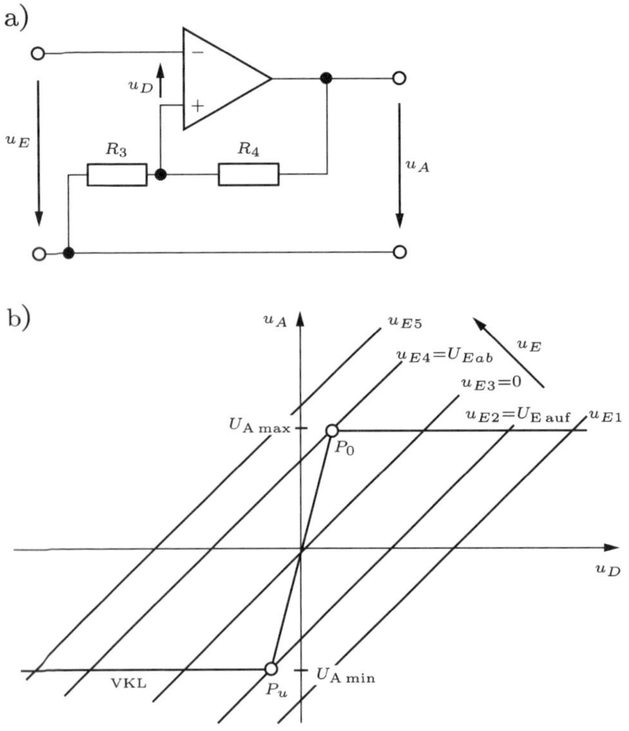

Bild 2.124 *Invertierender Schmitt-Trigger: a) Schaltung; b) Kennlinie.*

Erhöht man u_E bis zum Wert $u_E = u_{E4}$, so bleibt $u_A = U_{Amax}$. Geht man über u_{E4} hinaus, so wird nur noch ein Schnittpunkt VKL/AG bei $u_A = U_{Amin}$ möglich. Überschreitet u_E den Wert u_{E4}, so springt u_A von U_{Amax} auf U_{Amin}. u_{E4} wird mit U_{Eab} bezeichnet. Vermindert man danach u_E wieder, so bleibt $u_A = U_{Amin}$ bis u_E den Wert u_{E2} erreicht hat. Erst wenn u_{E2} unterschritten wird, ist nur noch ein Schnittpunkt VKL/AG bei $u_A = U_{Amax}$ möglich. Unterschreitet u_E den Wert u_{E2}, so springt u_A von U_{Amin} auf U_{Amax} . u_{E2} wird mit U_{Eauf} bezeichnet.

Falls also u_E im Bereich $U_{Eab} < u_E < U_{Eauf}$ liegt, kann u_A je nach Vorzustand den Wert U_{Amax} oder U_{Amin} annehmen. Dieses Hysterese-Verhalten ist in Bild 2.125 dargestellt.

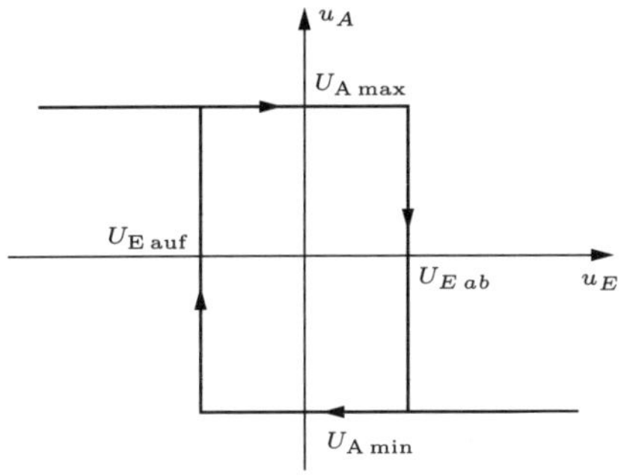

Bild 2.125 *Schalthysterese beim invertierenden Schmitt-Trigger.*

Die Berechnung von U_{Eauf} ergibt sich aus der folgenden Überlegung: Direkt vor dem Aufwärtssprung der Ausgangsspannung u_A ist

$$u_E = U_{Eauf}, \quad u_A = U_{Amin}, \quad u_D = U_{Amin}/v_0 .$$

In Bild 2.124b sieht man, dass die Arbeitsgerade mit $u_E = U_{Eauf}$ durch P_u geht und P_u die Koordinaten U_{Amin}/v_0 und U_{Amin} hat. Dies setzt man in die Arbeitsgeradengleichung (2.122) ein, so dass mit $r = R_4/R_3$ gilt:

$$U_{Amin} = (1+r)\frac{U_{Amin}}{v_0} + (1+r)U_{Eauf}$$

$$U_{Eauf} = U_{Amin}\frac{1-(1+r)/v_0}{1+r} \approx \frac{1}{1+r}U_{Amin}. \tag{2.129a}$$

Entsprechend ergibt sich aus der Betrachtung des Punktes P_0, durch den die Arbeitsgerade beim Anwachsen von u_E direkt vor dem u_A-Aufwärtssprung hindurchgeht,

$$U_{Eab} = U_{Amax}\frac{1-(1+r)/v_0}{1+r} \approx \frac{1}{1+r}U_{Amax}. \tag{2.129b}$$

Die Näherungsgleichungen gelten unter der Voraussetzung, dass v_0 sehr groß ist.

d) Nichtinvertierende Mitkopplung

In Bild 2.126b sind die Arbeitsgeraden der Schaltung in Bild Bild 2.126a eingezeichnet (Gl. (2.119)). Für $u_E = u_{E1}$ gibt es nur einen Schnittpunkt VKL/AG (bei $u_A = U_{Amin}$). Wächst u_E an, so kommt es für $u_E = u_{E4}$ zum Aufwärtssprung der Ausgangsspannung u_A.

Zum Abwärtssprung kommt es dann erst wieder, wenn u_E auf den Wert $u_E = u_{E2}$ sinkt. Dieses Hystereseverhalten des Verlaufes $u_A = f(u_E)$ ist in Bild 2.127 dargestellt.

Direkt vor dem Aufwärtssprung der Ausgangsspannung u_A ist

$$u_E = U_{Eauf}, \quad u_A = U_{Amin}, \quad u_D = U_{Amin}/v_0 .$$

Eingesetzt in die Arbeitsgeradengleichung (2.119) folgt mit $r = R_2/R_1$:

$$U_{Amin} = (1+r)\frac{U_{Amin}}{v_0} - rU_{Eauf}$$

$$U_{Eauf} = -\frac{1-(1+r)/v_0}{r}U_{Amin} \approx -\frac{U_{Amin}}{r}. \tag{2.130a}$$

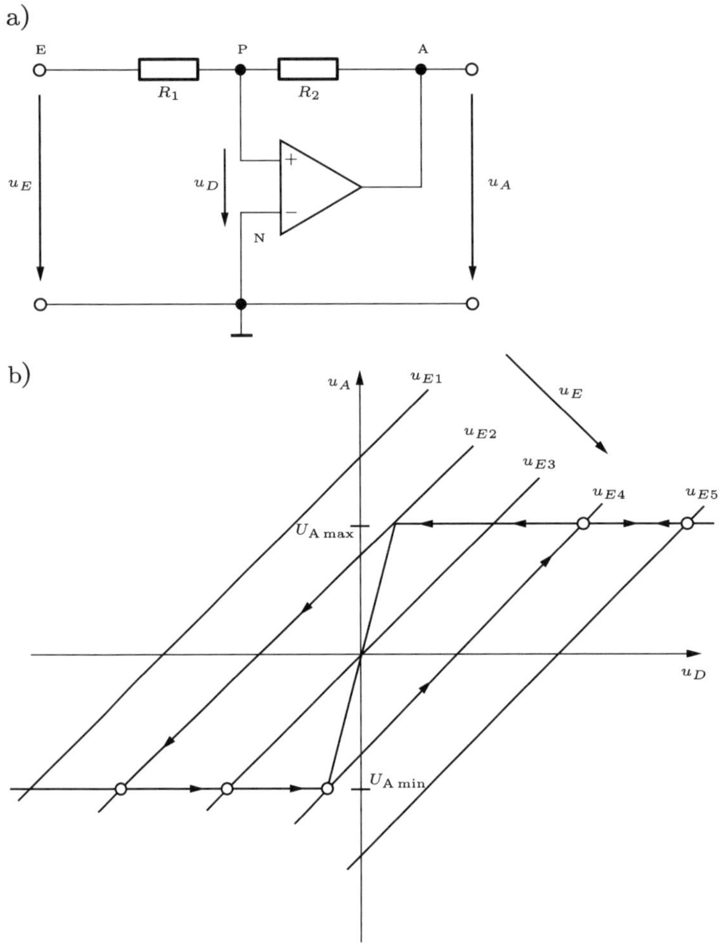

Bild 2.126 *Nichtinvertierender Schmitt-Trigger: a) Schaltung; b) Kennlinie.*

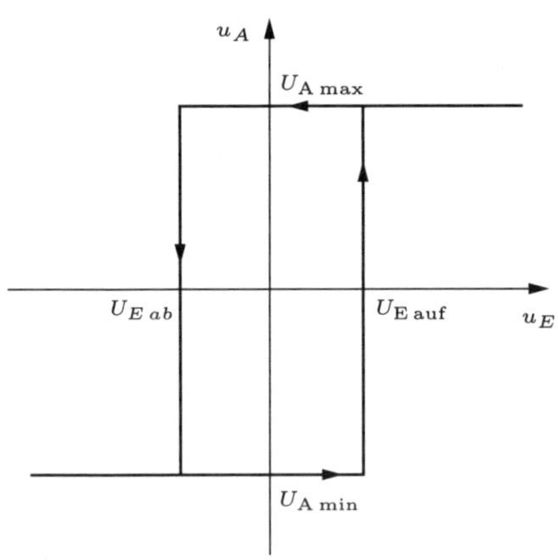

Bild 2.127 *Schalthysterese beim nichtinvertierenden Schmitt-Trigger.*

Aus der Betrachtung des Abwärtssprunges folgt entsprechend:

$$U_{\mathrm{Eab}} = -\frac{1-(1+r)/v_0}{r} U_{\mathrm{Amax}} \approx -\frac{U_{\mathrm{Amax}}}{r}. \tag{2.130b}$$

Die Näherungsgleichungen gelten auch hier unter der Bedingung, dass v_0 sehr groß ist. Vergleicht man Gln. (2.126a) mit (2.130b) sowie (2.126b) mit (2.130a), so zeigt sich, dass für $v_0 \to \infty$ beim Vertauschen P⇔N in Schaltung 2.114d U_{Eauf} zu U_{Eo} und U_{Eab} zu U_{Eu} wird. Aus dem Vergleich der Gln. (2.128a) mit (2.129a) sowie (2.128b) mit (2.129b) geht hervor, dass für $v_0 \to \infty$ beim Vertauschen P⇔N in Schaltung (2.114c) U_{Eauf} zu U_{Eu} und U_{Eab} zu U_{Eo} wird.

Dimensionierung von Schmitt-Triggern

Bei den Mitkopplungsschaltungen in den Bildern 2.124 und 2.126 kann man z. B. für $u_{\mathrm{E}} = 0$ nicht ohne weiteres angeben, wie groß u_{A} wird. Ist bei der Schaltung 2.126 zunächst $u_{\mathrm{E}} > U_{\mathrm{Eauf}}$ (Bild 2.127) und vermindert man u_{E} auf den Wert $u_{\mathrm{E}} = 0$, so ergibt sich $u_{\mathrm{A}} = U_{\mathrm{Amax}}$. Ist dagegen zunächst $u_{\mathrm{E}} < U_{\mathrm{Eab}}$ und erhöht man dann u_{E} auf den Wert $u_{\mathrm{E}} = 0$, so ergibt sich $u_{\mathrm{A}} = U_{\mathrm{Amin}}$. Die Schaltung besitzt also eine Eigenschaft, die man als **Selbsthaltung** oder Hysterese bezeichnet, in Analogie zu dem Zusammenhang, der die magnetischen Feldgrößen H und B im Eisen miteinander verknüpft.

Das Spannungsteilerverhältnis r (R_2/R_1 bzw. R_4/R_3) legt die Breite der Hystereseschleife fest und eine hinzugefügte Referenzspannung U_{r} (Bild 2.128) verschiebt diese Schleife nach links oder rechts. Man kann also auch die Lage und die Breite der (Schalt-)Hysterese vorgeben und daraus die Werte r und U_{r} berechnen; so kommt man zu Dimensionierungsvorschriften für Mitkopplungsschaltungen mit Schalthysterese, die auch als Schmitt-Trigger bezeichnet werden.

Nichtinvertierender Schmitt-Trigger

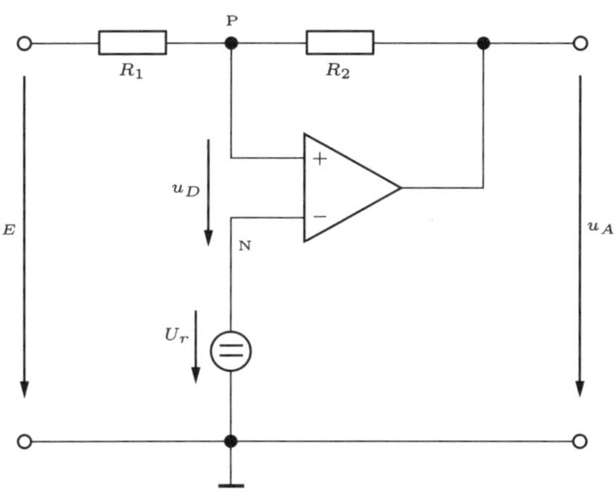

Bild 2.128 *Nichtinvertierender Schmitt-Trigger mit Referenzspannung.*

Für den Knoten P (Schaltung in Bild 2.128) gilt entsprechend den Regeln der Knotenanalyse (mit $G_1 = 1/R_1$, $G_2 = 1/R_2$)

$$-G_1 u_{\mathrm{E}} + (G_1 + G_2)(u_{\mathrm{D}} + u_{\mathrm{r}}) - G_2 u_{\mathrm{A}} = 0\,. \tag{2.131}$$

Direkt vor dem Aufwärtssprung von u_{A} ist

$$u_{\mathrm{E}} = U_{\mathrm{Eauf}}, \quad u_{\mathrm{A}} = U_{\mathrm{Amin}}, \quad u_{\mathrm{D}} = U_{\mathrm{Amin}}/v_0\,. \qquad \text{(2.132a, b, c)}$$

Wenn man sich auf den Fall $v_0 \to \infty$ beschränkt, so gilt statt Gl. (2.132c) $u_D \approx 0$. Setzt man dies und die Gln. (2.132a, b) in die Arbeitsgeradengleichung (2.131) ein, so wird

$$-G_1 U_{\text{Eauf}} + (G_1 + G_2) U_r - G_2 U_{\text{Amin}} = 0 \,. \tag{2.133a}$$

Entsprechend führt die Betrachtung des Abwärtssprunges von u_A zu

$$-G_1 U_{\text{Eab}} + (G_1 + G_2) U_r - G_2 U_{\text{Amax}} = 0 \,. \tag{2.133b}$$

Multiplikation der Gln. (2.133) mit R_2 liefert

$$-(R_2/R_1) U_{\text{Eauf}} + (1 + R_2/R_1) U_{\text{r}} - U_{\text{Amin}} = 0 \tag{2.134a}$$

$$-(R_2/R_1) U_{\text{Eab}} + (1 + R_2/R_1) U_{\text{r}} - U_{\text{Amax}} = 0 \,. \tag{2.134b}$$

Sind U_r und R_2/R_1 gegeben, so kann man die Gln. (2.134) als Bestimmungsgleichungen für U_{Eauf} und U_{Eab} benutzen:

$$U_{\text{Eauf}} = \left(1 + \frac{R_1}{R_2}\right) U_{\text{r}} - \frac{R_1}{R_2} U_{\text{Amin}} \,, \tag{2.135a}$$

$$U_{\text{Eab}} = \left(1 + \frac{R_1}{R_2}\right) U_{\text{r}} - \frac{R_1}{R_2} U_{\text{Amax}} \,. \tag{2.135b}$$

Falls aber U_{Eauf} und U_{Eab} vorgegeben werden, so können die Gln. (2.134) zur Bestimmung von U_r und R_2/R_1 dienen:

$$\frac{R_2}{R_1} = \frac{U_{\text{Amax}} - U_{\text{Amin}}}{U_{\text{Eauf}} - U_{\text{Eab}}} \,, \tag{2.136a}$$

$$U_{\text{r}} = \frac{U_{\text{Amax}} U_{\text{Eauf}} - U_{\text{Amin}} U_{\text{Eab}}}{(U_{\text{Amax}} + U_{\text{Eauf}}) - (U_{\text{Amin}} + U_{\text{Eab}})} \,. \tag{2.136b}$$

Beispiel 2.35

Schalthysterese eines nichtinvertierenden Schmitt-Triggers

In der Schaltung in Bild 2.128 sind die beiden Widerstände gegeben. Für die Verstärkerkennlinie des Operationsverstärkers gilt

$$U_{\text{Amax}} = 10 \text{ V}, \; U_{\text{Amin}} = -10 \text{ V}, \; v_0 = 10^5.$$

Abkürzung: $R_2/R_1 = r$.

Die Kennlinien $u_A = f(u_E)$ sollen skizziert werden für

$$\text{a) } U_{\text{r}} = 0, \text{ b) } U_{\text{r}} = 5 \text{ V}, \text{ c) } U_{\text{r}} = 10 \text{ V}.$$

Hierbei sind jeweils die Fälle $r = 1$ und $r = 2$ darzustellen.

Lösung:
Die Gln. (2.135) ergeben die in Bild 2.129 ablesbaren Verläufe.

Invertierender Schmitt-Trigger

Für den Knoten P (Schaltung in Bild 2.130) gilt (mit $G_3 = 1/R_3$, $G_4 = 1/R_4$)

$$-G_3 U_r + (G_3 + G_4) u_P - G_4 u_A = 0$$

$$-G_3 U_r + (G_3 + G_4)(u_E + u_D) - G_4 u_A = 0. \qquad (2.137)$$

Direkt vor dem Aufwärtssprung der Ausgangsspannung u_A gelten auch hier die Gln. (2.132a, b) und mit $v_0 \to \infty$ auch $u_D \approx 0$.

Eingesetzt in die Arbeitsgeradengleichung (2.137) ergibt sich dann

$$-G_3 U_r + (G_3 + G_4) U_{\text{Eauf}} - G_4 U_{\text{Amin}} = 0 \qquad (2.138a)$$

und entsprechend aus der Betrachtung des Abwärtspringes von u_A

$$-G_3 U_r + (G_3 + G_4) U_{\text{Eab}} - G_4 U_{\text{Amax}} = 0\,. \qquad (2.138b)$$

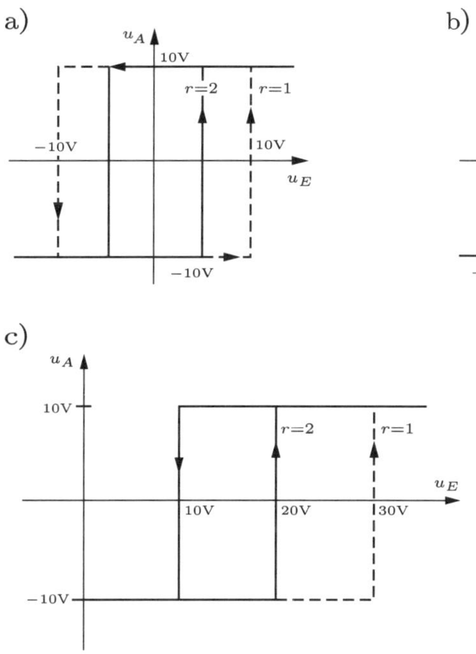

Bild 2.129 *Asymmetrische Schalthysterese bei nichtinvertierender Mitkopplung.*

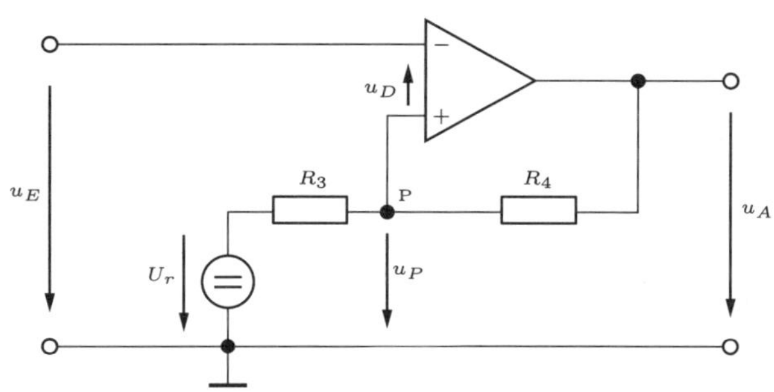

Bild 2.130 *Invertierender Schmitt-Trigger mit Referenzspannung.*

Die Multiplikation der Gln. (2.138) mit R_4 führt zu

$$-(R_4/R_3)U_\mathrm{r} + (1+R_4/R_3)U_\mathrm{Eauf} - U_\mathrm{Amin} = 0 \tag{2.139a}$$

$$-(R_4/R_3)U_\mathrm{r} + (1+R_4/R_3)U_\mathrm{Eab} - U_\mathrm{Amax} = 0. \tag{2.139b}$$

Sind U_r und R_4/R_3 gegeben, so kann man die Gln. (2.139) als Bestimmungsgleichungen für U_Eauf und U_Eab benutzen:

$$U_\mathrm{Eauf} = \frac{U_\mathrm{Amin} + \dfrac{R_4}{R_3}U_\mathrm{r}}{1+R_4/R_3}, \tag{2.140a}$$

$$U_\mathrm{Eab} = \frac{U_\mathrm{Amax} + \dfrac{R_4}{R_3}U_\mathrm{r}}{1+R_4/R_3}. \tag{2.140b}$$

Werden dagegen U_Eauf und U_Eab vorgegeben, so kann das Gleichungspaar (2.139) zur Bestimmung von U_r und R_4/R_3 dienen:

$$\frac{R_4}{R_3} = \frac{U_\mathrm{Amax} - U_\mathrm{Amin}}{U_\mathrm{Eab} - U_\mathrm{Eauf}} - 1, \tag{2.141a}$$

$$U_\mathrm{r} = \frac{U_\mathrm{Amax}U_\mathrm{Eauf} - U_\mathrm{Amin}U_\mathrm{Eab}}{(U_\mathrm{Amax} + U_\mathrm{Eauf}) - (U_\mathrm{Amin} + U_\mathrm{Eab})}. \tag{2.141b}$$

Anwendungen des Umkehrverstärkers

Die Verbindung des Ausgangs mit dem invertierenden Eingang (Umkehrverstärker-Prinzip, invertierende Gegenkopplung) ist in vielen wichtigen Schaltungen enthalten. Beispiele hierfür sind der Umkehraddierer und der Subtrahierer.

Umkehraddierer

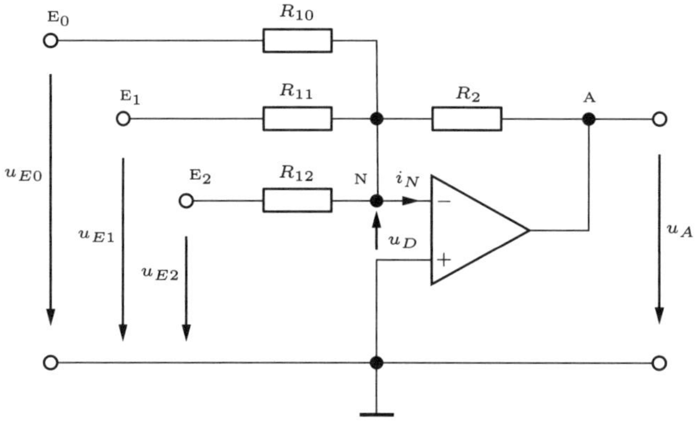

Bild 2.131 *Umkehraddierer.*

In der Schaltung in Bild 2.131 ergibt sich für den Knoten N mit $i_\mathrm{N} = 0$ aus der Knotenanalyse:

$$-\frac{u_\mathrm{E0}}{R_{10}} - \frac{u_\mathrm{E1}}{R_{11}} - \frac{u_\mathrm{E2}}{R_{12}} + \left(\frac{1}{R_{10}} + \frac{1}{R_{11}} + \frac{1}{R_{12}} + \frac{1}{R_2}\right)(-u_\mathrm{D}) - \frac{u_\mathrm{A}}{R_2} = 0.$$

Im Bereich linearer Verstärkung, d. h. für $U_{\text{Amin}} < u_{\text{A}} < U_{\text{Amax}}$, gilt $u_{\text{D}}=u_{\text{A}}/v_0$, mit $v_0 \to \infty$ also $u_D \approx 0$, so dass dann

$$\boxed{u_{\text{A}} = -\left(\frac{R_2}{R_{10}}u_{\text{E0}} + \frac{R_2}{R_{11}}u_{\text{E1}} + \frac{R_2}{R_{12}}u_{\text{E2}}\right)} \tag{2.142}$$

wird. Die Ausgangsspannung ist also eine (mit –1 multiplizierte) Summe aller drei Eingangsspannungen, wobei diese mit den Faktoren R_2/R_{10} usw. bewertet werden. Setzt man $R_{10} = R_{11} = R_{12} = R_2$, so werden alle drei Gewichtsfaktoren gleich 1:

$$u_{\text{A}} = -(u_{\text{E0}} + u_{\text{E1}} + u_{\text{E2}}). \tag{2.143}$$

Wenn der Verstärker im linearen Bereich ($u_{\text{D}} = u_{\text{A}}/v_{\text{O}}$) arbeitet und überdies $v_0 \to \infty$, so wird das Potential des invertierenden Eingangs N praktisch auf Null festgehalten. Dadurch werden die Eingänge E_0, E_1, E_2 voneinander entkoppelt. Selbstverständlich kann die Zahl n der Eingänge größer als drei sein. Gl. (2.142) wird dann entsprechend durch weitere Summanden ergänzt.

Subtrahierer

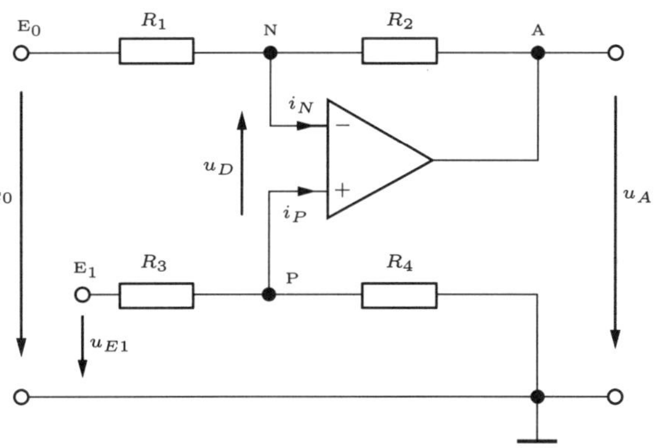

Bild 2.132 *Subtrahierer.*

Die Knotenanalyse liefert für die Knoten N und P (Bild 2.132):

	u_{E0}	u_{E1}	u_{N}	u_{p}	u_{A}		
N	$-G_1$	0	$G_1 + G_2$	0	$-G_2$	0	(2.144a)
P	0	$-G_3$	0	$G_3 + G_4$	0	0	(2.144b)

(mit der Voraussetzung $i_{\text{N}} = 0$, $i_{\text{P}} = 0$ für den idealen Operationsverstärker). Aus Gl. (2.144b) folgt

$$u_{\text{p}} = \frac{G_3}{G_3 + G_4}u_{\text{E1}}$$

und wegen $u_{\text{D}} = 0$ ist $u_{\text{N}} = u_{\text{p}}$, also

$$u_{\text{N}} = \frac{G_3}{G_3 + G_4}u_{\text{E1}}.$$

Setzt man dies in Gl. (2.144a) ein, so entsteht

$$-G_1 u_{\mathrm{E0}} + (G_1 + G_2)\frac{G_3}{G_3 + G_4} u_{\mathrm{E1}} = G_2 u_{\mathrm{A}}$$

$$-u_{\mathrm{E0}} + \frac{1 + R_1/R_2}{1 + R_3/R_4} u_{\mathrm{E1}} = \frac{R_1}{R_2} u_{\mathrm{A}}$$

$$u_{\mathrm{A}} = \frac{R_2}{R_1}\left[\frac{1 + R_1/R_2}{1 + R_3/R_4} u_{\mathrm{E1}} - u_{\mathrm{E0}}\right]. \qquad (2.145)$$

Wählt man $R_3/R_4 = R_1/R_2$, so erhalten beide Eingangsspannungen den gleichen Gewichtsfaktor:

$$u_{\mathrm{A}} = \frac{R_2}{R_1}\left[u_{\mathrm{E1}} - u_{\mathrm{E0}}\right]. \qquad (2.146)$$

Es wird also die mit R_2/R_1 multiplizierte Differenz zweier Spannungen gebildet.

2.9.4 Kombination von invertierender mit nichtinvertierender Gegenkopplung

Bei einem Umkehrverstärker (Bild 2.118) entsteht die Gegenkopplung durch die Verbindung A–N, das invertierende Verhalten durch die Verbindung E–N. Verbindet man zusätzlich E mit P (Bild 2.133), so hängt es von den beiden Spannungsteilerverhältnissen

$$R_1/(R_1 + R_2) \quad \text{und} \quad R_3/(R_3 + R_4)$$

ab, ob invertierendes oder nichtinvertierendes Gegenkopplungsverhalten überwiegt: siehe Beispiel 2.36.

Beispiel 2.36

Kombination von invertierender mit nichtinvertierender Gegenkopplung

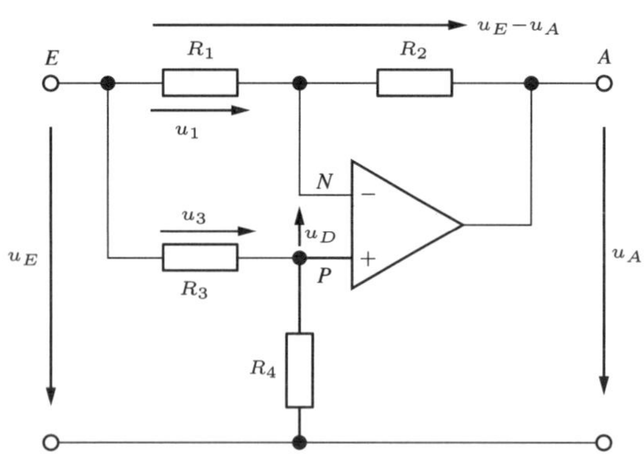

Bild 2.133 Kombination von invertierender mit nichtinvertierender Gegenkopplung.

In Bild 2.133 sind die vier Widerstände gegeben. Für die Verstärkungs-Kennlinie $u_{\mathrm{A}} = f(u_{\mathrm{D}})$ des Operationsverstärkers gilt:

$$U_{\mathrm{Amax}} = 10\,\mathrm{V}; \qquad U_{\mathrm{Amin}} = -10\,\mathrm{V}; \qquad v_0 = 10^5.$$

Zweckmäßige Abkürzungen:

$$r_N = \frac{R_2}{R_1}, \qquad r_P = \frac{R_4}{R_3}.$$

a) Unter der Voraussetzung $u_D \approx 0$ (d. h. für den Bereich linearer Verstärkung) ist u_A/u_E zu berechnen.

b) Die Übertragungskennlinien $u_A(u_E)$ sollen für folgende fünf Fälle skizziert werden:

$$r_P = \infty (\text{d. h. } R_3 = 0)$$
$$r_P = 2;\ 1;\ 0,5;\ 0.$$

In allen Fällen ist $r_N = 1$.

Lösung:

a) Wegen $u_D = 0$ wird $u_1 = u_3$, mit der Spannungsteilerregel also

$$\boxed{\frac{u_A}{u_E} = \frac{r_P - r_N}{1 + r_P}}. \tag{2.147}$$

$$\frac{R_1}{R_1 + R_2}(u_E - u_A) = \frac{R_3}{R_3 + R_4} u_E$$

$$\frac{1}{1 + r_N}(u_E - u_A) = \frac{1}{1 + r_P} u_E$$

b)

r_P	∞	2	1	0,5	0
u_A/u_E	1	1/3	0	–1/3	–1

Diese Tabelle ergibt sich aus Gl. (2.147) mit $r_N = 1$; grafisch dargestellt ist das Ergebnis in Bild 2.134.

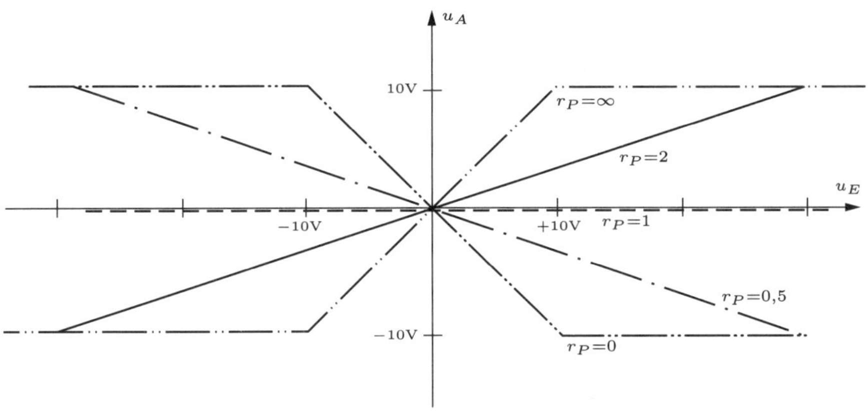

Bild 2.134 *Gesamtverstärkung der Schaltung 2.133.*

Das Bild 2.134 zeigt, dass in der Schaltung 2.133 die Gesamtverstärkung zwar positiv oder negativ werden kann, dass ihr Betrag aber nie größer als 1 wird, wenn $r_N = 1$ ist. Wählt man für r_N einen beliebigen Wert, so ändert sich auch der Betrag der im Fall $r_P = 0$ erreichbaren, negativen Gesamtverstärkung: $u_A/u_E = -r_N$. D. h. die Schaltung ist bei $r_P = 0$ ein einfacher Umkehrverstärker. Der Höchstwert, den u_A/u_E erreicht (für $r_P = \infty$), ist bei allen Werten r_N der gleiche: $u_A/u_E = 1$.

Diese Einschränkung gilt für das bipolare Koeffizientenglied nicht (Bild 2.135 durch Hinzufügung von R_5 aus Bild 2.133). Im Beispiel 2.37 wird die Gesamtverstärkung eines bipolaren Koeffizientengliedes berechnet.

Beispiel 2.37

Bipolares Koeffizientenglied

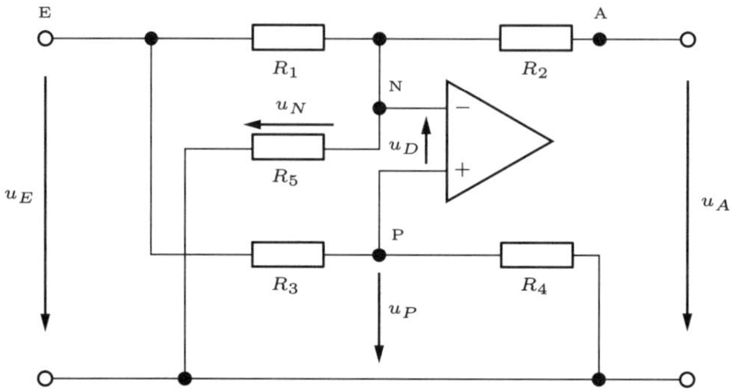

Bild 2.135 *Bipolares Koeffizientenglied.*

In Bild 2.135 sind die Widerstände $R_1 \ldots R_5$ gegeben. Für die Verstärkungs-Kennlinie $u_A = f(u_D)$ des Operationsverstärkers gilt:

$$U_{\text{Amax}} = 10\,\text{V} = -U_{\text{Amin}}; \qquad v_0 = 10^5 .$$

a) Unter der Voraussetzung $u_D \approx 0$, d. h. für den Bereich linearer Verstärkung, ist u_A/u_E zu berechnen.

b) In dieses Ergebnis sollen die Abkürzungen

$$a = \frac{R_4}{R_3 + R_4} \quad \text{und} \quad r = R_2/R_1$$

sowie die nur für $r \geqq 1$ erfüllbare Bedingung $R_5 = \frac{R_2}{r-1}$ eingeführt werden.

c) Die Übertragungskennlinien $u_A = f(u_E)$ sollen mit $r = 10$ für die fünf Fälle

$$a = 0;\ 0{,}25;\ 0{,}5;\ 0{,}75;\ 1$$

skizziert werden.

Lösung:

a) Knotenanalyse für die Punkte N und P:

–	u_E	u_N	u_p	u_A		
N	$-G_1$	$G_1 + G_2 + G_5$	0	$-G_2$	0	(2.148a)
P	$-G_3$	0	$G_3 + G_4$	0	0	(2.148b)

Aus Gl. (2.148b) folgt mit $u_N = u_p$ (aus $U_D = 0$):

$$u_N = \frac{G_3}{G_3 + G_4} u_E .$$

Setzt man dies in Gl. (2.148a) ein und berücksichtigt die Vorschrift $R_5 = R_2/(r-1)$, die übrigens gleichbedeutend ist mit $G_5 = G_1 - G_2$, so entsteht

$$u_E\left[-G_1 + \frac{G_3}{G_3+G_4}(G_1+G_2+G_5)\right] = G_2 u_A,$$

$$\frac{u_A}{u_E} = -\frac{G_1}{G_2} + \frac{G_3}{G_3+G_4}\left[\frac{G_1}{G_2}+1+\frac{G_5}{G_2}\right].$$

b) $$\frac{u_A}{u_E} = -r + a\,(r+1+r-1) = \underline{r\,(2a-1)}. \qquad (2.149)$$

c) Mit $r = 10$ wird $u_A/u_E = 10\,(2a-1)$:

a	0	0,25	0,5	0,75	1
u_A/u_E	−10	−5	0	5	10

Die grafische Darstellung hierzu ist in Bild 2.136 zu finden.

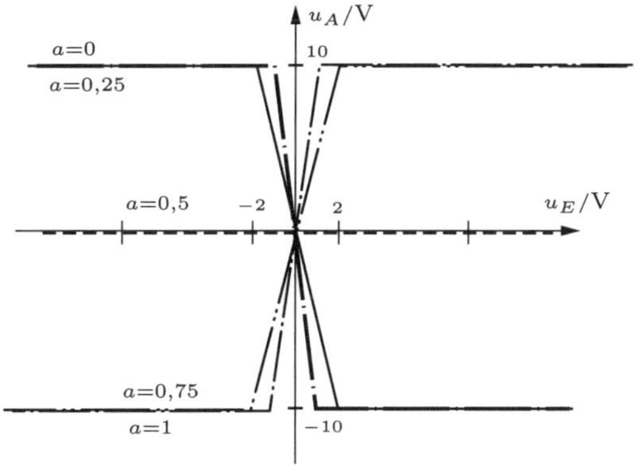

Bild 2.136 *Spannungsverstärkung des bipolaren Koeffizientengliedes.*

2.9.5 Kombination von invertierender mit nichtinvertierender Mitkopplung

Bei der Schaltung in Bild 2.126a entsteht die Mitkopplung durch die Verbindung A–P, das nichtinvertierende Verhalten durch die Verbindung E–P. Verbindet man außerdem E mit N (Bild 2.137), so hängt es auch hier (Beispiel 2.38) von den beiden Spannungsteilerverhältnissen

$$\frac{R_1}{R_1+R_2} \text{ und } \frac{R_3}{R_3+R_4}$$

bzw. von R_2/R_1 und R_4/R_3 ab, ob invertierendes oder nichtinvertierendes Verhalten überwiegt.

Beispiel 2.38

Kombination von invertierender mit nichtinvertierender Mitkopplung

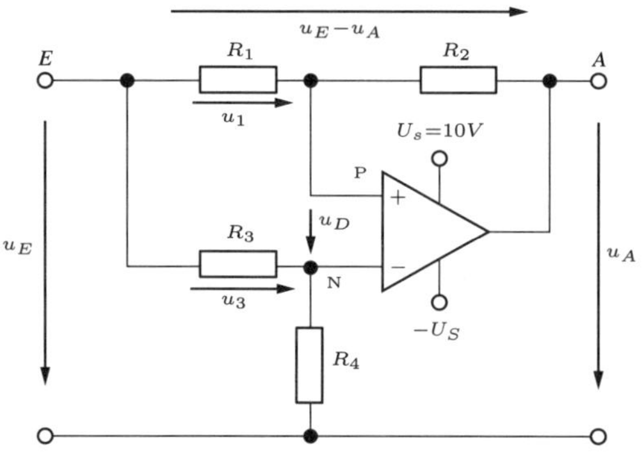

Bild 2.137 *Kombination von invertierender mit nichtinvertierender Mitkopplung.*

Für die Verstärkungs-Kennlinie des in Bild 2.137 dargestellten Operationsverstärkers gilt:

$$U_{\text{Amax}} = -U_{\text{Amin}} = 8\text{ V}; \qquad v_0 = 10^5.$$

Die vier Widerstände sind gegeben; als Abkürzungen sollen verwendet werden:

$$r_{\text{P}} = R_2/R_1; \qquad r_{\text{N}} = R_4/R_3.$$

Die Funktion $u_{\text{A}} = \text{f}(u_{\text{E}})$ ist zu skizzieren für

a) $r_{\text{p}} = 1; \qquad r_{\text{N}} = 9$

b) $r_{\text{p}} = 1; \qquad r_{\text{N}} = 1/9.$

c) Für die zulässigen Spannungen an den Eingängen P, N gilt: $|u_{\text{P}}| < U_{\text{s}}$; $|u_{\text{N}}| < U_{\text{s}}$. Auf welchen Bereich muss u_{E} daher in den Fällen a und b beschränkt werden?

Lösung:

Aus $u_{\text{D}} + u_1 = u_3$

$$u_{\text{D}} + \frac{R_1}{R_1 + R_2}(u_{\text{E}} - u_{\text{A}}) = \frac{R_3}{R_3 + R_4} u_{\text{E}}$$

ergibt sich die Arbeitsgeradengleichung

$$u_{\text{A}} = \frac{r_{\text{N}} - r_{\text{P}}}{1 + r_{\text{N}}} u_{\text{E}} + (1 + r_{\text{p}}) u_{\text{D}}\,. \tag{2.150}$$

Direkt vor dem Aufwärtssprung gilt $u_{\text{D}} = 0$, $u_{\text{A}} = U_{\text{Amin}}$, $u_{\text{E}} = U_{\text{Eauf}}$. Gl. (2.150) stellt zwischen diesen Werten den Zusammenhang

$$U_{\text{Amin}} = \frac{r_{\text{N}} - r_{\text{P}}}{1 + r_{\text{N}}} U_{\text{Eauf}} \tag{2.151a}$$

her. Direkt vor dem Abwärtssprung gilt $u_{\text{D}} = 0$, $u_{\text{A}} = U_{\text{Amax}}$, $u_{\text{E}} = U_{\text{Eab}}$. Zwischen diesen Werten stellt die Gl. (2.150) den Zusammenhang

$$U_{\text{Amin}} = \frac{r_{\text{N}} - r_{\text{P}}}{1 + r_{\text{N}}} U_{\text{Eab}} \tag{2.151b}$$

her. Zusammengefasst und nach U_{Eauf} bzw. U_{Eab} aufgelöst gilt:

$$U_{\underset{(\text{ab})}{\text{Eauf}}} = \frac{1 + r_{\text{N}}}{r_{\text{N}} - r_{\text{p}}} U_{\underset{(\text{max})}{\text{Amin}}}\,. \tag{2.152a, b}$$

a) $U_{\substack{\text{Eauf}\\ \text{(ab)}}} = \dfrac{1+9}{9-1} U_{\substack{\text{Amin}\\ \text{(max)}}} = \mp 10\,\text{V}.$

b) $U_{\substack{\text{Eauf}\\ \text{(ab)}}} = \dfrac{1+1/9}{1/9-1} U_{\substack{\text{Amin}\\ \text{(max)}}} = \pm 10\,\text{V}.$

Die Ergebnisse a) und b) sind in Bild 2.138 zusammengefasst.

c) Im Fall a) ist der Bereich $-11,1\text{ V} < u_{\text{E}} < 11,1\text{ V}$, im Fall b) ist der Bereich $-12\text{ V} < u_{\text{E}} < 12\text{ V}$ zulässig.

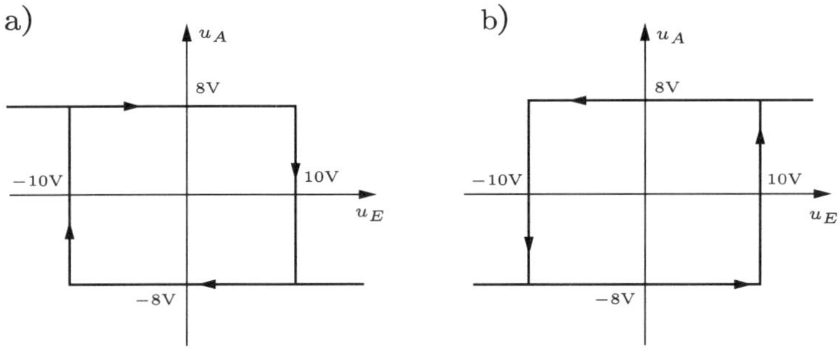

Bild 2.138 *Schalthysterese der Schaltung 2.137.*

Geht man in der Schaltung in Bild 2.137 von einer Leerlaufverstärkung v_0 des Operationsverstärkers aus, die kleiner als das Verhältnis R_2/R_1 ist, so kommt es trotz der Verbindung A–P und obwohl keine Verbindung A–N existiert nicht mehr zu Mitkopplungsverhalten. Die Schaltung verhält sich wie eine Gegenkopplungsschaltung, wobei allerdings $v > v_0$ werden kann, was bei den durch die Verbindung A–N entstehenden Gegenkopplungsschaltungen nicht möglich ist. Dort ist immer $|v| < v_0$ (Beispiel 2.39).

Beispiel 2.39

Vergrößerung der linearen Verstärkung durch Mitkopplung ($v > v_0$)

Für die Schaltung 2.137 soll gelten:

$$U_{\text{Amax}} = -U_{\text{Amin}} = 10\text{ V};\ R_2/R_1 = 5.$$

Außerdem ist die Abkürzung $a = R_4/(R_3 + R_4)$ einzuführen.
Berechnet und skizziert werden soll $u_{\text{A}} = \text{f}(u_{\text{E}})$ für folgende vier Fälle:

a) $a = 0;\quad v_0 = \infty$
b) $a = 0,5;\quad v_0 = \infty$
c) $a = 0;\quad v_0 = 3$
d) $a = 0,5;\quad v_0 = 3.$

Lösung:

Aufstellung der Knotengleichungen für N und P (Knotenanalyse):

–	u_{E}	u_{P}	u_{N}	u_{A}		
P	$-G_1$	$G_1 + G_2$	0	$-G_2$	0	(2.153a)
N	$-G_3$	0	$G_3 + G_4$	0	0	(2.153b)

Aus Gl. (2.153b) folgt $u_{\text{N}} = au_{\text{E}}$. Damit wird

$$u_{\text{P}} = u_{\text{N}} + u_{\text{D}} = au_{\text{E}} + u_{\text{D}}.$$

Setzt man dies in die Gl. (2.153a) ein, so erhält man die Gleichung für die Arbeitsgeradenschar:

$$-G_1 u_E + (G_1 + G_2)(a u_E + u_D) - G_2 u_A = 0$$
$$G_2 u_A = (G_1 + G_2) u_D + [(G_1 + G_2)a - G_1] u_E$$

$$u_A = (R_2 / R_1 + 1) u_D + [(R_2 / R_1 + 1)a - R_2 / R_1] u_E \tag{2.154a}$$

$$\text{speziell mit } R_2/R_1 = 5 \text{ also: } u_A = 6u_D + (6a - 5)u_E. \tag{2.154b}$$

Die Gl. (2.154a) beschreibt Arbeitsgeraden mit der (positiven) Steigung $R_2/R_1 + 1$ (Bild 2.139).

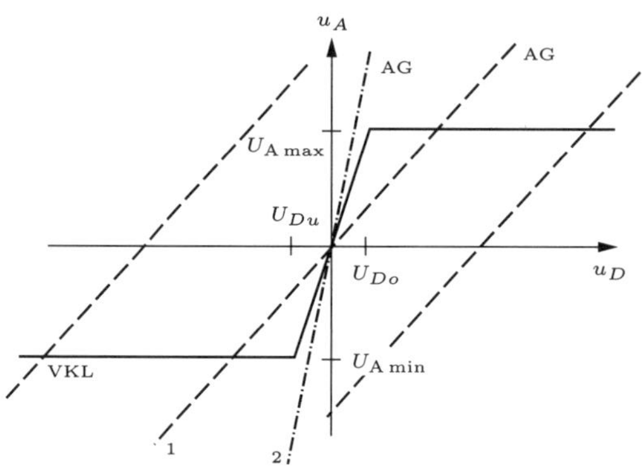

Bild 2.139 *Mitkopplungs-Arbeitsgeraden unterschiedlicher Steigung.*

Ist $R_2/R_1 + 1 < v_0$ (Fall 1), so entsteht Mitkopplungsverhalten. Die Schnittpunkte AG/VKL sind instabil (Abschnitt 2.9.3), falls sie im Bereich $U_{Du} < u_D < U_{Do}$ liegen. Ist dagegen $R_2/R_1 + 1 > v_0$ (Fall 2), so gibt es immer nur einen Schnittpunkt. Dieser ist auch dann stabil, wenn er im Bereich $U_{Du} < u_D < U_{Do}$ liegt. Die Schaltung wirkt dann wie eine Gegenkopplungsschaltung.

Bei Mitkopplungsverhalten ($R_2/R_1 + 1 < v_0$: Fälle a und b) kommt es zum Abwärtssprung, wenn gilt

$$u_A = U_{A\max},\ u_D = U_{A\max} / v_0,\ u_E = U_{Eab}.$$

Setzt man dies in die Arbeitsgeradengleichung (2.154a) ein, so wird

$$U_{Amax} = (R_2 / R_1 + 1) U_{A\max} / v_0 + [(R_2 / R_1 + 1)a - R_2 / R_1]\, U_{Eab} \tag{2.155}$$

$$\underset{(\text{auf})}{U_{Eab}} = \underset{(\text{min})}{U_{A\max}} \frac{1 - (R_2 + R_1)/(R_1 v_0)}{a(R_2 + R_1)/R_1 - R_2/R_1} \tag{2.156}$$

Zum Aufwärtssprung kommt es bei $u_A = U_{Amin}$, $u_D = U_{Amin}/v_0$, $u_E = U_{Eauf}$. Das führt zu einer entsprechenden Formel wie für U_{Eab} (untere Indizes in Gl. (2.156)).

Bei Gegenkopplungsverhalten ($R_2/R_1 + 1 > v_0$: Fälle c und d) gilt im Bereich linearer Verstärkung $u_D = u_A/v_0$. Setzt man dies in die Gl. (2.154a) ein, so entsteht (ähnlich wie Gl. (2.155)):

$$u_A = (R_2 / R_1 + 1) u_A / v_0 + [(R_2 / R_1 + 1)a - R_2 / R_1] u_E$$

und daraus

$$v = \frac{u_A}{u_E} = \frac{a(R_2 + R_1)/R_1 - R_2/R_1}{1 - (R_2 + R_1)/(R_1 v_0)} \quad \text{für} \quad U_{A\min} < u_A < U_{A\max} \tag{2.157}$$

a) Es gilt $R_2/R_1 + 1 = 6 < v_0 = \infty$: Mitkopplungsverhalten. Die Gl. (2.156) ergibt $U_{Eauf} = -U_{Eab} = 2$ V.

b) Auch hier ist $R_2/R_1 + 1 = 6 < v_0 = \infty$: Mitkopplungsverhalten. $U_{Eauf} = -U_{Eab} = 5$ V.

Die Kennlinien $u_A = f(u_E)$ sind in Bild 2.140a für die Fälle a und b zusammengefasst.

c) Es ist $R_2/R_1 + 1 = 6 > v_0 = 3$: Gegenkopplungsverhalten.
Für den Bereich der linearen Verstärkung ergibt sich aus Gl. (2.157): $u_A/u_E = 5$.

d) Hier ist ebenfalls $R_2/R_1 + 1 = 6 > v_0 = 3$: Gegenkopplungsverhalten. $u_A/u_E = 2$.

Für die Fälle c und d sind die Kennlinien $u_A = f(u_E)$ in Bild 2.140b zusammengefasst.

Im Fall c wird die Gesamtverstärkung größer als die Leerlaufverstärkung: $u_A/u_E > v_0$. Der gleiche Effekt tritt auch im Beispiel 2.40d auf. Wenn $v_0 = 10/3$ ist, wird $u_A/u_E = \infty$.

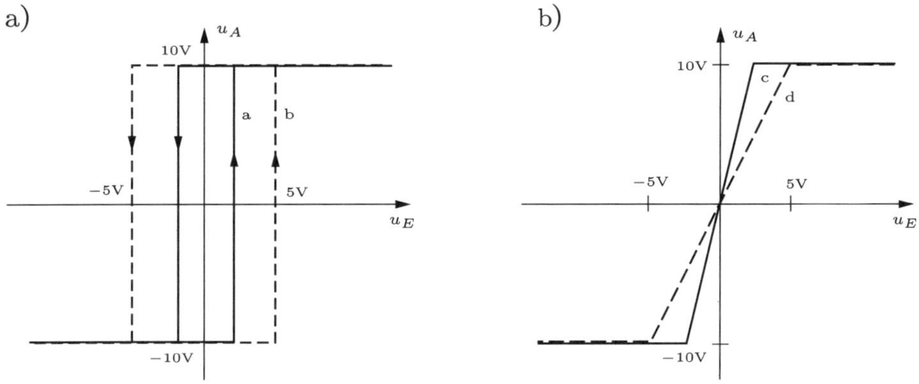

Bild 2.140 *Mit- und Gegenkopplungsverhalten der Schaltung 2.137.*

2.9.6 Kombination von Gegenkopplung und Mitkopplung

Mit- und Gegenkopplungsfaktor

In Schaltungen, in denen A sowohl mit P als auch mit N verbunden ist (Bild 2.141), hängt es (falls $v_0 \to \infty$) nur von den Spannungsteiler-Verhältnissen

$$x_M = \frac{R_1}{R_1 + R_2} \quad \text{(Mitkopplungsfaktor)} \tag{2.158a}$$

und

$$x_G = \frac{R_3}{R_3 + R_4} \quad \text{(Gegenkopplungsfaktor)} \tag{2.158b}$$

ab, ob der Mit- oder der Gegenkopplungseffekt überwiegt:

$x_M > x_G$: Mitkopplungsverhalten

$x_M < x_G$: Gegenkopplungsverhalten.

Dies wird im Beispiel 2.40 gezeigt. Es wird außerdem vorgeführt, wie es sich auswirkt, wenn die Leerlaufverstärkung v_0 nicht unendlich groß wird. In diesem Fall kann die Gegenkopplung überwiegen, obwohl $x_M > x_G$ ist.

Beispiel 2.40

Gesamtverstärkung bei Kombination von Gegen- und Mitkopplung

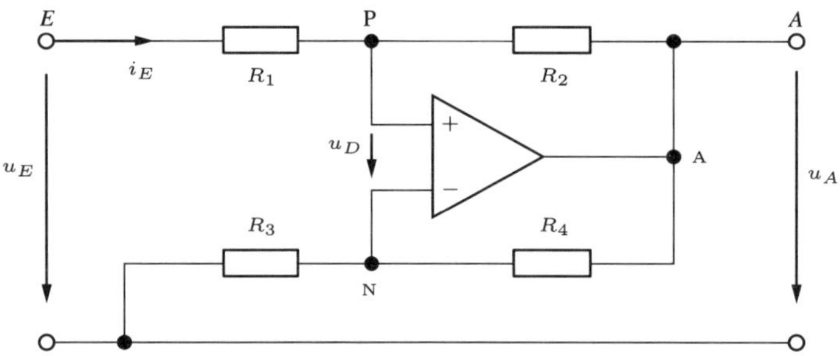

Bild 2.141 *Kombination von Mit- und Gegenkopplungsschaltung.*

Die Kennlinie $u_A = f\,(u_D)$ des Operationsverstärkers (VKL) in Bild 2.141 hat die Kennwerte $U_{\text{Amax}} = +10$ V und $U_{\text{Amin}} = -10$ V; für die Leerlaufverstärkung $u_A/u_D = v_0$ gilt:

$$1 \leqq v_0 \leqq 10^6 \,.$$

a) Berechnen Sie die Gesamtverstärkung $v_{\text{ges}} = u_A/u_E$ und berücksichtigen Sie dabei, dass v_0 grundsätzlich nur endlich groß ist. Hierbei sind die Abkürzungen x_M und x_G wie in Gl. (2.158) einzuführen. Es soll – ohne weitere Untersuchung – vorausgesetzt werden, dass die Schaltung linear verstärkt und der Operationsverstärker nur in dem Bereich arbeitet, in dem $u_A = v_0\, u_D$ ist.

b) Skizzieren Sie die Kennlinien $u_A = f(u_E)$ für $x_M = 0{,}5$; $x_G = 0{,}8$ in den Fällen $v_0 = 10^6$; 10; 10/3; 2; 1.

c) Skizzieren Sie die Kennlinien $u_A = f(u_E)$ für $x_M = 0{,}5$; $x_G = 0{,}5$ in den Fällen $v_0 = 10^6$; 10; 10/3; 2; 1.

d) Skizzieren Sie die Kennlinien $u_A = f(u_E)$ für $x_M = 0{,}5$; $x_G = 0{,}2$ in den Fällen $v_0 = 10/3$; 2; 1. Wie verhält sich die Schaltung mit $x_M = 0{,}5$ und $x_G = 0{,}2$, falls $v_0 > 10/3$ wird, z. B. $v_0 = 10$?

Lösung:

a) Mit Hilfe der Knotenanalyse stellen wir die Gleichungen für die Knoten P und N (Schaltung 2.141) auf:

–	u_E	u_P	u_N	u_A		
P	$-G_1$	$G_1 + G_2$	0	$-G_2$	0	(2.159a)
N	0	0	$G_3 + G_4$	$-G_4$	0	(2.159b)

Aus Gl. (2.159b) ergibt sich: $u_N = G_4 u_A/(G_3 + G_4) = x_G u_A$. Setzt man dies in die Gl. (2.159a) ein und berücksichtigt

$$u_P = u_N + u_D = u_N + u_A / v_0 \,,$$

so erhält man

$$-G_1 u_E + (G_1 + G_2)(x_G u_A + u_A / v_0) - G_2 u_A = 0$$

$$-(R_2 / R_1) u_E + (R_2 / R_1 + 1)(x_G + 1/v_0) u_A - u_A = 0$$

$$u_A \left[\frac{x_G + 1/v_0}{x_M} - 1 \right] = \frac{R_2}{R_1} u_E = \frac{1 - x_M}{x_M} u_E$$

$$\frac{u_A}{u_E} = \frac{1 - x_M}{x_G - x_M + 1/v_0} = \frac{v_0 (1 - x_M)}{v_0 (x_G - x_M) + 1} \qquad (2.160\text{a, b})$$

Eliminiert man aus den Gln. (2.159) und $u_P = u_N + u_D$ die Spannungen u_P und u_N, so erhält man die Arbeitsgeradengleichung

$$u_A = \frac{1 - x_M}{x_G - x_M} u_E - \frac{u_D}{x_G - x_M} \,. \tag{2.161}$$

Sie zeigt, dass die Arbeitsgeraden $u_A = f(u_D)$ für $x_G > x_M$ negative Steigung haben, dass dann also die Gegenkopplung überwiegt. Für $x_G < x_M$ ist die Steigung der Arbeitsgeraden positiv: dann überwiegt im Falle $v_0 \to \infty$ der Mitkopplungseffekt. Er überwiegt auch, falls v_0 nur endlich ist, und zwar so lange, wie v_0 größer als die Steigung der Arbeitsgeraden ist (Bild 2.139).

Dies geht auch aus einer Betrachtung der linearen Gesamtverstärkung u_A / u_E (Gl. (2.160a)) hervor. Der Nenner

$$x_G - x_M + 1/v_0$$

wird für $x_M - x_G = 1/v_0$ gleich Null und die Gesamtverstärkung damit theoretisch unendlich groß. Hier haben wir es offensichtlich mit dem Grenzfall für die Gültigkeit der Gl. (2.160a) zu tun. Wird, $x_M > x_G = 1/v_0$, so kann demnach die Gl. (2.160a) nicht mehr gelten und der Mitkopplungseffekt dominiert nun.

Die Arbeitsgeradengleichung (2.161) bestätigt außerdem, dass die Steigung der AG $1/(x_G - x_m)$ ist, in dem beschriebenen Grenzfall also Leerlaufverstärkung v_0 und AG-Steigung übereinstimmen:

$$v_0 = \frac{1}{x_M - x_G} \,. \tag{2.162}$$

Betrachtet man daraufhin die Fälle b, c und d der Aufgabenstellung, so sieht man, dass in allen Fällen der Nenner $x_G - x_M + 1/v_0$ positiv ist und daher Gl. (2.160) anwendbar bleibt. Nur für $x_M = 0{,}5$; $x_G = 0{,}2$; $v_0 = 10$ ist $x_G - x_M + 1/v_0 < 0$ und somit Gl. (2.160) wegen des Überwiegens des Mitkopplungseffektes nicht anwendbar.

b) Mit den für x_G, x_M und v_0 gegebenen Werten ergibt sich aus Gl. (2.160b):

v_0	10^6	10	10/3	2	1
u_A/u_E	5/3	5/4	5/6	5/8	5/13

$$\frac{u_A}{u_E} = \frac{0{,}5\, v_0}{0{,}3\, v_0 + 1}$$

In Bild 2.142 sind die Funktionen $u_A = f(u_E)$ grafisch dargestellt.

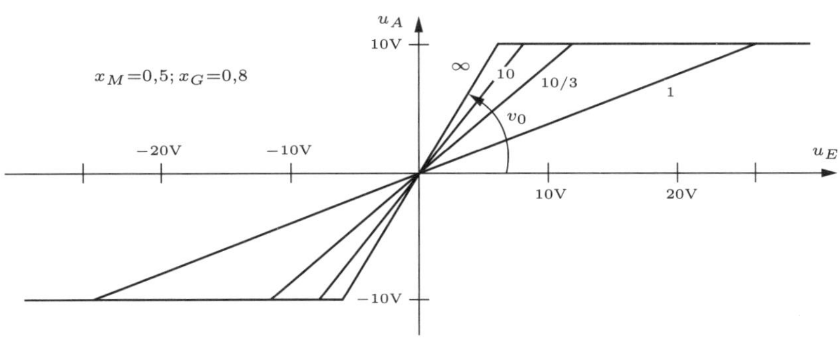

Bild 2.142 *Spannungsverstärkung der Schaltung 2.141 bei überwiegender Gegenkopplung.*

c) Mit den für x_G, x_M und v_0 gegebenen Werten ergibt sich aus Gl. (2.160b):

v_0	10^6	10	10/3	2	1
u_A/u_E	$5 \cdot 10^5$	5	5/3	1	0,5

$$\frac{u_A}{u_E} = 0{,}5\ v_0$$

Die Ergebnisse sind in Bild 2.143 dargestellt.

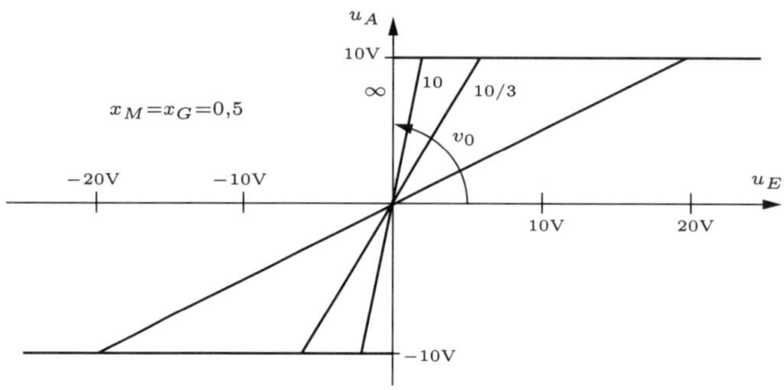

Bild 2.143 *Spannungsverstärkung der Schaltung 2.141 im Falle $x_G = x_M$.*

$$\frac{u_A}{u_E} = \frac{0{,}5\ v_0}{1 - 0{,}3\ v_0}$$

v_0	10/3	2	1
u_A / u_E	∞	5/2	5/7

.

d) In diesem Fall ist $x_G < x_M$, so dass die Formel (2.160) nur für $v_0 < 1/(x_M - x_G) = 10/3$ anwendbar bleibt (Bild 2.144a).

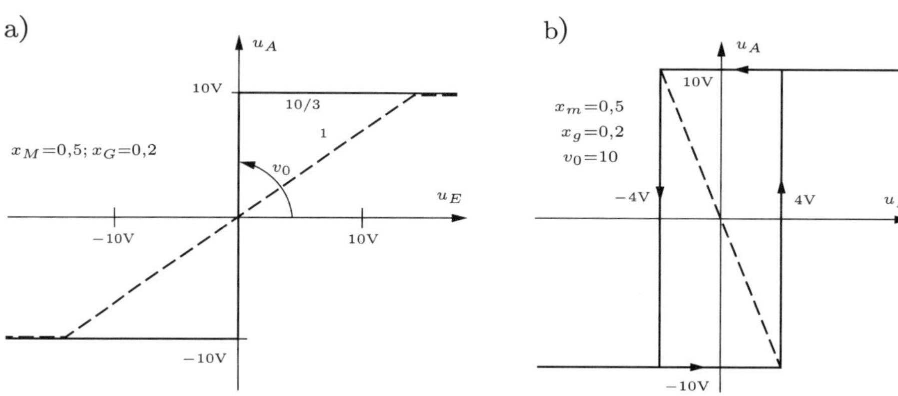

Bild 2.144 *Spannungsübertragung der Schaltung 2.141 bei überwiegender Mitkopplung.*

Wollte man die Formel (2.160) auch auf den Fall $x_M = 0{,}5;\ x_G = 0{,}2;\ v_0 = 10$ anwenden, so erhielte man $u_A / u_E = -2{,}5$, also eine negative Gesamtverstärkung bei einer nichtinvertierenden Schaltung. Nichtinvertierend, weil E mit P, aber nicht mit N verbunden ist (Bild 2.141). Das ist ein deutlicher Hinweis darauf, dass der Wert –2,5 nicht stimmen kann.

Im Anschluss an die Arbeitsgeradengleichung (2.161) ist dargestellt worden, dass nun der Mitkopplungseffekt überwiegt. Es entsteht die in Abschnitt 2.9.3 beschriebene Hysterese mit dem Aufwärtssprung bei

$$u_A = U_{Amin},\ u_D = U_{Amin} / v_0,\ u_E = U_{Eauf}\,.$$

Setzt man diese Werte in Gl. (2.161) ein, so wird

$$U_{\text{Amin}} = \frac{1-x_\text{M}}{x_\text{G}-x_\text{M}} U_{\text{Eauf}} - \frac{U_{\text{Amin}}/v_0}{x_\text{G}-x_\text{M}}$$

$$-10\,\text{V} = \frac{1-0,5}{0,2-0,5} U_{\text{Eauf}} - \frac{-10\,\text{V}/10}{0,2-0,5}$$

$$U_{\text{Eauf}} = \underline{4\,\text{V}.}$$

Entsprechend wird $U_{\text{Eab}} = -4\,\text{V}$ (Bild 2.144b).

Anmerkung: Praktisch auftreten können kleine Werte v_0 z. B., wenn man Verstärker aus diskreten Bauelementen aufbaut oder statt des Operationsverstärkers einen Elektrometerverstärker (Bild 2.122b) mit kleinem Wert v_{ges} verwendet.

Spannungsgesteuerte Stromquelle

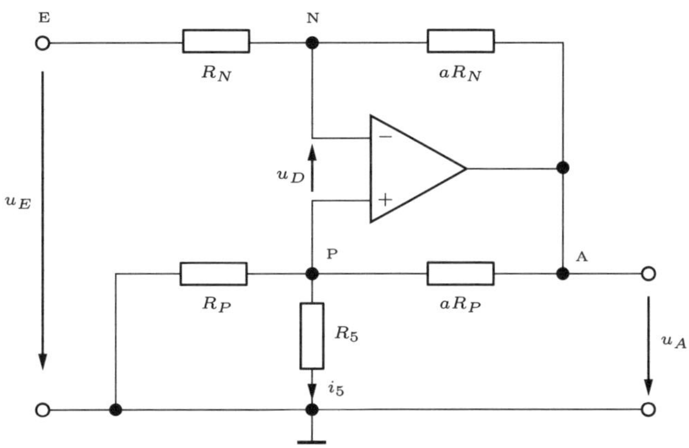

Bild 2.145 *Invertierende spannungsgesteuerte Stromquelle.*

In der Schaltung in Bild 2.145 überwiegt die Gegenkopplung in jedem Fall (d. h. auch bei beliebig hoher Leerlaufverstärkung v_0) die Mitkopplung, denn es gilt

$$x_\text{G} = \frac{R_\text{N}}{R_\text{N} + aR_\text{N}} = \frac{1}{1+a} \quad \text{und}$$

$$x_\text{M} = \frac{\dfrac{R_\text{P}\,R_5}{R_\text{P}+R_5}}{\dfrac{R_\text{P}\,R_5}{R_\text{P}+R_5} + aR_\text{P}} = \frac{1}{1+a(1+R_\text{P}/R_5)}; \qquad \text{also ist}$$

$$x_\text{G} > x_\text{M}.$$

Beispiel 2.41

Invertierende spannungsgesteuerte Stromquelle (Übersteuerungsgrenzen)

In der Schaltung 2.145 ist die Gegenkopplung stärker als die Mitkopplung. Innerhalb eines bestimmten Bereiches

$$U_{\text{Eu}} \leqq u_\text{E} \leqq U_{\text{Eo}}$$

kann die Schaltung also linear verstärken. Vereinfachend soll $v_0 = \infty$ gesetzt werden, so dass $u_D = 0$ ist, wenn der Verstärker nicht übersteuert wird.

a) Wie hängt beim nichtübersteuerten Verstärker i_5 von u_E und den Widerständen ab?

b) Wie hängen die Aussteuerungsgrenzen U_{Eo} und U_{Eu} von den Widerständen und U_{Amax} ab?

c) Es sei $a = 1$, $R_p = 1\ \text{k}\Omega$; $U_{Emax} = -U_{Emin} = 1\ \text{V}$.

Wie groß darf R_5 höchstens werden, wenn die für i_5 unter a) berechnete Gleichung gelten soll?

Lösung:

a) Aufstellung der Gleichungen für die Knoten N und P (Knotenanalyse):

	u_E	u_N	u_P	u_A		
N	$-G_N$	$G_N + G_N / a$	0	$-G_N / a$	0	(2.163a)
P	0	0	$G_P + G_P / a + G_5$	$-G_P / a$	0	(2.163b)

Aus Gl. (2.163b) folgt

$$u_A = \frac{G_P / a + G_P + G_5}{G_P / a} u_P. \tag{2.163c}$$

Setzt man dies in die Gl. (2.163a) ein, so wird mit $u_N = u_P$

$$-u_E + \left[(1+1/a) - \frac{G_P / a + G_5 + G_P}{G_P}\right] u_P = 0$$

$$u_P = \frac{u_E}{1+1/a-1/a-1-G_5 / G_P} = -\frac{G_P}{G_5} u_E = -\frac{R_5}{R_P} u_E$$

und wegen $i_5 = u_P/R_5$ wird

$$i_5 = -\frac{u_E}{R_p}. \tag{2.164}$$

Betrachtet man R_5 als Lastwiderstand und i_5 als den Ausgangsstrom, so ergibt sich das erstaunliche Resultat, dass der Ausgangsstrom zwar zur Eingangsspannung proportional ist, aber vom Widerstandswert R_5 selbst gar nicht abhängt. Selbstverständlich kann kein Strom vom Betrag u_E/R_P in R_5 erzwungen werden, wenn R_5 sehr groß wird (z. B. $R_5 = \infty$). Für R_5 muss es also eine Obergrenze geben, nach deren Überschreiten Gl. (2.164) nicht mehr gelten kann, weil der Verstärker dann nicht mehr im Bereich linearer Verstärkung $[U_{Du} < u_D < U_{Do}]$ arbeitet und daher die zur Berechnung von Gl. (2.164) vorausgesetzte Annahme $u_D = 0$, bzw. $u_N = u_P$, ungültig wird. Außerdem gelten auch – wie schon beim einfachen Umkehrverstärker – für u_E Grenzen. In welchen Grenzen sich R_P und u_E bewegen dürfen, wenn der Verstärker nicht übersteuert werden soll, zeigen die Aufgabenpunkte b und c.

b) Aus Gl. (2.163c) und $u_p = u_N$ ergibt sich

$$u_N = \frac{1/a}{1+1/a+G_5 / G_P} u_A.$$

Setzt man dies in die Gl. (2.163a) ein, so erhält man für den linearen Zusammenhang zwischen u_A und u_E:

$$u_E = \left[\frac{1/a}{1+1/a+G_5 / G_P}(1+1/a) - \frac{1}{a}\right] u_A = -\frac{G_5 / G_P}{1+1/a+G_5 / G_P}\frac{u_A}{a}$$

$$u_E = -\frac{R_P}{R_5}\frac{u_A}{1+a+aR_P / R_5} \tag{2.165}$$

Speziell an den Grenzen des linearen Verstärkungsbereiches gilt damit

$$U_{\substack{\text{Eu}\\(\text{o})}} = \frac{R_\text{P}/R_5}{1+a+aR_\text{P}/R_5} U_{\substack{\text{Amax}\\(\text{min})}} \tag{2.166a, b}$$

c) Mit der Abkürzung $r = R_\text{P}/R_5$ gilt

$$\frac{U_{\text{E}\max}}{-U_{\text{A}\min}} = \frac{r}{1+a+ar},$$

wegen $-U_{\text{Amin}} = U_{\text{Amax}}$ daher

$$\frac{U_{\text{E}\max}}{U_{\text{A}\min}} = \frac{r}{1+a+ar}. \tag{2.167}$$

Mit den Werten $U_{\text{Emax}} = 1$ V, $U_{\text{Amax}} = 13$ V; $a = 1$; $R_\text{P} = 1$ kΩ wird

$$\frac{1\text{ V}}{13\text{ V}} = \frac{r}{1+1+r}$$

$$2+r = 13r;\ r = R_\text{P}/R_5 = 1/6$$

$$R_5 = 6\,R_\text{P} = 6\text{ k}\Omega.$$

Unter den gegebenen Bedingungen darf R_5 den Wert 6 kΩ nicht überschreiten. Bei größeren Werten kommt es zur Übersteuerung.

Negativer Eingangswiderstand

Der Eingangswiderstand

$$R_\text{E} = \frac{u_\text{E}}{i_\text{E}}$$

der Schaltung in Bild 2.141 kann negativ werden (Beispiel 2.42).

Beispiel 2.42

Negativ-Impedanz-Konverter (NIC)

R_1, R_2, R_3, R_4 und $U_{\text{Amax}} = -U_{\text{Amin}} = 12$ V sind gegeben. Für die Leerlaufverstärkung soll gelten: $v_0 = \infty$; (Bild 2.141).

a) Geben Sie das Spannungsverhältnis u_A/u_E unter der Voraussetzung an, dass die Gegenkopplung überwiegt und der Verstärker nicht übersteuert wird, so dass mit $u_D \approx 0$ gerechnet werden kann.

   Wie hängt in diesem Fall $R_\text{E} = u_\text{E}/i_\text{E}$ von R_1, R_2, R_3, R_4 ab?

b) Welche Bedingung müssen die Widerstände erfüllen, damit die Gegenkopplung überwiegt?

c) Für $R_1 = R_2 = 10$ kΩ; $R_3 = 2R_4 = 20$ kΩ überwiegt die Gegenkopplung. Welche Bedingung muss u_E erfüllen, damit für diesen Fall der Verstärker nicht übersteuert wird, und wie groß wird hierbei R_E?

d) Geben Sie für den Fall $R_1 = R_2 = 10$ kΩ; $R_3 = 2R_4 = 20$ kΩ den Eingangswiderstand R_E für zwei Werte von u_E an, bei denen der Verstärker übersteuert wird.

Lösung:

a) Aus Beispiel 2.40 kann das Ergebnis nach Gl. (2.160a) übernommen werden. Setzt man dort $v_0 = \infty$, so erhält man

$$\frac{u_\text{A}}{u_\text{E}} = \frac{1-x_\text{M}}{x_\text{G}-x_\text{M}}. \tag{2.168}$$

wobei die Definitionen nach Gl. (2.158) verwendet werden. Damit wird

$$i_E = \frac{u_E - u_A}{R_1 + R_2} = \frac{u_E}{R_1 + R_2}\left[1 - \frac{1 - x_M}{x_G - x_M}\right] = \frac{x_G - 1}{x_G - x_M} \cdot \frac{u_E}{R_1 + R_2}.$$

$$R_E = \frac{u_E}{i_E} = \frac{x_G - x_M}{x_G - 1}(R_1 + R_2) = R_1 - \frac{R_3}{R_4}R_2. \tag{2.169}$$

Mit $R_1 = 0$ (d. h. ohne Mitkopplung) wird übrigens

$$R_E = -\frac{R_2}{R_4}R_3$$

d. h. am Eingang der Schaltung in Bild 2.141 erscheint der mit –1 (und dem Gewichtsfaktor R_2/R_4) multiplizierte Widerstand R_3. Wenn man R_3 als Ausgangswiderstand betrachtet und $R_2 = R_4$ wählt, so hat der Eingangswiderstand ebenfalls den Betrag R_3, ist aber negativ.

b) Die Gegenkopplung überwiegt für $x_G > x_M$ (Beispiel 2.40a), d. h. für

$$\frac{R_3}{R_3 + R_4} > \frac{R_1}{R_1 + R_2}$$

oder

$$\boxed{\frac{R_2}{R_1} > \frac{R_4}{R_3}}\ . \tag{2.170}$$

c) Es ist $R_2/R_1 = 1$ und $R_4/R_3 = 0{,}5$; die Bedingung nach Gl. (2.170) ist also erfüllt und die Gl. (2.168) ist anwendbar:

$$\frac{u_A}{u_E} = \frac{1 - 1/2}{2/3 - 1/2} = \underline{3.}$$

Die Ausgangsspannung u_A erreicht also ihre Grenzen U_{Amin} und U_{Amax} bei $u_E = \pm 4$ V (Bild 2.146). Damit der Verstärker nicht übersteuert wird, muss demnach gelten:

$$-4\,\text{V} \le u_E \le +4\,\text{V}.$$

Als Eingangswiderstand ergibt sich $R_E = 10\ \text{k}\Omega - 2 \cdot 10\ \text{k}\Omega = \underline{-10\ \text{k}\Omega.}$

d) Bei $u_D = 10$ V wird $R_E = 24$ V/0,6 mA = 40 kΩ;
bei $u_D = 2$ V wird $R_E = 8$ V/– 0,2 mA = –40 kΩ.

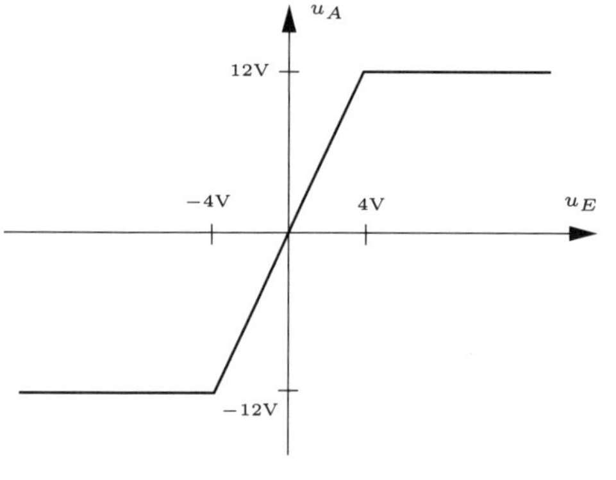

Bild 2.146 *Grenzen der linearen Verstärkung eines NIC.*

3. Elektrostatische Felder

3.1 Skalare und vektorielle Feldgrößen

Bisher wurden fast nur Größen betrachtet, die sich auf eine Länge oder einen Querschnitt beziehen. So tritt z. B. ein Spannungsabfall U auf einem Leiterstück der Länge l auf. Wenn die transportierte Ladungsmenge durch den Strom I gekennzeichnet wird, so ist dabei immer an einen bestimmten Querschnitt zu denken, durch den die Ladungsmenge in einer gewissen Zeit hindurchtritt. Sind physikalische Größen den Punkten eines Raumes zugeordnet (man sagt auch: dieser Raum ist von den Wirkungen dieser physikalischen Größe erfüllt), so nennt man diesen Raum ein **Feld** und die den Raumzustand charakterisierende Größe eine **Feldgröße.** Ist die Feldgröße eine ungerichtete Größe, wie z. B. die Temperatur oder der Druck, so spricht man von einer **skalaren Feldgröße,** ist die Feldgröße durch Betrag und Richtung gekennzeichnet, so liegt eine **vektorielle Feldgröße** vor. Beispiele hierfür sind die Windgeschwindigkeit und die Stromdichte.

Skalare Felder lassen sich durch Flächen darstellen, auf denen die Feldgröße überall den gleichen Wert hat. Das zeigt für den zweidimensionalen Fall Bild 3.1, in dem geographische Höhenlinien skizziert sind.

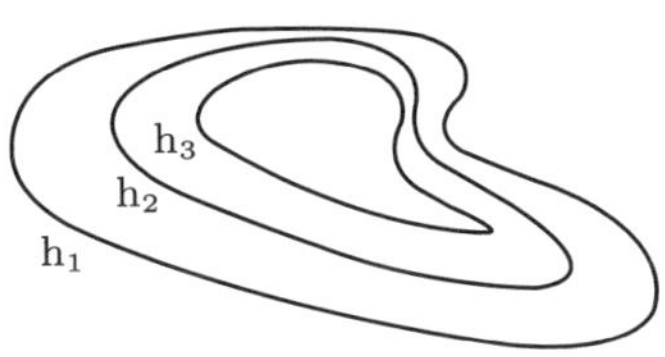

Bild 3.1 *Geographische Höhenlinien.*

Vektorielle Felder können durch Feldlinien veranschaulicht werden. Diese Linien geben die Richtung der Feldgröße an; ein Maß für den Betrag der Feldgröße stellt die Dichte der Feldlinien dar. Eine andere Möglichkeit besteht darin, in bestimmten Punkten das Feld durch Vektorpfeile zu kennzeichnen (Bild 3.2). Ist die Feldgröße in dem betrachteten Raum hinsichtlich Betrag und Richtung örtlich konstant, so nennt man das Feld **homogen,** andernfalls **inhomogen.** Bild 3.3 zeigt einige Beispiele. Haben alle Feldlinien Anfang und Ende, so hat man es mit einem reinen **Quellenfeld** zu tun. Sind alle Feldlinien in sich geschlossen, so liegt ein reines **Wirbelfeld** vor (Bild 3.4).

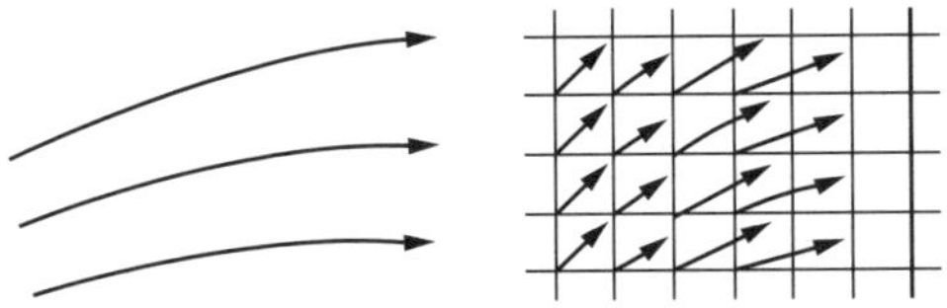

Bild 3.2 *Darstellung eines Feldes durch Feldlinien oder durch Vektoren in Rasterpunkten.*

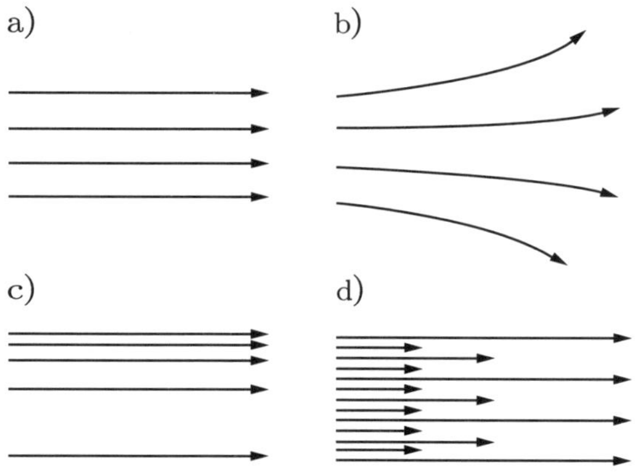

Bild 3.3 a) Homogenes Feld; b), c), d) Beispiele für inhomogene Felder.

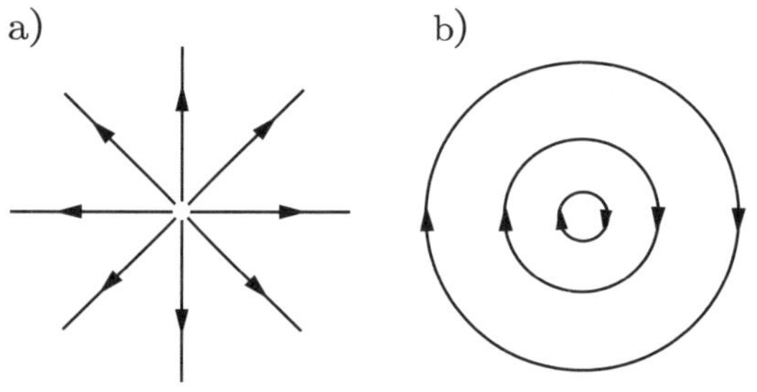

Bild 3.4 a) Reines Quellenfeld; b) reines Wirbelfeld.

3.2 Die elektrische Feldstärke und die Potentialfunktion

3.2.1 Das Coulombsche Gesetz

Dass zwischen Ladungen Kräfte wirken, wurde schon in Abschnitt 1.1 gesagt. Dieser Zusammenhang wird quantitativ beschrieben durch das experimentell gefundene **Coulombsche Gesetz**. Danach ist die Kraft F, die zwischen den beiden Punktladungen q und Q besteht, die voneinander den Abstand r haben:

$$F = K\frac{q \cdot Q}{r^2}.$$

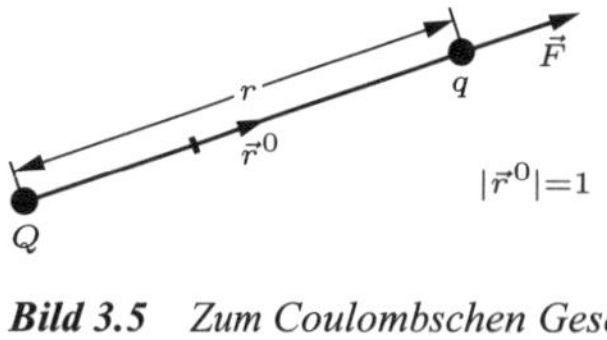

Bild 3.5 Zum Coulombschen Gesetz.

Die Richtung der Kraft hängt davon ab, ob die Kraft auf die Ladung q oder die Ladung Q gemeint ist. Für die Kraft auf q lässt sich unter Verwendung von Vektoren (Bild 3.5) schreiben:

$$\vec{F} = K \frac{q \cdot Q}{r^2} \vec{r}^{\,0}.$$

Der Proportionalitätsfaktor K ist nicht mehr frei wählbar, da die Abstände, Kräfte und Ladungen bereits definiert sind. Er hängt von dem Medium ab, in dem das Coulombsche Experiment ausgeführt wird. Der Faktor K ist also eine Materialkonstante. Man schreibt aus Gründen, die in den folgenden Abschnitten deutlich werden,

$$K = \frac{1}{4\pi\varepsilon} \tag{3.1}$$

und nennt ε die **Dielektrizitätskonstante.**

Mit Gl. (3.1) nimmt das Coulombsche Gesetz die endgültige Form an

$$\vec{F} = \frac{q \cdot Q}{4\pi\varepsilon} \frac{\vec{r}^{\,0}}{r^2}. \tag{3.2}$$

An dieser Stelle soll auf das **elektrostatische Maßsystem** hingewiesen werden. Setzt man willkürlich für das Vakuum die Konstante K im Coulombschen Gesetz gleich eins, so hat man

$$F = \frac{q \cdot Q}{r^2}$$

und damit, da für Längen und Kräfte Maßeinheiten bereits vorliegen, eine Bestimmungsgleichung für eine mögliche Einheit der Ladung:

$$[Q^2] = [F]\,[r^2] = \mathrm{N} \cdot \mathrm{m}^2 = \frac{\mathrm{kg\,m}}{\mathrm{s}^2} \cdot \mathrm{m}^2 = \mathrm{kg} \cdot \mathrm{m}^2 \cdot \mathrm{s}^{-2}$$

und

$$[Q] = \mathrm{kg}^{1/2}\,\mathrm{m}^{3/2}\,\mathrm{s}^{-1}.$$

3.2.2 Die elektrische Feldstärke

Gl. (3.2) zeigt, dass die auf eine Probeladung q wirkende Kraft dieser Ladung proportional ist:

$$\vec{F} \sim q\,. \tag{3.3}$$

Der Proportionalitätsfaktor ist, wie ein Vergleich mit derselben Gl. (3.2) ergibt, der Vektor

$$\frac{Q}{4\pi\varepsilon} \frac{\vec{r}^{\,0}}{r^2}.$$

Dieser Vektor stellt offensichtlich ein Maß für die elektrische Wirkung der Ladung Q an einem Ort im Abstand r von der Ladung Q dar. Man kann diesen Sachverhalt unter Verwendung des Feldbegriffs so beschreiben:

Die Ladung Q (Bild 3.6) ändert den Raumzustand in ihrer Umgebung oder

der Raum ist von einem elektrischen Feld erfüllt, das seine Ursache in Q hat.

Den dieses Feld charakterisierenden Vektor nennt man die **elektrische Feldstärke** $\vec{E}$. Für den speziellen Fall der Punktladung Q gilt

$$\vec{E} = \frac{Q}{4\pi\varepsilon} \frac{\vec{r}^{\,0}}{r^2} . \tag{3.4}$$

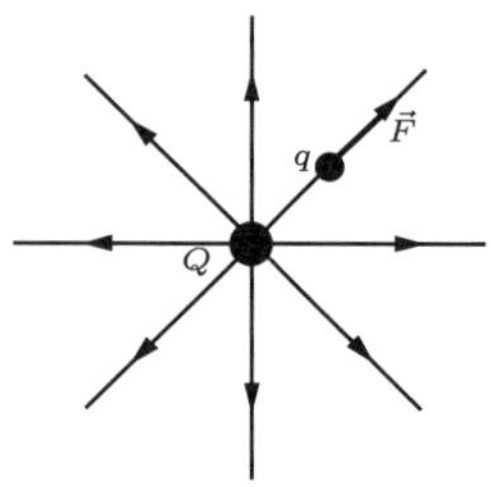

Bild 3.6 *Probeladung q im Feld der Ladung Q.*

An Stelle von Gl. (3.2) kann geschrieben werden

$$\vec{F} = q\vec{E} . \tag{3.5}$$

Da die elektrische Feldstärke $\vec{E}$ nur das von der Ladung Q hervorgerufene Feld beschreibt, jedoch nicht das von der Probeladung q angeregte Feld, nennt man $\vec{E}$ in Gl. (3.5) auch das Fremdfeld und setzt dafür $\vec{E}^{(\mathrm{f})}$. Die Definitionsgleichung für die elektrische Feldstärke kann nach Gl. (3.5) geschrieben werden:

$$\vec{E} = \frac{\vec{F}}{q} .$$

Nach dieser Gleichung ist die Richtung von $\vec{E}$ so festgelegt worden, dass sie im Fall einer positiven Probeladung q mit der Richtung der auf diese Ladung wirkenden Kraft $\vec{F}$ übereinstimmt. Als mögliche Einheit für $\vec{E}$ ergibt sich:

$$[E] = \frac{[F]}{[q]} = \frac{\mathrm{N}}{\mathrm{As}} = \frac{\mathrm{Ws/m}}{\mathrm{As}} = \frac{\mathrm{V}}{\mathrm{m}} .$$

Beispiel 3.1
Überlagerung von Feldstärken

Wird ein Feld von mehreren Punktladungen, z. B. von Q_1 und Q_2 hervorgerufen, so gilt bei konstantem ε erfahrungsgemäß der Überlagerungssatz. Die Gesamtfeldstärke folgt demnach durch **vektorielle** Addition (Bild 3.7):

$$\vec{E} = \vec{E}_1 + \vec{E}_2 = \frac{1}{4\pi\varepsilon}\left(Q_1 \frac{\vec{r}_1^{\,0}}{r_1^2} + Q_2 \frac{\vec{r}_2^{\,0}}{r_2^2} \right) .$$

Es wird sich zeigen, dass das elektrostatische Feld aus einer skalaren Hilfsfunktion hergeleitet werden kann. Damit lassen sich die den einzelnen Ladungen zugeordneten skalaren Funktionen durch **algebraische** Addition überlagern.

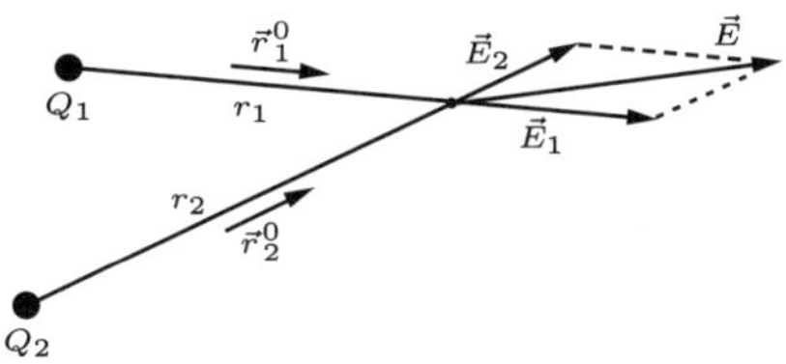

Bild 3.7 *Vektorielle Addition der von Q_1 und Q_2 angeregten Teilfeldstärken $\vec{E}_1$ und $\vec{E}_2$.*

Der Zusammenhang zwischen der elektrischen Feldstärke und der elektrischen Spannung soll durch eine Energiebilanz gefunden werden. Wir betrachten zu dem Zweck die Bewegung der Probeladung q im elektrischen Feld (Bild 3.8). Die Bewegung soll in Feldrichtung um die Strecke Δs erfolgen. Dabei ändert sich nach Abschnitt 1.3 die potentielle Energie der Probeladung um

$$\Delta W_{\text{el}} = q \cdot \Delta U .$$

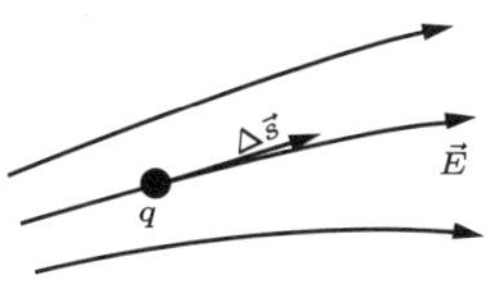

Bild 3.8 *Probeladung q bewegt sich im Feld $\vec{E}$ um $\Delta\vec{s}$ in Feldrichtung.*

Ist q positiv, so handelt es sich bei den in Bild 3.8 zugrunde gelegten Richtungen um eine Energieabnahme. Dieser Abnahme entspricht ein Gewinn an mechanischer Energie $F \cdot \Delta s$, wofür mit Gl. (3.5) geschrieben werden kann:

$$\Delta W_{\text{mech}} = F \cdot \Delta s = q \cdot E \cdot \Delta s .$$

Durch Gleichsetzen beider Energien folgt

$$\Delta U = E \cdot \Delta s \tag{3.6}$$

oder

$$E = \frac{\Delta U}{\Delta s} . \tag{3.7}$$

Lässt man in Gl. (3.7) Δs gegen Null streben, geht man also vom Differenzen- zum Differentialquotienten über, so hat man

$$E = \lim_{\Delta s \to 0} \frac{\Delta U}{\Delta s} = \frac{dU}{ds} . \tag{3.8}$$

Bei der Herleitung der Gln. (3.6) bis (3.8) wurde vorausgesetzt, dass die Richtung von Δs bzw. ds mit der Richtung der Feldlinien übereinstimmt. Bemerkenswert an Gl. (3.8) ist, dass hier eine Spannung U nach dem Ort s differenziert, also als Funktion des Ortes aufgefasst wird. Hier müsste demnach U eine Feldgröße sein, was unseren bisherigen Vorstellungen widerspricht. Offen ist auch noch, wie man bei bekannter Funktion U die Richtung der Feldstärke finden kann. Diese Fragen sollen im nächsten Abschnitt beantwortet werden.

3.2.3 Die Potentialfunktion

Zu allgemeineren Ergebnissen als im letzten Abschnitt gelangt man, wenn man von der Einschränkung absieht, die Probeladung solle sich längs einer Feldlinie bewegen. Für die Änderung der mechanischen Energie kann geschrieben werden (Bild 3.9)

$$\Delta W_{\text{mech}} = F \cdot \Delta s \cdot \cos\alpha = \left|\vec{F}\right| \cdot \left|\Delta\vec{s}\right| \cdot \cos(\vec{F}, \Delta\vec{s}).$$

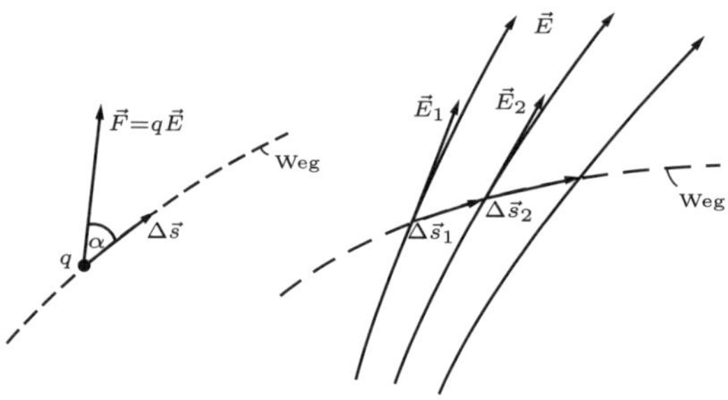

Bild 3.9 *Zur Energieänderung bei Bewegung der Probeladung auf beliebigem Weg.*

Die rechte Seite stellt das aus der Vektorrechnung bekannte **skalare Produkt** $\vec{F} \cdot \Delta\vec{s}$ (gelesen: F Punkt Δs) dar. Mit Gl. (3.5) folgt dann

$$\Delta W_{\text{mech}} = q\vec{E} \cdot \Delta\vec{s}$$

und für den Weg von Punkt A nach Punkt B zunächst

$$W_{\text{mech}} = q\vec{E}_1 \cdot \Delta\vec{s}_1 + q\vec{E}_2 \cdot \Delta\vec{s}_2 + \ldots = q\sum_k \vec{E}_k \cdot \Delta\vec{s}_k \,.$$

Geht man zum Grenzwert der Summe $(\Delta\vec{s}_k \to 0)$ und damit zum Integral über, so erhält man

$$W_{\text{mech}} = q\int_A^B \vec{E}\, d\vec{s}\,. \tag{3.9}$$

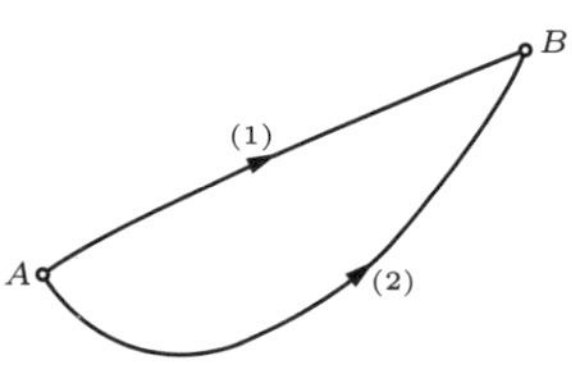

Bild 3.10 *Wegunabhängigkeit von* $\int_A^B \vec{E}\, d\vec{s}$.

Ein Integral des hier vorliegenden Typs nennt man ein **Linienintegral.** Im Allgemeinen hängt der Wert eines solchen Integrals nicht nur von den Grenzen ab, sondern auch noch von dem von A nach B verlaufenden Weg. Die beiden Punkte A und B lassen sich durch beliebig viele Wege miteinander verbinden. Die Frage ist, welchen Einfluss der gewählte Weg auf das nach Gl. (3.9) berechnete Ergebnis hat. Dazu stellt man sich vor, dass eine Probeladung q (Bild 3.10) zuerst auf dem Weg (1) von A nach B bewegt wird, dann auf dem Weg (2) von B nach A zurück. Wird z. B. auf dem Weg (1) der Ladung mehr mechanische Energie zugeführt, als auf dem Weg (2) zurückgewonnen wird, so erfährt die Ladung bei jedem Umlauf einen gewissen Energiezuwachs. Das ist jedoch in einem System, das sich im Gleichgewichtszustand befindet und nicht in einem Energieaustausch mit der Außenwelt steht, nicht möglich. Damit leuchtet ein, dass in der Elektrostatik für einen geschlossenen Umlauf mit Gl. (3.9) gilt:

$$0 = q_{(1)}\int_A^B \vec{E}\cdot d\vec{s} + q_{(2)}\int_B^A \vec{E}\cdot d\vec{s}. \tag{3.10}$$

Für die Summe dieser beiden Integrale, die sich zu einem geschlossenen Umlauf ergänzen, schreibt man abkürzend

$$\boxed{\oint_L \vec{E}\cdot d\vec{s} = 0.} \tag{3.11}$$

Das Linienintegral der elektrischen Feldstärke längs eines beliebigen geschlossenen Weges L ist Null. Ein Feld mit dieser speziellen Eigenschaft nennt man **wirbelfrei.** Gl. (3.10) lässt sich auch in der Form

$$_{(1)}\int_A^B \vec{E}\cdot d\vec{s} = {}_{(2)}\int_A^B \vec{E}\cdot d\vec{s}$$

angeben. Die Gleichung gilt für beliebig gewählte Wege (1) und (2). Das Integral ist demnach **wegunabhängig.** Es kommt nur auf den Anfangs- und Endpunkt an. Ein Vergleich mit Gl. (3.6) zeigt, dass es sich bei dem Integral offensichtlich um eine Verallgemeinerung des Ausdrucks für die Spannung zwischen den Punkten A und B handelt:

$$U_{AB} = \int_A^B \vec{E}\cdot d\vec{s}. \tag{3.12}$$

Das Integral hängt nur von den Grenzen ab:

$$U_{AB} = \int_A^B \vec{E}\cdot d\vec{s} = f(B) - f(A) = \int_A^B df.$$

Üblicherweise nennt man die Funktion der Grenzen nicht f, sondern setzt $f = -\Phi$, wobei Φ **Potential(funktion)** heißt. Damit wird

$$U_{AB} = \int_A^B \vec{E}\cdot d\vec{s} = \Phi(A) - \Phi(B) = -\int_A^B d\Phi \text{ bzw. } \Phi(B) = -\int_A^B \vec{E}d\vec{s} + \Phi(A).$$

und

$$\vec{E}\cdot d\vec{s} = -d\Phi. \tag{3.13}$$

Der Einführung des Minuszeichens liegt die Vorstellung zugrunde, dass im elektrostatischen Feld die Orte, an denen eine positive Ladung eine höhere potentielle Energie gegenüber anderen Orten besitzt, auch durch höhere Werte des Potentials gekennzeichnet sein sollen.

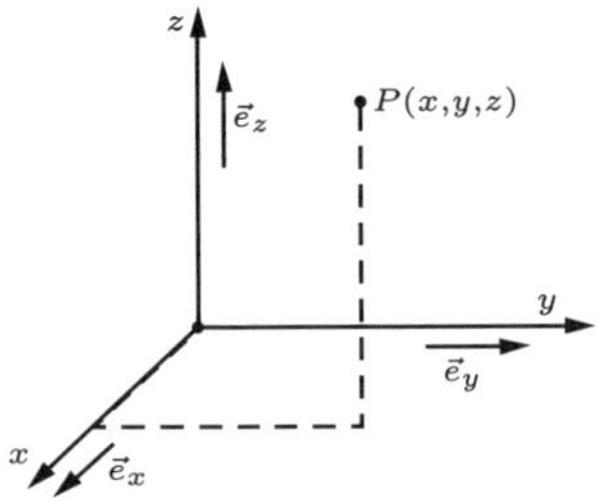

Bild 3.11 *Kartesisches Koordinatensystem; Einheitsvektoren* $\vec{e}$.

Gl. (3.13) gibt nun die Möglichkeit, die im Zusammenhang mit Gl. (3.8) gestellte Frage zu beantworten, wie aus einer skalaren Feldfunktion die zugehörige Feldstärke zu bestimmen sei. Legt man ein kartesisches Koordinatensystem (Bild 3.11) zugrunde, dann sind $\vec{E}$ und $d\vec{s}$ durch Komponenten darstellbar:

$$\vec{E} = \vec{e}_x E_x + \vec{e}_y E_y + \vec{e}_z E_z ,$$
$$d\vec{s} = \vec{e}_x dx + \vec{e}_y dy + \vec{e}_z dz .$$

Hierbei sind E_x, E_y, E_z im Allgemeinen Funktionen von x, y, z. Das Skalarprodukt auf der linken Seite von (3.13) ergibt sich zu

$$\vec{E} \cdot d\vec{s} = E_x dx + E_y dy + E_z dz ,$$

die Größe $d\Phi$ auf der rechten Seite ist das **vollständige Differential** der Funktion $\Phi(x, y, z)$:

$$-d\Phi = -\frac{\partial \Phi}{\partial x} dx - \frac{\partial \Phi}{\partial y} dy - \frac{\partial \Phi}{\partial z} dz .$$

Da Gl. (3.13) für jedes beliebige $d\vec{s}$ und damit für beliebige dx, dy, dz gilt, müssen die Koeffizienten von dx, dy, dz auf beiden Seiten der Gleichung übereinstimmen:

$$E_x = -\frac{\partial \Phi}{\partial x}, \quad E_y = -\frac{\partial \Phi}{\partial y}, \quad E_z = -\frac{\partial \Phi}{\partial z} .$$

Fasst man jetzt die Komponenten wieder zu einem Vektor zusammen, so folgt

$$\vec{E} = -\left(\vec{e}_x \frac{\partial \Phi}{\partial x} + \vec{e}_y \frac{\partial \Phi}{\partial y} + \vec{e}_z \frac{\partial \Phi}{\partial z} \right) .$$

Den Ausdruck in der Klammer nennt man den **Gradienten** von Φ und schreibt

$$\operatorname{grad} \Phi = \vec{e}_x \frac{\partial \Phi}{\partial x} + \vec{e}_y \frac{\partial \Phi}{\partial y} + \vec{e}_z \frac{\partial \Phi}{\partial z} . \tag{3.14}$$

Damit lautet die Endformel

$$\vec{E} = -\operatorname{grad} \Phi . \tag{3.15}$$

Diese Gleichung stellt die Umkehrung von Gl. (3.13) dar und ist zugleich die gesuchte Verallgemeinerung von Gl. (3.8).

Beispiel 3.2

Potentialfunktion und Feldstärke

Eine bestimmte Ladungsverteilung habe ein elektrisches Feld zur Folge, das durch folgende Potentialfunktion beschrieben wird:

$$\Phi = c(x^2 + y^2) = cr^2.$$

Man bestimme zuerst die beiden Feldkomponenten E_x und E_y. Dann soll zur Kontrolle der Rechnung aus dem elektrischen Feld durch Integration entlang einer Feldlinie auf die Potentialfunktion geschlossen werden.

Lösung:

Wegen Gl. (3.15) und (3.14) erhält man

$$E_x = -2cx, \quad E_y = -2cy$$

oder

$$\vec{E} = -2c(\vec{e}_x x + \vec{e}_y y)$$

und mit den Bezeichnungen nach Bild 3.12:

$$\vec{E} = -2c\vec{r}.$$

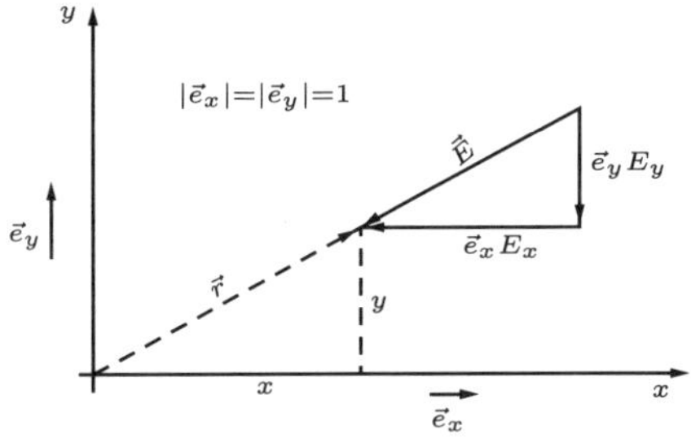

Bild 3.12 *Bezeichnungen in Beispiel 3.2.*

Durch Integration von Gl. (3.13) entlang einer Feldlinie $(d\vec{s} = d\vec{r})$ folgt:

$$\Phi = -\int \vec{E}(r)d\vec{r} = +2c\int r\,dr = c\,r^2 + konst.$$

Beispiel 3.3

Richtung und Betrag des Gradienten

Setzt man Gl. (3.15) in Gl. (3.13) ein, so erhält man

$$d\Phi = \text{grad } \Phi \cdot d\vec{s} = |\text{grad } \Phi|\,|d\vec{s}|\cos(\text{grad } \Phi, d\vec{s}).$$

Hieraus lassen sich Aussagen über a) die Richtung und b) den Betrag des Gradienten herleiten.

Zu a): Ein Punkt bewegt sich auf einer Potentiallinie bzw. -fläche und legt dabei den Weg $d\vec{s}$ zurück. Für die Bewegung auf einer Potentialfläche gilt $d\Phi = 0$, also

$$0 = |\text{grad } \Phi|\,|d\vec{s}|\cos(\text{grad } \Phi, d\vec{s}).$$

Da das Produkt Null ist, muss mindestens einer der drei Faktoren auf der rechten Gleichungsseite verschwinden. Der Gradient von Φ ist im Allgemeinen von Null verschieden (ausgenommen in speziellen Punkten), ebenso voraussetzungsgemäß die Strecke $d\vec{s}$. Somit muss der Cosinus den Wert Null annehmen, d. h. der Vektor gradΦ (und damit auch $\vec{E}$) steht senkrecht auf $d\vec{s}$ und damit auf der Potentialfläche.

Zu b): Ausgehend von einem Punkt auf der Potentiallinie Φ = konst, die man sich am besten als Höhenlinie vorstellt, werde die Strecke $d\vec{s}$ zurückgelegt und dabei die Potentiallinie $\Phi + d\Phi$ (= konst) erreicht. Für den Betrag des Gradienten gilt

$$|\text{grad } \Phi| = \frac{d\Phi}{|d\vec{s}|\cos(\text{grad } \Phi, d\vec{s})}.$$

Der Ausdruck im Nenner stellt die Projektion der Strecke $d\vec{s}$ auf die Richtung des Gradienten dar, ist also der kürzeste Abstand zwischen den beiden betrachteten Höhenlinien. Mithin liefert der Quotient den Betrag der größten Steigung.

Beispiel 3.4

Wegunabhängigkeit von $\int_A^B \vec{E}\, d\vec{s}$

Eine Probeladung q bewege sich im elektrischen Feld der Punktladung Q. Die bei dieser Bewegung auftretende Energieänderung lässt sich berechnen indem man Gl. (3.4) in Gl. (3.9) einsetzt:

$$W = q\int_A^B \frac{Q}{4\pi\varepsilon}\frac{\vec{r}^{\,0}}{r^2}d\vec{s} = \frac{qQ}{4\pi\varepsilon}\int_A^B \frac{\vec{r}^{\,0}d\vec{s}}{r^2}.$$

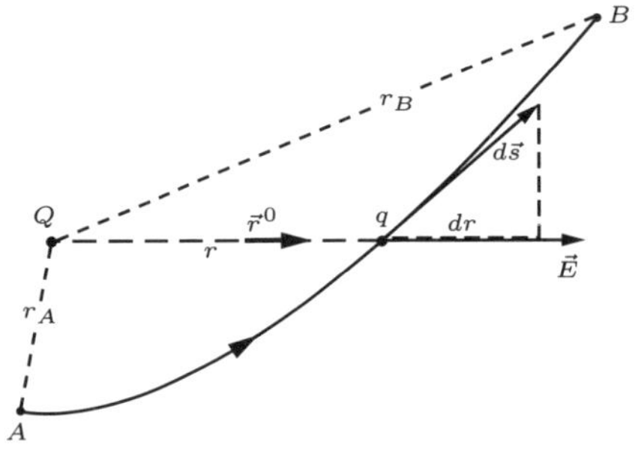

Bild 3.13 *Verschiebung der Probeladung q im Feld der Punktladung Q.*

Nach Bild 3.13 fasst man das skalare Produkt $\vec{r}^{\,0}\cdot d\vec{s}$ als Zuwachs von r auf, womit man

$$W = \frac{qQ}{4\pi\varepsilon}\int_A^B \frac{dr}{r^2} = \frac{qQ}{4\pi\varepsilon}\left(\frac{1}{r_A} - \frac{1}{r_B}\right)$$

erhält. Das Ergebnis zeigt, dass die Energie nur von der Lage der Punkte A und B abhängt, nicht jedoch vom Verlauf des Weges zwischen A und B. Durch Anwenden des Überlagerungssatzes verallgemeinert man diese Aussage: Sie gilt für alle Felder, die von beliebig verteilten, ruhenden Punktladungen verursacht werden.

3.3 Die Erregung des elektrischen Feldes

3.3.1 Die elektrische Verschiebungsdichte

Nach Gl. (3.4) hängt die Stärke des elektrischen Feldes nicht nur von der verursachenden Ladung Q und dem Abstand zwischen dem Ort der Ladung und dem Aufpunkt ab, sondern auch von dem Stoff, von dem die Ladung umgeben ist. Es erweist sich als zweckmäßig, eine zweite, materialunabhängige Feldgröße einzuführen, die am gleichen Ort wie die Feldstärke E wirksam ist. Man definiert

$$\vec{D} = \varepsilon \vec{E} \,. \tag{3.16}$$

Das setzt voraus, dass $\vec{E}$ und $\vec{D}$ die gleiche Richtung haben. Materialien, bei denen diese Voraussetzung erfüllt ist, nennt man **isotrop.** Bei einigen Stoffen, z. B. bestimmten Kristallen, sind die Richtungen von $\vec{E}$ und $\vec{D}$ verschieden. Für diese Stoffe, die man als **anisotrop** bezeichnet, gilt Gl. (3.16) nicht mehr. Mit Gl. (3.16) erhält man z. B. für das Feld der Punktladung wegen Gl. (3.4)

$$\vec{D} = \frac{Q}{4\pi} \frac{\vec{r}^{\,0}}{r^2} \,. \tag{3.17}$$

Man bezeichnet die Größe $\vec{D}$ als die Erregung des elektrischen Feldes, als **elektrische Verschiebungsdichte** oder als Verschiebungsflussdichte.

Die beiden letzten Gleichungen können benutzt werden, um mögliche Einheiten für ε und $\vec{D}$ zu ermitteln. Aus Gl. (3.17) folgt

$$[D] = \frac{[Q]}{[r^2]} = \frac{\text{As}}{\text{m}^2}$$

und aus Gl. (3.16)

$$[\varepsilon] = \frac{[D]}{[E]} = \frac{\text{As/m}^2}{\text{V/m}} = \frac{\text{As}}{\text{Vm}} \,.$$

Für die Dielektrizitätskonstante des Vakuums (= elektrische Feldkonstante) ergibt sich kein einfacher Zahlenwert, da die Einheiten der nach Gl. (3.16) in ε enthaltenen Größen willkürlich festgelegt wurden. Für das Vakuum gilt

$$\varepsilon_0 = 8{,}854 \cdot 10^{-12} \frac{\text{As}}{\text{Vm}} \,.$$

In den meisten Fällen gibt man die **relative Dielektrizitätskonstante** (oder Dielektrizitätszahl) ε_r an, die durch

$$\varepsilon = \varepsilon_r \varepsilon_0 \tag{3.18}$$

definiert ist. Eine Reihe von Zahlenwerten enthält Tabelle 3.1.

Tabelle 3.1 Relative Dielektrizitätskonstanten ε_r

Bakelit	6
Bariumtitanat	1000 ... 4000
Bernstein	2,8
Epoxidharz	3,7
Fernsprechkabelisolation (Papier, Luft)	1,6 ... 2
Glas	10
Glimmer	8
Gummi	2,6
Kautschuk	2,4
Luft, Gase	1
Mineralöl	2,2
Papier, chlophen.	5,4
Papier, paraffin.	4
Pertinax	5
Polyäthylen	2,3
Polystyrol	2,5
Polyvinylchlorid	3,1
Porzellan	5,5
Starkstromkabelisolation (Papier, Öl)	3 ... 4,5
Transformatoröl	2,5
Wasser	80

3.3.2 Der Gaußsche Satz der Elektrostatik

Aus Gl. (3.17) ergibt sich für den Betrag der elektrischen Verschiebungsdichte im Abstand r von einer Punktladung

$$D = \frac{Q}{4\pi r^2}\,.$$

Wir lösen die Gleichung nach der Ladung auf

$$Q = 4\pi r^2 D \tag{3.19}$$

und interpretieren die Gleichung so: Ist auf einer kugelförmigen Hüllfläche, in deren Mittelpunkt sich die Punktladung befindet, die Verschiebungsdichte bekannt, so liefert das Produkt aus Verschiebungsdichte und Kugeloberfläche die von der Hülle umschlossene Ladung. Bezeichnet man die Wirkung, die insgesamt von der Ladung Q ausgeht, als **elektrischen Fluss** Ψ_e, wobei $Q = \Psi_e$ sein soll, so gibt die Größe D die auf die Fläche bezogene Dichte dieses Flusses an.

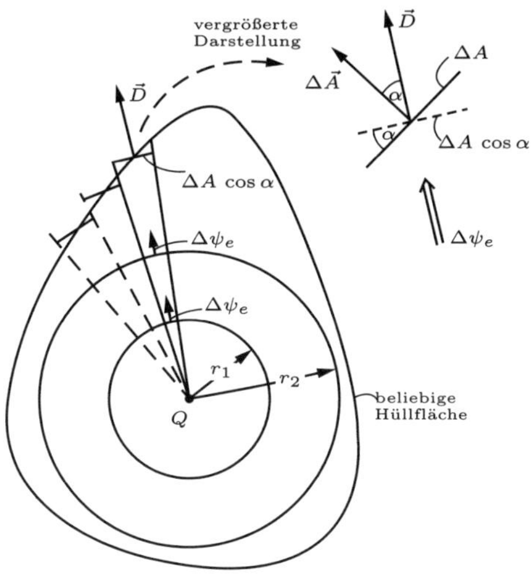

Bild 3.14 *Zur Herleitung von Gl. (3.20).*

Es soll die Vorstellung, dass von einer elektrischen Ladung ein Fluss ausgeht, herangezogen werden, um eine Verallgemeinerung der Gl. (3.19) zu finden, die keine spezielle Form der Hüllfläche mehr voraussetzt. Zunächst betrachtet man den Teilfluss $\Delta\Psi_e$, der von der in Bild 3.14 im Längsschnitt dargestellten Mantelfläche begrenzt wird. Der Teilfluss wird in Anlehnung an Gl. (3.19) durch die Größe D und das Flächenelement ΔA ausgedrückt:

$$\Delta\Psi_e = D\Delta A\,.$$

Es ist gleichgültig, an welcher Stelle, gekennzeichnet durch den Radius r, der Teilfluss berechnet wird, da D mit $1/r^2$ abnimmt, ΔA jedoch mit r^2 anwächst. Die Gleichung für $\Delta\Psi_e$ setzt voraus, dass D senkrecht auf dem Flächenelement steht. Andernfalls gilt (Bild 3.14):

$$\Delta\Psi_e = D\Delta A\cos\alpha\,.$$

Ordnet man dem Flächenelement einen Vektor zu, der senkrecht auf der Fläche steht, so folgt

$$\Delta\Psi_e = \left|\vec{D}\right|\left|\Delta\vec{A}\right|\cos(\vec{D},\,\Delta\vec{A}) = \vec{D}\cdot\Delta\vec{A}.$$

Wird das ganze Volumen, das von einer beliebigen Hüllfläche begrenzt sein soll, in pyramidenförmige Volumenelemente aufgeteilt (Bild 3.14), so lässt sich durch Summieren aller Teilflüsse, die aus den Volumenelementen austreten, der Gesamtfluss und damit die Ladung bestimmen:

$$Q = \Psi_e = \vec{D}_1\cdot\Delta\vec{A}_1 + \vec{D}_2\cdot\Delta\vec{A}_2 + \ldots = \sum_k \vec{D}_k\cdot\Delta\vec{A}_k\,.$$

Für immer kleinere Flächenelemente $(\Delta A_k \to 0)$ entsteht der Grenzwert der Summe, d. h. das Integral

$$Q = \int_A \vec{D}\cdot d\vec{A}\,. \tag{3.20}$$

Ein solches Integral, das über eine geschlossene Fläche (eine Hüllfläche) zu erstrecken ist, nennt man auch ein **Hüllenintegral.** Man bezeichnet Gl. (3.20) als den **Gaußschen Satz der Elektrostatik.**

Der Fluss der elektrischen Verschiebungsdichte durch eine beliebige geschlossene Fläche A ist gleich den von der Fläche insgesamt umhüllten Ladungen.

Zu beachten ist, dass das Flächenelement $d\vec{A}$ in Gl. (3.20) nach außen positiv gezählt werden muss.

Den Fluss, der durch eine beliebige, jedoch nicht geschlossene Fläche hindurchtritt, bestimmt man mit

$$\Psi_e = \int_A \vec{D} \cdot d\vec{A}. \tag{3.21}$$

Die einfachste Anwendung von Gl. (3.20) ist die Berechnung der elektrischen Verschiebungsdichte in der Umgebung einer Punktladung Q. Dazu stellt man sich vor, dass die Punktladung von einer konzentrischen Hüllkugel mit dem Radius r umgeben sei, auf der aus Gründen der Symmetrie die Größe $\vec{D}$ überall den gleichen Betrag hat und die gleiche Richtung wie das Flächenelement in demselben Punkt aufweist. Dann wird – in Übereinstimmung mit Gl. (3.19) bzw. Gl. (3.17) –

$$Q = \oint_A \vec{D} \cdot d\vec{A} = \int_A D dA = D(r) \int_A dA = D(r) 4\pi r^2$$

oder

$$D = \frac{Q}{4\pi r^2}.$$

Die letzte Zeile macht deutlich, weshalb mit Gl. (3.1) der Faktor 4π in das Coulombsche Gesetz aufgenommen wurde, da mit $A = 4\pi r^2$ die Oberfläche einer Kugel beschrieben wird.

3.4 Die Potentialfunktion spezieller Ladungsverteilungen

3.4.1 Die Punktladung

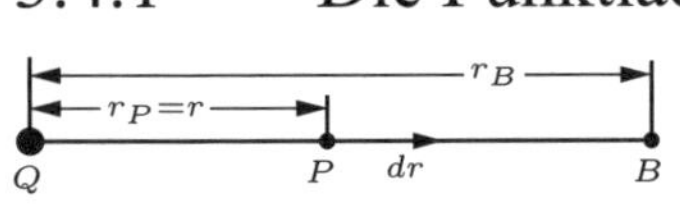

Bild 3.15 *Bestimmung der Potentialfunktion einer Punktladung durch Integration entlang einer Feldlinie.*

Die elektrische Feldstärke in der Umgebung einer **Punktladung** ist durch Gl. (3.4) gegeben. Um die zugehörige Potentialfunktion zu finden, wird Gl. (3.12) angewendet. Da dieses Integral wegunabhängig ist, kann ein einfacher Integrationsweg gewählt werden. Die Integration erfolgt längs einer Feldlinie von P nach B (Bild 3.15). Dann ergibt sich

$$U_{PB} = \int_P^B \vec{E} \cdot d\vec{s} = \int_P^B E(r)\,dr = \frac{Q}{4\pi\varepsilon} \int_P^B \frac{dr}{r^2} \qquad \text{oder}$$

$$U_{PB} = \frac{Q}{4\pi\varepsilon} \left(\frac{1}{r_P} - \frac{1}{r_B} \right).$$

Die Spannung bzw. Potentialdifferenz zwischen einem beliebigen Punkt P und einem festen Bezugspunkt B, der willkürlich gewählt sein kann, ist dann:

$$U_{PB} = \Phi(P) - \Phi(B) = \frac{Q}{4\pi\varepsilon} \frac{1}{r} - \frac{Q}{4\pi\varepsilon} \frac{1}{r_B},$$

wobei der Index P bei r_p fortgelassen wurde. Solange ein Bezugspunkt nicht festgelegt und diesem kein Potentialwert zugeordnet ist, schreibt man

$$\Phi(P) = \frac{Q}{4\pi\varepsilon} \frac{1}{r} + konst\,. \tag{3.22a}$$

Man bezeichnet den Punkt, für den das Potential bzw. Feld berechnet wird, auch als **Aufpunkt** und den Ort, an dem sich die Ursache (hier die Ladung) befindet, als **Quellpunkt**.

Das gleiche Ergebnis erhält man, wenn man von Gl. (3.13) ausgeht und eine unbestimmte Integration durchführt. Die dabei auftretende Integrationskonstante macht deutlich, dass zu einem bestimmten elektrischen Feld beliebig viele Potentialfunktionen angebbar sind, die sich alle durch einen konstanten Summanden voneinander unterscheiden. Es ist üblich, sehr weit entfernten Punkten oder dem leitenden Erdboden das Potential Null zuzuordnen. Für das Beispiel der Punktladung liefert die Festsetzung $\Phi \to 0$ für $r \to \infty$, dass die Konstante Null sein muss:

$$\Phi(P) = \frac{Q}{4\pi\varepsilon} \frac{1}{r}. \tag{3.22b}$$

3.4.2 Der Dipol

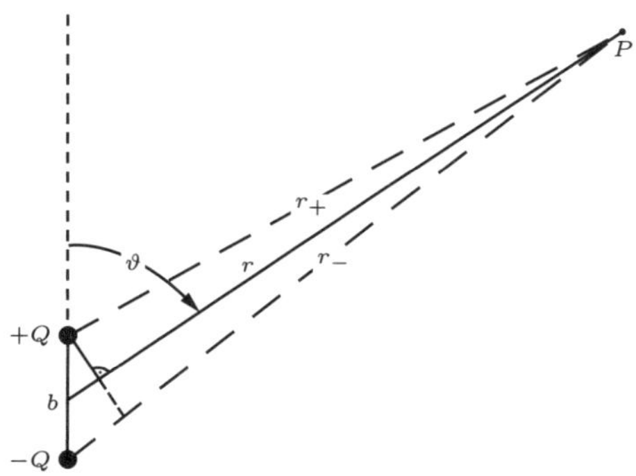

Bild 3.16 *Zur Herleitung der Potentialfunktion eines Dipols.*

Zwei gleich große Punktladungen entgegengesetzten Vorzeichens, die voneinander einen sehr geringen Abstand haben, bilden einen elektrischen **Dipol** (Bild 3.16). Da die Lösung für eine Ladung mit Gl. (3.22a) bekannt ist, führt das Superpositionsprinzip zu folgendem Ansatz:

$$\Phi(P)=\frac{Q}{4\pi\varepsilon}\frac{1}{r_+}-\frac{Q}{4\pi\varepsilon}\frac{1}{r_-}$$

oder

$$\Phi(P)=\frac{Q}{4\pi\varepsilon}\frac{r_- - r_+}{r_- r_+}.$$

Die willkürlichen Konstanten sind hier von vornherein gleich Null gesetzt. Wird nun der Abstand b sehr klein gemacht, so folgt $r_+ \approx r_- \approx r$, $r_- - r_+ \approx b\cos\vartheta$ und somit

$$\Phi(P)=\frac{Q\cdot b}{4\pi\varepsilon}\cdot\frac{\cos\vartheta}{r^2}.$$

Lässt man nun b gegen Null streben $(b \to 0)$ und gleichzeitig Q so anwachsen $(Q \to \infty)$, dass das Produkt $Q \cdot b$ endlich bleibt, so erhält man die Potentialfunktion des elektrischen Dipols

$$\Phi(P)=\frac{p}{4\pi\varepsilon}\frac{\cos\vartheta}{r^2} \quad \text{mit } p = Q\cdot b, \tag{3.23}$$

wobei man die Größe p das **elektrische Dipolmoment** nennt.

Bei einem Vergleich der Potentialfunktionen nach Gl. (3.22b) und Gl. (3.23) fällt auf, dass bei der Punktladung das Potential mit $1/r$, bei dem Dipol jedoch mit $1/r^2$ wesentlich stärker abnimmt. Das ist damit zu erklären, dass sich die Wirkungen der beiden Ladungen entgegengesetzten Vorzeichens mit zunehmendem Abstand immer mehr gegenseitig aufheben.

3.4.3 Die Linienladung

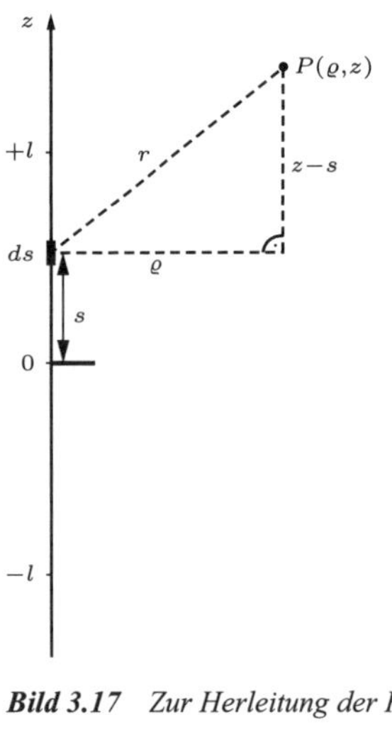

Bild 3.17 *Zur Herleitung der Potentialfunktion einer Linienladung der Länge 2l.*

Denkt man sich sehr viele Punktladungen auf einer geraden Linie in gleichmäßiger Verteilung angeordnet, wobei der Abstand zwischen zwei benachbarten Punktladungen gegen Null gehen soll, so gelangt man zu einer elektrischen **Linienladung.** Die auf die Länge bezogene Ladung bezeichnet man als **Linienladungsdichte:**

$$\lambda = \lim_{\Delta s \to 0} \frac{\Delta Q}{\Delta s} = \frac{dQ}{ds}\,. \tag{3.24}$$

Es liegt nun nahe, die Potentialfunktion einer Linienladung der Länge $2l$ (Bild 3.17) auch mit Hilfe des Superpositionsprinzips zu bestimmen, indem man aus der Linienladung ein Ladungselement λds an der Stelle s (Quellpunktskoordinate) herausgreift und für dieses gemäß Gl. (3.22b) den Ansatz

$$d\Phi(P) = \frac{\lambda ds}{4\pi\varepsilon}\frac{1}{r}$$

aufschreibt und dann über die Länge der Linienladung integriert. Man erhält mit den Bezeichnungen nach Bild 3.17 das Integral

$$\Phi(P) = \frac{\lambda}{4\pi\varepsilon}\int_{-l}^{+l}\frac{ds}{\left[\varrho^2 + (z-s)^2\right]^{1/2}} = \frac{\lambda}{4\pi\varepsilon}\,\mathrm{Arsh}\,\frac{s-z}{\varrho}\bigg|_{-l}^{l}\,.$$

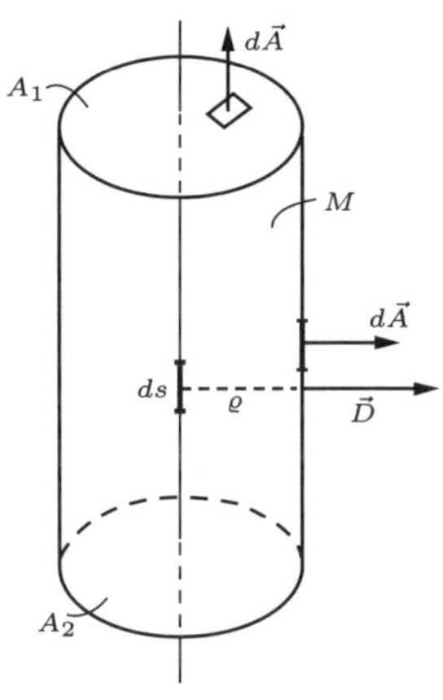

Bild 3.18 *Zur Herleitung der Potentialfunktion einer Linienladung sehr großer Länge.*

Da in den praktischen Anwendungen häufig Linienleiter sehr großer Länge auftreten, soll dieser Sonderfall auf einfachere Weise mit Gl. (3.20) gelöst werden. Diese Gleichung kann, wie gezeigt, nur dann erfolgreich zur Bestimmung von $\vec{D}$ angewendet werden, wenn der Feldverlauf im Prinzip bekannt ist. Dann lässt sich die Hüllfläche so wählen, dass auf ihr die Größe D eine Konstante ist. Damit kann D vor das Integral geschrieben werden. Das Feld ist hier offensichtlich **radialsymmetrisch.** Daher denkt man sich den linienförmigen Leiter koaxial von einem Zylinder umgeben (Bild 3.18). Das Feld hat dann auf der Mantelfläche M des gedachten Zylinders überall die gleiche Richtung wie das Flächenelement $d\vec{A}$ in demselben Punkt und ist dem Betrage nach konstant. Damit wird der Beitrag des Mantels zum Integral (3.20):

$$\int_M \vec{D}d\vec{A} = \int_M D(\varrho)\,dA = D(\varrho)\int_M dA = D(\varrho)2\pi\varrho\cdot l.$$

Hierbei ist $2\pi\varrho\cdot l$ die Fläche des Zylindermantels. Auf den beiden Deckflächen des Zylinders A_1 und A_2 stehen die Flächenelemente senkrecht auf den Feldvektoren und liefern keinen Beitrag zum Oberflächenintegral. Für die linke Seite des Integrals (3.20) ergibt sich insgesamt

$$D(\varrho)\cdot 2\pi\varrho\cdot l$$

und für die rechte Seite, also für die von der Hüllfläche umschlossene Ladung,

$$\lambda\cdot l.$$

Nach Gleichsetzen und Auflösen folgt für die Verschiebungsdichte

$$D(\varrho) = \frac{\lambda}{2\pi\varrho} \tag{3.25}$$

und mit (3.16) für die elektrische Feldstärke

$$E(\varrho) = \frac{\lambda}{2\pi\varepsilon}\cdot\frac{1}{\varrho}. \tag{3.26}$$

Wie bei der Bestimmung des Potentials der Punktladung kann Gl. (3.13) benutzt werden, um eine unbestimmte Integration längs einer Feldlinie durchzuführen

$$\Phi(P) = -\int E(\varrho)\,d\varrho = -\frac{\lambda}{2\pi\varepsilon}\int\frac{d\varrho}{\varrho},$$

womit man erhält

$$\Phi(P) = \frac{\lambda}{2\pi\varepsilon}\ln\frac{1}{\varrho} + konst. \tag{3.27}$$

Hier fällt auf, dass das Argument des Logarithmus keine reine Zahl ist, sondern die Größe $1/\varrho$. Dieser Schönheitsfehler lässt sich beseitigen, wenn man an Stelle von Gl. (3.27) schreibt:

$$\Phi(P) = \frac{\lambda}{2\pi\varepsilon}\left(\ln\frac{1}{\varrho} + \ln konst\right) = \frac{\lambda}{2\pi\varepsilon}\ln\frac{konst}{\varrho}.$$

Setzt man hier ϱ und *konst* jeweils als Produkt aus Zahlenwert und Einheit ein, so kürzen sich die Maßeinheiten heraus und das Argument des Logarithmus wird ein reiner Zahlenwert.

Anmerkung: In diesem Abschnitt wurde die Größe ϱ in der Bedeutung eines Achsenabstandes verwendet. Im Gegensatz dazu wurde der Abstand von einem Punkt mit r bezeichnet. Diese Unterscheidung soll beibehalten werden, zumal eine Verwechslung mit dem spezifischen Widerstand ϱ nicht zu befürchten ist.

3.5 Influenzwirkungen

Bringt man in ein elektrisches Feld, das z. B. zwischen zwei geladenen Platten besteht, einen ungeladenen Leiter, so wandern unter der Einwirkung der elektrischen Kräfte die Leitungselektronen („Elektronengas") zu der Seite des Leiters, die der positiv geladenen Platte zugewandt ist. Die andere Seite des Leiters, die der negativ geladenen Platte am nächsten liegt, weist damit einen Elektronenmangel auf. Vereinfachend sagt man, dass der ungeladene Leiter gleich viele positive wie negative Ladungen trägt. Diese werden unter der Einwirkung eines äußeren elektrischen Feldes getrennt und verteilen sich so auf der Leiteroberfläche, dass das Leiterinnere feldfrei wird. Das äußere Feld und das den jetzt getrennten Ladungen des Leiters zugeordnete Feld heben sich im Leiterinneren gerade auf. Diesen Vorgang bezeichnet man als **Influenz.**

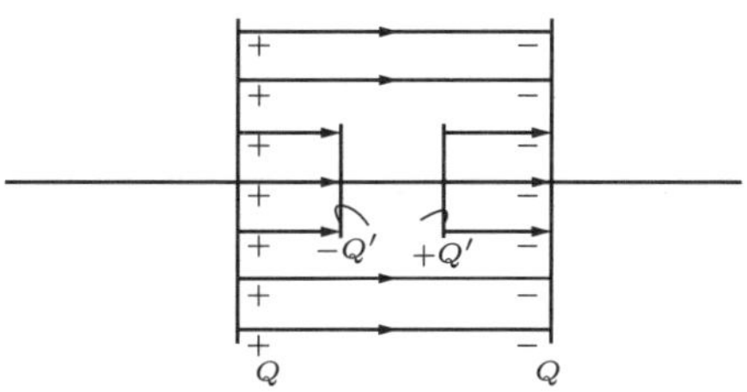

Bild 3.19 *Influenz.*

Experimentell lässt sich die Influenzwirkung leicht vorführen, indem man in ein elektrisches Feld zwei ungeladene Leiterplatten bringt, die sich zunächst berühren (Bild 3.19). Trennt man nun diese Leiterplatten im Feld und entfernt sie anschließend aus dem Feld, so kann man durch Messung die beiden im Bild mit $+Q'$ und $-Q'$ bezeichneten Ladungen nachweisen.

Ist ein stabförmiger ungeladener Leiter einem elektrischen Feld ausgesetzt, das eine Komponente in Leiterrichtung aufweist und sein Vorzeichen ständig ändert, so wechseln auch die influenzierten Ladungen ständig ihr Vorzeichen: Es muss also ein Wechselstrom durch den Leiter fließen, den man durch ein etwa in der Mitte des Leiterstabes eingefügtes Messgerät auch messen kann. Denkt man sich das Messgerät durch einen Rundfunkempfänger ersetzt, so entspricht der betrachtete Leiterstab offensichtlich einer Antenne.

Sorgt man bei einem beliebigen ungeladenen Leiter, auf dem die Ladungen durch ein äußeres Feld getrennt worden sind, dafür, dass ein Teil der Ladungen von dem Leiter abfließen kann, so dass schließlich auf dem Leiter Ladungen eines Vorzeichens vorherrschen, so spricht man von einer Aufladung des Leiters durch Influenz.

3.6 Die Kapazität

3.6.1 Die Definition der Kapazität

Bei den bisher behandelten Anordnungen waren die Ladungen in einigen Punkten konzentriert (Punktladungen) oder auf einer Linie angeordnet (Linienladungen). Jetzt sollen räumlich ausgedehnte leitende Körper betrachtet werden, die an ihren Oberflächen Ladungen tragen. Ein einfaches Beispiel ist in Bild 3.20 dargestellt. Zwei voneinander isolierte Leiter tragen insgesamt die Ladungen $+Q$ bzw. $-Q$. Eine solche Anordnung nennt man einen **Kondensator** und bezeichnet die beiden Leiter als die Elektroden des Kondensators.

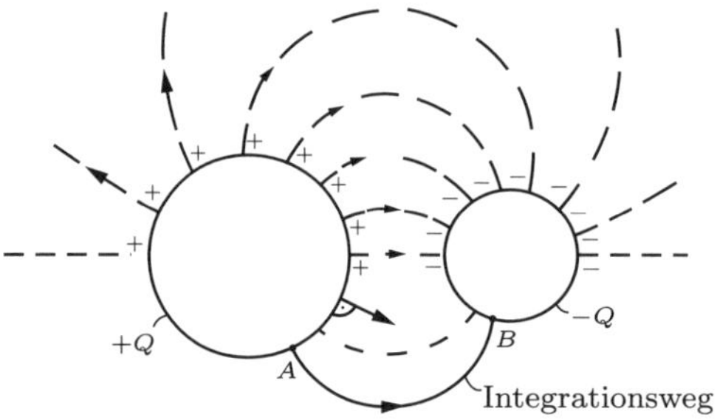

Bild 3.20 *Kondensator; Feldlinien gestrichelt.*

Auf Grund des Coulombschen Gesetzes wirken auf die einzelnen Ladungsträger Kräfte. Gleichartige Ladungsträger innerhalb eines Leiters stoßen sich gegenseitig ab, die positiven Ladungsträger der linken Elektrode ziehen die negativen Ladungsträger der rechten Elektrode an. Damit kommt auf den Leiteroberflächen eine Ladungsverteilung zustande, wie sie in Bild 3.20 skizziert ist. Im statischen Fall hat der leitende Körper ein konstantes Potential. Bestünden im oder auf dem Leiter noch Potentialunterschiede, so würden nach dem Ohmschen Gesetz Ströme fließen, bis sich ein Gleichgewichtszustand eingestellt hat. Im statischen Fall ist das Leiterinnere feldfrei und damit auch frei von Ladungen. Diese befinden sich alle an der Leiteroberfläche, und zwar in einer solchen Verteilung, dass die Leiteroberfläche eine Fläche konstanten Potentials (Äquipotentialfläche) wird. Damit steht gemäß Beispiel 3.3 die elektrische Feldstärke senkrecht auf der Leiteroberfläche.

Es liegt nun nahe, dass die Spannung zwischen den beiden Elektroden des Kondensators mit der Ladung Q in einem Zusammenhang steht. Für die Spannung zwischen den Punkten A und B unter Berücksichtigung der Gln. (3.12) und (3.16) und den in Bild 3.20 dargestellten Integrationsweg gilt:

$$U_{AB} = \int_A^B E ds = \int_A^B \frac{D}{\varepsilon} ds .$$

Offensichtlich ist die Verschiebungsdichte D proportional der das Feld erregenden Ladung. Damit folgt $U_{AB} \sim Q$ oder

$$Q = CU . \tag{3.28}$$

Den Proportionalitätsfaktor C nennt man die **Kapazität** des Kondensators. C wird als positive Größe definiert.

Aus (3.28) ergibt sich als mögliche Einheit für die Kapazität

$$[C] = \frac{[Q]}{[U]} = \frac{\text{As}}{\text{V}} .$$

Da diese Einheit häufig vorkommt, hat man die abkürzende Bezeichnung eingeführt

$$1\frac{\text{As}}{\text{V}} = 1\,\text{Farad} = 1\,\text{F}.$$

Diese Einheit ist für praktische Zwecke viel zu groß, weshalb man fast ausschließlich mit den um Zehnerpotenzen kleineren Maßeinheiten μF, nF, pF arbeitet.

3.6.2 Parallel- und Reihenschaltung von Kapazitäten

Werden mehrere Kondensatoren, die in Bild 3.21 durch ihr Schaltsymbol dargestellt sind, parallel an eine Spannungsquelle mit der Spannung U gelegt, so nimmt der erste nach Gl. (3.28) die Ladung $Q_1 = UC_1$ auf, der zweite die Ladung $Q_2 = UC_2$ usw. Insgesamt speichert die Parallelschaltung der drei Kondensatoren die Ladung

$$Q = UC_1 + UC_2 + UC_3 = U(C_1 + C_2 + C_3).$$

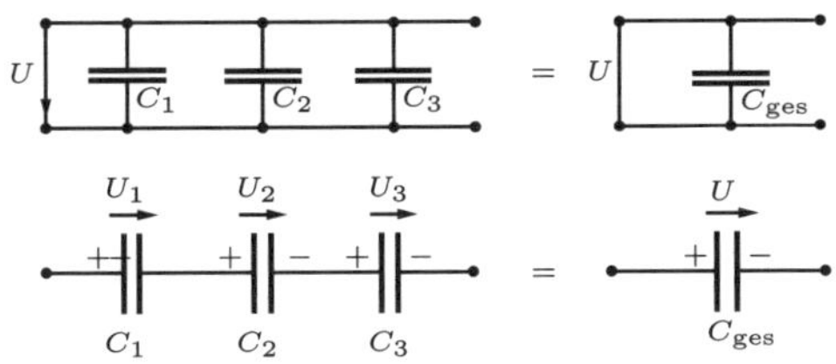

Bild 3.21 *Parallel- und Reihenschaltung von Kapazitäten.*

Die gleichwertige Kapazität C_{ges} soll bei gleicher Spannung die gleiche Ladung aufnehmen:

$$Q = UC_{ges}.$$

Nach Gleichsetzen der Ladungen und Division durch U hat man

$$C_{ges} = C_1 + C_2 + C_3$$

und schließlich ganz allgemein für die Parallelschaltung aus n Kapazitäten:

$$C_{ges} \equiv C = \sum_{k=1}^{n} C_k \quad . \tag{3.29}$$

Nun sollen mehrere ungeladene Kondensatoren in Reihe geschaltet und dann an eine Spannungsquelle angeschlossen werden (Bild 3.21). Zuerst ist zu überlegen, welche Ladungen die Kondensatoren jetzt speichern. Trägt die linke Platte des ersten Kondensators die Ladung $+Q$, so werden auf den beiden folgenden Platten, die insgesamt ungeladen sind, die Ladungen $-Q$ und $+Q$ influenziert usw. D. h. auf allen Kondensatoren befindet sich die gleiche Ladung Q. Damit liegt nach Gl. (3.28) am ersten Kondensator die Spannung $U_1 = Q/C_1$ an, am zweiten die Spannung $U_2 = Q/C_2$ usw. Da die Spannungen sich bei einer Reihenschaltung addieren, folgt

$$U = \frac{Q}{C_1} + \frac{Q}{C_2} + \frac{Q}{C_3} = Q\left(\frac{1}{C_1} + \frac{1}{C_2} + \frac{1}{C_3}\right).$$

Die gleichwertige Kapazität C_{ges} soll bei gleicher Ladung die gleiche Spannung zwischen den Anschlussklemmen aufweisen:

$$U = \frac{Q}{C_{ges}} .$$

Durch Gleichsetzen ergibt sich

$$\frac{1}{C_{ges}} = \frac{1}{C_1} + \frac{1}{C_2} + \frac{1}{C_3}$$

und in allgemeinerer Form für n Kapazitäten:

$$\frac{1}{C_{ges}} \equiv \frac{1}{C} = \sum_{k=1}^{n} \frac{1}{C_k} . \tag{3.30}$$

3.6.3 Die Kapazität spezieller Anordnungen

Der Plattenkondensator

Gegeben ist ein Plattenkondensator in Bild 3.22a. Die Vorschrift zur Berechnung der Kapazität ergibt sich aus Gl. (3.28):

$$C = \frac{Q}{U} . \tag{3.31}$$

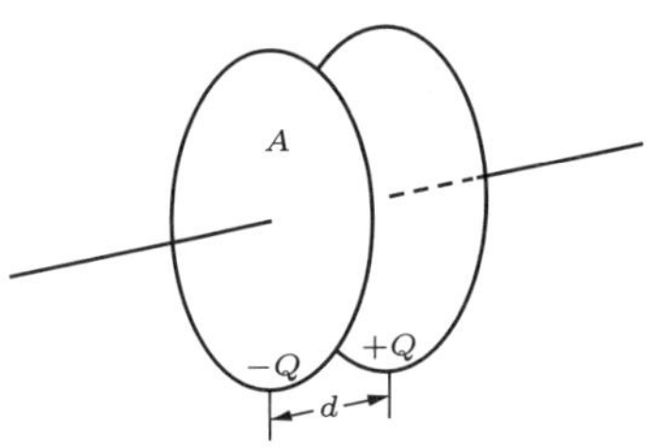

Bild 3.22a *Plattenkondensator.*

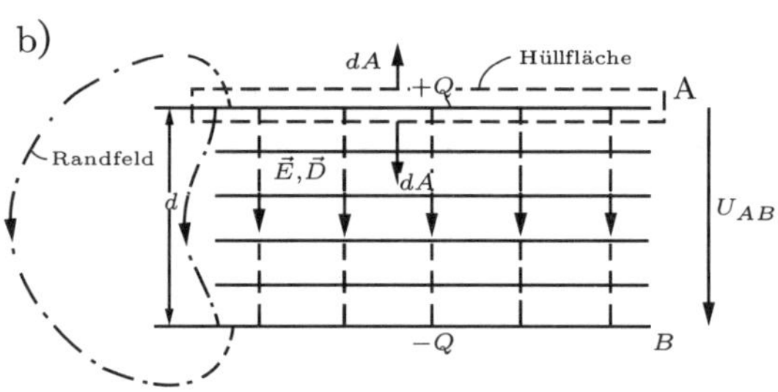

Bild 3.22b *Plattenkondensator (Feldlinien – – – –, Potentiallinien ———).*

Gibt man eine Ladung Q vor, so kann die sich dann einstellende Spannung berechnet und der Quotient nach Gl. (3.31) gebildet werden.

Um diese Vorstellung im Fall des Plattenkondensators heranziehen zu können, idealisiert man die Aufgabe gemäß Bild 3.22b. Das Feld wird als homogen angenommen bei Vernachlässigung der Feldverzerrungen am Rand des Kondensators (im Bild durch zwei strichpunktierte Feldlinien veranschaulicht). Um die zu der Ladung Q gehörende Verschiebungsdichte zu bestimmen, wird Gl. (3.20) auf die in das Bild eingetragene Hüllfläche angewandt. Man erhält

$$Q = DA\,,$$

wobei A die Plattenfläche (einseitig!) bedeutet. Der obere Teil der Hüllfläche liefert keinen Beitrag, da hier die Verschiebungsdichte Null ist. Mit Gl. (3.16) wird

$$D = \frac{Q}{A} \to E = \frac{Q}{\varepsilon A}\,.$$

Die Spannung ergibt sich z. B. mit Gl. (3.6) $(\Delta s = d)$ zu

$$U = \frac{Q}{\varepsilon A} d\,,$$

woraus durch Umformen $C = Q/U$ entsteht, also

$$C = \frac{\varepsilon A}{d}\,. \tag{3.32}$$

Beispiel 3.5

Parallelschaltung von Kondensatoren

Vorgegeben sind zwei Plattenkondensatoren mit den Daten A_1, d_1, ε_1 und A_2, d_2, ε_2 (Bild 3.23).

Zuerst erteilt man dem Anschluss B das Potential Φ_1, wobei Anschluss A isoliert bleibt. Dann wird Anschluss A geerdet. Auf welchen Wert fällt das Potential des Anschlusses B jetzt ab?

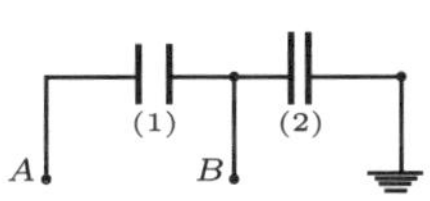

Bild 3.23 *Zu Beispiel 3.5.*

Lösung:

Kondensator (2) erhält die Ladung

$$Q = C_2 \Phi_1\,.$$

Nach Erdung des Anschlusses A (entspricht einer Parallelschaltung von C_1 und C_2) wird

$$\Phi_{neu} = \frac{Q}{C_{ges}} = \Phi_1 \cdot \frac{C_2}{C_2 + C_1} = \Phi_1 \frac{\varepsilon_2 A_2/d_2}{\varepsilon_2 A_2/d_2 + \varepsilon_1 A_1/d_1} = \underline{\underline{\frac{\varepsilon_2 A_2 d_1}{\varepsilon_2 A_2 d_1 + \varepsilon_1 A_1 d_2}}} \Phi_1\,.$$

Beispiel 3.6

Reihenschaltung von Kondensatoren

Zwei gleiche, anfangs ungeladene Plattenkondensatoren $(\varepsilon = \varepsilon_0)$ werden in Reihe geschaltet und an eine Batterie der Spannung U angeschlossen. Man zeige, dass sich das Potential des die beiden Kondensatoren verbindenden

Drahtes um $\frac{1}{2}\frac{\varepsilon_r - 1}{\varepsilon_r + 1}U$ ändert, wenn bei einem der beiden Kondensatoren der Raum zwischen den Platten vollständig mit einem Dielektrikum $(\varepsilon = \varepsilon_0\,\varepsilon_r)$ ausgefüllt wird.

Lösung:

Anfangs liegt an beiden Kondensatoren die Spannung $U/2$ an. Nach Einbringen des Dielektrikums wird die Ladung

$$Q_{\text{neu}} = U \cdot C_{\text{ges}} = \frac{U}{\dfrac{1}{C} + \dfrac{1}{\varepsilon_r C}} = \frac{UC}{1 + \dfrac{1}{\varepsilon_r}}\,.$$

Damit folgt für die Spannung an dem Kondensator mit $\varepsilon = \varepsilon_0\,\varepsilon_r$

$$U_2 = \frac{Q_{\text{neu}}}{\varepsilon_r C}$$

und für die Änderung der Spannung (Potentialdifferenz):

$$\Delta U = \frac{U}{2} - U_2 = \frac{U}{2} - \frac{Q_{\text{neu}}}{\varepsilon_r C} = \frac{U}{2} - \frac{1}{\varepsilon_r C}\cdot\frac{UC}{1 + 1/\varepsilon_r} = \underline{\underline{\frac{U}{2}\frac{\varepsilon_r - 1}{\varepsilon_r + 1}}}\,.$$

Der Kugelkondensator

Ein Kugelkondensator sei aus zwei konzentrisch angeordneten kugelförmigen Leitern aufgebaut (Bild 3.24).

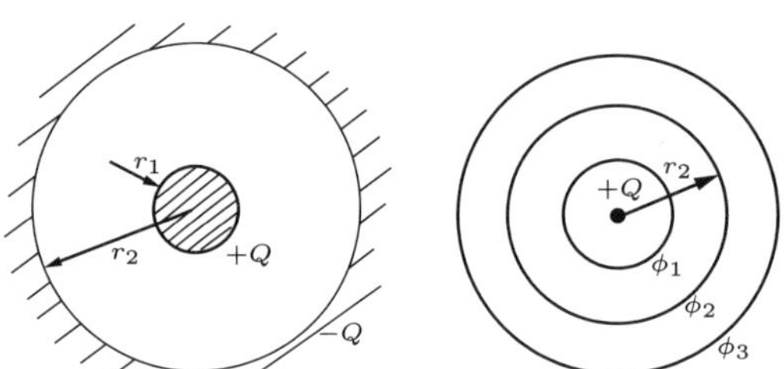

Bild 3.24 *Kugelkondensator: gleiche Feld- und Potentialverteilung wie bei der Punktladung.*

Es werden die gleichen Überlegungen wie beim Plattenkondensator angestellt. Die Verschiebungsdichte lässt sich, da das Feld Kugelsymmetrie aufweist, leicht ermitteln. Man wendet Gl. (3.20) auf eine konzentrische Kugel an, die zwischen beiden Elektroden zu denken ist und den Radius r hat.

$$D = \frac{Q}{4\pi r^2} \to E = \frac{Q}{4\pi\varepsilon}\frac{1}{r^2}\,.$$

Dabei geht die Ladung auf der äußeren Elektrode nicht in Gl. (3.20) ein, da sie außerhalb der Hüllfläche liegt.

Die Spannung zwischen den Elektroden, also zwischen $r = r_1$ und $r = r_2$, folgt durch eine Integration, wie in Abschnitt 3.4.1:

$$U_{PB} \to U_{r_1,r_2} = \frac{Q}{4\pi\varepsilon}\left(\frac{1}{r_1} - \frac{1}{r_2}\right).$$

Wäre man von der Potentialfunktion nach Gl. (3.32a) ausgegangen, so hätte man noch die Grenzen $r1$ und $r2$ einsetzen müssen und ebenso

$$U_{r_1,r_2} = \Phi(r_1) - \Phi(r_2) = \frac{Q}{4\pi\varepsilon}\left(\frac{1}{r_1} - \frac{1}{r_2}\right)$$

erhalten. Die gesuchte Kapazität wird

$$C = \frac{4\pi\varepsilon}{\frac{1}{r_1} - \frac{1}{r_2}} = \frac{4\pi\varepsilon r_1 r_2}{r_2 - r_1}. \tag{3.33}$$

Als Sonderfall erkennt man, dass die Kapazität einer Kugel gegenüber der sehr weit entfernten Umgebung $(r_2 \to \infty)$ ist:

$$C = 4\pi\varepsilon r_1. \tag{3.34}$$

Beispiel 3.7

Kugelkondensator maximaler Kapazität

Zwischen den Elektroden eines Kugelkondensators mit den Radien a und r $(a < r)$ befindet sich ein Dielektrikum mit $\varepsilon_0 \cdot \varepsilon_r$ und der Durchschlagfeldstärke $E_{\max}$.

Man wähle den Radius r so, dass bei vorgegebener Kondensatorspannung U die Kapazität einen maximalen Wert hat, ohne dass die elektrische Feldstärke an irgendeiner Stelle im Dielektrikum größer als $E_{\max}$ wird.

Lösung:

Aus dem Zusammenhang zwischen E_{max} und Q ergibt sich:

$$E_{\max} = \frac{Q_{\max}}{4\pi\varepsilon \cdot a^2} \to Q_{\max} = E_{\max} \cdot 4\pi\varepsilon \cdot a^2.$$

Die Spannung zwischen den Elektroden beträgt:

$$U = \frac{Q_{\max}}{4\pi\varepsilon}\left(\frac{1}{a} - \frac{1}{r}\right) = E_{\max} \cdot a^2\left(\frac{1}{a} - \frac{1}{r}\right) \to \underline{\underline{\frac{1}{r} = \frac{1}{a}\left(\frac{-U/a}{E_{\max}} + 1\right)}}.$$

Mit dem errechneten Wert für r folgt für die maximale Kapazität:

$$C = \frac{4\pi\varepsilon}{\frac{1}{a} - \frac{1}{r}} = \frac{4\pi\varepsilon}{\frac{1}{a} - \frac{1}{a}\left(\frac{-U/a}{E_{\max}} + 1\right)} \to \underline{\underline{C = \frac{4\pi\varepsilon a^2}{U/E_{\max}}}}.$$

Das Koaxialkabel

Zwei konzentrische zylindrische Leiter (Bild 3.25a) bilden ein Koaxialkabel. Der Innenleiter soll die auf die Länge bezogene Ladung $+\lambda$ tragen, der Außenleiter die Ladung $-\lambda$. Es sei eine sehr große Länge des Kabels angenommen, so dass die Feldverzerrungen am Anfang und Ende des Kabels vernachlässigt werden können.

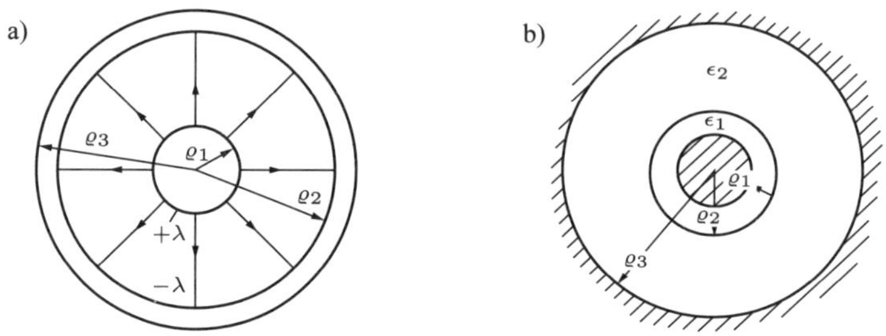

Bild 3.25 *Koaxialkabel; a) allgemein, b) mit geschichtetem Dielektrikum.*

Da das Feld zylindersymmetrisch ist, wird die Auswertung von Gl. (3.20) sehr einfach, wenn als Hüllfläche ein koaxialer Zylinder mit dem Radius ϱ vorsehen wird, der zwischen beiden Elektroden liegt. Die weiteren Überlegungen entsprechen denen, die in Abschnitt 3.4.3 zu der Potentialfunktion nach Gl. (3.27) geführt haben. Die Spannung ergibt sich zu

$$U_{\varrho_1,\varrho_2} = \Phi(\varrho_1) - \Phi(\varrho_2) = \frac{\lambda}{2\pi\varepsilon}\ln\frac{\varrho_2}{\varrho_1}$$

Daraus kann λ/U, also eine Kapazität pro Länge errechnet werden, die man mit C' bezeichnet:

$$\frac{\lambda}{U} = \frac{C}{l} = C' .$$

Das gesuchte Ergebnis lautet:

$$C' = \frac{2\pi\varepsilon}{\ln\frac{\varrho_2}{\varrho_1}} . \tag{3.35}$$

Vor allem durch das letzte Beispiel ist deutlich geworden, dass die Kapazitätsberechnung sehr leicht durchzuführen ist, wenn die zu der vorgegebenen Anordnung gehörende Potentialfunktion bekannt ist. Dann hat man

$$C = \frac{Q}{\Phi_+ - \Phi_-} \quad \text{bzw.} \quad C' = \frac{\lambda}{\Phi_+ - \Phi_-} . \tag{3.36}$$

Φ_+ und Φ_- bedeuten die Potentialwerte auf der positiven bzw. negativen Elektrode des Kondensators. Für eine positive Ladung Q bzw. λ ergibt sich die Kapazität positiv, wie es sein muss.

Beispiel 3.8
Koaxialkabel mit geschichtetem Dielektrikum

Das Dielektrikum eines Koaxialkabels besteht aus zwei Schichten (Bild 3.25b).

a) Wie groß ist die Kapazität des Kabels?

b) Wie groß sind die maximalen Feldstärken in beiden Dielektrika? Die Spannung U zwischen Hin- und Rückleiter ist als gegeben anzusehen.

c) Wie muss die Größe ϱ_2 gewählt werden, damit die beiden unter b) ermittelten Feldstärken gleichgroß werden?

Lösung:

a) Mit Gl. (3.26) bzw. (3.27) wird

$$U = \frac{\lambda}{2\pi\varepsilon_1}\int_{\varrho_1}^{\varrho_2}\frac{d\varrho}{\varrho} + \frac{\lambda}{2\pi\varepsilon_2}\int_{\varrho_2}^{\varrho_3}\frac{d\varrho}{\varrho} = \frac{\lambda}{2\pi}\left(\frac{1}{\varepsilon_1}\ln\frac{\varrho_2}{\varrho_1} + \frac{1}{\varepsilon_2}\ln\frac{\varrho_3}{\varrho_2}\right)$$

und wegen Gl. (3.36)

$$C' = \frac{2\pi}{\frac{1}{\varepsilon_1}\ln\frac{\varrho_2}{\varrho_1} + \frac{1}{\varepsilon_2}\ln\frac{\varrho_3}{\varrho_2}}.$$

b) Mit Gl. (3.26) folgt für die Maximalwerte bei $\varrho = \varrho_1$, $\varrho = \varrho_2$:

$$E_1(\varrho_1) = \frac{\lambda}{2\pi\varepsilon_1\varrho_1}, \qquad E_2(\varrho_2) = \frac{\lambda}{2\pi\varepsilon_2\varrho_2}.$$

c) $E_1(\varrho_1) = E_2(\varrho_2)$ für $\varepsilon_1\varrho_1 = \varepsilon_2\varrho_2 \rightarrow \varrho_2 = \frac{\varepsilon_1}{\varepsilon_2}\varrho_1$.

(Voraussetzung: $\varepsilon_1 > \varepsilon_2$)

3.7 Spezielle Methoden der Feldberechnung

3.7.1 Das Prinzip der Materialisierung

Bei der Bestimmung der Kapazitäten von Kugel- und Zylinderkondensator hat sich gezeigt, dass der Rechnungsgang fast vollständig mit dem übereinstimmt, der bei der Ermittlung der Potentialfunktionen von Punkt- und Linienladung einzuschlagen ist. Das legt die Vermutung nahe, dass man auch unmittelbar von den bekannten Potentialfunktionen einfacher Ladungsverteilungen ausgehen kann, sofern nur die Feldstruktur der komplizierteren Anordnung, die untersucht werden soll, der der bekannten Potentialfunktion entspricht.

Diese Vorstellung soll durch ein Gedankenexperiment verdeutlichet werden. Betrachtet wird die in Bild 3.24 dargestellte Potentialverteilung in der Umgebung einer Punktladung. Angenommen wird, dass eine Potentialfläche mit dem Radius r_2 materialisiert werden kann. D. h. es soll die ursprüngliche Anordnung durch eine konzentrische ungeladene leitende Hohlkugel von ganz geringer Wandstärke ergänzt werden. An dem Feld in der Umgebung der Punktladung ändert sich dadurch nichts, denn durch Influenz werden auf der Innenseite der Hohlkugel negative Ladungen entstehen und auf der Außenseite gleich viele positive. Der von der Punktladung Q ausgehende elektrische Fluss endet in den negativen influenzierten Ladungen, während die positiven Influenzladungen außerhalb der Hohlkugel genau das gleiche Feld zur Folge haben, das vor dem Einfügen der Hohlkugel existierte (Bild 3.26, rechter Teil).

Besteht nun die Hohlkugel aus zwei dünnen, sich berührenden Folien, so dass man sich vorstellen kann, dass etwa die innere Folie mit den negativen Influenzladungen und außerdem die Punktladung Q entfernt werden, so bleibt die äußere Folie mit den positiven Ladungsträgern übrig (Bild 3.26, mittlerer Teil). Das Feld außerhalb der Kugel stimmt mit dem ursprünglichen überein, während das Kugelinnere jetzt feldfrei ist.

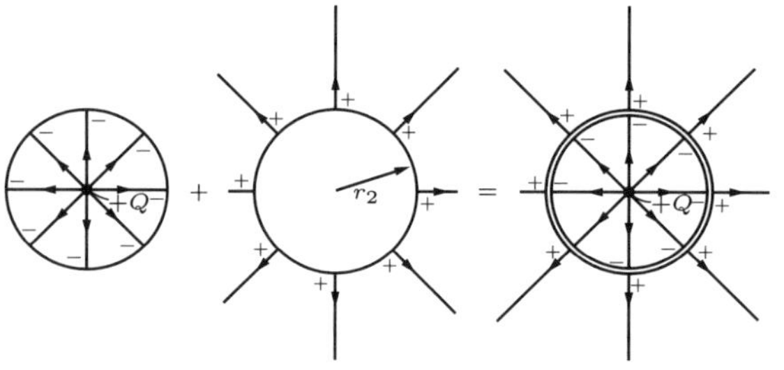

Bild 3.26 *Prinzip der Materialisierung; Superposition.*

Bei Entfernen der äußeren Folie mit den positiven Influenzladungen entsteht die in Bild 3.26, linker Teil, dargestellte Hohlkugel, die eine Punktladung $+Q$ umgibt und auf ihrer Innenfläche die Ladung $-Q$ trägt.

Damit lassen sich durch die Potentialfunktion der Punktladung die Felder der beiden in Bild 3.26, linker und mittlerer Teil, dargestellten Anordnungen beschreiben. Zu beachten ist dabei, dass die Lösung im ersten Fall nur für den Bereich $0 \le r \le r_2$ gilt, im zweiten für den Bereich $r_2 \le r$. Das hier besprochene Verfahren, das im wesentlichen von der Vorstellung Gebrauch macht, dass man Äquipotentialflächen durch ungeladene leitende Flächen ersetzen kann, ohne dass sich dadurch die Feldverteilung ändert, nennt man das **Prinzip der Materialisierung.**

Als erste Anwendung soll die Kapazität zwischen den Leitern einer sehr langen Doppelleitung berechnet werden, wenn beide Leiter sehr dünn sind und den Radius ϱ_0 haben. Der Abstand zwischen den Leiterachsen beträgt d. Das Feld sei von den beiden Linienladungen $+\lambda$ und $-\lambda$ erzeugt und die zwei Potentialflächen sollen als materialisiert angesehen werden und damit die Leiteroberflächen bilden. Nach Gl. (3.27) und der Überlagerung der Potentialfunktionen der beiden Linienladungen erhält man:

$$\Phi = \frac{\lambda}{2\pi\varepsilon} \ln \frac{1}{\varrho_+} - \frac{\lambda}{2\pi\varepsilon} \ln \frac{1}{\varrho_-} + K$$

oder

$$\Phi = \frac{\lambda}{2\pi\varepsilon} \ln \frac{\varrho_-}{\varrho_+} + K . \tag{3.37}$$

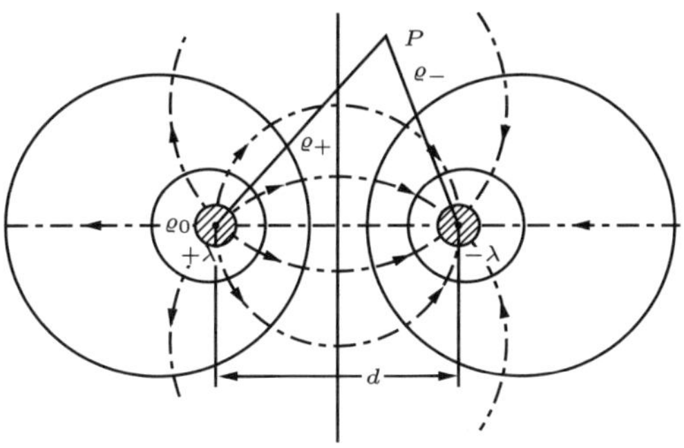

Bild 3.27 *Feld zweier Linienladungen entgegengesetzten Vorzeichens; Doppelleitung.*

K ist eine willkürliche Konstante. Bild 3.27 zeigt das zu dieser Gleichung gehörende Feldbild. Die Potentiallinien sind durch konstante Potentialwerte gekennzeichnet; das bedeutet hier wegen Gl. (3.37), dass für jede Potentiallinie der Quotient ϱ_- / ϱ_+ eine bestimmte Konstante sein muss. Nach einem Satz aus der Geometrie (Satz des Apollonius) sind damit die Potentiallinien Kreise. Ihre Mittelpunkte fallen dabei nicht mit der Lage der Linienladungen zusammen. Nur Potentiallinien mit sehr kleinem Radius sind näherungsweise konzentrisch zu den Linienladungen. Will man also die Oberflächen der vorgegebenen Leiter, in deren Achsen man sich die Linienladungen denkt, durch materialisierte Potentialflächen annähern, so wird diese Annäherung um so besser, je kleiner ϱ_0 im Vergleich zu d gewählt wird. Unter dieser Voraussetzung werden Φ_+ und Φ_- unter Verwendung von Gl. (3.37) berechnet. Dazu wird der Aufpunkt P zuerst auf den linken Leiter gelegt $\left(\varrho_+ = \varrho_0, \varrho_- \approx d\right)$. Damit erhält man

$$\Phi_+ = \frac{\lambda}{2\pi\varepsilon} \ln \frac{d}{\varrho_0} + K$$

Entsprechend erhält man für den rechten Leiter $(\varrho_+ \approx d, \varrho_- = \varrho_0)$

$$\Phi_- = \frac{\lambda}{2\pi\varepsilon} \ln \frac{\varrho_0}{d} + K .$$

Nach Einsetzen in Gl. (3.36) ergibt sich

$$\boxed{C' = \frac{\pi\varepsilon}{\ln \dfrac{d}{\varrho_0}}} . \tag{3.38}$$

bei $d \gg C'\varrho_0$.

Als nächstes Beispiel werden zwei sehr lange Linienladungen gleicher Größe und gleichen Vorzeichens betrachtet. Mit den in Bild 3.28 angegebenen Bezeichnungen lautet die Potentialfunktion, wenn man von Gl. (3.27) ausgeht und die Teilpotentiale überlagert:

$$\Phi = \frac{\lambda}{2\pi\varepsilon} \ln \frac{1}{\varrho_1} + \frac{\lambda}{2\pi\varepsilon} \ln \frac{1}{\varrho_2} + K$$

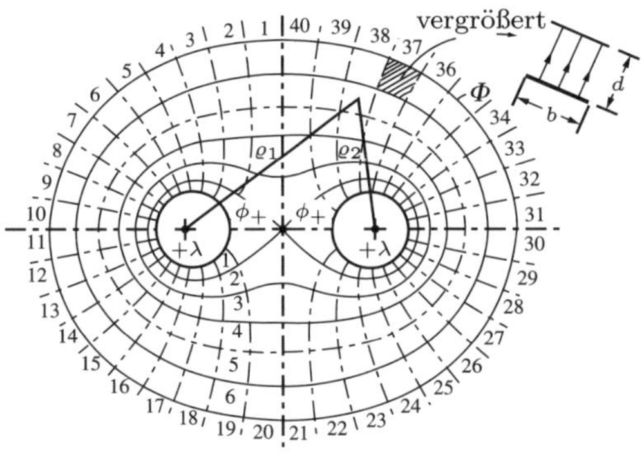

Bild 3.28 *Feld zweier Linienladungen gleichen Vorzeichens (Feldlinien - · - · - · - ·, Potentiallinien ————).*

oder

$$\Phi = \frac{\lambda}{2\pi\varepsilon}\ln\frac{1}{\varrho_1\varrho_2} + K\,. \tag{3.39}$$

Bild 3.28 zeigt auch das zu dieser Gleichung gehörende Feldbild. Denkt man sich hier die mit Φ_+ bezeichneten Potentialflächen materialisiert, so hat man das Feld in der Umgebung eines Bündelleiters, der in der Hochspannungstechnik eine große Rolle spielt. Durch Differenzieren von Gl. (3.39) lässt sich die für die Anwendung wichtige Frage nach der Oberflächenfeldstärke beantworten (Beispiel 3.9). Wäre die mit Φ_- bezeichnete Potentialfläche ein metallischer Schirm, so könnte man die Kapazität zwischen dem Leiterbündel und diesem Schirm nach derselben Vorgehensweise ausrechnen, die für die Doppelleitung vorgeführt wurde.

Beispiel 3.9

Bündelleiter

Eine sehr lange Doppelleitung (Achsenabstand a, Leiterradius $R_0 \ll a$, Linienladungen $+\Lambda, -\Lambda$ gemäß Bild 3.27) ist mit der Anordnung nach Bild 3.29 zu vergleichen (Voraussetzung: $a \gg D \gg r_0$).

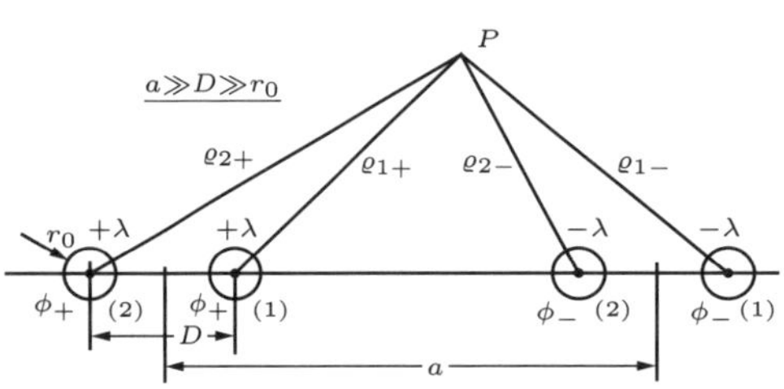

Bild 3.29 *Doppelleitung, bestehend aus zwei Leiterbündeln.*

a) Gegeben seien a, D, r_0. Wie groß muss R_0 gewählt werden, damit in beiden Fällen die Kapazität zwischen Hin- und Rückleitung gleich ist?

b) Gegeben seien a, D, R_0. Zunächst lege man r_0 so fest, dass für beide Fälle der Materialaufwand gleich ist. Wie verhält sich die Oberflächenfeldstärke auf dem Bündelleiter zu der auf dem Einzelleiter?

c) Die Endformel unter b) ist für folgende Zahlenangaben auszuwerten:

$R_0 = 10$ mm, $\quad a = 10$ m, $\quad D = 20$ cm.

Lösung:

Die Kapazität der Doppelleitung ist bekannt: Gl. (3.38).

$$C' = \frac{\pi\varepsilon}{\ln\dfrac{a}{R_0}} .$$

Für die Anordnung nach Bild 3.29 gilt mit Gl. (3.37):

$$\Phi(P) = \frac{\lambda}{2\pi\varepsilon}\ln\frac{\varrho_{1-}}{\varrho_{1+}} + \frac{\lambda}{2\pi\varepsilon}\ln\frac{\varrho_{2-}}{\varrho_{2+}} = \frac{\lambda}{2\pi\varepsilon}\ln\frac{\varrho_{1-}\,\varrho_{2-}}{\varrho_{1+}\,\varrho_{2+}},$$

$$C' = \frac{2\lambda}{\Phi_+ - \Phi_-} = \frac{2\lambda}{2\Phi_+} = \frac{\lambda}{\dfrac{\lambda}{2\pi\varepsilon}\ln\dfrac{a^2}{r_0 D}} = \frac{2\pi\varepsilon}{\ln\dfrac{a^2}{r_0 D}} .$$

a) Gleiche Kapazität für $\dfrac{a}{R_0} = \left(\dfrac{a^2}{r_0 D}\right)^{1/2}$ oder $\underline{\underline{R_0' = \sqrt{r_0 D}}}$.

Die Oberflächenfeldstärke ergibt sich mit Gl. (3.26).

Einzelleiter: $E(R_0) = \dfrac{\Lambda}{2\pi\varepsilon}\cdot\dfrac{1}{R_0}$ mit $\Lambda = C'\cdot U$

$$\underline{\underline{E(R_0) = \frac{U}{2\,R_0 \ln\dfrac{a}{R_0}}}} .$$

Bündelleiter: $E(r_0) = \dfrac{\lambda}{2\pi\varepsilon}\cdot\dfrac{1}{r_0}$ mit $2\lambda = C'\cdot U$

$$\underline{\underline{E(r_0) = \frac{U}{2\,r_0 \ln\dfrac{a^2}{r_0 D}}\left(= \frac{U}{2\,r_0\cdot 2\ln\dfrac{a}{R_0'}}\right)}} .$$

b) Gleicher Leiterquerschnitt: $\pi R_0^2 = 2\pi r_0^2 \rightarrow r_0 = R_0/\sqrt{2}$

$$\frac{E(r_0)}{E(R_0)} = \frac{2\,R_0\ln\dfrac{a}{R_0}}{2 r_0 \ln\dfrac{a^2}{r_0 D}} = \underline{\underline{\sqrt{2}\,\frac{\ln\dfrac{a}{R_0}}{\ln\dfrac{a^2\sqrt{2}}{R_0 D}}}} .$$

c) Zahlenwerte:

$$\frac{E(r_0)}{E(R_0)} = \sqrt{2}\,\frac{\ln 10^3}{\ln(10^6\cdot\sqrt{2/20})} = \underline{\underline{87{,}5\,\%}} \quad (R_0' = 3{,}76 \text{ cm}).$$

Beispiel 3.10

Ladungsverteilung auf Leitungen

Drei sehr lange, parallele Leiter mit gleichem Radius sind gemäß Bild 3.30 angeordnet. Die beiden linken Leiter dienen als Hinleitung und haben das Potential Φ_0, der rechte Leiter bildet die Rückleitung und hat das Potential Null.

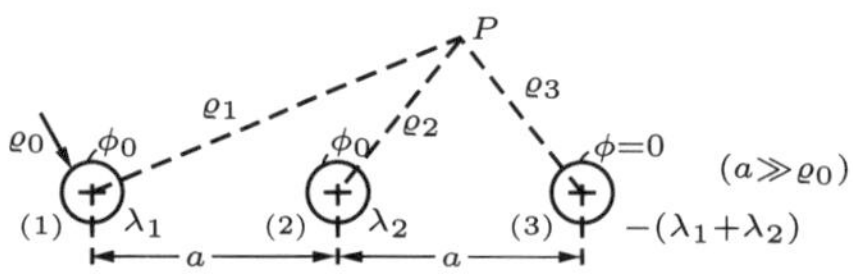

Bild 3.30 *Drei parallele Leiter, von denen zwei gleiches Potential haben.*

Zu berechnen sind die Linienladungen λ_1 und λ_2.

Lösung:

Es wird angesetzt:

$$\Phi(P) = \frac{1}{2\pi\varepsilon}\left(\lambda_1 \ln\frac{1}{\varrho_1} + \lambda_2 \ln\frac{1}{\varrho_2} + (\lambda_1+\lambda_2)\ln\varrho_3\right) + K$$
$$= \frac{1}{2\pi\varepsilon}\left(\lambda_1 \ln\frac{\varrho_3}{\varrho_1} + \lambda_2 \ln\frac{\varrho_3}{\varrho_2}\right) + K.$$

Nun muss man K so festlegen, dass Φ auf Leiter 3 Null wird:

$$K = -\frac{1}{2\pi\varepsilon}\left(\lambda_1 \ln\frac{\varrho_0}{2a} + \lambda_2 \ln\frac{\varrho_0}{a}\right).$$

Damit wird

$$\Phi(P) = \frac{1}{2\pi\varepsilon}\left(\lambda_1 \ln\frac{\varrho_3\, 2a}{\varrho_1\,\varrho_0} + \lambda_2 \ln\frac{\varrho_3\, a}{\varrho_2\,\varrho_0}\right).$$

Auf Leiter 1 soll $\Phi = \Phi_0$ sein:

$$\Phi_0 = \frac{1}{2\pi\varepsilon}\left(\lambda_1 \ln\frac{(2a)^2}{\varrho_0^2} + \lambda_2 \ln\frac{2a\,a}{a\,\varrho_0}\right).$$

ebenfalls auf Leiter 2:

$$\Phi_0 = \frac{1}{2\pi\varepsilon}\left(\lambda_1 \ln\frac{a\,2a}{a\,\varrho_0} + \lambda_2 \ln\frac{a\,a}{\varrho_0\,\varrho_0}\right).$$

Aus diesen beiden Gln. für die beiden Unbekannten λ_1 und λ_2 folgt:

$$\underline{\underline{\lambda_2 = \frac{2\pi\varepsilon\Phi_0}{\ln\dfrac{a^3}{2\varrho_0^3}}}},\quad \lambda_1 = \pi\varepsilon\Phi_0\left(\frac{1}{\ln\dfrac{2a}{\varrho_0}} - \frac{1}{\ln\dfrac{a^3}{2\varrho_0^3}}\right) \underline{\underline{= 2\pi\varepsilon\Phi_0\,\frac{\ln\dfrac{a}{2\varrho_0}}{\ln\dfrac{2a}{\varrho_0}\cdot\ln\dfrac{a^3}{2\varrho_0^3}}}}.$$

3.7.2 Die Kästchenmethode

Ist das Feldbild (Feldlinien und Potentiallinien) zwischen zwei sehr langen, parallelen Leitern bekannt, so kann aus diesem Feldbild sofort auf die Kapazität zwischen den beiden Leitern geschlossen werden. Um das zu erläutern, halten wir uns wieder an das Beispiel nach Bild 3.28. Es seien alle Potentialflächen materialisiert. Dann lässt sich die Kapazität zwischen den durch die Potentiale Φ_+ und Φ_- gekennzeichneten Flächen auffassen als Reihenschaltung aus den sechs Kapazitäten zwischen benachbarten Potentialflächen:

$$\frac{1}{C_{ges}} = \frac{1}{C_{r1}} + \frac{1}{C_{r2}} + \ldots + \frac{1}{C_{r6}}.$$

Jede dieser Kapazitäten C_{r1} bis C_{r6} kann man als Parallelschaltung von „Elementarkondensatoren" ansehen, deren Querschnitt in Bild 3.28 als nahezu quadratisches „Kästchen" erscheint. Insgesamt sind im vorliegenden Fall 40 derartige Elementarkondensatoren parallel geschaltet. Die Kapazität C_0 jedes Elementarkondensators kann näherungsweise mit der für den Plattenkondensator hergeleiteten Formel bestimmt werden:

$$C_0 = \frac{\varepsilon b l}{d}$$

(l = Länge der Platten, b = Breite der Platten, d = Plattenabstand).

Da hier quadratische Kästchen vorliegen ($b = d$), vereinfacht sich die Gleichung zu

$$C_0 = \varepsilon l\ .$$

Die Kapazität zwischen zwei benachbarten Potentialflächen wird hier also

$$C_r = 40\,C_0\,.$$

Da alle sechs in Reihe geschalteten Kapazitäten den gleichen Wert haben, folgt

$$C_{ges} = \frac{1}{6} \cdot 40\ C_0 = \frac{20}{3}\varepsilon l$$

oder

$$C'_{ges} = \frac{20}{3}\ \varepsilon.$$

Ist in einem beliebigen zweidimensionalen Fall das Feld zwischen zwei Elektroden durch n Feldlinien und $m - 1$ Potentiallinien dargestellt, wobei Feld- und Potentiallinien quadratische Kästchen begrenzen, so gilt allgemein für die Kapazität pro Länge:

$$C' = \frac{n}{m}\ \varepsilon. \tag{3.40}$$

Damit ist ein graphisches Verfahren zur Kapazitätsermittlung gefunden: die sog. **„Kästchenmethode"**. Man muss also den Raum zwischen den Elektroden des Kondensators möglichst genau in kleine Quadrate aufteilen und dabei beachten, dass die Leiteroberflächen Äquipotentialflächen bilden und dass Feldlinien auf den Leitern senkrecht stehen. Das Verfahren erscheint mühsam, führt aber bei einiger Übung zu sehr befriedigenden Resultaten.

Wichtig erscheint der Hinweis, dass die Methode nur bei zweidimensionalen Feldern anwendbar ist, also bei solchen, die in allen parallelen Querschnitten die gleiche Gestalt haben. Kompliziertere Anordnungen können nur mit Hilfe von mathematischen Methoden der „Theoretischen Elektrotechnik" berechnet werden.

3.8 Energie und Kräfte

3.8.1 Elektrische Energie und Energiedichte

Die in einem Kondensator gespeicherte Energie lässt sich einfach bestimmen, indem man den Aufladevorgang betrachtet. Betrachtet man den zeitlichen Verlauf der Spannung $u(t)$ am Kondensator, der auf einen Endwert U anwächst, und des Stromes $i(t)$, so lässt sich die dem Kondensator zugeführte Energie mit Gl. (1.14) wie folgt berechnen:

$$W_e = \int_0^{\infty} u(t)\, i(t)\, dt.$$

Der zeitliche Verlauf von Strom und Spannung braucht nicht bekannt zu sein. Es kann nämlich $i(t)\, dt$ durch den Ladungszuwachs dQ ersetzt werden

$$W_e = \int_0^{Q_e} u dQ. \tag{3.41}$$

Im Fall des Plattenkondensators mit dem Plattenabstand d und der Plattenfläche A wird $u = Ed$ und $dQ = A dD$, so dass folgt:

$$W_e = A\, d \int_0^{D_e} E dD$$

oder

$$W_e = V \int_0^{D_e} E dD\,, \tag{3.42}$$

wobei D_e den Endwert der Verschiebungsdichte bedeutet und V das von dem Feld durchsetzte Volumen des Plattenkondensators. Für die Energie pro Volumen, also $w_e = W_e/V$, gilt dann

$$\boxed{w_e = \int_0^{D_e} E dD}\,. \tag{3.43}$$

Diese Gleichung ist in Bild 3.31 veranschaulicht. Ganz analoge Beziehungen werden wir in Abschnitt 6.2.1 antreffen.

Wenn ε konstant ist, lässt sich das Integral (3.43) leicht auswerten. Mit Gl. (3.16) ergibt sich zunächst

$$w_e = \int_0^{D_e} \frac{D}{\varepsilon} dD = \frac{1}{2} \frac{D_e^2}{\varepsilon}.$$

Wir lassen bei D_e den Index e jetzt weg und schreiben mit $D = \varepsilon E$ insgesamt drei Ausdrücke für die elektrische **Energiedichte** auf:

$$w_e = \frac{1}{2} \varepsilon E^2 = \frac{1}{2} DE = \frac{1}{2} \frac{D^2}{\varepsilon}. \tag{3.44}$$

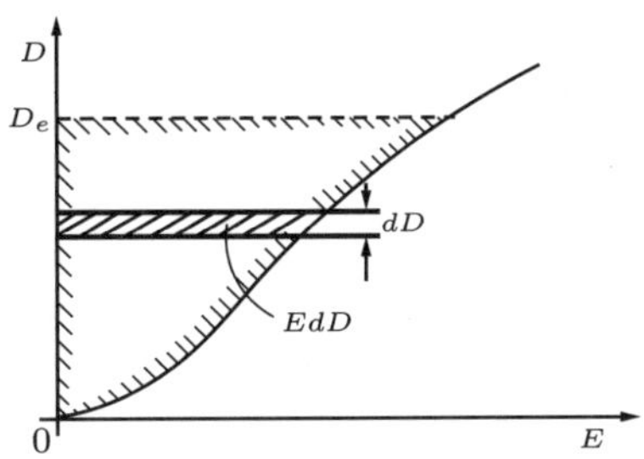

Bild 3.31 *Zur Veranschaulichung des Integrals* $\int_0^{D_e} EdD$.

Diese für den Plattenkondensator hergeleiteten Beziehungen gelten ganz allgemein, d. h. auch für inhomogene Felder. Das ergibt sich aus der in Abschnitt 3.7.2 entwickelten Vorstellung, nach der man sich einen Kondensator aus einer Vielzahl von Elementarkondensatoren aufgebaut denken kann, die durchweg Plattenkondensatoren sind. Das bedeutet gleichzeitig, dass man als Träger der Energie das Feld ansieht.

Gl. (3.41) kann mit Gl. (3.28) für konstantes C auch wie folgt ausgewertet werden:

$$W_e = \int_0^{Q_e} udQ = C\int_0^{U} udu = \frac{1}{2}CU^2 . \tag{3.45}$$

Mit Hilfe von Gl. (3.28) lassen sich zwei weitere Ausdrücke gewinnen, so dass sich insgesamt die folgenden Darstellungsformen für die vom Kondensator gespeicherte **elektrische Energie** ergeben:

$$\boxed{W_e = \frac{1}{2}CU^2 = \frac{1}{2}QU = \frac{1}{2}\frac{Q^2}{C}} . \tag{3.46}$$

Beispiel 3.11

Energieverlust beim Parallelschalten geladener Kondensatoren

Zwei Kondensatoren C_1 und C_2, die zunächst die Ladungen Q_1 bzw. Q_2 tragen, werden parallel geschaltet. Man zeige, dass dabei ein Energieverlust von

$$W_1 - W_2 = \frac{(Q_1C_2 - Q_2C_1)^2}{2C_1C_2(C_1 + C_2)}$$

auftritt.

Lösung:

Nach Gl. (3.46) ist die Energie vor dem Parallelschalten

$$W_1 = \frac{1}{2}\frac{Q_1^2}{C_1} + \frac{1}{2}\frac{Q_2^2}{C_2} ,$$

und nach dem Parallelschalten

$$W_2 = \frac{1}{2}\frac{(Q_1 + Q_2)^2}{C_1 + C_2} .$$

Die Ladung bleibt also erhalten. Für die Differenz $W_1 - W_2$ erfolgt nach geschicktem Zusammenfassen der oben angegebene Ausdruck. Der Energieverlust tritt in den Verbindungsleitungen auf oder wird abgestrahlt.

3.8.2 Kräfte im elektrostatischen Feld

Zuerst sollen die Kräfte, die auf die Elektroden von Kondensatoren wirken, mit Hilfe des Energiesatzes bestimmt werden. Dieses Verfahren ist auch in der Mechanik gebräuchlich und wird dort als **Prinzip der virtuellen Verschiebung** bezeichnet. Es wird eine kleine Verschiebung einer Elektrode des Kondensators angenommen. Dann stellt man die Energiebilanz auf und löst die entsprechende Gleichung nach der gesuchten Kraft auf.

Zunächst soll der geladene Kondensator keine Verbindung mit einer Spannungsquelle haben, so dass die Ladung während der Verschiebung konstant bleibt (Bild 3.32).

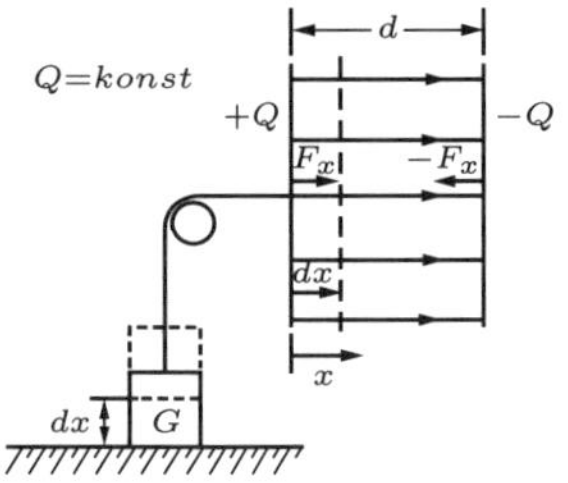

Bild 3.32 *Zur Herleitung der Kraft mit Hilfe des Prinzips der virtuellen Verschiebung bei* $Q = konst$.

Energie tritt hier in zwei Formen auf. Als elektrische Feldenergie, die im Kondensator gespeichert ist und als mechanische Energie – dargestellt durch die potentielle Energie des Gewichts G. Nun lässt man eine Verschiebung der linken Kondensatorplatte um dx nach rechts zu. Dabei soll die Bewegung reibungsfrei und auf Grund einer entsprechend gewählten Größe von G so langsam erfolgen, dass von der geringen kinetischen Energie der Platte abgesehen werden kann. Die Gesamtenergie des Systems ändert sich bei dieser Verschiebung nicht, es muss also für die Änderung der Gesamtenergie gelten:

$$dW_{ges} = d(W_e + W_m) = dW_e + dW_m = 0.$$

Hierin ist $dW_m = F_x dx$, womit folgt:

$$\boxed{F_x = -\frac{dW_e^{(Q)}}{dx}.} \tag{3.47}$$

Der hochgestellte Index (Q) soll daran erinnern, dass bei der Herleitung der Gleichung eine konstante Ladung vorausgesetzt wurde.

Bleibt der Kondensator während der Verschiebung mit der Spannungsquelle verbunden (Bild 3.33), so ist in die Energiebetrachtung zusätzlich die in der Batterie gespeicherte Energie (hier mit W_B bezeichnet) einzubeziehen. Lässt man jetzt eine Verschiebung der linken Platte um dx nach rechts zu – unter sonst gleichen Voraussetzungen wie im ersten Fall –, so lautet die Forderung, dass die Gesamtenergie des Systems konstant bleiben muss:

$$dW_{ges} = d\left(W_e + W_m + W_B\right) = dW_e + dW_m + dW_B = 0 .$$

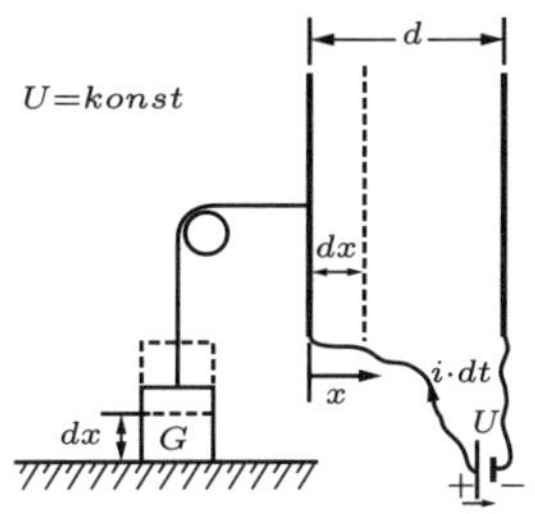

Bild 3.33 *Zur Herleitung der Kraft mit Hilfe des Prinzips der virtuellen Verschiebung bei U = konst.*

Die drei Energieänderungen sind hier als Zunahmen definiert. Mit der in Bild 3.33 festgelegten Zählrichtung für x wird die Zunahme wie im ersten Fall

$$dW_m = F_x dx \,.$$

Für dW_e ergibt sich mit Gl. (3.45)

$$dW_e = d\left(\frac{1}{2}CU^2\right) = \frac{1}{2}U^2 dC \,,$$

also auch ein Zuwachs, da die Kapazität sich vergrößert. Eine Kapazitätsvergrößerung hat nach $Q = CU$ eine weitere Aufladung des Kondensators zur Folge, die Batterie gibt Energie ab:

$$dW_B = -Uidt = -UdQ = -Ud(CU) = -U^2 dC \,.$$

Die drei Energieänderungen ergänzen sich zu Null:

$$F_x\, dx - \frac{1}{2}U^2 dC = 0 \,.$$

Schreibt man für $\frac{1}{2}U^2 dC$ wieder dW_e, so hat man

$$\boxed{F_x = \frac{dW_e^{(U)}}{dx}} \,. \qquad (3.48)$$

Hier soll der hochgestellte Index (U) darauf hinweisen, dass die Formel eine konstante Spannung voraussetzt.

Die Gln. (3.47) und (3.48) gelten nicht nur für Plattenkondensatoren (Bild 3.32 und 3.33), sondern für beliebige Elektrodenformen. Das ergibt sich daraus, dass bei der Herleitung der Gleichungen an keiner Stelle eine Voraussetzung über eine bestimmte Form der Elektroden gemacht wurde.

Es soll jetzt die Kraft auf die Platten eines Plattenkondensators bestimmt werden. Um die Gln. (3.47) und (3.48) anwenden zu können, wird für x die Zählrichtung nach Bild 3.32 gewählt. Die jetzt von x abhängige Kapazität ist

$$C(x) = \frac{\varepsilon A}{d - x} \,.$$

Dann folgt mit (3.46)

$$W_e^{(Q)} = \frac{1}{2}\frac{Q^2}{C} = \frac{Q^2(d-x)}{2\varepsilon A}, \qquad W_e^{(U)} = \frac{1}{2}CU^2 = \frac{U^2\varepsilon A}{2(d-x)}$$

und gemäß Gl. (3.47)

$$F_x = +\frac{Q^2}{2\varepsilon A}. \tag{3.49}$$

Die Kraft ist konstant und unabhängig von x. Bei Verwendung von Gl. (3.48) hat man

$$F_x = \frac{U^2\varepsilon A}{2(d-x)^2}.$$

Das Ergebnis ist von der Lage der linken Platte abhängig. Hier interessiert der Fall, dass der Plattenabstand d beträgt und demnach $x = 0$ ist:

$$F_x = \frac{U^2\varepsilon A}{2d^2}. \tag{3.50}$$

Beide Ergebnisse (3.49) und (3.50) lassen sich ineinander umrechnen und auch folgendermaßen darstellen:

$$F_x = \frac{\varepsilon E^2 A}{2} = \frac{DEA}{2} = \frac{D^2 A}{2\varepsilon}.$$

Aus dieser Zeile liest man für die Kraft pro Fläche

$$\sigma = \frac{F_x}{A}$$

sofort ab:

$$\boxed{\sigma = \frac{1}{2}\varepsilon E^2 = \frac{1}{2}DE = \frac{1}{2}\frac{D^2}{\varepsilon}}. \tag{3.51}$$

Man nennt σ die **Kraftdichte.** Vergleicht man diese Formeln mit den Gln. (3.44), so zeigt sich, dass w_e und σ übereinstimmen. Auch diese Formeln sind – aus den im Zusammenhang mit den Gln. (3.44) angeführten Gründen – nicht nur für den Plattenkondensator gültig, sondern sind bei beliebig geformter Leiteroberfläche anwendbar.

Die Kraft, die auf die Platten eines Plattenkondensators wirkt, lässt sich mit $D \cdot A = Q$ auch beschreiben als

$$F_x = \frac{1}{2}QE.$$

Bemerkenswert ist, dass diese Formel bis auf den Faktor 1/2 mit Gl. (3.5) übereinstimmt. Wesentliche Unterschiede liegen darin, dass bei Gl. (3.5) die Ladung als punktförmig anzusehen ist und E das Fremdfeld bedeutet, während mit den im vorliegenden Abschnitt auftretenden Feldgrößen immer das tatsächlich vorhandene Feld gemeint ist.

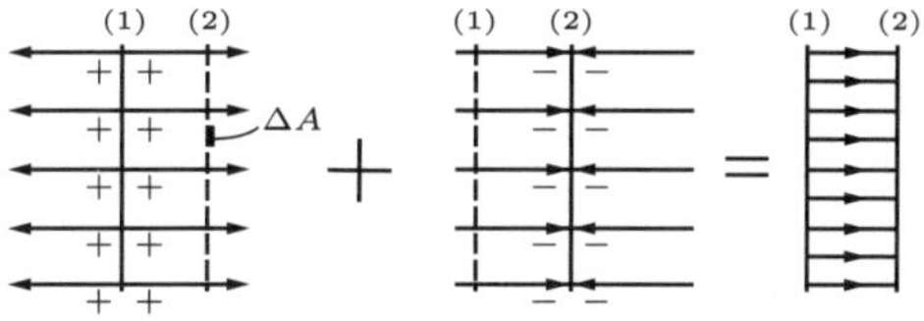

Bild 3.34 *Zur Berechnung der Kraft zwischen den Platten eines Plattenkondensators mit Gl. (3.5).*

Beachtet man die Voraussetzungen, unter denen Gl. (3.5) gilt, so kann man aus dieser Gleichung auch das Ergebnis (3.49) herleiten. Angenommen wird zu diesem Zweck eine Anordnung, die aus der linken Kondensatorplatte besteht und einem kleinen, fast punktförmigen Flächenelement ΔA der rechten Platte, das die Ladung ΔQ trägt (Bild 3.34). Jetzt sind die Voraussetzungen der Gl. (3.5) offensichtlich erfüllt und es kann für die Kraft auf das Flächenelement geschrieben werden:

$$\Delta F = \Delta Q E^{(f)} .$$

Die Feldstärke $E^{(f)}$ wird von der Ladung auf der linken Platte hervorgerufen. Man berechnet sie, indem man sich die Feldverteilung beim Plattenkondensator durch Superposition (Bild 3.34) entstanden denkt. Dann ist

$$E^{(f)} = \frac{Q}{2\varepsilon A} .$$

Damit wirkt auf ein Flächenelement ΔA der rechten Platte die Kraft

$$\Delta F = \frac{1}{2}\frac{Q\Delta Q}{\varepsilon A}$$

und auf die ganze Platte die Kraft nach Gl. (3.49).

Beispiel 3.12

Kraft zwischen zwei Linienladungen

Es ist die Kraft zwischen zwei sehr langen Linienladungen λ_1 und λ_2 gesucht, die voneinander den Abstand d haben.

Lösung: Mit dem soeben beschriebenen Verfahren ergibt sich

$$\Delta F = \lambda_1 \Delta l E^{(f)}(\lambda_2) \quad \text{mit} \quad E^{(f)}(\lambda_2) = \frac{\lambda_2}{2\pi\varepsilon}\frac{1}{d}$$

und insgesamt für die Kraft pro Länge

$$\frac{F}{l} = F' = \frac{\lambda_1\lambda_2}{2\pi\varepsilon}\cdot\frac{1}{d} .$$

3.9 Bedingungen an Grenzflächen

Betrachtet wird die Grenzfläche zwischen zwei Materialien mit unterschiedlicher Dielektrizitätskonstante. Die Frage ist, wie sich die elektrischen Feldgrößen an dieser Grenzfläche verhalten.

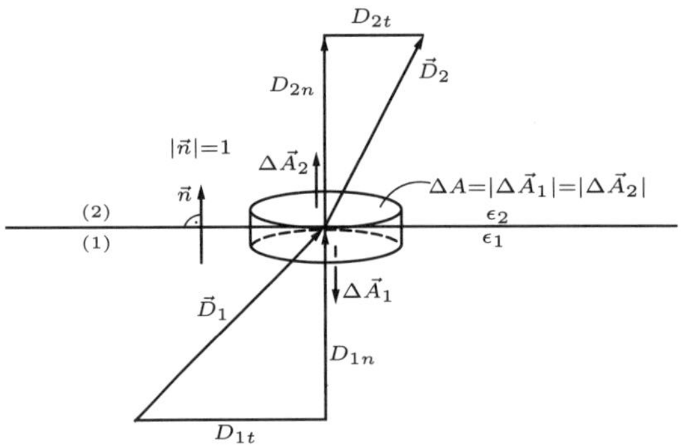

Bild 3.35 *Zur Herleitung der Stetigkeit der Normalkomponenten von* $\vec{D}$.

Zuerst soll das Verhalten der Komponenten untersucht werden, die auf der Grenzfläche senkrecht stehen (Normalkomponenten). Dazu wendet man den Gaußschen Satz der Elektrostatik, Gl. (3.20), auf einen flachen Zylinder an (Bild 3.35). Dabei soll der Durchmesser des Zylinders klein sein, so dass wir die Verschiebungsdichte auf den Deckflächen des Zylinders näherungsweise als konstant ansehen können. Die Höhe des Zylinders sei wesentlich kleiner als der Durchmesser, so dass der Beitrag des Zylindermantels zum Integral vernachlässigt werden darf. Schließlich soll sich keine Ladung in der Grenzschicht befinden. Dann wird mit den in der Abbildung angegebenen Bezeichnungen

$$\oint_A \vec{D}d\vec{A} = \vec{D}_2\Delta\vec{A}_2 + \vec{D}_1\Delta\vec{A}_1 = 0 \,.$$

Die Orientierung der Grenzfläche wird durch einen auf dieser senkrecht stehenden Einheitsvektor $\vec{n}$ charakterisiert. Es folgt mit

$$\Delta\vec{A}_2 = \vec{n}\Delta A, \quad \Delta\vec{A}_1 = -\vec{n}\Delta A$$

und

$$\vec{n}\vec{D}_2 = D_{2n}, \quad \vec{n}\vec{D}_1 = D_{1n}$$

der Ausdruck

$$(D_{2n} - D_{1n})\Delta A = 0$$

oder schließlich

$$\boxed{D_{2n} = D_{1n}} \,. \tag{3.52}$$

Die Normalkomponente der Verschiebungsdichte verhält sich also an einer Grenzfläche stetig. Das Verhalten der Feldkomponenten, die parallel zur Grenzfläche gerichtet sind (Tangentialkomponenten) ergibt sich aus dem Satz von der Wirbelfreiheit des elektrostatischen Feldes, Gl. (3.11). Dieser Satz wird auf den in Bild 3.36 skizzierten rechteckigen Umlauf angewendet. Dabei soll die Länge Δs so klein sein, dass auf ihr die elektrische Feldstärke als konstant angesehen werden kann. Die Höhe des Rechtecks sei wesentlich kleiner als die Länge Δs, so dass die Beiträge der beiden senkrechten Teilwege vernachlässigt werden können. Dann ist

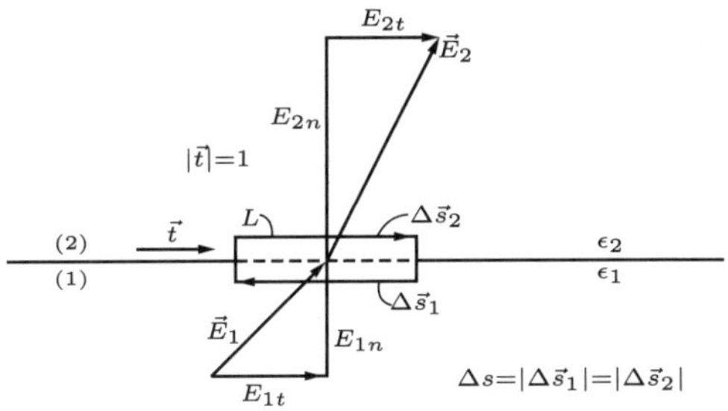

Bild 3.36 *Zur Herleitung der Stetigkeit der Tangentialkomponenten von $\vec{E}$.*

$$\oint_L \vec{E}d\vec{s} = \vec{E}_2\Delta\vec{s}_2 + \vec{E}_1\Delta\vec{s}_1 = 0\,.$$

Zur Kennzeichnung der Schnittlinie zwischen der Grenzfläche und der durch L berandeten, dazu senkrechten Fläche führen wir den Einheitsvektor $\vec{t}$ ein. Dann folgt mit

$$\Delta\vec{s}_2 = \vec{t}\,\Delta s, \quad \Delta\vec{s}_1 = -\vec{t}\,\Delta s$$

und

$$\vec{t}\vec{E}_2 = E_{2t}, \quad \vec{t}\vec{E}_1 = E_{1t}$$

das Ergebnis

$$(E_{2t} - E_{1t})\Delta s = 0$$

bzw.

$$E_{2t} = E_{1t}\,. \tag{3.53}$$

Die Tangentialkomponenten der elektrischen Feldstärke verhalten sich stetig an der Grenze zwischen zwei unterschiedlichen Dielektrika.

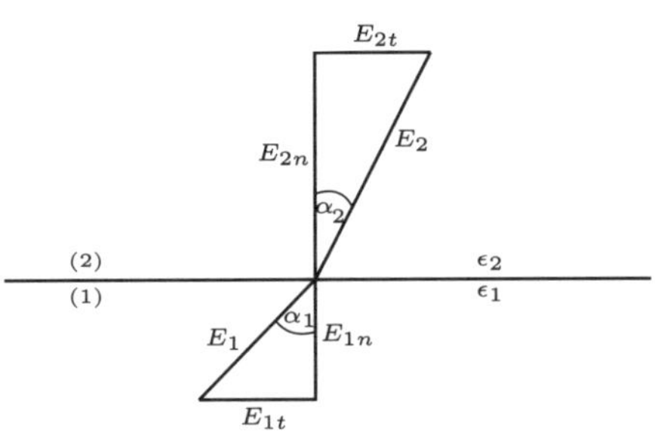

Bild 3.37 *Zum Brechungsgesetz für elektrische Feldlinien.*

Mit Hilfe der eben gewonnenen Beziehungen kann das **Brechungsgesetz** der elektrischen Feldlinien hergeleitet werden. Aus Bild 3.37 liest man ab

$$\tan\alpha_1 = \frac{E_{1t}}{E_{1n}}, \qquad \tan\alpha_2 = \frac{E_{2t}}{E_{2n}}\,.$$

Wird hierin die Normalkomponente von E jeweils durch D/ε ausgedrückt, so folgt

$$\tan\alpha_1 = \frac{E_{1t}}{D_{1n}}\varepsilon_1, \quad \tan\alpha_2 = \frac{E_{2t}}{D_{2n}}\varepsilon_2 .$$

Dividiert man $\tan\alpha_1$ durch $\tan\alpha_2$, so ergibt sich für den Ausdruck auf der rechten Gleichungsseite bei Beachtung von Gl. (3.52) und Gl. (3.53) das Verhältnis der ε-Werte:

$$\frac{\tan\alpha_1}{\tan\alpha_2} = \frac{\varepsilon_1}{\varepsilon_2} . \tag{3.54}$$

Das ist das gesuchte Brechungsgesetz.

Beispiel 3.13

Brechungsgesetz

Es seien die Größen $D_1, E_1, \varepsilon_1, \varepsilon_2$ und α_1 bekannt. Wie groß sind dann D_2 und E_2 (Bild 3.37).

Lösung:

Wegen Gl. (3.52) ist

$$D_{2n} = D_{1n} = D_1 \cos\alpha_1$$

und wegen Gl. (3.53)

$$D_{2t} = \frac{\varepsilon_2}{\varepsilon_1} D_{1t} = \frac{\varepsilon_2}{\varepsilon_1} D_1 \sin\alpha_1$$

Daraus folgt mit

$$D_2^2 = D_{2n}^2 + D_{2t}^2$$

der Ausdruck

$$\underline{D_2^2 = D_1^2\left(\cos^2\alpha_1 + \left(\frac{\varepsilon_2}{\varepsilon_1}\right)^2 \sin^2\alpha_1\right)} .$$

Für E_2 ergibt sich mit

$$E_2 = D_2/\varepsilon_2$$

schließlich:

$$\underline{E_2^2 = E_1^2\left(\left(\frac{\varepsilon_1}{\varepsilon_2}\right)^2 \cos^2\alpha_1 + \sin^2\alpha_1\right)} .$$

3.10 Kondensatorschaltungen

3.10.1 Aufladung ungeladener Kondensatorschaltungen

Das Bild 3.38 gibt ein Beispiel für eine Schaltung mit Spannungsquellen, ohmschen Widerständen und Kondensatoren. Vorausgesetzt wird, dass die beiden Schalter S_2 und S_6 zunächst offen und alle Kondensatoren ungeladen sind. Schließt man zur Zeit $t = 0$ beide Schalter, so fließen in allen Zweigen Ströme, die zur Aufladung der Kondensatoren führen und schließlich (für $t \to \infty$) ganz abklingen. Hier werden zunächst die Ladungen Q_1, Q_3, Q_4 und Q_5 betrachtet, die sich auf den Kondensatoren angesammelt haben, sobald die Aufladeströme abgeklungen sind. Die Endwerte der Kondensatorspannungen seien U_1, U_3 usw. und es gelte $U_1 = Q_1/C_1$ usw.

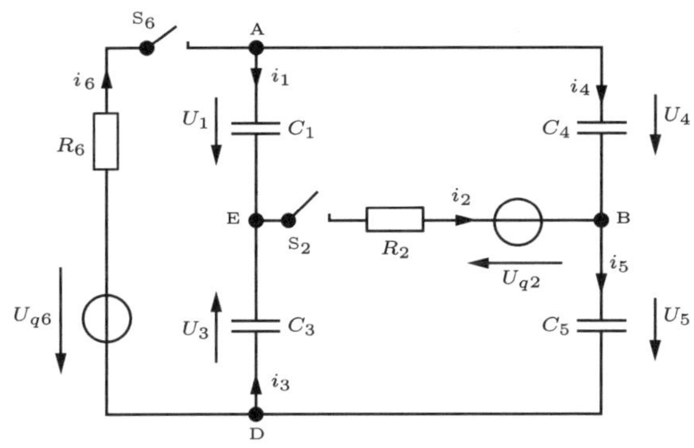

Bild 3.38 *Kondensatorschaltung.*

Da zu jedem Zeitpunkt t_E die Kirchhoffschen Gleichungen erfüllt sein müssen und für die Kondensatorladungen auch zu jeder Zeit t_E

$$Cu = \int_0^{t_E} i\,dt$$

gilt (also insbesondere auch für $t_E \to \infty$), so erhält man z. B. für den Knoten A:

$$i_6 = i_1 + i_4$$

$$\int_0^\infty i_6 \, dt = \int_0^\infty i_1 \, dt + \int_0^\infty i_4 \, dt$$

$$Q_6 = Q_1 + Q_4 \,. \tag{3.55}$$

Hierbei sind Q_1, Q_4, Q_6 die Ladungen, die bis zum völligen Abklingen aller Ströme durch die betreffenden Zweige hindurch transportiert worden sind. Im Fall der Zweige 1 und 4 sammeln sie sich in den Kondensatoren (C_1, C_4) an:

$$Q_1 = C_1 U_1 \text{ und } Q_4 = C_4 U_4 \,.$$

Aus Gl. (3.55) ergibt sich daher

$$Q_6 = C_1 U_1 + C_4 U_4$$

(Q_6 kann selbstverständlich nicht als Produkt einer Kapazität mit einer Spannung dargestellt werden).

Mit $U_4 = U_1 - U_{q2}$ wird dann

$$Q_6 = C_1 U_1 + C_4 (U_1 - U_{q2})$$

$$Q_6 = (C_1 + C_4) U_1 - C_4 U_{q2} \,. \tag{3.56a}$$

Diese Gleichung kann man nach den Regeln der Knotenanalyse direkt als Gleichung für den Knoten A aufstellen, wenn man statt Leitwerten Kapazitäten und statt des Stromes i_6 im Quellenzweig 6 dessen Integral, die Ladung Q_6, einsetzt.

Beispiel 3.14

Aufladung von vier Kondensatoren durch zwei Spannungsquellen

In der Schaltung 3.38 sind die vier Kondensatoren zunächst ungeladen. Anschließend werden die beiden Schalter geschlossen, so dass die Spannungsquellen die Kondensatoren aufladen.

Die Größen C_1, C_3, C_4, C_5, U_{q2}, U_{q6} sind gegeben.

a) Berechnen Sie die Spannung U_1, die sich nach Abschluss des Aufladevorganges am Kondensator C_1 einstellt.

b) Welche Werte U_1, U_3, U_4, U_5 ergeben sich mit

$C_1 = 100\ \mu\text{F}$, $C_3 = 30\ \mu\text{F}$, $C_4 = 40\ \mu\text{F}$, $C_5 = 50\ \mu\text{F}$, $U_{q2} = 20\ \text{V}$, $U_{q6} = 60\ \text{V}$?

Lösung:

a) Man stellt nicht nur die Gleichung für den Knoten A (Gl. (3.56a)) nach den Regeln der Knotenanalyse auf, sondern auch die Gleichungen für die Knoten B und D. E wird als Bezugsknoten gewählt. So erhält man ein Gleichungssystem für die Spannungen, die zu den übrigen drei Knoten A, B und D gehören (U_1, U_{q2}, U_3):

	U_1	U_{q2}	U_3		
A	$C_1 + C_4$	$-C_4$	0	Q_6	(3.56a)
B	$-C_4$	$C_4 + C_5$	$-C_5$	Q_2	(3.56b)
D	0	$-C_5$	$C_3 + C_5$	$-Q_6$	(3.56c)

Addiert man die Gln. (3.56a) und (3.56c) und berücksichtigt

$$U_3 = U_1 - U_{q6}, \tag{3.57}$$

so folgt daraus

$$(C_1 + C_4)\, U_1 - (C_4 + C_5)\, U_{q2} + (C_3 + C_5)(U_1 - U_{q6}) = 0$$

$$U_1 = \frac{(C_4 + C_5) U_{q2} + (C_3 + C_5) U_{q6}}{C_1 + C_3 + C_4 + C_5}.$$

b) Mit den gegebenen Zahlenwerten ergibt sich

$U_1 = 30\ \text{V}$; $\quad U_3 = -30\ \text{V}$; $\quad U_4 = 10\ \text{V}$; $\quad U_5 = 50\ \text{V}$.

Für die durch die Spannungsquellen transportierten Ladungen gilt

$Q_2 = 2{,}1\ \text{mAs}$; $\quad Q_6 = 3{,}4\ \text{mAs}$.

Beispiel 3.15

Aufladung von Kondensatoren an einem Spannungsteiler

Drei Kondensatoren sind an einen ohmschen Spannungsteiler angeschlossen (Bild 3.39). Wie groß ist U_2?

Lösung:

Mit den Regeln der Knotenanalyse ergibt sich für den Knoten B:

	U_1	U_2	U_3	
B	$-C$	$10C$	$-5C$	0

.

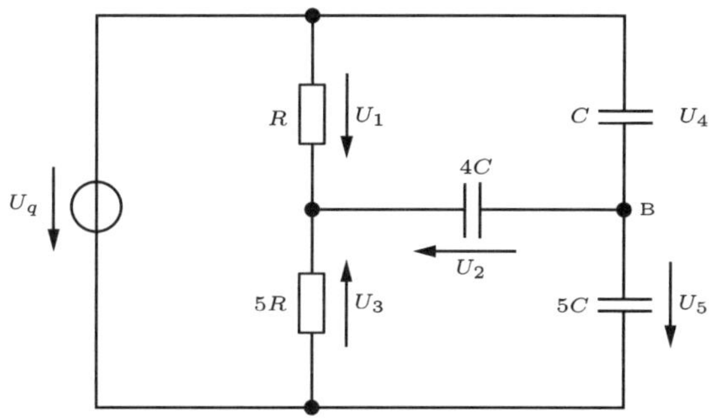

Bild 3.39 *Aufladung von Kondensatoren an einem ohmschen Spannungsteiler.*

Aufgelöst nach U_2:

$$U_2 = \frac{5\,U_3 + U_1}{10} \tag{3.58}$$

Hierbei gilt für U_1 und U_3 nach der Spannungsteilerregel (Abschnitt 2.2.2):

$$U_1 = \frac{1}{6}U_q, \qquad U_3 = -\frac{5}{6}U_q.$$

In Gl. (3.58) eingesetzt ergibt sich:

$$U_2 = \frac{-\frac{25}{6} + \frac{1}{6}}{10}U_q = \underline{\underline{-0{,}4\,U_q}}$$

Außerdem wird $U_4 = \frac{17}{30}U_q$ und $U_5 = \frac{13}{30}U_q$.

Beispiel 3.16

Kondensator-Brückenschaltung

Eine Gleichspannungsquelle lädt fünf Kondensatoren auf (Bild 3.40). Der Schalter S ist schon so lange geschlossen, dass alle Aufladevorgänge abgeschlossen sind. Welche Spannungen U_3 und U_5 stellen sich ein?

Lösung:

Die Knotenanalyse (mit B als Bezugsknoten) ergibt für den Knoten A die Gleichung

	U_3	U_5	U_q	
A	$4C$	$-C$	$-2C$	0

(3.59)

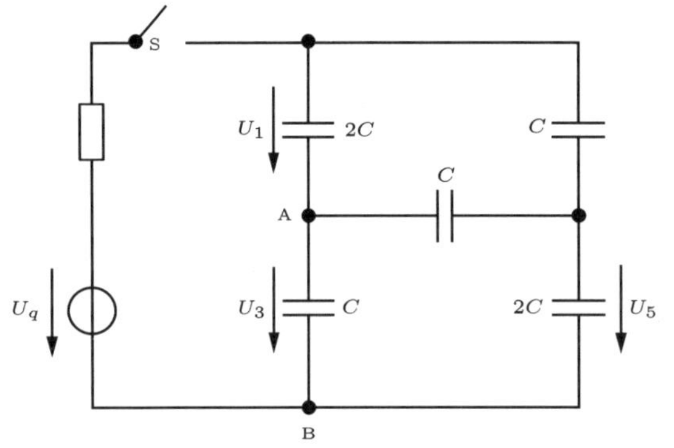

Bild 3.40 *Unabgeglichene Kondensator-Brückenschaltung.*

Aus Symmetriegründen (vgl. Beispiel 2.29) gilt hier $U_5 = U_1$ und daher

$$U_5 = U_q - U_3 . \qquad (3.60)$$

Setzt man dies in Gl. (3.59) ein, so wird

$$4\,CU_3 - C(U_q - U_3) - 2CU_q = 0$$

$$U_3 = \underline{\underline{0{,}6 U_q}} .$$

Aus Gl. (3.60) folgt damit $U_5 = U_q - 0{,}6\,U_q = \underline{\underline{0{,}4\,U_q}}$

3.10.2 Ladungsausgleich zwischen Kondensatoren

Das Verfahren der Knotenanalyse bleibt auch dann besonders zweckmäßig, wenn man die Spannungsverteilung nach dem Ladungsausgleich berechnen will, der zustandekommt, wenn geladene Kondensatoren miteinander verbunden werden. Dies wird in den folgenden Beispielen gezeigt.

Beispiel 3.17

Aufladung und Umladung von drei Kondensatoren

In der Schaltung 3.41 ist der Schalter zunächst in der Stellung l, und zwar bis die Aufladung der drei Kondensatoren abgeschlossen ist. Danach wird der Schalter in die Stellung 2 gebracht; hierbei ändern sich die Kondensatorladungen (Umladung). Welche Spannungswerte U_4, U_B, U_5 stellen sich schließlich ein, wenn der Umladevorgang beendet ist?

Lösung:

In der Schalterstellung l ergibt sich nach Abschluss der Aufladevorgänge an jedem der hierbei parallelgeschalteten Kondensatoren (Bild 3.42) die Spannung 60 V. Für die gewählten Zählpfeile gilt damit

$$U_4 = -60\text{ V}; \qquad U_B = U_5 = 60\text{ V}.$$

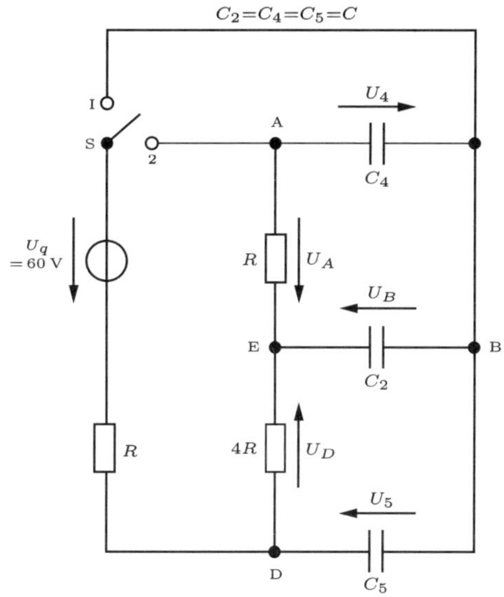

Bild 3.41 *Umladung in einer RC-Schaltung.*

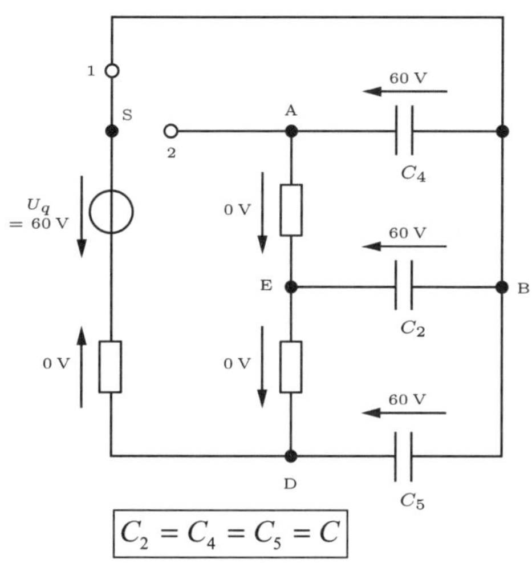

Bild 3.42 *Spannungen in Schaltung 3.41 vor dem Umlegen des Schalters in die Stellung 2.*

Bis dahin ist dem Knoten B aus der Quelle (U_q) die Ladung 3 CU_q zugeflossen. Jeder von den drei Kondensatoren trägt hierbei den Anteil CU_q. Bringt man dann den Schalter in die Stellung 2, so ergibt sich nach Beendigung aller Umladevorgänge mit E als Bezugsknoten für B die Gleichung

	U_A	U_B	U_D	
B	C	$3C$	$-C$	$3CU_q$

$$U_B = \frac{1}{3}(U_A + U_D) + U_q. \tag{3.61}$$

Dabei gilt an dem ohmschen Spannungsteiler R; $4R$ (an dem die Spannung 5 $U_q/6$ liegt):

$$U_A = \frac{1}{6}U_q; \qquad U_D = -\frac{4}{6}U_q$$

(vgl. Beispiel 3.15). Daher wird

$$U_B = \frac{1}{3}\left(-\frac{1}{2}U_q\right) + U_q$$

$$U_B = \frac{5}{6}U_q = \underline{\underline{50\ \text{V}}}$$

und

$$U_4 = U_A - U_B = 10\ \text{V} - 50\ \text{V} = \underline{\underline{-\ 40\ \text{V}}}$$

sowie

$$U_5 = U_B - U_D = 50\ \text{V} + 40\ \text{V} = \underline{\underline{90\ \text{V}}}$$

Die Spannungsverteilung, die sich schließlich nach Umlegen des Schalters in die Stellung 2 ergibt, ist in Bild 3.43 zusammengefasst.

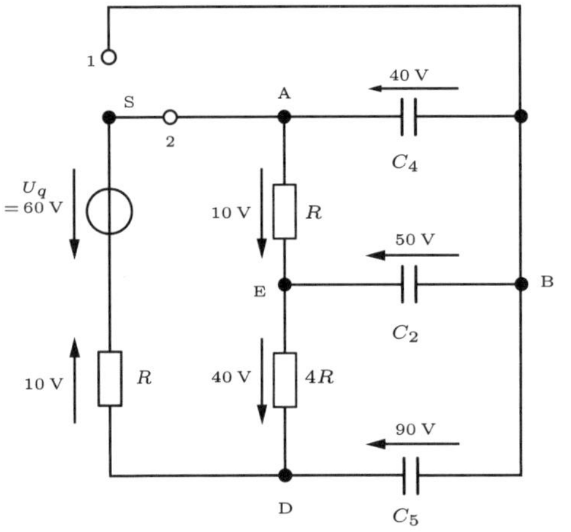

Bild 3.43 *Spannungen in Schaltung 3.41 nach dem Umlegen des Schalters in die Stellung 2.*

Vergleicht man Bild 3.42 und 3.43 miteinander, so zeigt sich, dass nach dem Umlegen des Schalters in die Stellung 2 der Kondensator 4 (C_4) die Ladung $C \cdot 20\text{V}$ und Kondensator 2 (C_2) die Ladung $C \cdot 10\text{V}$ abgibt, und zwar an den Kondensator 5 (C_5), dessen Ladung um $C \cdot 30\text{V}$ zunimmt, wodurch U_5 über den Wert der Quellenspannung U_q hinaus anwächst: von 60 V auf 90 V.

Beispiel 3.18

Ladungsausgleich zwischen vier Kondensatoren; Energiebilanz

Die beiden Schalter in der Schaltung 3.44 sind zunächst offen und die Kondensatoren ungeladen. Dann wird S_2 geschlossen und erst wieder geöffnet, nachdem die Aufladung der Kondensatoren (C_3, C_5, C_7) beendet ist. Hiernach wird S_4 geschlossen, wodurch es zu einem Ladungsausgleich zwischen allen vier Kondensatoren kommt.

a) Welche Werte U_{3b}, U_{5b} und U_{7b} nehmen die Kondensatorspannungen nach dem Ladungsausgleich an?

b) Wie groß ist die Energie W_q, die von der Quelle insgesamt abgegeben wird?

c) Welche Energie nehmen die Kondensatoren während des ersten Vorganges insgesamt auf (W_{Ca})?

d) Welche Energie W_{Cb} befindet sich zum Schluss noch insgesamt in den Kondensatoren?

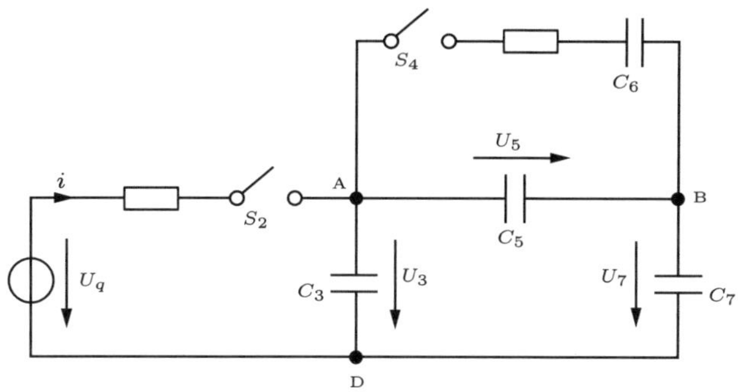

$U_q = 100\,\text{V}; \qquad C_3 = C_5 = C_6 = C_7 = C = 60\,\mu\text{F}$

Bild 3.44 *Schaltung zum Auf- und Umladen von vier Kondensatoren.*

Lösung:

a) Zunächst werden nur drei Kondensatoren (C_3, C_5, C_7) aufgeladen:

$$U_{3a} = U_q = 100\text{ V}; \qquad U_{5a} = U_{7a} = 0{,}5 \cdot U_q = 50\text{ V}.$$

Hierbei fließt dem Knoten A aus der Quelle die Ladung $1{,}5CU_q$ zu. Der Kondensator 3 enthält die Ladung CU_q. In den Zweig mit den Kondensatoren 5 und 7 fließt die Ladung $0{,}5CU_q$ ein (Bild 3.45).

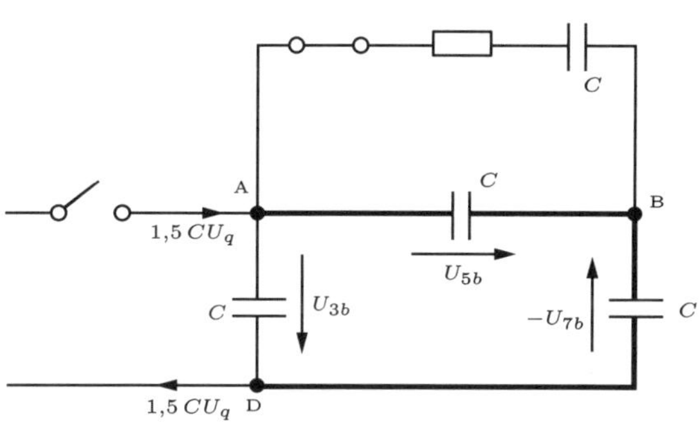

Bild 3.45 *Spannungsverteilung nach dem Ladungsausgleich in Schaltung 3.44.*

Bei der Berechnung der Spannungen U_{5b} und U_{7b} mit Hilfe der Knotenanalyse legen wir den vollständigen Baum mit dem Bezugsknoten B zugrunde (in Bild 3.45 dick gezeichnet):

	U_{5b}	$-U_{7b}$			
A	$3\,C$	$-C$	$1{,}5\,CU_q$	$\cdot 2$ }+	(3.62a)
D	$-C$	$2\,C$	$-1{,}5\,CU_q$		(3.62b)

Auf den rechten Gleichungsseiten stehen die Ladungen, die den zugehörigen Knoten aus der Quelle zugeflossen waren. Es wird zunächst U_{7b} eliminiert:

$$5\,CU_{5b} = 1{,}5\,CU_q; \qquad U_{5b} = 0{,}3\,U_q = \underline{\underline{30\text{ V}}}.$$

Aus Gl. (3.62b) folgt damit:

$$-2\,CU_{7b} = CU_{5b} - 1{,}5\,CU_q; \qquad U_{7b} = \underline{\underline{60\text{ V}}}.$$

Weiterhin wird

$$U_{3b} = U_{5b} + U_{7b} = \underline{\underline{90\text{ V}}}.$$

b) Die Quelle bringt die Leistung $U_q i$ auf, also die Energie

$$W_q = \int_0^\infty U_q i \mathrm{d}t = U_q \int_0^\infty i \mathrm{d}t = U_q Q_q.$$

Hierbei ist Q_q die insgesamt von der Quelle transportierte Ladung:

$$Q_q = 1{,}5CU_q.$$

Also wird

$$W_q = 1{,}5CU_q^2 = \underline{\underline{0{,}9\text{ Ws}}}$$

c) Die Kondensatoren speichern zunächst die Energie

$$W_{Ca} = 0{,}5C_{ges}U_q^2 = 0{,}5 \cdot 1{,}5CU_q^2 = 0{,}75CU_q^2 = \underline{\underline{0{,}45\text{ Ws.}}}$$
$$(W_{Ca} = 0{,}5W_q).$$

d) Nach dem Ladungsausgleich ist insgesamt folgende Energie in den Kondensatoren gespeichert:

$$W_{Cb} = 0{,}5C_3U_{3b}^2 + 0{,}5C_5U_{5b}^2 + 0{,}5C_6U_{5b}^2 + 0{,}5C_7U_{7b}^2 = 0{,}405\text{ Ws}.$$

Bei dem Ladungsausgleich wird also die Energie

$$W_{Ca} - W_{Cb} = 0{,}045\text{ Ws}$$

verbraucht.

4. Stationäre elektrische Strömungsfelder

4.1 Die Grundgesetze und ihre Entsprechungen im elektrostatischen Feld

Bei den bisherigen Betrachtungen in Abschnitt 2 wurde die elektrische Strömung durch den Strom I, eine integrale Größe, gekennzeichnet. Die räumliche Verteilung der Strömung über ausgedehnte Querschnitte blieb unberücksichtigt. In diesem Abschnitt sollen die Grundgesetze zur Berechnung von Netzwerken, nämlich die beiden Sätze von Kirchhoff und das Ohmsche Gesetz, so verallgemeinert werden, dass sie zur Behandlung des stationären (d. h. zeitlich konstanten) elektrischen Strömungsfeldes herangezogen werden können.

Zuerst wird eine der elektrischen Verschiebungsdichte analoge flächenbezogene Stromgröße eingeführt, die durch

$$J = \frac{\Delta I}{\Delta A} \text{ oder } \Delta I = J \Delta A$$

definiert ist. Man nennt die Größe J (für die man auch S oder G schreibt) die **elektrische Stromdichte.** Die Definitionsgleichung für J setzt voraus, dass der Strom ΔI senkrecht durch das Flächenelement ΔA hindurchtritt. Andernfalls hat man den Einfallswinkel α zu berücksichtigen (Bild 4.1)

$$\Delta I = J \Delta A \cos\alpha .$$

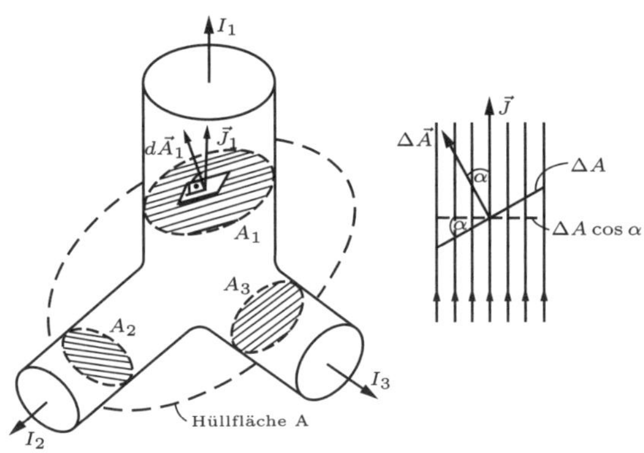

Bild 4.1 *Zum 1. Kirchhoffschen Satz.*

Fasst man J und ΔA als Vektoren auf (Bild 4.1), so folgt

$$\Delta I = |\vec{J}||\Delta\vec{A}|\cos(\vec{J},\Delta\vec{A}) = \vec{J}\cdot\Delta\vec{A}\,.$$

Setzt man den ersten Kirchhoffschen Satz auf den in Bild 4.1 skizzierten Knoten an, so ergibt sich bei den zugrunde gelegten Zählrichtungen

$$I_1 + I_2 + I_3 = 0. \qquad (4.1)$$

Auf einer Hüllfläche A, die den Knoten umgibt, sind diejenigen Teilflächen mit A_1, A_2, A_3 bezeichnet, die innerhalb der Leiter 1 bis 3 liegen. Bildet man das Flächenintegral der Stromdichte $\vec{J}$ für diese Teilflächen, so hat man z. B.

$$I_1 = \int_{A_1} \vec{J}\cdot d\vec{A}$$

und damit an Stelle von Gl. (4.1):

$$\int_{A_1} \vec{J}\cdot d\vec{A} + \int_{A_2} \vec{J}\cdot d\vec{A} + \int_{A_3} \vec{J}\cdot d\vec{A} = 0\,. \qquad (4.2)$$

Durch den Rest der Hüllfläche tritt kein Strom. Ein entsprechendes Integral über diese Fläche wird also Null. Gl. (4.2) kann deshalb einfacher geschrieben werden

$$\boxed{\oint_A \vec{J}\cdot d\vec{A} = 0}\,. \qquad (4.3)$$

Das Flächenelement $d\vec{A}$ auf der Hüllfläche wird nach außen positiv gezählt. Dann führen Strömungslinien, die aus dem von der Hüllfläche umschlossenen Volumen austreten, zu positiven Strombeiträgen. In das Volumen eintretende Stromlinien bedeuten negative Strombeiträge. Da sich all diese Beiträge zu Null ergänzen, liegt ein quellenfreies Feld vor: Elektrische Strömungslinien sind im stationären Fall immer geschlossen. Bei zeitlich veränderlichen Feldern muss das nicht so sein (Abschnitt 6).

Betrachtet man einen Ausschnitt aus einem durchströmten Leiter (Bild 4.2) und wendet den zweiten Kirchhoffschen Satz auf den eingezeichneten Umlauf an, so ergibt sich näherungsweise für den Spannungsabfall auf dem Weg $\Delta\vec{s}$:

$$\Delta U = E\Delta s\cos\alpha = |\vec{E}||\Delta\vec{s}|\cdot\cos(\vec{E},\Delta\vec{s}) = \vec{E}\cdot\Delta\vec{s}\,.$$

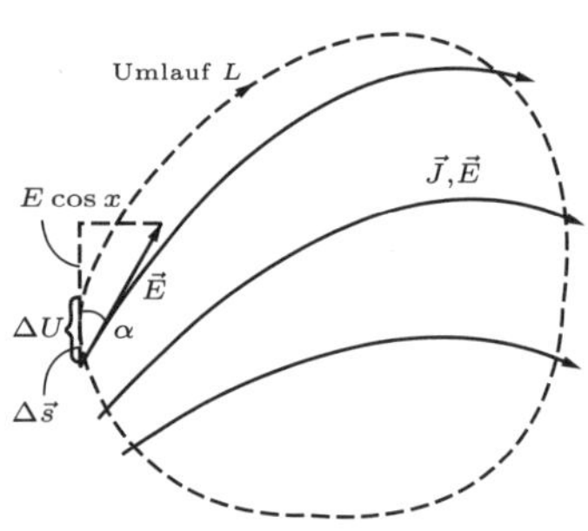

Bild 4.2 *Zum 2. Kirchhoffschen Satz.*

Für einen vollständigen Umlauf gilt $\sum U = 0$ bzw. $\sum \Delta U = 0$, also hier

$$\sum \vec{E} \cdot \Delta\vec{s} = 0.$$

Daraus folgt, wenn $\Delta\vec{s}$ gegen Null strebt, also vom Grenzwert der Summe zum Integral übergeht:

$$\boxed{\oint_L \vec{E} \cdot d\vec{s} = 0}. \tag{4.4}$$

Das elektrische Feld ist wie in der Elektrostatik wirbelfrei. Man kann die elektrische Feldstärke auch hier aus einer skalaren Feldgröße, der Potentialfunktion, herleiten.

Gl. (4.4) gilt in der angegebenen Form auch, wenn auf dem Umlauf L Spannungsquellen liegen, sofern nur das innere Feld der Quelle berücksichtigt wird. Ist nicht das innere Feld der Quelle bekannt, sondern die Quellenspannung, so ist diese in Gl. (4.4) zu ergänzen.

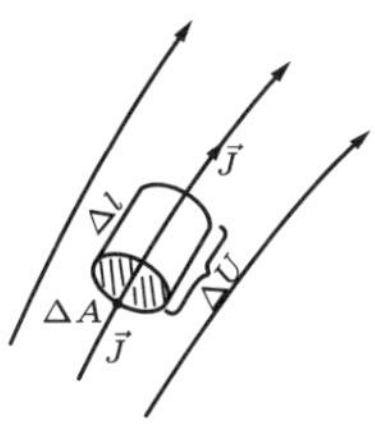

Bild 4.3 *Zur Herleitung von Gl. (4.5) und Gl. (4.6).*

Um das Ohmsche Gesetz für Feldgrößen zu erhalten, geht man von Bild 4.3 aus. Es wird angenommen, dass in einem Strömungsfeld ein kleiner Zylinder abgegrenzt werden kann, und zwar so, dass der Strom senkrecht durch die Deckflächen fließt (diese sind also Flächen konstanten Potentials), während die Mantelfläche parallel zu den elektrischen Feldlinien orientiert ist. Für einen genügend kleinen Zylinder kann der Leitwert näherungsweise gemäß

$$G = \gamma \, \frac{\Delta A}{\Delta l}$$

berechnet werden. Andererseits gilt nach dem Ohmschen Gesetz

$$G = \frac{\Delta I}{\Delta U} = \frac{J \Delta A}{E \Delta l}.$$

Durch Gleichsetzen beider Ausdrücke folgt

$$J = \gamma E$$

oder in vektorieller Schreibweise

$$\boxed{\vec{J} = \gamma \vec{E}}. \tag{4.5}$$

Vorausgesetzt wurde dabei, dass $\vec{E}$ und $\vec{J}$ gleiche Richtung haben. Es muss also ein isotropes Medium vorliegen.

In der folgenden Tabelle sind noch einmal die Ausgangsgleichungen, die aus ihnen hergeleiteten Beziehungen für die Feldgrößen des elektrischen Strömungsfeldes und die analogen Gleichungen der Elektrostatik zusammengestellt:

$$\sum I = 0 \qquad \oint_A \vec{J}\cdot d\vec{A} = 0 \qquad \oint_A \vec{D}\cdot d\vec{A} = Q$$

$$\sum U = 0 \qquad \oint_L \vec{E}\cdot d\vec{s} = 0 \qquad \oint_L \vec{E}\cdot d\vec{s} = 0$$

$$I = GU \qquad \vec{J} = \gamma\vec{E} \qquad \vec{D} = \varepsilon\vec{E}$$

Wegen der ersichtlichen formalen Analogien können die in der Elektrostatik einsetzbaren Lösungsmethoden auch zur Berechnung elektrischer Strömungsfelder benutzt werden.

Die im elektrischen Strömungsfeld umgesetzte Leistung kann auf das Volumen bezogen werden. Nach Bild 4.3 setzt man an Stelle von $P = I^2 R$ zunächst

$$\Delta P = (\Delta I)^2 \frac{\Delta l}{\gamma \Delta A} = \left(\frac{\Delta I}{\Delta A}\right)^2 \cdot \frac{\Delta l \Delta A}{\gamma} .$$

und dividiert beide Seiten durch das Volumenelement $\Delta V = \Delta l \cdot \Delta A$,

$$p = \frac{\Delta P}{\Delta V}$$

und gewinnt mit Gl. (4.5) folgende Ausdrücke für die **Leistungsdichte:**

$$\boxed{p = \frac{J^2}{\gamma} = E \cdot J = \gamma E^2} . \qquad (4.6)$$

4.2 Methoden zur Berechnung von Widerständen

Ist der Verlauf der elektrischen Strömung in einem stromdurchflossenen Körper im Prinzip bekannt, so kann der elektrische Widerstand dieses Körpers auch durch Integration über Teilwiderstände bzw. Teilleitwerte gefunden werden. Es muss dabei die Aufteilung so vorgenommen werden, dass die entstehenden Teilwiderstände bzw. -leitwerte mit der bekannten Formel für den Leiter der Länge l mit konstantem Querschnitt A berechnet werden können.

Ist der durchströmte Querschnitt örtlich nicht konstant, wohl aber die Länge der Stromlinien, so teilt man den Leiter in dünne Scheiben auf, die durch Potentialflächen begrenzt werden. Ist der Abstand der Potentialflächen Δl und der Scheibenquerschnitt (senkrecht zur Strömungsrichtung) A, so hat der Widerstand der Scheibe die Größe $\Delta R = \Delta l/(\gamma A)$. Der Gesamtwiderstand folgt durch Hintereinanderschalten der Teilwiderstände:

$$R = \sum \Delta R = \sum \frac{\Delta l}{\gamma A} . \qquad (4.7)$$

Ist dagegen bei dem stromdurchflossenen Leiter der Querschnitt senkrecht zur Strömungsrichtung überall konstant, die Länge der Stromlinien jedoch nicht, so teilt man den Leiter in dünne Streifen auf, die von Strömungslinien begrenzt werden. Hat dieser Streifen den gleichbleibenden Querschnitt ΔA und die Länge l, so hat sein Leitwert die Größe $\Delta G = \Delta A \gamma / l$. Der Gesamtleitwert ergibt sich durch Parallelschalten der Streifen, also durch Addition der Teilleitwerte:

$$G = \sum \Delta G = \sum \gamma \frac{\Delta A}{l} . \tag{4.8}$$

Die folgenden Beispiele sollen diese beiden Methoden verdeutlichen.

Beispiel 4.1

Koaxialkabel

Gegeben ist ein Koaxialkabel (Bild 3.25a) mit den Radien ϱ_1 und ϱ_2 und der Länge l. Das Dielektrikum zwischen beiden Leitern soll nicht ideal sein und eine Leitfähigkeit γ haben. Gesucht ist der Verlustwiderstand des Kabels.

Lösung:

Der Widerstand eines koaxialen Zylindermantels mit dem Radius ϱ und der Wandstärke $d\varrho$ ist

$$dR = \frac{d\varrho}{\gamma 2\pi \varrho l} .$$

Durch Reihenschaltung dieser Teilwiderstände gemäß Gl. (4.7) ergibt sich

$$R = \frac{1}{2\pi\gamma l} \int_{\varrho_1}^{\varrho_2} \frac{d\varrho}{\varrho} = \frac{1}{2\pi\gamma l} \ln \frac{\varrho_2}{\varrho_1} .$$

Beispiel 4.2

Stromdurchflossener Bügel

Ein Stromdurchflossener Leiter hat die Form eines Bügels mit rechteckigem Querschnitt. Gegeben sind die Radien ϱ_1 und ϱ_2 und die Breite des Bügels b (Bild 4.4).

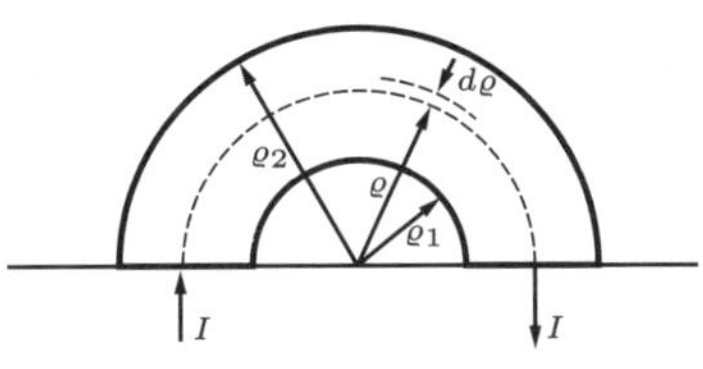

Bild 4.4 *Stromdurchflossener Bügel.*

Gesucht ist der Widerstand, den der Strom I überwinden muss. Es sollen Randeffekte vernachlässigt und die Strömungslinien als Halbkreise angesehen werden.)

Lösung:

Der Leitwert eines koaxialen Halbzylindermantels mit dem Radius ϱ und der Wandstärke $d\varrho$ wird

$$dG = \gamma \frac{b\, d\varrho}{\pi \varrho} .$$

Durch Addition der Leitwerte nach Gl. (4.8) folgt

$$G = \gamma \frac{b}{\pi} \int_{\varrho_1}^{\varrho_2} \frac{d\varrho}{\varrho} = \gamma \frac{b}{\pi} \ln \frac{\varrho_2}{\varrho_1} .$$

In vielen Fällen kann man aus einer bereits vorliegenden Formel für die Kapazität einer bestimmten Anordnung auf den elektrischen Widerstand einer entsprechenden Anordnung schließen, bei der dann das Dielektrikum durch ein leitfähiges Material ersetzt zu denken ist. Wesentlich ist, dass Kondensator und Widerstand die gleiche räumliche Anordnung und die gleiche Feldverteilung aufweisen. Für die Kapazität gilt bei örtlich konstantem ε-Wert

$$C = \frac{Q}{U} = \frac{\int_A \vec{D} \cdot d\vec{A}}{\int_a^b \vec{E} \cdot d\vec{s}} = \frac{\varepsilon \int_A \vec{E} \cdot d\vec{A}}{\int_a^b \vec{E} \cdot d\vec{s}},$$

für den elektrischen Widerstand bei örtlich konstanter Leitfähigkeit

$$R = \frac{U}{I} = \frac{\int_a^b \vec{E} \cdot d\vec{s}}{\int_A \vec{J} \cdot d\vec{A}} = \frac{\int_a^b \vec{E} \cdot d\vec{s}}{\gamma \int_A \vec{E} \cdot d\vec{A}}.$$

Dabei bedeuten, wenn wir der Einfachheit halber an das Koaxialkabel denken, a und b Punkte auf dem Innen- bzw. Außenleiter. Die Fläche A ist die Fläche, durch die der gesamte elektrische Fluss bzw. die gesamte elektrische Strömung hindurchtritt, also z. B. ein koaxialer Zylinder wie in Beispiel 4.1. Multipliziert man die Gleichungen für C und R miteinander, so hat man

$$RC = \frac{\varepsilon}{\gamma} \quad \text{oder} \quad \boxed{\frac{G}{C} = \frac{\gamma}{\varepsilon}}. \tag{4.9}$$

Durch Anwenden von Gl. (4.9) hätte in Beispiel 4.1 der gesuchte Widerstand auf Grund der in Abschnitt 3.6.3 angegebenen Kapazitätsformel sofort hingeschrieben werden können.

Sind die bis jetzt besprochenen speziellen Methoden nicht anwendbar, so muss auf die Definition des Widerstandes nach Gl. (1.8) zurückgegriffen werden. Man gibt sich den Strom I vor, berechnet für diesen Strom die dem Strömungsfeld zugeordnete Potentialfunktion Φ und bildet den Quotienten

$$\boxed{R = \frac{\Phi_+ - \Phi_-}{I}}. \tag{4.10}$$

Dabei bedeuten Φ_+ und Φ_- die Potentialwerte auf der positiven bzw. negativen Elektrode. Auf analoge Weise wurden in Abschnitt 3.6.3 Kapazitäten bestimmt.

4.3 Anwendung auf Erdungsprobleme

Einleitend soll die Anordnung nach Bild 4.5 betrachtet werden. Einer sehr gut leitenden Metallkugel, die allseits vom mäßig leitenden Erdboden umgeben ist, wird über einen dünnen isolierten Draht ein Strom I zugeführt. Aus Gründen der Symmetrie wird das Strömungsfeld im Erdreich radialsymmetrisch sein. Die Stromdichte kann sehr leicht mit Gl. (4.3) ermittelt werden. Es wird angenommen, dass eine Metallkugel konzentrisch von einer Hüllkugel mit dem Radius r umgeben ist und ein sehr dünner Zuleiter existiert. Für die aus der Hüllkugel austretende Strömung ergibt sich

$$\oint_A J(r)\,dA = J(r)\oint_A dA = J(r)4\pi r^2 .$$

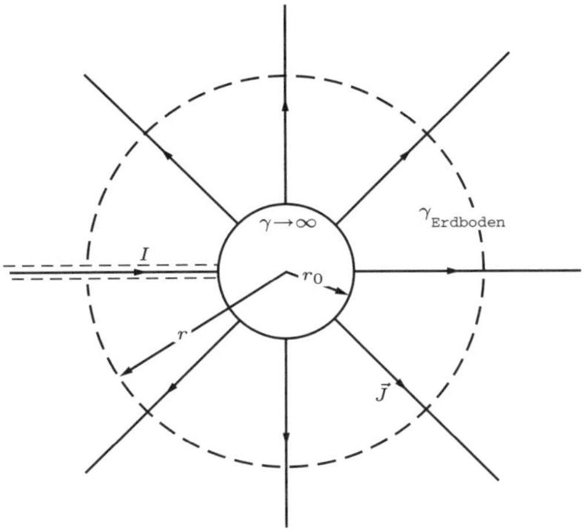

Bild 4.5 *Kugelförmiger Erder.*

Mit dem in die Kugel eintretenden Strom *I*, der negativ zu zählen ist, folgt

$$J(r)4\pi r^2 - I = 0$$

oder

$$J(r) = \frac{I}{4\pi r^2} .$$

Die elektrische Feldstärke ist wegen Gl. (4.5)

$$E(r) = \frac{I}{4\pi\gamma}\frac{1}{r^2} . \qquad (4.11)$$

Wie in der Elektrostatik kann dieser Feldstärke eine Potentialfunktion zugeordnet werden, die am einfachsten durch unbestimmte Integration von Gl. (3.13) längs einer Feldlinie gefunden wird:

$$\Phi(r) = \frac{I}{4\pi\gamma}\cdot\frac{1}{r} + konst. \qquad (4.12)$$

Dieses Ergebnis entspricht Gl. (3.22a).

Jetzt soll durch den Mittelpunkt der Metallkugel nach Bild 4.5 eine dünne isolierende Ebene gelegt werden, wobei jeder der beiden so entstehenden Halbkugeln der halbe Strom zugeführt wird. An der Feldverteilung im Erdreich ändert sich dabei offensichtlich nichts. Damit ist die Lösung für die Anordnung nach Bild 4.6 gefunden. Hier repräsentiert die metallische Halbkugel in erster Näherung einen Erder. In der Praxis werden zwar Platten, Rohre, Bänder verwendet, aber für die folgenden Betrachtungen ist diese Idealisierung zulässig.

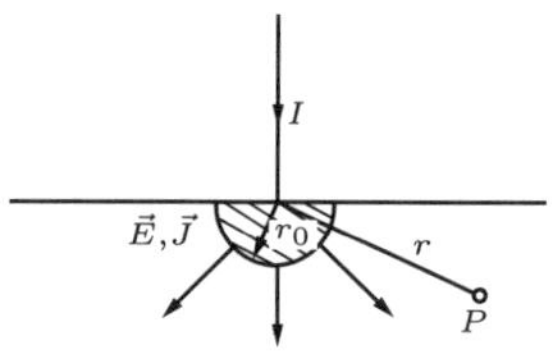

Bild 4.6 *Halbkugelerder.*

Der Potentialverlauf an der Erdoberfläche folgt aus Gl. (4.12), wobei zu beachten ist, dass mit I jetzt der Strom gemeint ist, der sich auf einen halb so großen Raum verteilt. Das bedeutet eine Verdoppelung von Stromdichte, Feldstärke und Potentialfunktion. Damit geht Gl. (4.12) über in

$$\Phi(r) = \frac{I}{2\pi\gamma}\frac{1}{r} + konst\,. \tag{4.13}$$

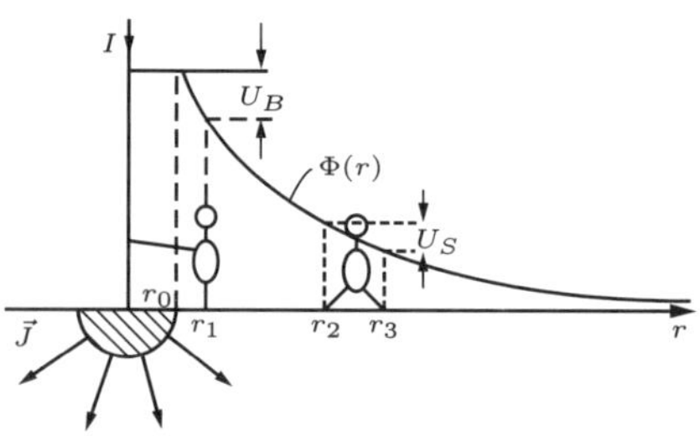

Bild 4.7 *Potentialverlauf in der Umgebung des Halbkugelerders. Berührungsspannung U_B; Schrittspannung U_S. Voraussetzung: Leitfähigkeit des Erders ≫ Leitfähigkeit des Erdreichs.*

Der Verlauf der Potentialfunktion ist in Bild 4.7 für *konst* = 0 dargestellt. Ein Mensch, der etwa an einer Stelle $r = r_1$ steht und den stromführenden Zuleiter zum Erder berührt, ist der sog. **Berührungsspannung** U_B ausgesetzt, die sich mit Gl. (4.13) zu

$$U_B = \Phi(r_0) - \Phi(r_1) = \frac{1}{2\pi\gamma}\left(\frac{1}{r_0} - \frac{1}{r_1}\right) \tag{4.14}$$

ergibt. Ein Lebewesen, das sich in der Umgebung des stromführenden Erders aufhält, kann mit seinen Füßen (Bild 4.7) die sog. **Schrittspannung**

$$U_S = \Phi(r_2) - \Phi(r_3) = \frac{1}{2\pi\gamma}\left(\frac{1}{r_2} - \frac{1}{r_3}\right) \tag{4.15}$$

überbrücken.

Beispiel 4.3
Schrittspannung

Ein Leiter einer Freileitung erhält Berührung mit dem Mast, wodurch ein Strom von 1000 A ins Erdreich fließt.

Wie groß ist die Schrittspannung in 10 und 20 m Entfernung vom Mast, wenn mit einer Schrittlänge von 80 cm und einer mittleren Leitfähigkeit des Erdbodens von 10^{-2} S/m gerechnet wird?

Lösung:

Nach Gl. (4.15) ist

$$U_S = \frac{I}{2\pi\gamma}\frac{r_3 - r_2}{r_2 r_3} \approx \frac{I}{2\pi\gamma}\frac{\Delta r}{r^2}.$$

Damit folgt mit $\Delta r = 0{,}8$ m und $r = 10$ m

$$U_S \approx \frac{10^3\,\text{A m}\,0{,}8\,\text{m}}{2\,\pi\,10^{-2}\,\text{S}\,10^2\,\text{m}^2} \approx 127\,\text{V}$$

und für $r = 20$ m

$$U_S \approx 32\,\text{V}.$$

Im ersten Fall wird eine für den Menschen gefährliche Spannung (oberhalb von etwa 60 V) erreicht.

Den Widerstand zwischen dem Erder und einer konzentrischen Halbkugel mit unendlich großem Radius nennt man den **Erdübergangswiderstand.** Dieser ergibt sich für den Fall des Halbkugelerders wegen Gl. (4.13) zu

$$R = \frac{U}{I} = \frac{\Phi(r_0) - \Phi(\infty)}{I} = \frac{1}{2\pi\gamma r_0}. \tag{4.16}$$

Auch dieses Ergebnis kann man mit Gl. (4.9) aus dem Ausdruck für die Kapazität einer Kugel gegenüber dem Unendlichen gewinnen. Es ist allerdings wegen des Übergangs von der Vollkugel zur Halbkugel der Faktor 2 zu berücksichtigen.

4.4 Bedingungen an Grenzflächen

Fließt ein elektrischer Strom von einem Material mit der Leitfähigkeit γ_1 in ein Material mit der Leitfähigkeit γ_2, so werden die Strömungslinien an der Grenzfläche zwischen den beiden Materialien geknickt, falls die Strömung nicht senkrecht zur Grenzfläche verläuft.

Um das Verhalten der Normalkomponenten zu untersuchen wird Gl. (4.3) auf einen flachen Zylinder angewendet, wie er in Bild 3.35 dargestellt ist. Aus den gleichen Überlegungen wie in Abschnitt 3.9 folgt

$$\boxed{J_{2n} = J_{1n}}\,. \tag{4.17}$$

Für die Tangentialkomponenten gilt wegen Gl. (4.4) wie in der Elektrostatik

$$\boxed{E_{2t} = E_{1t}}\,. \tag{4.18}$$

Damit erhält man das **Brechungsgesetz** des elektrischen Strömungsfeldes, wobei die Winkel wie in Bild 3.37 zu zählen sind:

$$\boxed{\frac{\tan\alpha_1}{\tan\alpha_2} = \frac{\gamma_1}{\gamma_2}}\,. \tag{4.19}$$

Hat der eine Leiter eine sehr viel größere Leitfähigkeit als der andere, ist z. B. $\gamma_1/\gamma_2 \gg 1$, so ist auch $\tan\alpha_1/\tan\alpha_2 \gg 1$. Für den Zahlenwert $\gamma_1/\gamma_2 = 100$ ergeben sich für die Winkel $\alpha_1 = 0$; 45°; 60°; 70°; 80°; 85° entsprechend die Winkel $\alpha_2 = 0$; 0,6°; 1°; 1,6°; 3,2°; 6,5°. Das bedeutet, dass die Feldlinien auf einem guten Leiter nahezu senkrecht stehen. Damit wird die Oberfläche dieses Leiters näherungsweise zu einer Äquipotentialfläche.

In den Abschnitten über elektrostatische Felder wurden stets Dielektrika mit unendlich geringer Leitfähigkeit vorausgesetzt. Wenn diese idealisierende Annahme nicht gemacht werden kann, ist zu fragen, ob sich das Feld an der Grenzfläche nach den Bedingungen verhält, die für elektrostatische Felder – Gln. (3.52) und (3.53) – aufgestellt wurden, oder nach den für Strömungsfelder – Gln. (4.17) und (4.18) – gültigen. Die Erfahrung zeigt, dass sich im stationären Fall die Feldverteilung in durchströmten Gebieten nach den Gesetzen des Strömungsfeldes richtet. Bei zeitlich veränderlichen Feldern dagegen, die später behandelt werden, wird die Feldverteilung mit zunehmender Änderungsgeschwindigkeit immer stärker von den dielektrischen Eigenschaften der Stoffe und weniger von ihren Leitfähigkeiten bestimmt.

Im stationären Fall verhalten sich die Normalkomponenten der Stromdichte also stetig. Damit sind auch die Normalkomponenten der elektrischen Feldstärke wegen Gl. (4.5) festgelegt und für die daraus gemäß Gl. (3.16) bestimmten Normalkomponenten der Verschiebungsdichte gilt die Bedingung der Stetigkeit nach Gl. (3.52) im Allgemeinen nicht mehr.

Die jetzt maßgebende Bedingung an der Grenzfläche findet man auf ähnliche Weise wie in Abschnitt 3.9. Man hat dabei in der Grenzschicht des Zylinders nach Bild 3.35 eine Ladung ΔQ anzunehmen. Diese schreibt man als $\sigma \cdot \Delta A$, wobei σ eine **Flächenladung** (Ladung pro Fläche) bedeutet. So ergibt sich

$$D_{2n} - D_{1n} = \sigma \,. \tag{4.20}$$

Beispiel 4.4

Kugelkondensator mit leitendem Dielektrikum

Zwischen zwei vollkommen leitenden, konzentrischen Kugelschalen befinden sich zwei Medien (1) und (2) gemäß Bild 4.8. Über isolierte Drähte sind die beiden Kugelschalen an eine Spannungsquelle U angeschlossen.

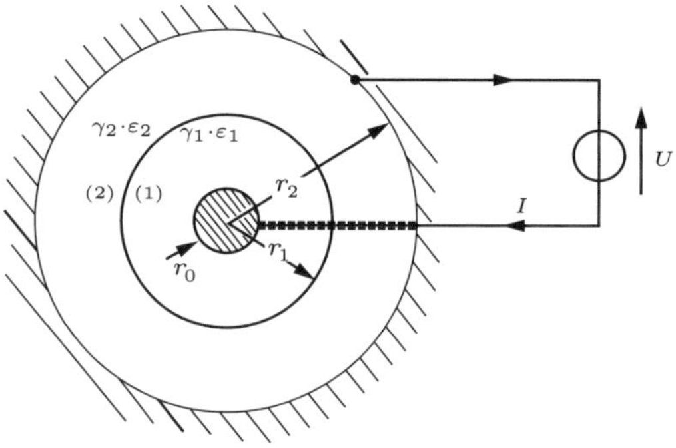

Bild 4.8 *Kugelkondensator mit geschichtetem, verlustbehaftetem Dielektrikum.*

Gesucht sind der Strom I und die Flächenladung σ, die sich in der Grenzschicht zwischen den beiden Medien ausbildet.

Lösung:

Die Potentialfunktion für eine kugelsymmetrische Anordnung ist mit Gl. (4.12) bekannt. Damit lassen sich für die beiden Raumteile die Ansätze machen:

$$\Phi_1(r) = \frac{I}{4\pi\gamma_1} \cdot \frac{1}{r} + C_1, \qquad \Phi_2(r) = \frac{I}{4\pi\gamma_2} \cdot \frac{1}{r} + C_2 .$$

Die Spannung U setzt sich aus den beiden Anteilen $\Phi_1(r_0) - \Phi_1(r_1)$ und $\Phi_2(r_1) - \Phi_2(r_2)$ zusammen:

$$U = \frac{I}{4\pi}\left\{\frac{1}{\gamma_1}\left(\frac{1}{r_0} - \frac{1}{r_1}\right) + \frac{1}{\gamma_2}\left(\frac{1}{r_1} - \frac{1}{r_2}\right)\right\} .$$

Auf das Auflösen nach I soll hier verzichtet werden.

Die elektrischen Feldstärken in beiden Raumteilen sind nach Gl. (4.11) :

$$E_1(r) = \frac{I}{4\pi\gamma_1} \cdot \frac{1}{r^2}, \qquad E_2(r) = \frac{I}{4\pi\gamma_2} \cdot \frac{1}{r^2} .$$

Damit folgt gemäß Gl. (4.20):

$$\sigma = \varepsilon_2 E_{2n}(r_1) - \varepsilon_1 E_{1n}(r_1) = \frac{I}{4\pi r_1^2}\left(\frac{\varepsilon_2}{\gamma_2} - \frac{\varepsilon_1}{\gamma_1}\right) .$$

Demnach bildet sich nur in dem Sonderfall $\varepsilon_1/\varepsilon_2 = \gamma_1/\gamma_2$ keine Flächenladung in der Grenzschicht aus.

5. Stationäre Magnetfelder

5.1 Einführung

Zwischen gewissen Eisenkörpern, die man **Magnete** nennt, treten anziehende oder abstoßende Kräfte auf. Ein solcher Magnet hat die Tendenz, sich in Nord-Süd-Richtung einzustellen (Bild 5.1). Das Ende des Magneten, das nach Norden weist, nennt man den magnetischen **Nordpol,** das andere den magnetischen **Südpol.** Wird ein Magnet gemäß Bild 5.2 in zwei Teile zerlegt, so entstehen zwei neue Magnete. Darin liegt offensichtlich ein entscheidender Unterschied zur Elektrostatik. Elektrische Ladungen lassen sich trennen, magnetische Pole dagegen nicht.

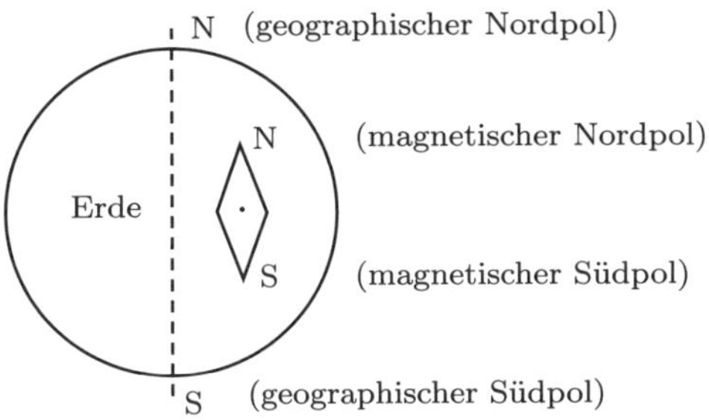

Bild 5.1 *Magnetnadel richtet sich im Erdfeld aus.*

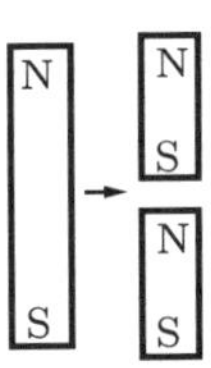

Bild 5.2 *Magnetische „Ladungen" lassen sich nicht trennen.*

Teilt man einen Magneten in immer kleinere Elemente auf, so erhält man schließlich einen Elementarmagneten, den man als Dipol nach Bild 5.3 darstellen kann. Diesen denkt man sich aufgebaut aus zwei punktförmigen Polen N und S, die voneinander den Abstand l haben $(l \to 0)$. Die Stärke der Pole wird durch die **Polstärke** P charakterisiert, die das Analogon zur elektrischen Ladung Q ist. Das Produkt

$$m = P \cdot l$$

nennt man das **magnetische Dipolmoment.**

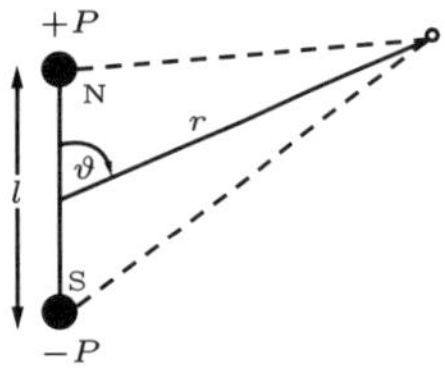

Bild 5.3 Magnetischer Dipol.

Magnetfelder, deren Ursache in magnetischen Dipolen vorgegebener Verteilung zu sehen ist, können mit den Methoden behandelt werden, die in den Abschnitten über elektrostatische Felder besprochen wurden. Weit wichtiger sind allerdings die Magnetfelder, die von bewegten Ladungen verursacht werden.

5.2 Kräfte im magnetischen Feld und die magnetische Flussdichte

5.2.1 Die Kraft zwischen zwei stromdurchflossenen Leitern

Es liegt nahe, die magnetischen Feldgrößen in ähnlicher Weise einzuführen wie die elektrischen. Da es keine isolierten (d. h. nicht paarweise auftretenden) magnetischen Ladungen gibt, darf man kein unmittelbares, durch ein völlig gleichartiges Experiment nachweisbares Analogon zum Coulombschen Gesetz erwarten, das den Ausgangspunkt für weitere Schlussfolgerungen bilden könnte. Wir gehen jetzt von der Erfahrungstatsache aus, dass zwei parallele Leiter, die von Strömen durchflossen werden, einander bei gleichen Stromrichtungen anziehen und bei entgegengesetzten Stromrichtungen abstoßen. Experimentell ergibt sich für dünne Leiter sehr großer Länge l bei einem Achsenabstand ϱ und den Strömen I_1 und I_2 (Bild 5.4) der folgende Zusammenhang:

$$F = K\frac{I_1 I_2 l}{\varrho}\,.$$

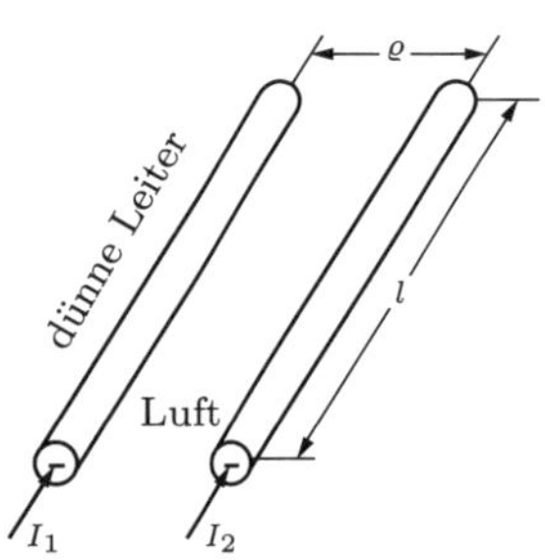

Bild 5.4 Zur Kraft zwischen zwei stromdurchflossenen Leitern.

Der Proportionalitätsfaktor K ist bereits festgelegt, da Längen, Kräfte und Ströme schon definiert sind. Der Faktor K hängt von dem Material in der Umgebung der stromdurchflossenen Leiter ab, ist also eine Materialkonstante. Aus Gründen, die in den folgenden Abschnitten besprochen werden, setzt man

$$K = \frac{\mu}{2\pi}. \tag{5.1}$$

Dabei heißt μ die **Permeabilität(skonstante)** oder Induktionskonstante.

Mit Gl. (5.1) nimmt die Ausgangsgleichung die Form an:

$$\boxed{F = \frac{\mu I_1 I_2 l}{2\pi\varrho}}. \tag{5.2}$$

Die Kraft zwischen den stromdurchflossenen Leitern kann nicht mit elektrostatischen Kräften erklärt werden, die zwischen den Ladungen in den Leitern wirken. Denn beide Leiter sind bei Gleichstrom insgesamt ungeladen. Man begegnet hier also einer neuen Erscheinung, die auf magnetische Feldkräfte bzw. bewegte Ladungen zurückführen ist.

5.2.2 Die magnetische Flussdichte

Gl. (5.2) lässt sich nun so interpretieren wie in der Elektrostatik das Coulombsche Gesetz. Die Kraft, die etwa auf den vom Strom I_2 durchflossenen Leiter der Länge l wirkt, ist proportional $I_2 l$:

$$F \sim I_2 l .$$

Der Faktor

$$\frac{\mu I_1}{2\pi\varrho}$$

stellt die Wirkung – genauer: die magnetische Wirkung – des vom Strom I_1 durchflossenen Leiters am Ort des zweiten Leiters dar. Der stromführende zweite Leiter gibt, wie die Probeladung in der Elektrostatik, die Möglichkeit, über die Messung der auf diesen Leiter wirkenden Kraft das Magnetfeld in der Umgebung des vom Strom I_1 durchflossenen Leiters zu ermitteln. Die das Feld charakterisierende magnetische Größe nennt man die **magnetische Flussdichte** B oder auch die magnetische Induktion und setzt

$$B_1 = \frac{\mu I_1}{2\pi\varrho}. \tag{5.3}$$

Da die Flussdichte B_1 im vorliegenden Fall nicht von einem Winkel, sondern nur vom Abstand von der Leiterachse abhängt, handelt es sich hier um ein zylindersymmetrisches Feld. Das zeigen auch die bekannten Versuche mit Eisenfeilspänen. Diese orientieren sich so, wie es die kreisförmigen Linien in Bild 5.5 zeigen. Als Richtung des Feldvektors $\vec{B}$ ist in Analogie zur Elektrostatik willkürlich diejenige gewählt worden, in die sich ein frei beweglicher Nordpol, den es nach Abschnitt 5.1 nicht gibt, bewegen würde. Das ist gleichzeitig die Richtung, in die der Nordpol der in Bild 5.5 skizzierten Magnetnadel zeigt. Mit dieser willkürlichen Definition ergibt sich, dass die Richtung des Feldes und die des Stromes im Sinne der **Rechtsschraubenregel** miteinander verknüpft sind (Bild 5.6 und Bild 5.14).

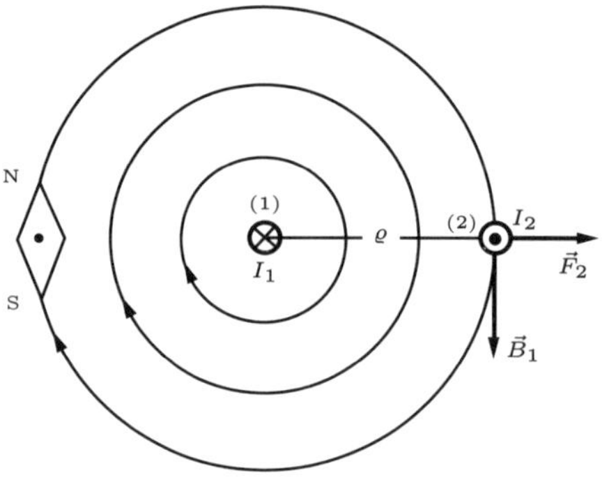

Bild 5.5 *Leiter (2) im Magnetfeld von Leiter (1).*

Setzt man Gl. (5.3) in Gl. (5.2) ein, so erhält man für die Kraft auf einen stromdurchflossenen geraden Leiter der Länge l, der sich in einem Magnetfeld der Flussdichte B befindet, den Ausdruck

$$F = I \cdot l \cdot B\,. \tag{5.4}$$

In dieser Form gilt die Gleichung nur, wenn das Magnetfeld senkrecht auf dem Leiter steht. Gl. (5.4) soll nun benutzt werden, um eine mögliche Maßeinheit der magnetischen Flussdichte zu bestimmen. Es wird

$$B = \frac{F}{I \cdot l}$$

und damit

$$[B] = \frac{[F]}{[I][l]} = \frac{\mathrm{N}}{\mathrm{Am}} = \frac{\mathrm{Vs}}{\mathrm{m}^2}\,.$$

B ist also – wie die Verschiebungsdichte D – eine flächenbezogene Größe, daher die Bezeichnung magnetische Flussdichte. Man hat für B eine spezielle Einheit eingeführt:

$$1\frac{\mathrm{Vs}}{\mathrm{m}^2} = 1\,\mathrm{Tesla} = 1\,\mathrm{T}\,.$$

Häufig wird noch die veraltete Einheit Gauß verwendet:

$$10^{-4}\frac{\mathrm{Vs}}{\mathrm{m}^2} = 1\,\mathrm{Gauß} = 1\,\mathrm{G}.$$

Felder der Stärke 1 T treten in elektrischen Maschinen auf. Ein Beispiel für ein Feld, dessen Stärke in der Größenordnung von 1 G liegt, ist das **magnetische Erdfeld.**

5.2.3 Die Kraft auf stromdurchflossene Leiter im Magnetfeld

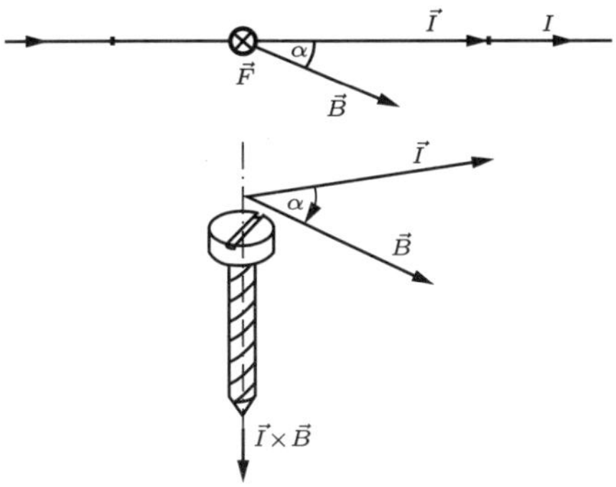

Bild 5.6 *Kraft auf stromdurchflossenen Leiter im Magnetfeld; Kreuzprodukt und Rechtsschraubenregel.*

Einen speziellen Ausdruck für die Kraft auf einen stromdurchflossenen Leiter, der einem Magnetfeld ausgesetzt ist, stellt Gl. (5.4) dar. Tritt zwischen den Richtungen von Feld und Leiter kein rechter, sondern ein beliebiger Winkel auf (Bild 5.6), so ergibt sich experimentell

$$F = I \cdot l \cdot B \sin\alpha \,. \tag{5.5}$$

Die Richtung der Kraft steht senkrecht auf dem Leiter und dem Magnetfeld. Ordnet man der Länge einen Vektor zu, dessen Betrag der Länge entspricht und dessen Richtung mit der des Stromes übereinstimmt, so lässt sich Gl. (5.5) unter Verwendung des in der Vektorrechnung definierten **Kreuzproduktes (Vektorproduktes)** $\vec{l} \times \vec{B}$ (gelesen: l Kreuz B) schreiben:

$$\vec{F} = I \cdot \vec{l} \times \vec{B} \,. \tag{5.6}$$

Dabei bedeutet also $\vec{l} \times \vec{B}$ einen Vektor, der auf $\vec{l}$ und $\vec{B}$ senkrecht steht und dessen Betrag

$$lB \sin\alpha = l \cdot B \sin(\vec{l}, \vec{B})$$

ist. Die Richtung von $\vec{l} \times \vec{B}$ (einschließlich Vorzeichen) erhält man so: Man denkt sich $\vec{l}$ auf kürzestem Weg in die Richtung von $\vec{B}$ gedreht, wobei dieser Drehbewegung eine Richtung gemäß der Rechtsschraubenregel zugeordnet wird (Bild 5.6).

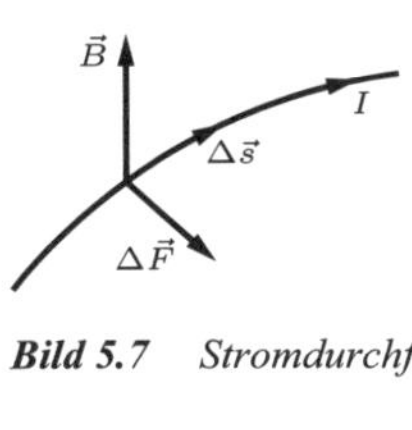

Bild 5.7 *Stromdurchflossenes Leiterelement im Magnetfeld.*

Befindet sich ein stromdurchflossener, dünner, nicht geradliniger Draht in einem inhomogenen Magnetfeld (Bild 5.7), so kann Gl. (5.6) nur auf ein kleines Leiterelement $\Delta\vec{s}$ angewendet werden, auf dem $\vec{B}$ in erster Näherung konstant ist:

$$\boxed{\Delta\vec{F} = I \Delta\vec{s} \times \vec{B}} \,. \tag{5.7}$$

Die Gesamtkraft folgt durch Integration:

$$\vec{F} = I \int_L d\vec{s} \times \vec{B} \,. \tag{5.8}$$

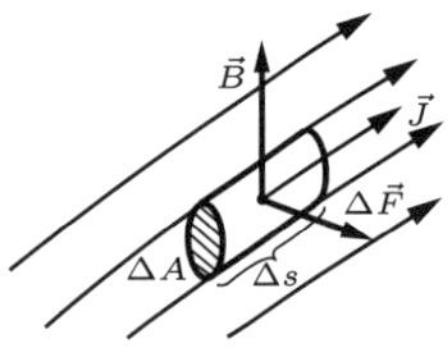

Bild 5.8 *Durchströmtes Volumenelement im Magnetfeld.*

Bei räumlich verteilter elektrischer Strömung ist ein Volumenelement zu betrachten, wie es in Bild 5.8 dargestellt ist. Hier müssen ΔA und Δs so klein gewählt werden, dass in dem Volumenelement die Größen $\vec{B}$ und $\vec{J}$ in erster Näherung als konstant angesehen werden können. Dann folgt aus Gl. (5.5)

$$\Delta F = J \Delta A \Delta s B \sin\alpha = \Delta V J B \sin\alpha$$

und in Vektorschreibweise

$$\Delta\vec{F} = \Delta V \vec{J} \times \vec{B} \,. \tag{5.9}$$

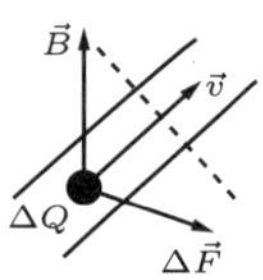

Bild 5.9 *Eine Punktladung fliegt durch ein Magnetfeld.*

Bewegt sich eine Ladung ΔQ mit der Geschwindigkeit $\vec{v}$ durch ein Magnetfeld, so wirkt auf die Ladung eine Kraft, die wieder mit Gl. (5.5) berechnet werden kann. Die Ladungsbewegung durch den in Bild 5.9 gestrichelten Querschnitt innerhalb der Zeit Δt entspricht einem Strom $I = \Delta Q / \Delta t$. Damit wird

$$I \Delta s = \frac{\Delta Q}{\Delta t} \Delta s = \Delta Q \cdot v$$

und

$$\Delta F = \Delta Q \cdot v \cdot B \sin\alpha$$

oder in Vektorschreibweise

$$\Delta\vec{F} = \Delta Q \vec{v} \times \vec{B} \tag{5.10a}$$

bzw. für punktförmige Ladungen beliebiger Größe

$$\vec{F} = Q \vec{v} \times \vec{B} \,. \tag{5.10b}$$

Bei der Anwendung dieser Formel auf einen gleichstromdurchflossenen Leiter, der insgesamt ungeladen ist, muss beachtet werden, dass mit ΔQ bzw. Q nur die bewegten Ladungen, im genannten Fall also die Leitungselektronen gemeint sind.

Beispiel 5.1
Drehspule

Eine stromdurchflossene, quadratische Leiterschleife (Fläche $a^2 = A$) befindet sich in einem radialsymmetrischen Magnetfeld der Flussdichte B (Bild 5.10).

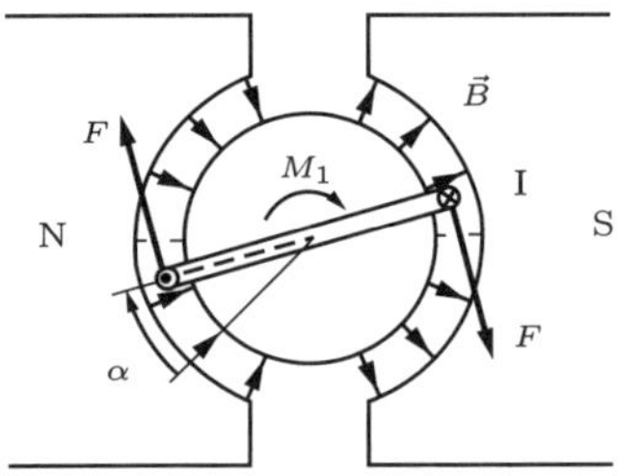

Bild 5.10 *Drehspule in radialhomogenem Feld.*

Auf die beiden im Querschnitt dargestellten Leiter wirkt nach Gl. (5.4) das Drehmoment

$$M_1 = 2 \cdot \frac{a}{2} \cdot IaB = AIB$$

und bei N Windungen

$$M_1 = NAIB \ .$$

Ergänzt man die Anordnung so durch zwei Spiralfedern, dass die Spule einem dem Winkel α proportionalen Gegendrehmoment ausgesetzt ist,

$$M_2 = konst \cdot \alpha \ ,$$

so stellt sich für $M_1 = M_2$ ein Gleichgewicht bei

$$\alpha = \frac{1}{konst} NAIB$$

ein. Der Drehwinkel α ist also dem Strom I proportional. Nach diesem Prinzip arbeiten **Drehspulmessgeräte.**

5.3 Die Erregung des Magnetfeldes

5.3.1 Die magnetische Feldstärke

Nach Gl. (5.3) hängt die magnetische Flussdichte in der Umgebung eines stromdurchflossenen Leiters auch von dem Stoff ab, der den Leiter umgibt. Wie beim elektrischen Feld definiert man eine zweite, materialunabhängige Feldgröße. Diese nennt man die **magnetische Feldstärke** oder auch die **magnetische Erregung** und bezeichnet sie mit H. Für den stromdurchflossenen Leiter folgt aus Gl. (5.3) durch Fortlassen des Faktors μ:

$$H = \frac{I}{2\pi\varrho} \quad . \tag{5.11}$$

Der Zusammenhang zwischen B und H ist, wie ein Vergleich von Gl. (5.3) mit Gl. (5.11) zeigt, dann durch

$$\vec{B} = \mu\vec{H} \tag{5.12}$$

gegeben. Es wird hier, wie bei Gl. (3.16), ein isotropes Medium vorausgesetzt.

Wegen Gl. (5.11) lässt sich eine mögliche Einheit von H sofort hinschreiben:

$$[H] = \frac{[I]}{[\varrho]} = \frac{\text{A}}{\text{m}} .$$

Da in Abschnitt 5.2.2 eine Einheit für die magnetische Flussdichte bereits eingeführt wurde, ergibt sich jetzt mit Gl. (5.12) eine mögliche Einheit der Permeabilität:

$$[\mu] = \frac{[B]}{[H]} = \frac{\text{T}}{\text{A/m}} = \frac{\text{Vs m}}{\text{m}^2\,\text{A}} = \frac{\text{Vs}}{\text{Am}} .$$

Im Vakuum gilt für die Permeabilität:

$$\mu_0 = 4\pi \cdot 10^{-7} \frac{\text{Vs}}{\text{Am}} \approx 1{,}257 \cdot 10^{-6} \frac{\text{Vs}}{\text{Am}} .$$

Dieser spezielle Wert hat sich nicht zufällig ergeben. Es wurde vielmehr, wie die folgende Aufgabe zeigt, die Einheit der Stromstärke so definiert, dass die Größe μ_0 einen relativ einfachen Zahlenwert erhält. Man nennt μ_0 auch die magnetische Feldkonstante.

Beispiel 5.2

Die Maßeinheit Ampere

Löst man Gl. (5.2) nach dem Produkt der Ströme auf (mit $I_1 = I_2 = I$)

$$I^2 = \frac{2\pi F \varrho}{\mu_0 l}$$

und setzt gemäß Abschnitt 0.1 hier die Größen $F = 2 \cdot 10^{-7}$ N, $\varrho = 1$ m, $l = 1$ m ein, so erhält man:

$$I^2 = \frac{2\pi \cdot 2 \cdot 10^{-7}\,\text{N} \cdot \text{Am}}{4\pi\, 10^{-7}\,\text{Vs}} = 1\,\text{A}^2 .$$

In Analogie zu Gl. (3.18) definiert man eine **relative Permeabilität** (oder Permeabilitätszahl) μ_r:

$$\mu = \mu_r \mu_0 \quad . \tag{5.13}$$

Die magnetischen Eigenschaften der Stoffe kennzeichnet man meist durch die Größe μ_r, sofern diese nicht von der Erregung des Feldes abhängt. Dann ist man auf Kennlinien angewiesen. Man unterscheidet nach der Größe von μ_r zwischen dia-, para- und ferromagnetischen Stoffen.

Bei dia- und paramagnetischen Stoffen weicht μ_r nur wenig von eins ab. Ist $\mu_r < 1$, so nennt man den Stoff **diamagnetisch.** Beispiele hierfür sind Wismut mit $\mu_r = 1 - 160 \cdot 10^{-6}$ und Kupfer mit $\mu_r = 1 - 10 \cdot 10^{-6}$. Stoffe mit $\mu_r > 1$ heißen **paramagnetisch.** Zu diesen gehören Platin mit

$\mu_r = 1 + 300 \cdot 10^{-6}$ und Aluminium mit $\mu_r = 1 + 22 \cdot 10^{-6}$. In den meisten Anwendungen kann man die nichtferromagnetischen Stoffe als magnetisch neutral ansehen und mit $\mu_r = 1$ rechnen.

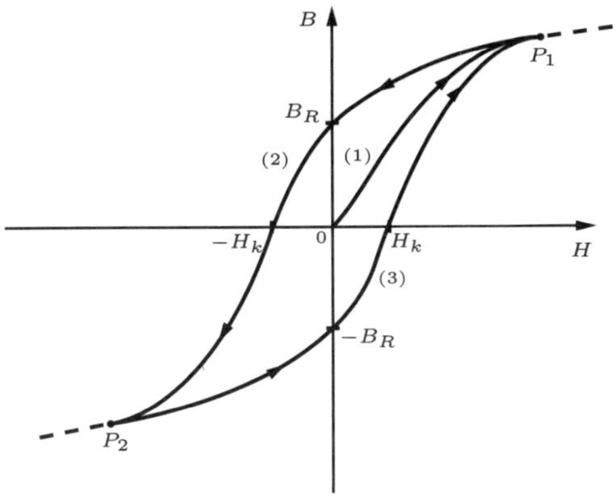

Bild 5.11 *Magnetisierungskennlinie, Hystereseschleife.*

Bei **ferromagnetischen** Stoffen – z. B. Eisen, Kobalt, Nickel – ist $\mu_r \gg 1$ (z. B.: $\mu_r = 10^4$). Das erklärt man sich damit, dass diese Stoffe größere Bezirke mit gleichem magnetischen Moment aufweisen, sog. Elementarmagnete, die sich ausrichten, wenn der Stoff einer magnetischen Erregung ausgesetzt wird. Der Zusammenhang zwischen der magnetischen Feldstärke H und der Flussdichte B ist nichtlinear und hängt außerdem von der Vorgeschichte ab. Er wird durch die **Magnetisierungskennlinie** dargestellt (Bild 5.11). War der ferromagnetische Stoff noch nicht magnetisiert und lässt man die Größe H von Null auf den durch den Punkt P_1 gekennzeichneten Wert anwachsen, so erhält man die **Neukurve** (1). Bei weiterer Erhöhung von H nimmt B nur noch unwesentlich zu. Dann haben sich alle Elementarmagnete ausgerichtet und man befindet

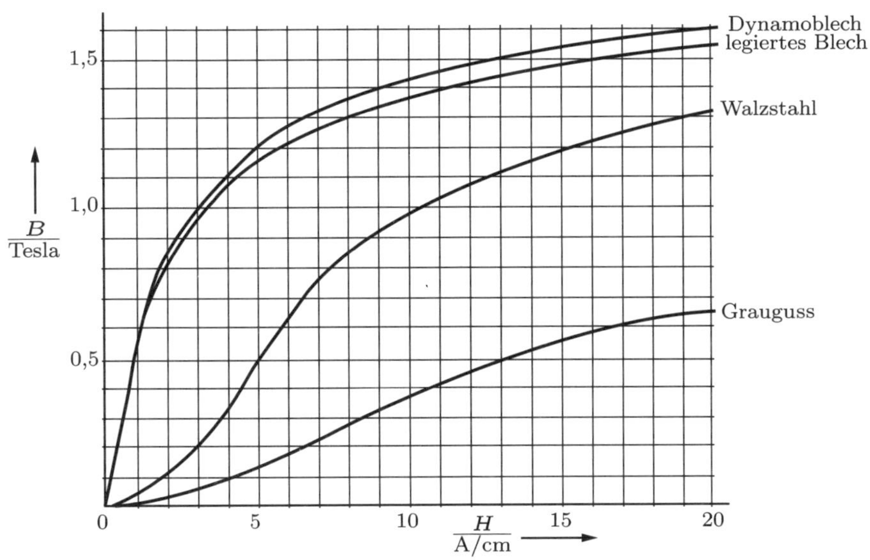

Bild 5.12 *Magnetisierungskennlinien.*

sich im Bereich der **Sättigung** (gestrichelte Kurve). Bei Verringern der Größe H auf Null erreicht B auf Kurve (2) den Wert B_R, die **Remanenzflussdichte**. Um B zu Null zu machen, muss man die Richtung von H umkehren und H wieder anwachsen lassen bis zum Wert $-H_K$. H_K heißt die **Koerzitiverregung**. Durch geeignete Wahl von H durchläuft man über den Punkt P_2 und schließlich auf Kurve (3) bis zum Punkt P_1 zurück eine geschlossene Schleife, die sog. **Hystereseschleife**. Die Erscheinung der Hysterese wird bei Dauermagneten ausgenutzt (Abschnitt 5.6.4). Bei den meisten Anwendungen ist sie jedoch unerwünscht (Hystereseverluste, Abschnitt 6.2.2). Für einige wichtige Eisensorten, bei denen man von der Erscheinung der Hysterese näherungsweise absehen kann, sind in Bild 5.12 die Magnetisierungskennlinien angegeben.

5.3.2 Das Durchflutungsgesetz

Schreibt man Gl. (5.11) in der Form

$$2\pi\varrho H(\varrho) = I,$$

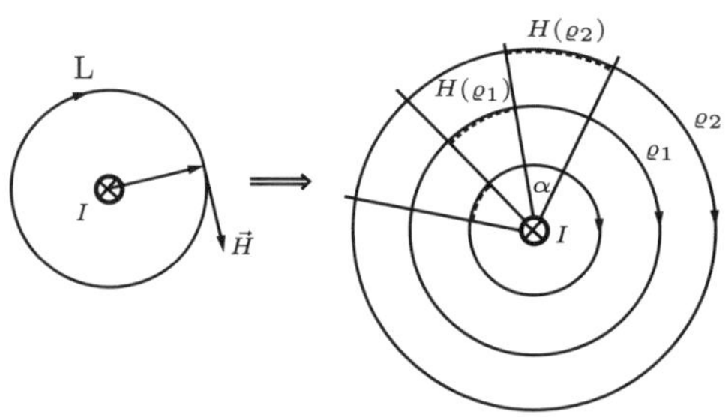

Bild 5.13 *Zur „Herleitung" des Durchflutungsgesetzes.*

dann lässt sich der physikalische Inhalt der Gleichung so formulieren (Bild 5.13): Das Produkt aus der magnetischen Feldstärke auf einer Feldlinie vom Radius ϱ und der Länge dieser Feldlinie $L = 2\pi\varrho$ ist gleich dem Strom, der von der Feldlinie umfasst wird. Es soll ein Umlauf betrachtet werden, der teilweise auf einer Feldlinie vom Radius ϱ_1, teilweise auf einer solchen vom Radius ϱ_2 verläuft (Bild 5.13). Für Kreisbögen, die durch den gleichen Winkel α gekennzeichnet sind, bleibt das Produkt aus Feldstärke und Länge bei unterschiedlichem ϱ konstant:

$$H(\varrho_1)\alpha\varrho_1 = \frac{I}{2\pi\varrho_1}\alpha\varrho_1 = I\frac{\alpha}{2\pi},$$

$$H(\varrho_2)\alpha\varrho_2 = \frac{I}{2\pi\varrho_2}\alpha\varrho_2 = I\frac{\alpha}{2\pi}.$$

Damit liegt es nahe, eine beliebige Kurve L, die den stromführenden Leiter umgibt (Bild 5.14), durch eine Treppenkurve anzunähern und zu schreiben:

$$\sum_k H_k \Delta s_k = I.$$

Darin bedeutet Δs_k die Länge des k-ten Bogenelements.

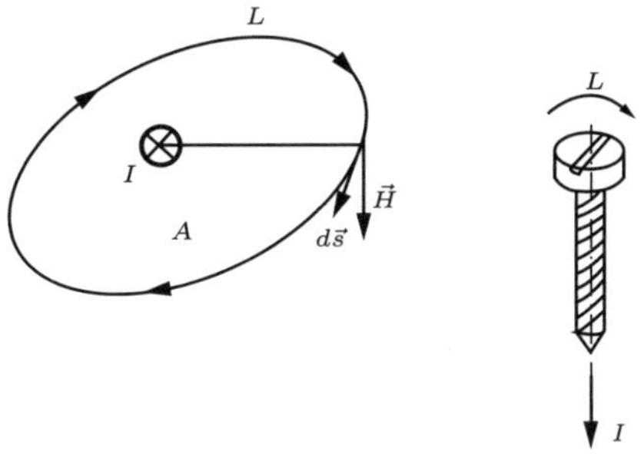

Bild 5.14 *Zum Durchflutungsgesetz und zur Rechtsschraubenregel.*

Fasst man Δs_k als Längenelement beliebiger Richtung auf, so darf in die obige Gleichung nur die Projektion von Δs_k in die Richtung des Bogens eingesetzt werden. Das lässt sich am einfachsten formulieren, wenn man $\vec{H}$ und $\Delta\vec{s}_k$ als Vektoren auffasst:

$$\sum_k H_k \Delta s_k \cos(\vec{H}_k, \Delta\vec{s}_k) = \sum_k \vec{H}_k \Delta\vec{s}_k = I.$$

Gehen wir nun noch zum Grenzwert der Summe über, so erhalten wir

$$\oint_L \vec{H} d\vec{s} = I \ . \tag{5.14}$$

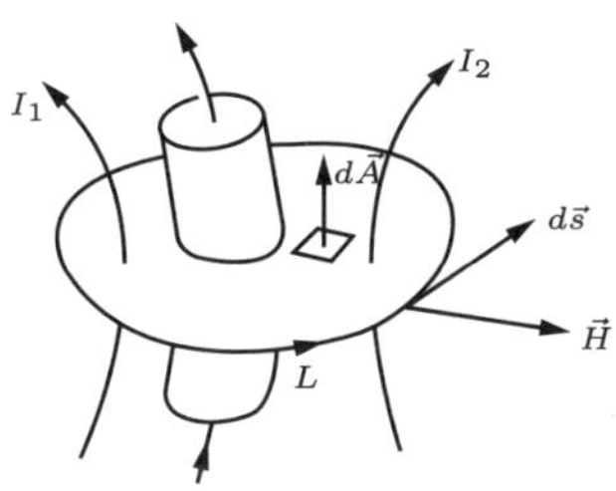

Bild 5.15 *Zum Durchflutungsgesetz in allgemeiner Form.*

Das ist das **Durchflutungsgesetz.** Es fasst die experimentellen Ergebnisse über den Zusammenhang von *H* und *I* in allgemeiner Form zusammen. Die Richtung des Stromes *I* und die des Umlaufs *L* sind einander im Sinne der Rechtsschraubenregel zugeordnet. Treten gemäß Bild 5.15 mehrere Ströme durch die Fläche *A*, die von der Kurve *L* aufgespannt wird, so hat man auf der rechten Seite von Gl. (5.14) die Summe der mit dem Umlauf *L* verketteten Ströme einzusetzen. Diese Gesamtheit der Ströme nennt man die **Durchflutung** Θ:

$$\boxed{\oint_L \vec{H} \, d\vec{s} = \sum_k I_k = \Theta} \ . \tag{5.15a}$$

Bei räumlich ausgedehnter Strömung gilt:

$$\oint_L \vec{H} d\vec{s} = \int_A \vec{J} d\vec{A} \ . \tag{5.15b}$$

Beispiel 5.3

Zylinderspule

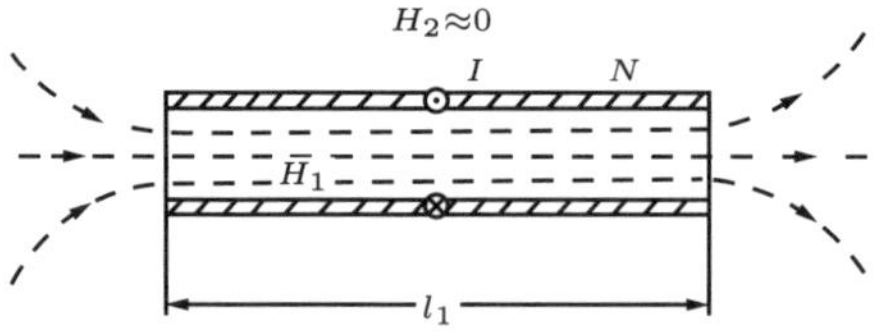

Bild 5.16 *Zylinderspule im Querschnitt.*

Bei einer Zylinderspule (Bild 5.16), deren Spulenkörper mit N Windungen gleichmäßig dicht bewickelt ist und deren Durchmesser sehr viel kleiner ist als die Spulenlänge, ist das Feld – wie Versuche mit Eisenfeilspänen zeigen – im Innern praktisch homogen, im Außenraum dagegen inhomogen und von so geringer Dichte, dass näherungsweise $H_2 = 0$ gesetzt werden kann. Damit wird aus Gl. (5.15a):

$$H_1 l_1 = \Theta = NI \rightarrow H_1 = \frac{NI}{l_1} .$$

Beispiel 5.4

Feldstärke in der Umgebung einer Doppelleitung

Zwei dünne, sehr lange, stromdurchflossene Leiter verlaufen in einem kartesischen Koordinatensystem parallel zur z-Achse (s. Bild 5.17). Man berechne die magnetische Feldstärke in der Ebene $x = 0$

a) für $I_1 = I_2 = I$,

b) für $I_1 = -I_2 = I$.

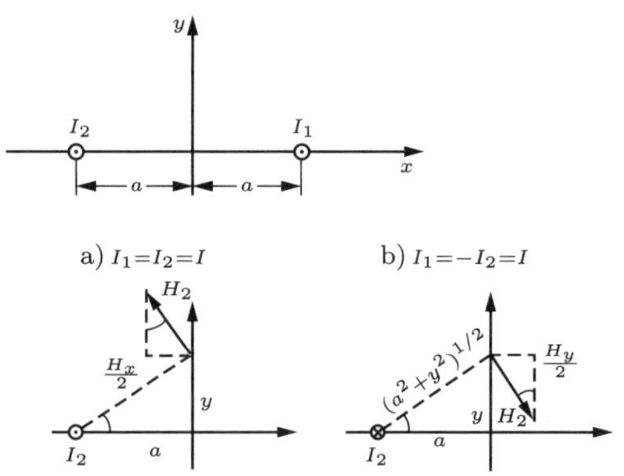

Bild 5.17 *Das Magnetfeld zwischen zwei stromdurchflossenen Leitern.*

Lösung:

In der Ebene $x = 0$ ist der Betrag der von den stromdurchflossenen Leitern 1 und 2 erregten magnetischen Feldstärke nach Bild 5.17:

$$H_1 = H_2 = \frac{I}{2\pi} \frac{1}{(a^2 + y^2)^{1/2}} .$$

Fall a):

$$H_y(0,y) = 0$$

$$H_x(0,y) = -2 \cdot H_{1,2} \cdot \frac{y}{(a^2+y^2)^{1/2}}$$

$$H_x(0,y) = -\frac{I}{\pi}\frac{y}{a^2+y^2}$$

Fall b):

$$H_x(0,y) = 0$$

$$H_y(0,y) = -2 \cdot H_{1,2} \cdot \frac{a}{(a^2+y^2)^{1/2}}$$

$$H_y(0,y) = -\frac{I}{\pi}\frac{a}{a^2+y^2}$$

Beispiel 5.5

Runddraht

Der in Bild 5.18 dargestellte gerade Leiter wird von dem gleichmäßig verteilten Gleichstrom I durchflossen. Gesucht ist die magnetische Feldstärke innerhalb und außerhalb des Leiters.

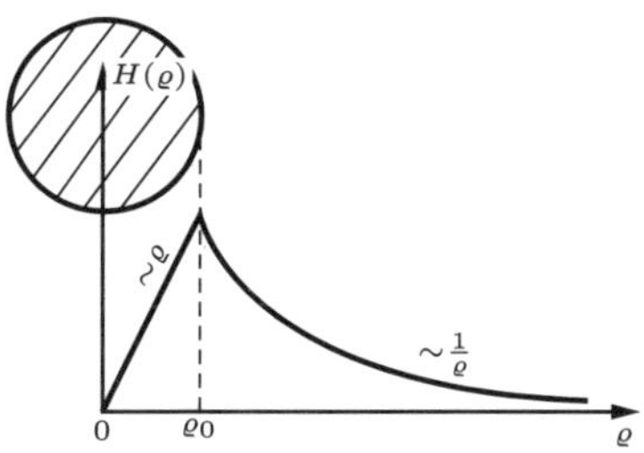

Bild 5.18 *Feld innerhalb und außerhalb eines Leiters, der von einem Gleichstrom durchflossen wird.*

Lösung:

Da die Anordnung rotationssymmetrisch ist, sind alle Feldlinien konzentrische Kreise. Gl. (5.14), angewendet auf einen Umlauf mit dem Radius ϱ, liefert für den Außenraum ein bereits bekanntes Ergebnis: Gl. (5.11).

Bei der Bestimmung des Feldes im Leiterinneren mit Gl. (5.14) muss man darauf achten, dass mit I nur der von dem Umlauf umfasste Strom gemeint ist, also hier $I(\pi\varrho^2)/(\pi\varrho_0^2)$. Damit wird

$$2\pi\varrho H = I\frac{\varrho^2}{\varrho_0^2} \to H = \frac{I}{2\pi\varrho_0^2}\varrho\,.$$

Das Ergebnis ist in Bild 5.18 als Funktion $H \equiv H(\varrho)$ dargestellt.

5.3.3 Das Gesetz von Biot-Savart

Wie die Beispiele 5.3 bis 5.5 gezeigt haben, lässt sich das Durchflutungsgesetz bei vorgegebener Stromverteilung zur Ermittlung des Magnetfeldes nur heranziehen, wenn der Verlauf der magnetischen Feldlinien im Prinzip bekannt ist. Dann kann man z. B. die Integration über eine solche Feldlinie erstrecken, auf der die Feldstärke konstant ist. Damit lässt sich die Feldstärke vor das Integral ziehen, das nun leicht ausgewertet werden kann.

Viele Aufgaben, die in den Anwendungen auftreten, können mit einem anderen Gesetz gelöst werden, das denselben physikalischen Zusammenhang wie das Durchflutungsgesetz zum Inhalt hat, nur in anderer Formulierung. Dieses ist das **Gesetz von Biot-Savart:**

$$\boxed{\Delta\vec{B}(P) = \frac{\mu I}{4\pi}\frac{\Delta\vec{s}\times\vec{r}^{\,0}}{r^2}}\,. \tag{5.16}$$

Es gibt an, welchen Beitrag ein stromdurchflossenes Leiterelement im Quellpunkt irgendeines Stromkreises zur magnetischen Flussdichte in einem beliebigen Aufpunkt P liefert (Bild 5.19).

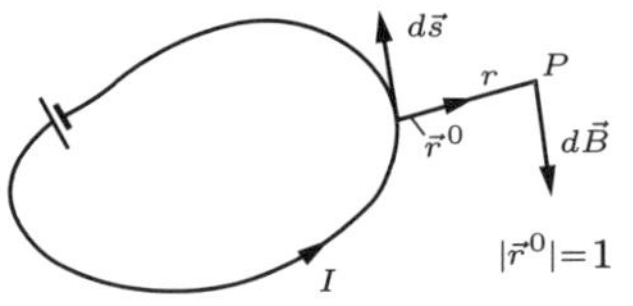

Bild 5.19 *Zum Biot-Savartschen Gesetz.*

Durch Integration über den Weg L, d. h. über die Quellpunktskoordinate s, folgt die magnetische Flussdichte auf Grund des Stromes in der geschlossenen Leiterschleife:

$$\vec{B}(P) = \frac{\mu I}{4\pi}\oint_L \frac{d\vec{s}\times\vec{r}^{\,0}}{r^2}\,. \tag{5.17}$$

Zu beachten ist, dass das Gesetz eine im ganzen Raum konstante Permeabilität voraussetzt.

Da das Durchflutungsgesetz und das Gesetz von Biot-Savart den gleichen physikalischen Zusammenhang zwischen Strom und Magnetfeld beschreiben, liegt es nahe, dass das eine Gesetz aus dem anderen hergeleitet werden kann. Das ist in der Tat möglich, allerdings nur mit relativ aufwändigen Hilfsmitteln der Theoretischen Elektrotechnik.

Beispiel 5.6

Magnetfeld eines stromdurchflossenen Leiters endlicher Länge

Ein Stromkreis, der vom Strom I durchflossen wird, hat die Form eines regelmäßigen n-Ecks. Die Größe des n-Ecks ist durch den Radius a des eingeschriebenen Kreises gegeben.

Die magnetische Flussdichte im Mittelpunkt dieses Kreises ist zu berechnen.

Hinweis: $\int \frac{dx}{(1+x^2)^{3/2}} = \frac{x}{(1+x^2)^{1/2}} + C.$

Lösung:

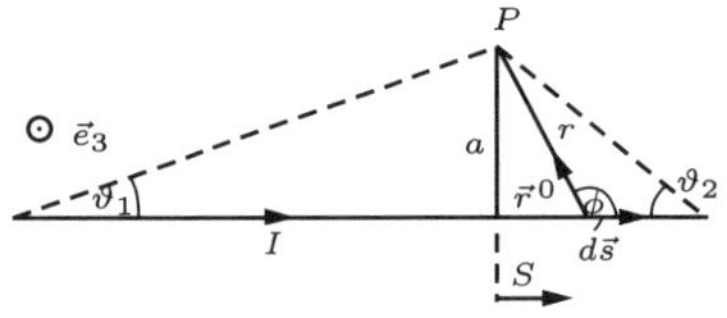

Bild 5.20 *Magnetfeld in der Umgebung eines stromdurchflossenen Leiters endlicher Länge.*

Zunächst soll die in Bild 5.20 skizzierte Teilaufgabe gelöst werden. Hier ist

$$\frac{d\vec{s}\times\vec{r}^{\,0}}{r^2} = \vec{e}_3\frac{ds\cdot\sin\varphi}{r^2} = \vec{e}_3\frac{a\,ds}{r^3} = \frac{a\,ds}{(a^2+s^2)^{3/2}}\,\vec{e}_3$$

und mit Gl. (5.17)

$$\vec{B}(P)=\vec{e}_3\frac{\mu I}{4\pi}\int\frac{a\,ds}{(a^2+s^2)^{3/2}}=\vec{e}_3\frac{\mu I}{4\pi a}\int\frac{d\left(\frac{s}{a}\right)}{\left[1+\left(\frac{s}{a}\right)^2\right]^{3/2}}=\vec{e}_3\frac{\mu I}{4\pi a}\left.\frac{\frac{s}{a}}{\left[1+\left(\frac{s}{a}\right)^2\right]^{1/2}}\right|_{-\cot\vartheta_1}^{+\cot\vartheta_2}$$

$$=\vec{e}_3\frac{\mu I}{4\pi a}\left\{\frac{\cot\vartheta_2}{(1+\cot^2\vartheta_2)^{1/2}}+\frac{\cot\vartheta_1}{(1+\cot^2\vartheta_1)^{1/2}}\right\}$$

oder nach Erweitern mit dem Sinus:

$$\vec{B}=\vec{e}_3\cdot\frac{\mu I}{4\pi a}(\cos\vartheta_2+\cos\vartheta_1)$$

und speziell für $\vartheta_1=\vartheta_2=\vartheta$:

$$\vec{B}=\vec{e}_3\frac{\mu I}{2\pi a}\cos\vartheta.$$

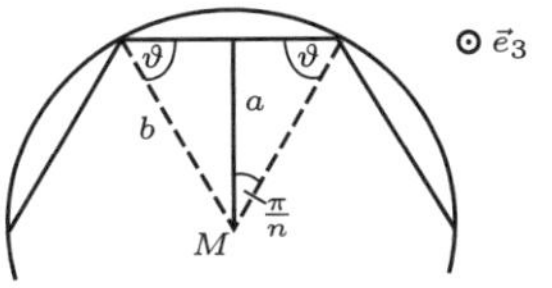

***Bild 5.21** Magnetfeld im Mittelpunkt eines stromdurchflossenen n-Ecks.*

Damit hat man für das n-Eck nach Bild 5.21 mit $\vartheta=\frac{\pi}{2}-\frac{\pi}{n}$ und $\cos\left(\frac{\pi}{2}-\frac{\pi}{n}\right)=\sin\frac{\pi}{n}$ die Formel

$$\vec{B}(M)=\vec{e}_3\frac{\mu n I}{2\pi a}\sin\frac{\pi}{n}.$$

Verwendet man hier an Stelle von a den Radius b des umgeschriebenen Kreises, so wird mit $\sin\frac{\pi}{n}=\frac{a}{b}\tan\frac{\pi}{n}$:

$$\vec{B}(M)=\vec{e}_3\frac{\mu n I}{2\pi b}\tan\frac{\pi}{n}.$$

Im Grenzfall $n\to\infty$ liefern beide Gleichungen die Flussdichte im Mittelpunkt eines Kreises vom Radius $a=b$:

$$\vec{B}(M)=\vec{e}_3\frac{\mu I}{2a}.$$

5.4 Der magnetische Fluss

In der Elektrostatik wurde, ausgehend von dem elektrischen Fluss, die elektrische Verschiebungsdichte $\vec{D}$ als flächenbezogene Größe eingeführt. Bei elektrischen Strömungsfeldern wurde analog neben der Stromstärke I die Stromdichte $\vec{J}$ definiert.

Hier wird durch die Behandlung der Kräfte zwischen stromdurchflossenen Leitern entsprechend die Stärke des magnetischen Feldes durch die magnetische Flussdichte $\vec{B}$ charakterisiert. Ausgehend von der flächenbezogenen Größe wird nun nachträglich die integrale Größe

$$\Phi=\int_A\vec{B}\cdot d\vec{A} \tag{5.18}$$

eingeführt. Man nennt Φ den **magnetischen Fluss**, der die Fläche A durchsetzt. Ist $\vec{B}$ auf der Fläche A konstant und ist A eine ebene Fläche, durch den Vektor $\vec{A}$ gekennzeichnet, dann vereinfacht sich Gl. (5.18) zu

$$\Phi = \vec{B} \cdot \vec{A} . \tag{5.19}$$

Steht $\vec{B}$ senkrecht auf der Fläche, so hat man schließlich

$$\Phi = BA . \tag{5.20}$$

Damit lässt sich eine Einheit des Flusses angeben

$$[\Phi] = [B][A] = \frac{\mathrm{Vs}}{\mathrm{m}^2} \cdot \mathrm{m}^2 = \mathrm{Vs} ,$$

wofür die Bezeichnung

$$1\ \mathrm{Vs} = 1\ \mathrm{Weber} = 1\ \mathrm{Wb}$$

eingeführt wurde.

Eine besondere Eigenschaft des Feldes der magnetischen Flussdichte ist seine **Quellenfreiheit**, d. h. die Feldlinien der magnetischen Flussdichte haben weder Anfang noch Ende, da es keine magnetischen Ladungen gibt. Das bedeutet, dass die Summe aller magnetischen Teilflüsse, die in irgendein Volumen eintreten, gleich der Summe der Teilflüsse sein muss, die aus dem Volumen austreten. In Analogie zu Gl. (4.3) kann man schreiben:

$$\boxed{\oint_A \vec{B} \cdot d\vec{A} = 0} . \tag{5.21}$$

Beispiel 5.7

Doppelleitung

Es ist der magnetische Fluss gesucht, der von den beiden Leitern der Doppelleitung (Bild 5.4 bzw. 5.22) umfasst wird.

Lösung:

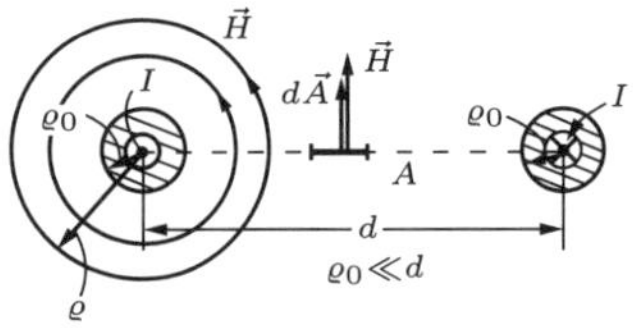

Bild 5.22 *Beispiel einer Doppelleitung zur Berechnung des magnetischen Flusses zwischen einer Hin- und einer Rückleitung.*

Um Gl. (5.18) bequem auswerten zu können, wählt man eine ebene Fläche A (Bild 5.22). Mit Gl. (5.11) folgt für den vom Strom im linken Leiter erzeugten Fluss:

$$\Phi_1 = \int_A B dA = \frac{\mu_0 I \cdot l}{2\pi} \int_{\varrho_0}^{d} \frac{d\varrho}{\varrho} = \frac{\mu_0 Il}{2\pi} \ln \frac{d}{\varrho_0} .$$

Der Strom im rechten Leiter liefert den gleichen Beitrag, damit hat man für den Fluss pro Länge:

$$\Phi' = \frac{2\Phi_1}{l} = \frac{\mu_0 I}{\pi} \ln \frac{d}{\varrho_0} .$$

5.5 Bedingungen an Grenzflächen

Nach der Herleitung der analogen Bedingungen für das elektrostatische Feld in Abschnitt 3.9 und der für das elektrische Strömungsfeld in Abschnitt 4.4, kann auf die Darstellung der Einzelheiten verzichtet werden. Wie bei der Anwendung des Gaußschen Satzes der Elektrostatik auf einen flachen Zylinder (Bild 3.35), so geht man hier von dem Satz über die Quellenfreiheit der magnetischen Flussdichte aus (Gl. (5.21)) und findet

$$\boxed{B_{2n} = B_{1n}} \,. \tag{5.22}$$

Die Normalkomponente der magnetischen Flussdichte verhält sich an einer Grenzfläche also stetig.

Um das Verhalten der Tangentialkomponenten des magnetischen Feldes zu bestimmen, wendet man das Durchflutungsgesetz, Gl. (5.14), auf einen Umlauf nach Bild 3.36 an und erhält, sofern in der Grenzschicht kein Strom fließt:

$$\boxed{H_{2t} = H_{1t}} \,. \tag{5.23}$$

Die Tangentialkomponente der magnetischen Feldstärke zeigt also ein stetiges Verhalten an der Grenzschicht zwischen zwei Materialien mit unterschiedlichen μ-Werten.

Das Brechungsgesetz für magnetische Feldlinien lautet in Analogie zu Gl. (3.54) bzw. Gl. (4.19):

$$\boxed{\frac{\tan\alpha_1}{\tan\alpha_2} = \frac{\mu_1}{\mu_2}} \,. \tag{5.24}$$

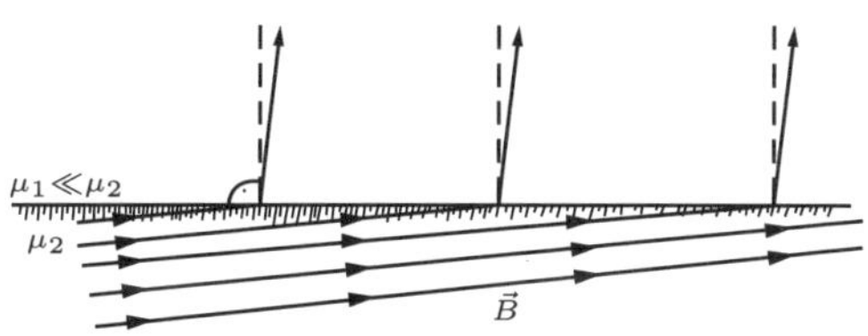

Bild 5.23 *Zum Brechungsgesetz der magnetischen Feldlinien für $\mu_2 \gg \mu_1$. Hinweis: $\mu_{\text{Eisen}} \approx 10^4 \mu_0$.*

Bild 5.23 verdeutlicht das Brechungsgesetz für einen wichtigen Sonderfall. Es ist hier μ_2 sehr viel größer als μ_1. Die Linien der magnetischen Flussdichte stehen im Medium 1 nahezu senkrecht auf der Grenzschicht. Im Medium 2 verlaufen sie dagegen fast parallel zur Grenzschicht und weisen eine hohe Dichte auf. Das bedeutet, dass die Feldlinien im vorliegenden Fall von dem Medium mit der hohen Permeabilität „geführt“ werden. Darauf beruht die große Bedeutung der ferromagnetischen Stoffe in der Elektrotechnik, z. B. bei Transformatoren und elektrischen Maschinen.

5.6 Magnetische Kreise

5.6.1 Grundlagen und Analogien

Die Grundlagen zur Berechnung magnetischer Kreise sind ähnlich den Gesetzen der Elektrostatik und der elektrischen Strömungsfelder. Die wichtigsten Beziehungen sind hier noch einmal zusammengestellt, und zwar im oberen Drittel der Tabelle für Feldgrößen, im unteren Drittel für integrale Größen. Die Zusammenhänge zwischen Feldgrößen und integralen Größen sind in den beiden mittleren Zeilen angegeben:

Elektrostatik	stationäre elektrische Strömungsfelder	stationäre Magnetfelder
$\oint_A \vec{D}d\vec{A} = Q$ $\oint_L \vec{E}d\vec{s} = 0$ $\vec{D} = \varepsilon\vec{E}$	$\oint_A \vec{J}d\vec{A} = 0$ $\oint_L \vec{E}d\vec{s} = 0$ $\vec{J} = \gamma\vec{E}$	$\oint_A \vec{B}d\vec{A} = 0$ $\oint_L \vec{H}d\vec{s} = \Theta$ $\vec{B} = \mu\vec{H}$
$\Psi_e = \int_A \vec{D}d\vec{A}$ $U = \int_L \vec{E}d\vec{s}$	$I = \int_A \vec{J}d\vec{A}$ $U = \int_L \vec{E}d\vec{s}$	$\Phi = \int_A \vec{B}d\vec{A}$ $V = \int_L \vec{H}d\vec{s}$
$\sum \psi_e = Q$ $\sum U = 0$ $\left.\begin{matrix} Q \\ \psi_e \end{matrix}\right\} = CU$	$\sum I = 0$ $\sum U = 0$ $I = GU$	$\sum \Phi = 0$ $\sum V = \Theta$ $\psi = N\Phi = LI$ $\Phi = \Lambda V$

Aus der ersten Zeile geht hervor, dass das elektrostatische Feld, im Gegensatz zu den beiden anderen Feldtypen, nicht quellenfrei ist. Die zweite Zeile zeigt, dass von den hier verglichenen Feldtypen nur das magnetische Feld nicht wirbelfrei ist. Sonst bestehen so weitgehende Übereinstimmungen, dass teilweise die gleichen Methoden benutzt und analoge Begriffe gebildet werden, z. B. die magnetische Spannung V, der magnetische Leitwert Λ. Diese Bezeichnungen kommen in der Tabelle schon vor, werden aber erst später erläutert.

5.6.2 Der magnetische Kreis ohne Verzweigung

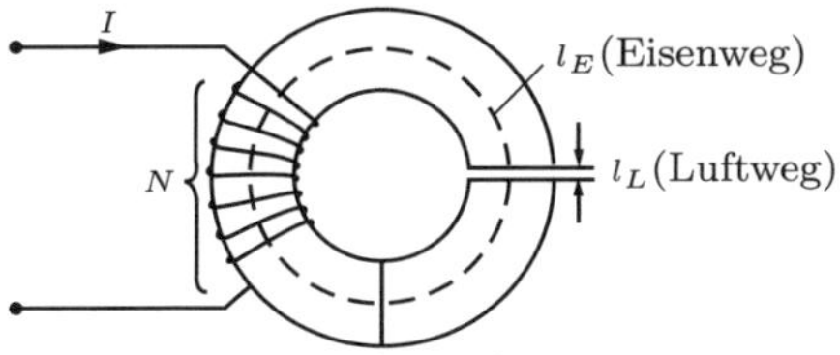

Bild 5.24 *Magnetischer Kreis.*

Gegeben ist ein magnetischer Kreis nach Bild 5.24. Dieser besteht aus einem Eisenring mit einem Luftspalt. Der Ring trägt eine stromdurchflossene Spule mit N Windungen. Die Querschnittsabmessungen des Ringes sollen im Vergleich zum Radius einer Feldlinie so klein sein, dass man das Magnetfeld im Eisen näherungsweise als homogen ansehen kann. Die Länge einer mittleren Feldlinie im Eisen beträgt l_E. Ist die Länge des Luftspalts l_L sehr klein gegenüber der Breite des Luftspalts, so kann man das Feld auch hier als homogen ansehen und Feldlinien am Rand des Luftspalts, die das sogenannte Streufeld bilden, vernachlässigen.

Unter den genannten Voraussetzungen ist wegen des stetigen Übergangs der Normalkomponente der Flussdichte

$$B_E = B_L = B$$

und auf Grund des Durchflutungsgesetzes

$$H_E l_E + H_L l_L = NI = \Theta \,. \tag{5.25}$$

Aus diesen beiden Gleichungen folgt mit $B = \mu H$:

$$\frac{B}{\mu_E} l_E + \frac{B}{\mu_L} l_L = \Theta \,.$$

Erweitert man die linke Seite mit dem Querschnitt A und klammert dann den magnetischen Fluss $\Phi = BA$ aus, so hat man

$$\Phi \left(\frac{l_E}{\mu_E A} + \frac{l_L}{\mu_L A} \right) = \Theta \,. \tag{5.26}$$

Die beiden Summanden in der Klammer sind genauso gebildet wie die Ausdrücke für den elektrischen Widerstand eines Leiters der Länge l, des Querschnitts A und der Leitfähigkeit γ. Das legt es nahe, ein magnetisches Analogon zu definieren, den **magnetischen Widerstand** R_m:

$$R_m = \frac{l}{\mu A} \,. \tag{5.27}$$

Den Kehrwert von R_m nennt man den **magnetischen Leitwert** Λ:

$$\Lambda = \frac{1}{R_m} = \frac{\mu A}{l} \,. \tag{5.28}$$

Dann lässt sich Gl. (5.26) schreiben als

$$\Phi(R_{mE} + R_{mL}) = \Theta \,.$$

Vergleicht man diese Gleichung mit Gl. (5.25), so hat man z. B.

$$H_E l_E = \Phi R_{mE} \,.$$

Bezeichnet man nun in Analogie zum elektrischen Fall das Produkt aus Feldstärke und Weg als Spannung und kennzeichnet diese hier mit dem Buchstaben V, also

$$H \cdot l = V, \tag{5.29}$$

so erhält man das **Ohmsche Gesetz des magnetischen Kreises:**

$$V = R_m \Phi \quad \text{bzw.} \quad \Phi = \Lambda V \,. \tag{5.30}$$

Die Größe Φ entspricht offensichtlich dem elektrischen Strom. Der Index E wurde hier fortgelassen, weil die Beziehungen für einen beliebigen Abschnitt eines magnetischen Kreises gelten.

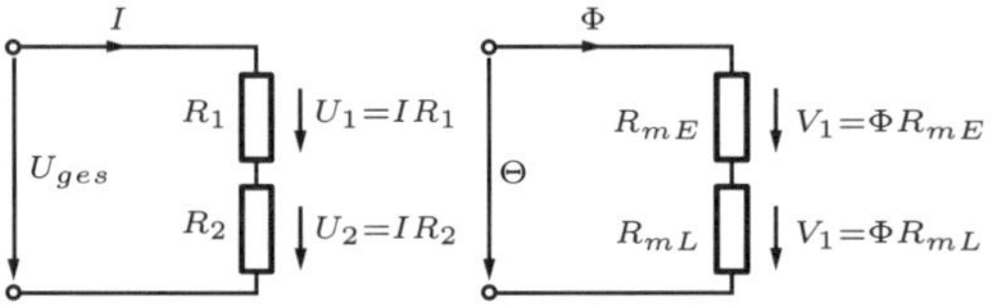

Bild 5.25 *Elektrischer Stromkreis und analoges magnetisches Ersatzschaltbild.*

Mit den soeben eingeführten Definitionen lässt sich für den behandelten magnetischen Kreis das Ersatzschaltbild nach Bild 5.25 zeichnen. Die magnetische „Quellenspannung“ Θ wirkt auf die Reihenschaltung aus den beiden magnetischen Widerständen R_{mE} und R_{mL}.

5.6.3 Der magnetische Kreis mit Verzweigung

Es soll der magnetische Kreis nach Bild 5.26 behandelt werden. Wie beim unverzweigten magnetischen Kreis, so wird auch hier das Feld in allen drei Abschnitten (Zweigen) als homogen angesehen. Dann kann wieder mit dem mittleren Eisenweg gearbeitet werden. Es wird angenommen, dass auf den eingetragenen Eisenwegen l_1, l_2, l_3 die Querschnitte jeweils konstant bleiben. Dann sind auf diesen drei Abschnitten die Flussdichten und damit auch die Feldstärken jeweils konstant.

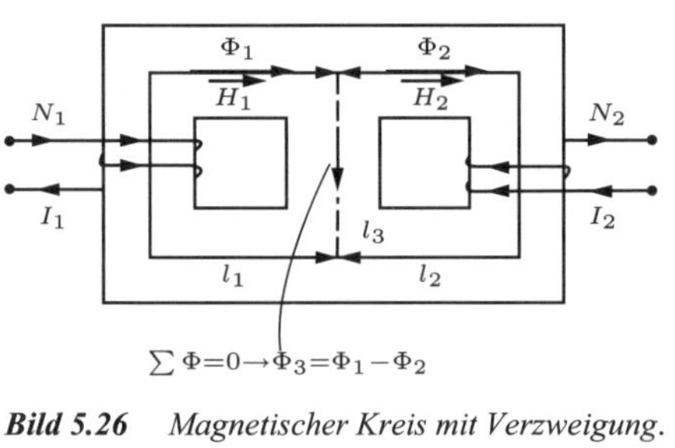

Bild 5.26 *Magnetischer Kreis mit Verzweigung.*

Es gelten hier ganz analoge Vorzeichenregeln wie bei elektrischen Netzen. So müssen z. B. zuerst Zählpfeile für die Flüsse, die mit den Zählrichtungen der Feldstärken übereinstimmen, und Umlaufrichtungen festgelegt werden. Zusätzlich ist zu beachten, dass die Durchflutungen nur dann positiv einzusetzen sind, wenn sie mit den gewählten Umlaufrichtungen im Sinne der Rechtsschraubenregel verknüpft sind.

Bei Beachtung dieser Regeln und im Hinblick auf Bild 5.26 folgt aus der Quellenfreiheit des magnetischen Feldes (dieses Gesetz muss jetzt zusätzlich berücksichtigt werden)

$$\Phi_1 - \Phi_2 - \Phi_3 = 0$$

und aus dem Durchflutungsgesetz, angewendet auf die Umläufe l_1, l_2 und l_1, l_3:

$$H_1 l_1 + H_2 l_2 = N_1 I_1 + N_2 I_2 ,$$

$$H_1 l_1 + H_3 l_3 = N_1 I_1 .$$

Weitere von diesen unabhängige Gleichungen gibt es nicht.

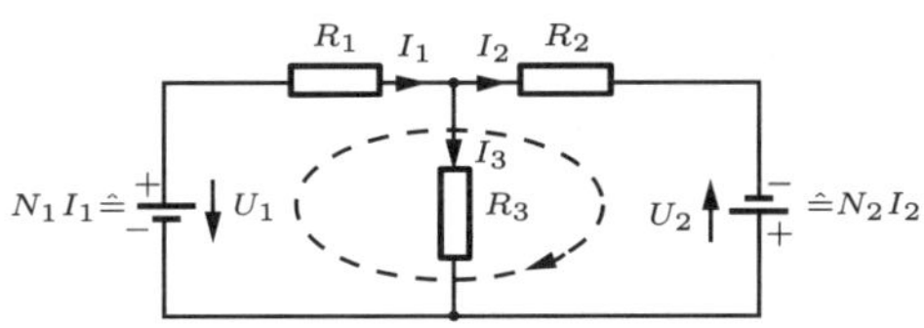

Bild 5.27 *Analoges Netzwerk zur Anordnung in Bild 5.26.*

Sind die Abmessungen und Materialeigenschaften (also die Werte von μ) des magnetischen Kreises bekannt, so kann man die magnetischen Widerstände der drei Abschnitte l_1, l_2, l_3 ausrechnen. Man erhält das Ersatzschaltbild nach Bild 5.27. Dieses lässt sich mit den aus Abschnitt 2 bekannten Methoden behandeln.

Leider ist es in vielen praktischen Fällen so, dass man die Nichtlinearität des Zusammenhangs zwischen magnetischer Spannung und magnetischem Fluss bei ferromagnetischen Stoffen berücksichtigen muss. Dann kann man z. B. den magnetischen Widerstand nicht mehr nach Gl. (5.27) ausrechnen, weil die Größe μ unbekannt ist und gemäß Bild 5.28 von der in vielen Fällen gerade gesuchten Größe H abhängt.

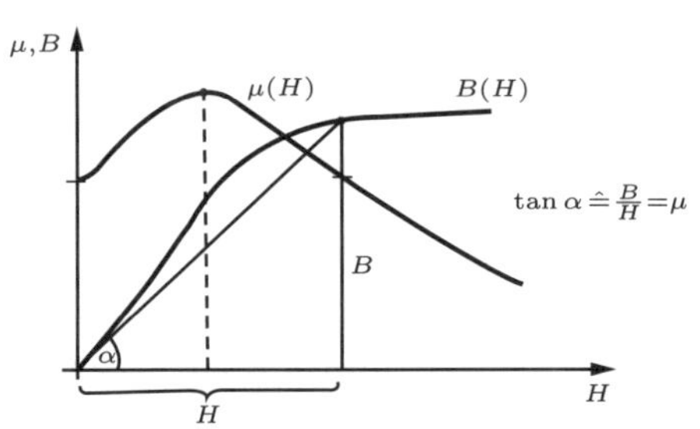

Bild 5.28 $\mu \equiv \mu(H)$, $B \equiv B(H)$.

5.6.4 Nichtlineare magnetische Kreise

Eine Methode zur Bestimmung der Magnetisierungskennlinie

Für die Anordnung nach Bild 5.24 soll unter gleichen Voraussetzungen hinsichtlich der Abmessungen wie in Abschnitt 5.6.2 die Magnetisierungskurve ermittelt werden.

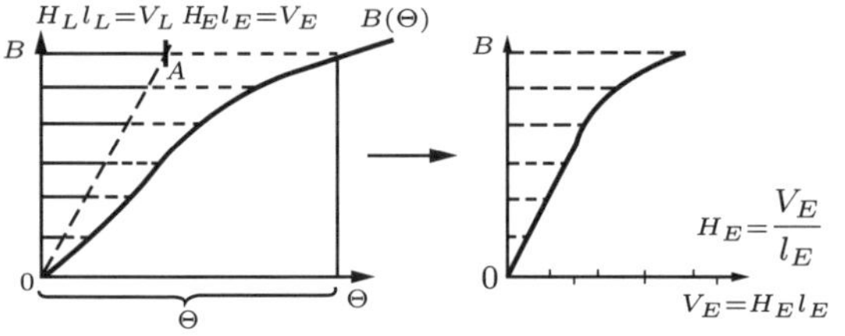

Bild 5.29 *Zur Bestimmung der Magnetisierungskennlinie.*

Die Abmessungen des magnetischen Kreises seien gegeben und der Zusammenhang zwischen dem Strom I (bzw. $NI = \Theta$) und der Flussdichte im Luftspalt sei z. B. mit Hilfe einer Hallsonde gemessen worden (Bild 5.29).

Das Durchflutungsgesetz gemäß Gl. (5.25) kann, da im Luftspalt $B = \mu_0 H$ gilt, geschrieben werden als

$$H_E l_E + \frac{B}{\mu_0} l_L = \Theta . \tag{5.31}$$

Die Größe B stellt hier, bei Vernachlässigung der Streuung, die Flussdichte im Luftspalt und im Eisen dar. Aus der Kurve nach Bild 5.29 lässt sich für ein beliebiges Θ das zugehörige B ablesen und damit der zweite Summand auf der linken Seite von Gl. (5.31) berechnen. Dieser Summand stellt die magnetische Spannung im Luftspalt V_L dar, die in das Bild eingetragen wird. Die Differenz zwischen Θ und V_L ist dann die magnetische Spannung im Eisen V_E. Wegen des linearen Zusammenhangs zwischen V_L und der Flussdichte B kann V_L für jeden Wert von B sofort in das Bild eingetragen werden, nachdem man eine Hilfslinie von A zum Koordinatenursprung gezogen hat. Die rechts von dieser Hilfslinie liegenden, gestrichelten Strecken bis zur Kurve $B(\Theta)$ stellen die Funktion $B(V_E)$ dar, die man am besten in ein besonderes Koordinatensystem einträgt (Bild 5.29, rechter Teil). Rechnet man jetzt noch den Maßstab auf der Abszissenachse gemäß $H_E = V_E / l_E$ um, so hat man die gesuchte Magnetisierungskennlinie des Eisenkerns gefunden.

Das Verfahren der Scherung

In manchen Fällen, z. B. bei Spulen mit Eisenkern, sind Änderungen der Eisenpermeabilität in Abhängigkeit vom Strom unerwünscht. Dann kann man den Eisenkern mit einem Luftspalt versehen und erzielt damit einen „linearisierenden Effekt“. Dieses Verfahren nennt man Scherung.

Die folgende Betrachtung macht das deutlich. Gegeben sei wieder die Anordnung nach Bild 5.24. Bekannt seien die Abmessungen des magnetischen Kreises und die Magnetisierungskurve der verwendeten Eisensorte. Gesucht ist die magnetische Flussdichte im Luftspalt – und damit im Eisen, wenn wieder die Streuung vernachlässigt wird – als Funktion des in der Wicklung fließenden Stromes. Nach Gl. (5.31) gilt

$$H_E l_E + \frac{B}{\mu_0} l_L = \Theta$$

Damit erhält man eine erste Bedingung, der die gesuchte Lösung genügen muss. Hierin treten H_E und B als Unbekannte auf. Zur Lösung braucht man also noch eine zweite Bedingung. Diese stellt die hier vorgegebene Magnetisierungskennlinie dar (Bild 5.30). Es kommt jetzt darauf an, den durch das Durchflutungsgesetz vorgegebenen Zusammenhang zwischen den beiden Unbekannten H_E und B in das Diagramm einzutragen. Es handelt sich um einen linearen Zusammenhang, den man am besten in der Achsenabschnittsform darstellt:

$$\frac{H_E}{\Theta/l_E} + \frac{B}{\mu_0\,\Theta/l_L} = 1\,. \tag{5.32}$$

Diese Gerade, die man die **Scherungsgerade** nennt, schneidet die Ordinatenachse im Punkt $\mu_0\,\Theta/l_L$ und die Abszissenachse im Punkt Θ/l_E (Bild 5.30). Beide Bedingungen sind gleichzeitig im Punkt A erfüllt, womit die gesuchte Flussdichte abgelesen werden kann. Zu diesem Wert von B gehört die Durchflutung Θ, die auf der Abszissenachse in spezieller, nämlich auf l_E bezogener Form auftritt. Der Abschnitt zwischen Ordinatenachse und dem Punkt A ist die auf l_E bezogene magnetische Spannung (also H_E), der sich anschließende, gestrichelt gezeichnete Abschnitt die auf l_E bezogene magnetische Spannung im Luftspalt. Punkt C gehört dann offensichtlich zur Kurve $B(\Theta/l_E)$, die man als gescherte Kurve bezeichnet. Diese lässt sich bequem zeichnen, wenn man sich verschiedene Werte der Durchflutung vorgibt (Θ_1, Θ_2, ...) und mit Hilfe der eben beschriebenen Konstruktion weitere Kurvenpunkte ermittelt. Die Scherungsgeraden haben nach Gl. (5.32) alle die gleiche Steigung, sind also zueinander parallel: Bild 5.31. Die erhaltene neue Kennlinie verläuft weniger stark gekrümmt und wesentlich flacher als die Magnetisierungskurve. Der Luftspalt hat also einen linearisierenden Effekt und verringert gleichzeitig die magnetische Flussdichte.

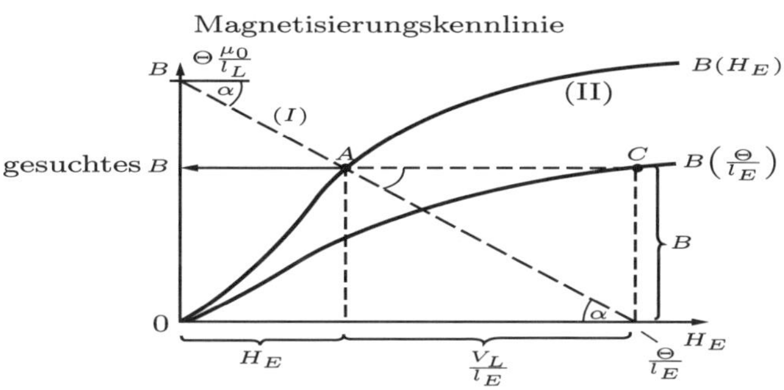

Bild 5.30 *Zum Verfahren der Scherung.*

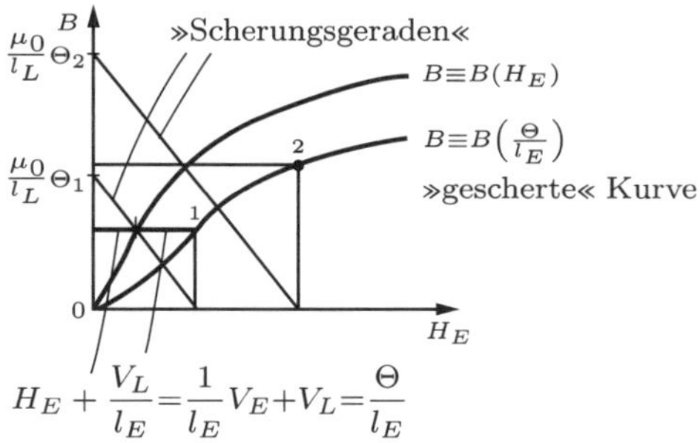

Bild 5.31 *Konstruktion der „gescherten" Kennlinie.*

Der Dauermagnet

Der Dauermagnet habe die in Bild 5.24 skizzierte Form. Eine Wicklung ist jetzt nicht vorhanden. Hinsichtlich der Abmessungen gelten dieselben Voraussetzungen wie in Abschnitt 5.6.2. Die Eisenkennlinie sei bekannt. Gefragt ist nach der Flussdichte im Luftspalt.

Für den Zusammenhang zwischen B und H_E gilt einmal das Durchflutungsgesetz nach Gl. (5.31), wobei jedoch wegen der fehlenden stromführenden Wicklung die rechte Seite verschwindet:

$$H_E l_E + \frac{B}{\mu_0} l_L = 0 \quad \text{oder} \quad B = -\mu_0 H_E \frac{l_E}{l_L} . \tag{5.33}$$

Als zweite Bedingung liegt die Hystereseschleife des Kernmaterials vor, bei der man vom oberen Remanenzpunkt ($H_E = 0,\ B = B_R$) ausgeht (Bild 5.32). Es ist die aus dem Durchflutungsgesetz folgende Gerade in das Diagramm einzutragen. So erhält man den Schnittpunkt A, in dem beide Bedingungen erfüllt sind. Damit lässt sich das gesuchte B ablesen. Die Steigung der Geraden nach Gl. (5.33) nimmt mit wachsender Luftspaltlänge ab, damit wird B kleiner. Der Luftspalt hat also wieder eine entmagnetisierende Wirkung.

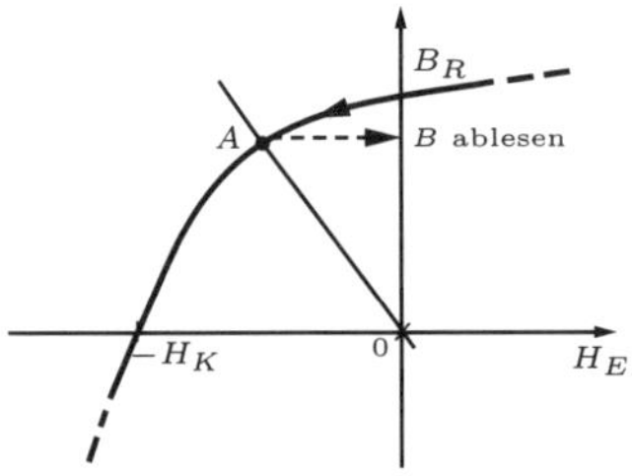

Bild 5.32 *B im Luftspalt eines Dauermagneten.*

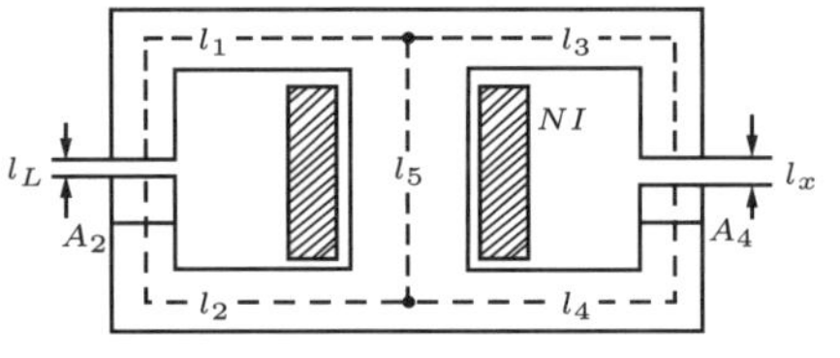

Bild 5.33 *Beispiel für einen magnetischen Kreis. Der mittlere Eisenweg ist gestrichelt eingezeichnet.*

Beispiel 5.8

Magnetischer Kreis

Gegeben ist der in Bild 5.33 dargestellte magnetische Kreis mit folgenden Daten:

$$NI = \Theta = 1308\,\text{A}$$

$$l_1 + l_2 = l_3 + l_4 = 30\,\text{cm}; \quad A_{1,2,3,4} = 4\,\text{cm}^2$$

$$l_5 = 10\,\text{cm} \quad ; \quad A_5 = 8\,\text{cm}^2$$

$$l_L = 0{,}1\,\text{cm}$$

Magnetisierungskennlinie

$\frac{B}{\text{T}}$	0	0,628	0,942	1,256	1,500
$\frac{H}{\text{A/cm}}$	0	1,7	3,8	9	24

Wie groß muss die Länge $l_x = x \cdot \text{cm}$ des rechten Luftspalts sein, damit im linken Luftspalt die Flussdichte $B_L = 1{,}256\,\text{T}$ entsteht? Die Streuung ist zu vernachlässigen.

Lösung:

Die Lösung ist in tabellarischer Form dargestellt. Die Pfeile bezeichnen die Reihenfolge der Rechenschritte.

Abschnitt (Zweig)

	l_L	$l_1 + l_2$	l_5	$l_3 + l_4$	l_x
$\frac{A}{\text{cm}^2}$	4	4	8	4	4
$\frac{l}{\text{cm}}$	0,1	30	10	30	x
$\frac{\Phi}{\text{T cm}^2}$	5,024		7,536 →	7,536 – 5,024 = 2,512	
$\frac{B}{\text{T}}$	1,256		0,942	0,628	
$\frac{H}{\text{A/cm}}$	10 000	9	3,8	1,7	5000
$\frac{H \cdot l}{\text{A}}$	1000	270	38	51	$5000 \cdot x$

1270

1308 – 1270 = 38

$51 + 5000 \cdot x \overset{!}{=} 1270$

$\longrightarrow l_x = 0{,}244\ \text{cm}$

6. Zeitlich veränderliche magnetische Felder

6.1 Induktionswirkungen

6.1.1 Das Induktionsgesetz in einfacher Form

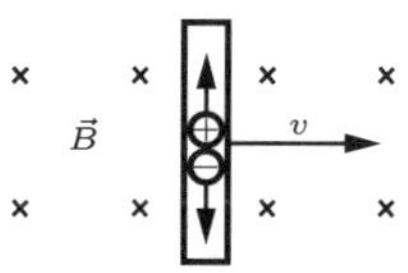

Bild 6.1 *Ungeladener Leiterstab bewegt sich durch Magnetfeld.*

Bewegt sich ein ungeladener leitender Stab gemäß Bild 6.1 durch ein Magnetfeld, so erfahren die Ladungsträger nach Gl. (5.10) eine Kraftwirkung: Die negativen Leitungselektronen wandern im vorliegenden Fall an das untere Ende des Stabes, an dem dann negative Ladungen vorherrschen, während das obere Ende durch die Abwanderung der negativen Elektronen positiv geladen ist. Zwischen den Ladungen entgegengesetzten Vorzeichens an den Enden des Stabes entsteht ein elektrisches Feld $\vec{E}$, das von den positiven zu den negativen Ladungen gerichtet ist. Dieses Feld wird innerhalb des Leiters offensichtlich durch den Einfluss der magnetischen Feldstärke aufgehoben. Das Leiterinnere muss nämlich feldfrei sein, weil sonst noch ein Strom fließen würde. Es liegt nahe, die Größe $\vec{v} \times \vec{B}$, die der Dimension nach eine elektrische Feldstärke ist, als Gegenfeldstärke aufzufassen, die durch magnetische Feldkräfte bedingt ist. Sie wird mit $\vec{E}_m$ bezeichnet. Damit kann mit

$$\vec{E}_m = \vec{v} \times \vec{B}$$

die Feldfreiheit im Leiter so formuliert werden:

$$\vec{E} + \vec{E}_m = 0 \quad \text{oder} \quad \vec{E} = -\vec{v} \times \vec{B}.$$

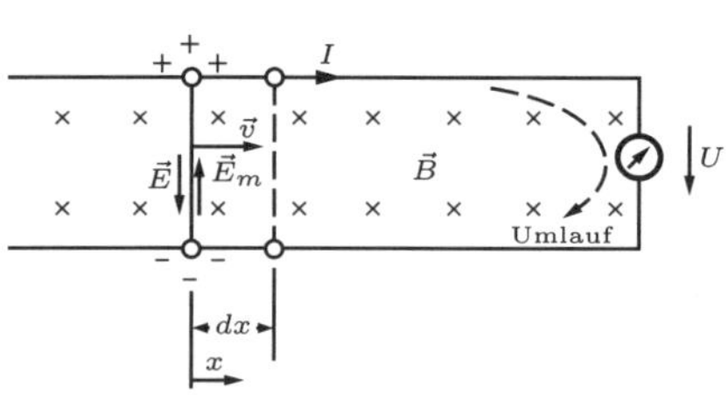

Bild 6.2 *Zum Induktionsgesetz.*

Um einen Zusammenhang mit den bisher verwendeten Begriffen herzustellen, wird gemäß Bild 6.2 ein Gedankenexperiment durchgeführt. Dabei sei der betrachtete Leiterstab mit leitenden Schienen so verbunden, dass in einem ruhenden Messinstrument die Spannung U gemessen werden kann. Es soll sich um ein ideales Messinstrument handeln, so dass nur ein verschwindend kleiner Messstrom fließt. Zunächst wird U durch $E \cdot l$ ausgedrückt, wobei l den Abstand zwischen den Schienen bedeutet. Da $\vec{v}$ und $\vec{B}$ hier aufeinander senkrecht stehen, wird $E = v \cdot B$ und somit

$$U = v \cdot B \cdot l. \tag{6.1}$$

U nennt man die **induzierte Spannung.** Wird der Leiterstab innerhalb der Zeit dt und dx nach rechts verschoben, so lässt sich für U weiter schreiben:

$$U = \frac{dx}{dt} Bl = -B\frac{dA}{dt} = -\frac{d\Phi}{dt}.$$

Das Minuszeichen kommt dadurch zustande, dass die von der Leiterschleife umschlossene Fläche A bei einem Zuwachs von x abnimmt. Damit lautet das **Induktionsgesetz** in einfachster Form

$$U = -\frac{d\Phi}{dt}. \tag{6.2}$$

Die induzierte Spannung ist also der zeitlichen Abnahme des Flusses proportional, der von der Leiterschleife umfasst wird. Diese Spannung entsteht auch, wie die Erfahrung zeigt, wenn die Flussänderung dadurch zustandekommt, dass ein sich zeitlich änderndes Magnetfeld eine starre und unbewegte Leiterschleife durchsetzt. Man sollte beachten, dass der Fluss Φ und die Umlaufrichtung – und damit die Zählrichtung der Spannung – im Sinne der Rechtsschraubenregel miteinander verknüpft sind.

6.1.2 Die Lenzsche Regel

Um das Induktionsgesetz noch etwas anschaulicher zu machen, kann man von Bild 6.3 ausgehen. Dort sind im rechten und linken Teilbild zwei Leiterschleifen dargestellt. In der oberen Leiterschleife fließt jeweils ein Strom i_e, der einen primären, magnetischen Fluss Φ_e erregt. Dieser Fluss durchsetzt, wenn man von der Streuung einmal absieht, auch die untere Leiterschleife. Erhöht man nun in der linken Anordnung den Strom um di_e, so wächst der Fluss um $d\Phi_e$ an und hat in der unteren Windung nach dem Induktionsgesetz eine Spannung und damit einen Strom i_i der eingetragenen Richtung zur Folge. Dieser Strom regt seinerseits einen sekundären Magnetfluss Φ_{sek} an, der den ursprünglichen Fluss Φ_e zu vermindern sucht. Im rechten Teilbild soll der Strom i_e abnehmen, wodurch ein sekundärer Fluss entsteht, der den ursprünglichen Fluss verstärkt. Der sekundäre Fluss wirkt also jedes Mal der Ursache entgegen. Diese Erscheinung ist unter dem Namen **Lenzsche Regel** bekannt.

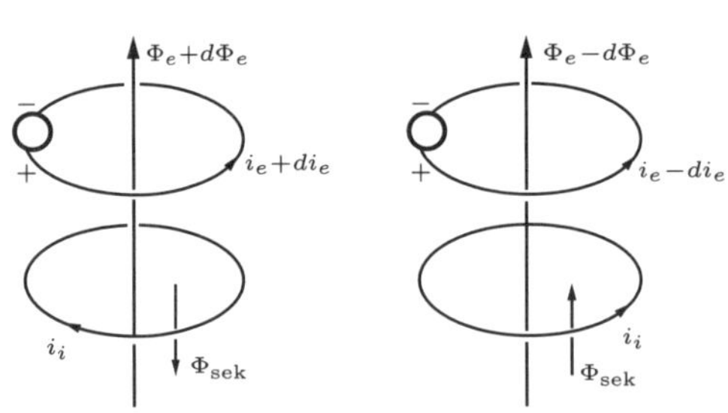

Bild 6.3 *Zur Lenzschen Regel.*

6.1.3 Die zweite Maxwellsche Gleichung

Eine allgemeine Form des Induktionsgesetzes erhält man, wenn man zunächst den Fluss durch Gl. (5.18) darstellt:

$$u(t) = -\frac{d}{dt}\int_A \vec{B}\,d\vec{A}. \tag{6.3}$$

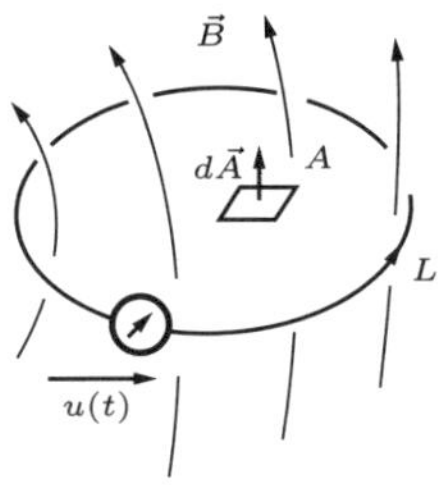

Bild 6.4 *Leiterschleife und zeitlich sich änderndes Magnetfeld.*

In dem zugehörigen Bild 6.4 besteht die Leiterschleife aus einem widerstandslosen Draht und einem idealen Spannungsmesser. Ist die Leiterschleife aus mehreren Abschnitten zusammengesetzt, an denen die Teilspannungen u_k auftreten, so hat man die linke Seite von Gl. (6.3) als $\sum_k u_k$ zu schreiben. Sind die elektrischen Feldstärken auf den einzelnen Abschnitten der Länge Δs_k konstant, so kann man die Beziehung aufstellen

$$u(t) = \sum_k u_k = \sum_k E_k \Delta s_k = -\frac{d}{dt}\int \vec{B}\,d\vec{A}.$$

Haben $\vec{E}_k$ und $\Delta\vec{s}_k$ die gleiche Richtung, so ist $E_k \Delta s_k = \vec{E}_k \Delta\vec{s}_k$ und damit schließlich, wenn man von der Summe zum Integral übergeht:

$$\boxed{\oint_L \vec{E}\,d\vec{s} = -\frac{d}{dt}\int_A \vec{B}\,d\vec{A}}\,. \tag{6.4}$$

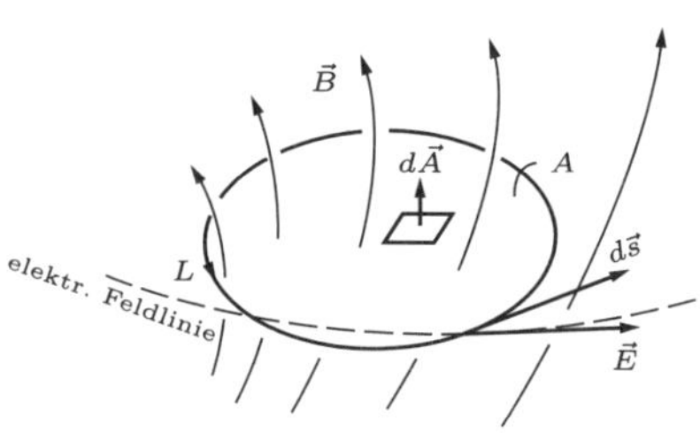

Bild 6.5 *Zum Induktionsgesetz in allgemeiner Form.*

Bei der Herleitung dieser Gleichung wurde vorausgesetzt, dass der Umlauf L entlang der Leiterschleife erfolgt und dass auf dieser an jeder Stelle die elektrische Feldstärke und das Wegelement, das einen Teil des Umlaufs bildet, die gleiche Richtung haben. Die Erfahrung zeigt jedoch, dass das durch Gl. (6.4) dargestellte Induktionsgesetz von viel allgemeinerer Gültigkeit ist. Es gilt auch bei

Abwesenheit von Leitern und der Umlauf braucht nicht mit einer Feldlinie zusammenzufallen (Bild 6.5). Die Form der Fläche A, die von der Randkurve L aufgespannt wird, kann beliebig sein. In dieser allgemeinen Bedeutung nennt man Gl. (6.4) die **2. Maxwellsche Gleichung.** Es sei, wie im Zusammenhang mit Gl. (6.2), noch einmal darauf hingewiesen, dass die Orientierung der Fläche A und die Umlaufrichtung L einander nach der **Rechtsschraubenregel** zugeordnet sind.

6.1.4 Weitere Formen des Induktionsgesetzes

Sind mehrere Windungen hintereinandergeschaltet und ist jede Windung von einem anderen Teil- oder Bündelfluss durchsetzt (Bild 6.6), so addieren sich die nach Gl. (6.2) induzierten Teilspannungen:

$$u = u_1 + u_2 + u_3 = -\frac{d\Phi_1}{dt} - \frac{d\Phi_2}{dt} - \frac{d\Phi_3}{dt} = -\frac{d}{dt}(\Phi_1 + \Phi_2 + \Phi_3).$$

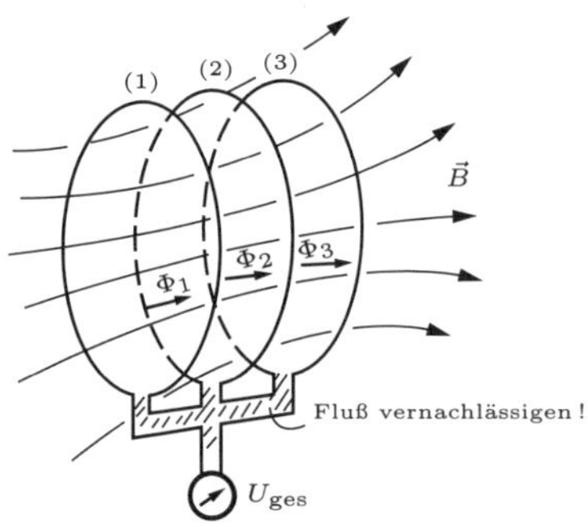

Bild 6.6 *Teilflüsse bei mehreren Windungen.*

Die Summe der Teilflüsse bezeichnet man als den verketteten magnetischen Fluss, Induktionsfluss oder Gesamtfluss und schreibt:

$$\Psi = \Phi_1 + \Phi_2 + \Phi_3 .$$

Damit hat man

$$u = -\frac{d\Psi}{dt} \tag{6.5}$$

und für eine Spule mit N Windungen, bei der die N Bündelflüsse gleich sind:

$$\boxed{u = -N\frac{d\Phi}{dt}} . \tag{6.6}$$

6.1.5 Eine Folgerung aus dem Induktionsgesetz

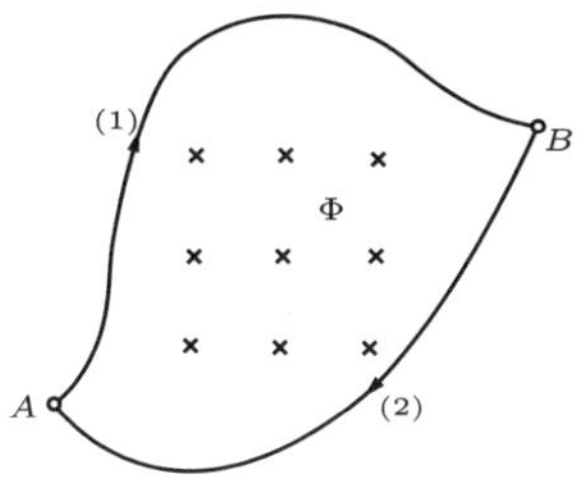

Bild 6.7 *Zur Wegabhängigkeit des Integrals* $\int_A^B \vec{E}\,d\vec{s}$.

Die in den früheren Abschnitten 3 und 4 behandelten elektrischen Felder waren wirbelfrei. Elektrische Felder, die durch Induktionswirkungen entstehen – also mit Magnetfeldern verknüpft sind, die sich zeitlich ändern –, sind nach Gl. (6.4) nicht wirbelfrei. Damit ist das Linienintegral der elektrischen Feldstärke nicht mehr wegunabhängig (Bild 6.7):

$$\oint_L \vec{E}\,d\vec{s} = (1)\int_A^B \vec{E}\,d\vec{s} + (2)\int_B^A \vec{E}\,d\vec{s} = -\frac{d\Phi}{dt}$$

oder

$$(1)\int_A^B \vec{E}\,d\vec{s} = (2)\int_A^B \vec{E}\,d\vec{s} - \frac{d\Phi}{dt}.$$

Diese Tatsache ist z. B. in der Messtechnik zu beachten, wenn es etwa darum geht, den Spannungsabfall auf einem stromdurchflossenen Leiter zwischen den Punkten A und B zu bestimmen (Bild 6.8). Wird die Messleitung entlang der Linie (1) verlegt, so zeigt das Messinstrument die Spannung u_1 an; bei der gestrichelt dargestellten Leitungsführung (2) die Spannung u_2. Die beiden Spannungen unterscheiden sich um $\frac{d\Phi}{dt}$, wobei Φ die Differenz der von den Schleifen (1) und (2) umfassten Flüsse ist.

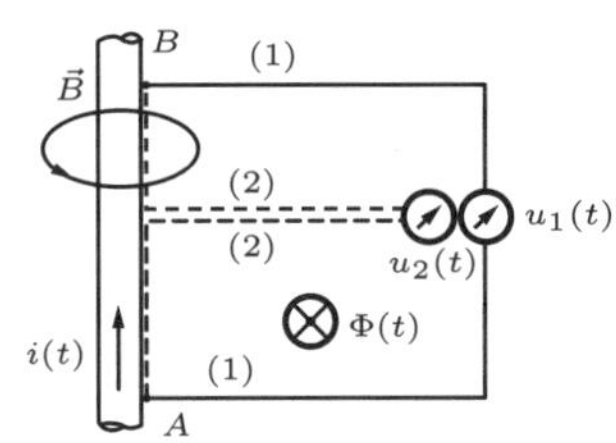

Bild 6.8 *Messtechnische Anwendung zu Bild 6.7.*

Die Größe $\frac{d\Phi}{dt}$ und damit ein möglicher Messfehler wird besonders groß, wenn entweder das Magnetfeld sehr stark ist oder aber die Änderungsgeschwindigkeit des Flusses. Der erste Fall begegnet einem vor allem in der Hochstromtechnik, der zweite in der Hochfrequenztechnik.

Beispiel 6.1
Rotierende Leiterschleife im Magnetfeld

Aus einem Stück Draht mit dem ohmschen Widerstand R formt man eine rechteckige Schleife und versetzt sie in langsame, gleichförmige Drehbewegung mit n Umdrehungen pro Sekunde. Die Rotationsachse stehe senkrecht auf der Richtung des zeitlich konstanten, homogenen Magnetfeldes B, in welches die Schleife ganz hineintaucht (Bild 6.9).

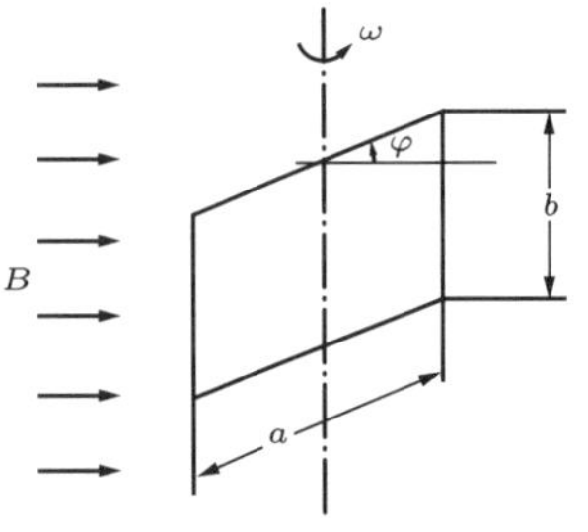

Bild 6.9 *Rotierende Leiterschleife im Magnetfeld.*

a) Welche Joulesche Wärme entsteht in der Schleife?
b) Welches Drehmoment muss man dabei in den verschiedenen Stellungen überwinden?

Lösung:

$$\Phi = B\,ab \sin \underbrace{\omega t}_{\varphi} \rightarrow u(t) = -\frac{d\Phi}{dt} = -\omega B\,ab \cos \omega t$$

$$i(t) = -\frac{\omega B\,ab}{R} \cos \omega t \quad \text{mit} \quad \omega = 2\pi n.$$

a) Leistung $\underline{\underline{p = i^2 R = \frac{(\omega B\,ab)^2}{R} \cos^2 \omega t}}$

b) Drehmoment $\underline{\underline{M = P/\omega = \frac{\omega}{R}(B\,ab)^2 \cos^2 \omega t}}$

Probe: $M = 2 \cdot F \cdot \frac{a}{2} \cos \omega t = a\,i\,b\,B \cos \omega t = (-)ab \frac{\omega B\,ab}{R} \cos^2 \omega t \cdot B = (-)\frac{\omega}{R}(B\,ab)^2 \cos^2 \omega t.$

6.2 Die magnetische Feldenergie

6.2.1 Die zum Aufbau des Feldes erforderliche Energie

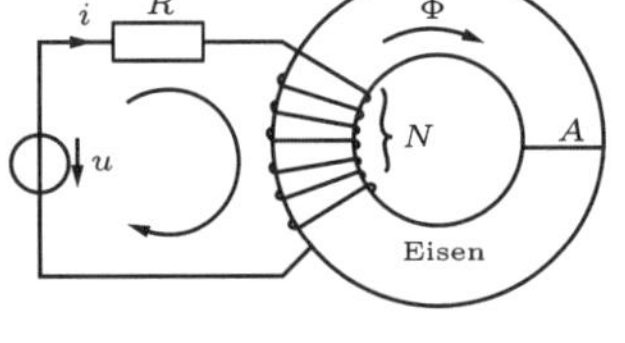

Bild 6.10 *Zur Bestimmung der magnetischen Feldenergie.*

Zur Bestimmung der magnetischen Energie kann eine Anordnung nach Bild 6.10 betrachtet werden. Dabei soll der Eisenring einen so geringen Querschnitt im Vergleich zu den anderen Abmessungen haben, dass die magnetische Feldstärke im Ring als örtlich konstant angesehen werden kann. Zum Aufbau des Feldes ist Energie erforderlich, die von der Spannungsquelle geliefert wird. Um zu einer Energiebilanz zu kommen, stellt man zuerst die Maschengleichung unter Einbeziehung des Induktionsgesetzes nach Gl. (6.6) auf. Bei der im Bild gekennzeichneten Umlaufrichtung folgt:

$$-u + iR = -N\frac{d\Phi}{dt}.$$

Multipliziert man diese Gleichung mit $i\,dt$, so erhält man

$$-uidt + i^2 Rdt = -Nid\Phi\,.$$

Hierbei ist der erste Summand die von der Spannungsquelle gelieferte elektrische Energie. Das Minuszeichen weist im Verbraucherzählpfeilsystem auf eine Energieabgabe hin. Der zweite Summand stellt die im Widerstand in Wärme umgesetzte Energie dar. Der Term auf der rechten Seite muss die zum Aufbau des Magnetfeldes benötigte Energie sein, da weitere Energieformen hier nicht auftreten. Daraus folgt

$$dW_m = Nid\Phi = iNAdB\,. \tag{6.7}$$

Der Index m wird im Folgenden weggelassen, da jetzt nur die magnetische Energie betrachtet wird und Verwechslungen nicht möglich sind. Der Zusammenhang zwischen dem Strom und der magnetischen Feldstärke ist für die vorliegende Anordnung durch Gl. (5.11) bekannt. Somit folgt aus Gl. (6.7):

$$dW = 2\pi\varrho HAdB\,.$$

Hierin ist $2\pi\,\varrho A$ offensichtlich das Volumen des Eisenkerns, so dass sich ergibt:

$$dW = VHdB$$

oder

$$W = V\int_0^{B_e} HdB\,. \tag{6.8}$$

Hier bedeutet B_e den Endwert der Flussdichte, der sich nach dem Aufbau des Magnetfeldes eingestellt hat. Für die Energie pro Volumen, also $w = W/V$, gilt

$$\boxed{w = \int_0^{B_e} HdB} \tag{6.9}$$

Der analoge Ausdruck für das elektrische Feld ist in Bild 3.31 durch die schraffierte Fläche gekennzeichnet.

Bis jetzt wurde ein homogenes Magnetfeld vorausgesetzt. Im inhomogenen Fall ist noch über das Volumen zu integrieren:

$$W = \int_V wdV\,. \tag{6.10}$$

Das Integral Gl. (6.9) lässt sich, wenn die Permeabilität konstant ist, leicht auswerten:

$$w = \int_0^{B_e} \frac{B}{\mu} dB = \frac{1}{2} \frac{B_e^{\ 2}}{\mu}.$$

Man lässt bei B_e jetzt den Index e weg und notiert mit $B = \mu H$ insgesamt drei Ausdrücke für die magnetische **Energiedichte:**

$$w = \frac{1}{2} \mu H^2 = \frac{1}{2} BH = \frac{1}{2} \frac{B^2}{\mu} \tag{6.11}$$

Diese Ausdrücke entsprechen denen, die für das elektrische Feld durch Gl. (3.44) hergeleitet wurden.

6.2.2 Die Hystereseverluste

Wird bei einem Eisenkern mit der Kennlinie nach Bild 5.12 die magnetische Erregung von einem Endwert H_e auf Null verringert, so gewinnt man die magnetische Energie vollständig zurück. Anders ist es bei ferromagnetischen Stoffen, die die Erscheinung der Hysterese zeigen.

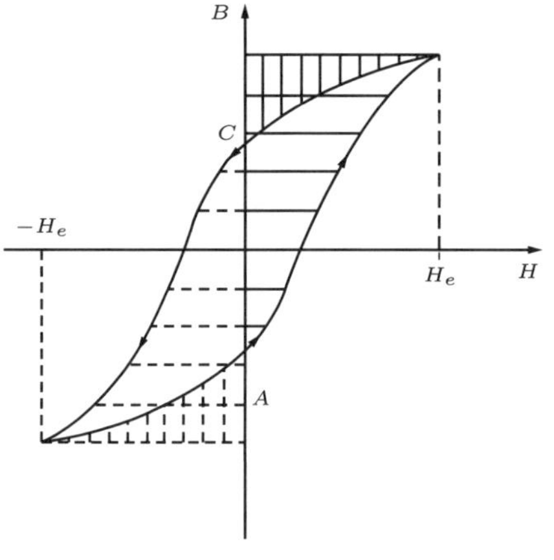

Bild 6.11 *Hystereseverluste.*

Das soll an Hand von Bild 6.11 erläutert werden. Die magnetische Feldstärke sei zunächst Null. Ausgehend vom Zustand A wird H bis zu einem Endwert H_e vergrößert. Dabei ist eine Arbeit aufzuwenden, die der waagerecht schraffierten Fläche entspricht. Beim Verringern der Feldstärke von H_e auf Null (Punkt C) wird Energie zurückgewonnen, die durch die senkrecht schraffierte Fläche gekennzeichnet ist. Lässt man nun H auf $-H_e$ anwachsen, so ist wieder Arbeit aufzuwenden, dargestellt durch die waagerecht schraffierte Fläche links von der Ordinatenachse. Bei der Rückkehr zum Ausgangspunkt A gewinnt man etwas Energie zurück, gekennzeichnet durch die senkrecht schraffierte Fläche. Insgesamt tritt also ein Energieverlust beim Durchlaufen der Hystereseschleife auf, der genau der von der Schleife umschlossenen Fläche entspricht. Derartige Verluste nennt man **Hystereseverluste.**

6.3 Induktivitäten

6.3.1 Die Selbstinduktivität

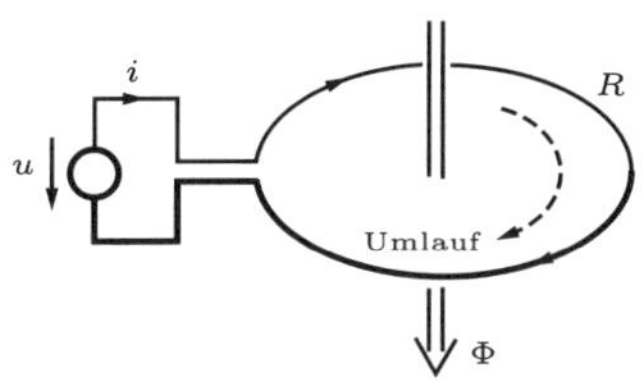

Bild 6.12 *Stromdurchflossene Leiterschleife; Selbstinduktivität.*

Betrachtet werden soll eine Leiterschleife, die an eine Quelle angeschlossen ist, die eine sich zeitlich ändernde Spannung liefert (Bild 6.12). Dann sind auch der sich einstellende Strom und das mit diesem verknüpfte Magnetfeld zeitlich veränderlich. Das Magnetfeld wirkt nach dem Induktionsgesetz bzw. der Lenzschen Regel auf die Leiterschleife zurück. Nach den Gln. (6.2) und (6.4) stellt sich ein solcher Strom ein, dass die Summe der Spannungen auf dem Umlauf L gleich der zeitlichen Abnahme des umfassten Flusses wird. Im vorliegenden Fall ergibt sich für einen Umlauf entlang der Leiterschleife im Sinne des eingezeichneten Pfeils bei Beachtung der Rechtsschraubenregel:

$$-u + iR = -\frac{d\Phi}{dt} \,. \tag{6.12}$$

Zwischen dem Fluss Φ und dem Strom i besteht nach Abschnitt 5.6 oft ein linearer Zusammenhang. Dann setzt man

$$\Phi = L \cdot i \,, \tag{6.13}$$

wobei der Proportionalitätsfaktor L die **Selbstinduktivität** der Schleife genannt wird. Damit lässt sich Gl. (6.12) schreiben als

$$-u + iR + L\frac{di}{dt} = 0 \,.$$

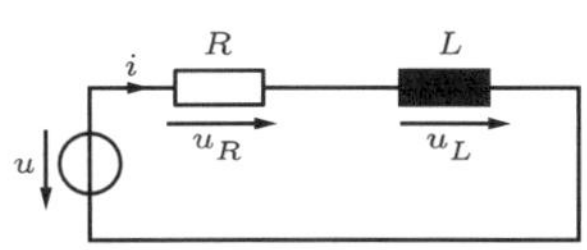

Bild 6.13 *Ersatzschaltbild zu Bild 6.12.*

Für diesen Zusammenhang kann man ein Ersatzschaltbild angeben, in dem die Wirkung der räumlich ausgedehnten Leiterschleife durch Schaltsymbole dargestellt wird (Bild 6.13). Die Selbstinduktivität kann man also als Schaltelement auffassen, bei dem der Zusammenhang zwischen Spannung und Strom durch

$$\boxed{u_L = L\frac{di}{dt}} \tag{6.14}$$

gegeben ist. Genauso wie bei elektrischen Widerständen sind den Größen Strom und Spannung Zählpfeile gleicher Richtung zuzuordnen.

Besteht die Leiterschleife aus N Windungen, so ist in den Gln. (6.12) und (6.13) an Stelle von Φ der Gesamtfluss Ψ einzusetzen oder $N\Phi$, wenn alle Windungen den gleichen Fluss umfassen:

$$\Psi = Li \text{ bzw. } N\Phi = Li. \tag{6.15}$$

Formt man $N\Phi$ unter Berücksichtigung des Ohmschen Gesetzes des magnetischen Kreises gemäß

$$N\Phi = N\Theta\Lambda = NNi\Lambda = N^2\Lambda i$$

um, so folgt durch Vergleich mit Gl. (6.15) für den Zusammenhang zwischen der Selbstinduktivität und dem magnetischen Leitwert:

$$\boxed{L = N^2\Lambda} \tag{6.16}$$

6.3.2 Die Gegeninduktivität

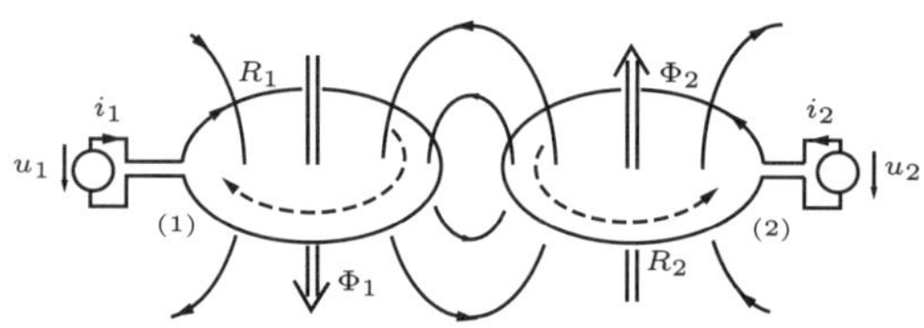

Bild 6.14 *Zwei magnetisch gekoppelte Leiterschleifen.*

Ist neben der einen stromdurchflossenen Leiterschleife nach Bild 6.12 in nicht allzu großer Entfernung noch eine zweite, gleichartige Leiterschleife vorhanden (Bild 6.14), so werden sich die Leiterschleifen über die mit ihnen verknüpften magnetischen Felder gegenseitig beeinflussen. Das Induktionsgesetz zunächst auf beide Schleifen angewendet ergibt

$$\begin{aligned} -u_1 + i_1 R_1 &= -\frac{d\Phi_1}{dt}, \\ -u_2 + i_2 R_2 &= -\frac{d\Phi_2}{dt}. \end{aligned} \tag{6.17}$$

Die Flüsse Φ_1 und Φ_2 werden jetzt von beiden Strömen verursacht. Unterstellt man wieder einen linearen Zusammenhang zwischen Strömen und Flüssen, so kann man Φ_1 und Φ_2 als Summe von Teilflüssen darstellen. Ist der Beitrag des Stromes i_1 zum Fluss in Schleife 1

$$\Phi_{11} = L_{11} i_1 \tag{6.18}$$

und der Beitrag des Stromes i_2 zum Fluss in derselben Schleife

$$\Phi_{12} = L_{12} i_2, \tag{6.19}$$

so folgt der Gesamtfluss in Schleife 1:

$$\Phi_1 = \Phi_{11} + \Phi_{12} = L_{11} i_1 + L_{12} i_2. \tag{6.20}$$

Entsprechend ergibt sich für den Fluss in Schleife 2:

$$\Phi_2 = \Phi_{21} + \Phi_{22} = L_{21} i_1 + L_{22} i_2 . \tag{6.21}$$

Die hier eingeführten Proportionalitätsfaktoren L_{11} und L_{22} sind die Selbstinduktivitäten der Schleifen 1 und 2. Man kann schreiben

$$L_{11} = L_1 \text{ und } L_{22} = L_2 . \tag{6.22}$$

Die Größen L_{12} und L_{21} nennt man die **Gegeninduktivitäten** zwischen den beiden Schleifen. Wie in Abschnitt 6.3.3 gezeigt wird, sind beide Größen gleich; üblich ist die Bezeichnung

$$\boxed{L_{12} = L_{21} = M} . \tag{6.23}$$

Setzt man die Gln. (6.20) und (6.21) unter Beachtung der Gln. (6.22) und (6.23) in Gl. (6.17) ein, so erhält man

$$\begin{aligned} -u_1 + i_1 R_1 &= -L_1 \frac{di_1}{dt} - M \frac{di_2}{dt}, \\ -u_2 + i_2 R_2 &= -L_2 \frac{di_2}{dt} - M \frac{di_1}{dt}. \end{aligned} \tag{6.24}$$

Indem man in der ersten Gleichung den Term $M \frac{di_1}{dt}$ hinzufügt und wieder abzieht, in der zweiten Zeile entsprechend mit dem Summanden $M \frac{di_2}{dt}$ verfährt, kann man durch zweckmäßiges Zusammenfassen folgende Gleichungen erhalten:

$$\begin{aligned} -u_1 + R_1 i_1 + (L_1 - M) \frac{di_1}{dt} + M \frac{d(i_1 + i_2)}{dt} &= 0, \\ -u_2 + R_2 i_2 + (L_2 - M) \frac{di_2}{dt} + M \frac{d(i_1 + i_2)}{dt} &= 0. \end{aligned} \tag{6.25}$$

Diese Gleichungen lassen sich durch die Ersatzschaltung nach Bild 6.15 darstellen.

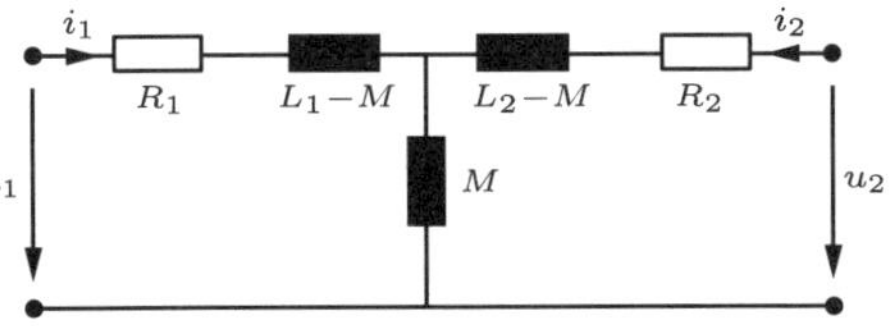

Bild 6.15 *Ersatzschaltbild zu Bild 6.14.*

Hat man an Stelle der Schleifen 1 und 2 jetzt Wicklungen mit N_1 bzw. N_2 Windungen, so muss in den Gln. (6.17) bis (6.21) der Fluss Φ jeweils durch den Gesamtfluss Ψ ersetzt werden. Unter der Annahme, dass jedes Mal alle Windungen den gleichen Fluss umfassen, wird z. B. aus der linken Seite von Gl. (6.19), ein unverzweigter magnetischer Kreis vorausgesetzt:

$$\Psi_{12} = N_1 \Phi_{12} = N_1 (\Theta_2 \Lambda) = N_1 N_2 \Lambda i_2 .$$

Für die rechte Seite schreibt man wegen Gl. (6.23) Mi_2 und erhält durch Vergleich:

$$\boxed{M = N_1 N_2 \Lambda}\,. \tag{6.26}$$

Es fehlt noch eine Maßeinheit für L (bzw. M).

Mit Gl. (6.13) wird

$$[L] = \frac{[\Phi]}{[I]} = \frac{\text{Vs}}{\text{A}} = \Omega\text{s},$$

wofür man abkürzend schreibt

$$1\ \Omega\text{s} = 1\ \text{Henry} = 1\ \text{H}.$$

6.3.3 Die magnetische Energie eines Systems stromdurchflossener Leiterschleifen

Zunächst soll die magnetische Energie berechnet werden, die das Feld einer Spule mit der Induktivität L speichert, wenn durch die Spulenwicklung der Strom I fließt. Man geht wie in Abschnitt 3.8.1 von der Beziehung

$$W_m = \int_0^\infty u(t)i(t)dt$$

aus und setzt für die Spannung, die an der Spule anliegt, gemäß Gl. (6.14)

$$u = L\frac{di}{dt}$$

ein. Dann wird

$$W_m = \int_0^\infty L\frac{di}{dt}i\,dt = \int_0^I L\,i\,di.$$

Hierbei bedeutet I den zeitlich konstanten Spulenstrom. Ist L konstant, was hier vorausgesetzt wird, dann folgt

$$\boxed{W_m = \frac{1}{2}LI^2}\,. \tag{6.27}$$

Hat man zwei Spulen mit den Induktivitäten L_1 und L_2 und sind die zugehörigen Ströme I_1 und I_2, so werden die Energien

$$W_1 = \frac{1}{2}L_1 I_1^2 \text{ und } W_2 = \frac{1}{2}L_2 I_2^2$$

gespeichert, solange zwischen beiden Spulen keine magnetische Kopplung besteht.

Nun soll berechnet werden, wie sich die Energie ändert, wenn eine solche Kopplung vorliegt. Die Zählrichtungen beziehen sich auf Bild 6.14. Die ohmschen Widerstände sollen aber vernachlässigt werden. Damit werden die Spannungsgleichungen (6.17) unter Berücksichtigung der Gln. (6.20) und (6.21):

$$u_1 = L_1 \frac{di_1}{dt} + L_{12} \frac{di_2}{dt} ,$$
$$u_2 = L_2 \frac{di_2}{dt} + L_{21} \frac{di_1}{dt} . \tag{6.28}$$

Innerhalb des Zeitintervalls dt geben die Spannungsquellen die Energien ab:

$$u_1 i_1 dt = L_1 i_1 di_1 + L_{12} i_1 di_2 ,$$
$$u_2 i_2 dt = L_2 i_2 di_2 + L_{21} i_2 di_1 .$$

Es können zwei Fälle unterschieden werden:

Fall a: In Spule 1 fließt schon der Endwert des Stromes, also $i_1 = I_1$ und $di_1 = 0$. In Spule 2 soll der Strom von Null auf den Endwert I_2 vergrößert werden. Damit wird der gesamte Energiezuwachs

$$dW_a = u_1 I_1 dt + u_2 i_2 dt = L_{12} I_1 di_2 + L_2 i_2 di_2$$

und nach Integration über di_2 von Null bis I_2:

$$W_a = L_{12} I_1 I_2 + \frac{1}{2} L_2 I_2^2 .$$

Die gesamte Energie des Systems ist demnach gleich der Summe aus dem Energiebeitrag $\frac{1}{2} L_1 I_1^2$, der nur von I_1 abhängt, und dem soeben ermittelten Anteil W_a, also

$$W_{ges} = \frac{1}{2} L_1 I_1^2 + L_{12} I_1 I_2 + \frac{1}{2} L_2 I_2^2 . \tag{6.29}$$

Fall b: In Spule 2 hat sich bereits der Endwert des Stromes eingestellt: $i_2 = I_2$; $di_2 = 0$. In Spule 1 wächst der Strom von Null auf I_1. Damit ergibt sich ein Energiezuwachs von

$$dW_b = u_1 i_1 dt + u_2 I_2 dt = L_1 i_1 di_1 + L_{21} i_2 di_1$$

und nach Integration:

$$W_b = \frac{1}{2} L_1 I_1^2 + L_{21} I_2 I_1 .$$

Die gesamte Energie ergibt sich in Analogie zu Gl. (6.29) zu:

$$W_{ges} = \frac{1}{2} L_2 I_2^2 + L_{21} I_2 I_1 + \frac{1}{2} L_1 I_1^2 . \tag{6.30}$$

Da die Energie des Systems nicht davon abhängen kann, in welcher Reihenfolge die Ströme ihre Endwerte erreichen, müssen die mit den Gln. (6.29) und (6.30) bezeichneten Ausdrücke übereinstimmen, womit

$$L_{12} = L_{21} \tag{6.31}$$

wird. Diesen Zusammenhang nennt man den **Umkehrungssatz.** Verwendet man gemäß Gl. (6.23) die Abkürzung M, so folgt für die magnetische Energie des betrachteten Systems:

$$\boxed{W_m = \frac{1}{2} L_1 I_1^2 + M\, I_1 I_2 + \frac{1}{2} L_2 I_2^2} . \tag{6.32}$$

Es lässt sich zeigen, dass für ein System aus n stromdurchflossenen Leiterschleifen die Formel gilt:

$$W_m = \frac{1}{2} \sum_{\mu=1}^{n} \sum_{\nu=1}^{n} L_{\mu\nu} I_\mu I_\nu . \tag{6.33}$$

Darin bedeutet dann $L_{\mu\mu}$ die Selbstinduktivität der μ-ten Leiterschleife und $L_{\mu\nu} = L_{\nu\mu}$ die Gegeninduktivität zwischen der μ-ten und der ν-ten Schleife.

Beispiel 6.2
Ersatzinduktivität

Gegeben ist ein magnetischer Kreis mit zwei Spulen. Ihre Induktivitäten sind L_1 und L_2 und zwischen beiden Spulen besteht die Gegeninduktivität M, Bild 6.16. Die magnetischen Flüsse sollen vollständig im Eisen verlaufen. Damit enthalten L_1, L_2, M die Wirkung des Eisens.

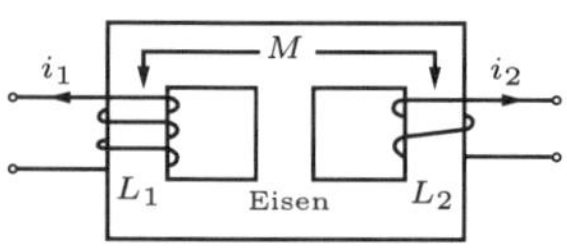

Bild 6.16 *Hintereinanderschaltung von Spulen; Ersatzinduktivität.*

a) Wie groß ist die in diesem Kreis gespeicherte magnetische Energie?

b) Jetzt werden beide Spulen hintereinander geschaltet, und zwar so, dass

α) $i_1 = i_2$, β) $i_1 = -i_2$ ist.

Wie müsste jeweils die Induktivität einer Ersatzspule gewählt werden, damit bei gleichem Strom die gleiche magnetische Energie gespeichert wird?

Lösung:

a) $W = \frac{1}{2} L_1 i_1^2 + M\, i_1 i_2 + \frac{1}{2} L_2 i_2^2 .$

b) $\frac{1}{2} L_\alpha i_1^2 = \frac{1}{2} L_1 i_1^2 + M\, i_1^2 + \frac{1}{2} L_2 i_1^2$

$\rightarrow L_\alpha = L_1 + L_2 + 2M .$

entsprechend

$L_\beta = L_1 + L_2 - 2M .$

6.3.4 Methoden zur Berechnung von Selbst- und Gegeninduktivitäten

Geht man von den durch die Gln. (6.13) und (6.19) gegebenen Definitionen aus, so kann man Selbst- und Gegeninduktivitäten über die magnetischen Flüsse ausrechnen:

$$L = \frac{\Phi}{I} \tag{6.34}$$

und

$$M \equiv L_{12} = \frac{\Phi_{12}}{I_2}\,. \tag{6.35}$$

Im Fall der Selbstinduktivität hat man sich also einen Strom in der betrachteten, geschlossenen Leiterschleife vorzugeben und dann den Fluss zu bestimmen, der genau eine Fläche durchsetzt, die die Leiterschleife aufspannt. Im Fall der Gegeninduktivität gibt man sich einen Strom in einer der beiden Leiterschleifen vor und berechnet den Fluss, der von der zweiten Leiterschleife umfasst wird. Hat man es nicht mit der Windungszahl eins zu tun, sondern mit N bzw. N_1 und N_2, so kann man zunächst – wie beschrieben – mit der Windungszahl eins rechnen und nachträglich die Windungszahlen gemäß den Gln. (6.16) und (6.26) ergänzen. Voraussetzung ist dabei, dass alle Windungen einer Wicklung den gleichen Fluss umfassen.

Die hier beschriebene Vorgehensweise führt nicht zum Erfolg, wenn man den Fluss nicht eindeutig der Leiterschleife zuordnen kann, die ihn umfasst. Dann geht man von den Gln. (6.27) bzw. (6.32) aus und hat z. B. für die Selbstinduktivität

$$L = \frac{2W_m}{I^2}\,. \tag{6.36}$$

Man nimmt also einen bestimmten Strom an, ermittelt mit einer der in Abschnitt 6.2.1 angegebenen Formeln die zugehörige Feldenergie und bildet den Quotienten gemäß Gl. (6.36). Wir betrachten als erste Anwendung die Doppelleitung nach Bild 5.4. Da der magnetische Fluss in Beispiel 5.7 schon bestimmt wurde, liefert Gl. (6.34) sofort für die Induktivität pro Länge:

$$\boxed{\frac{L}{l} = L' = \frac{\mu_0}{\pi}\ln\frac{d}{\varrho_0}}\,. \tag{6.37}$$

Als zweites Beispiel soll ein Koaxialkabel nach Bild 6.17 behandelt und dabei die Gl. (6.36) angewendet werden. Die gesamte magnetische Energie besteht aus drei Anteilen: der im Innenleiter, im Luftraum und im Außenleiter gespeicherten Energie.

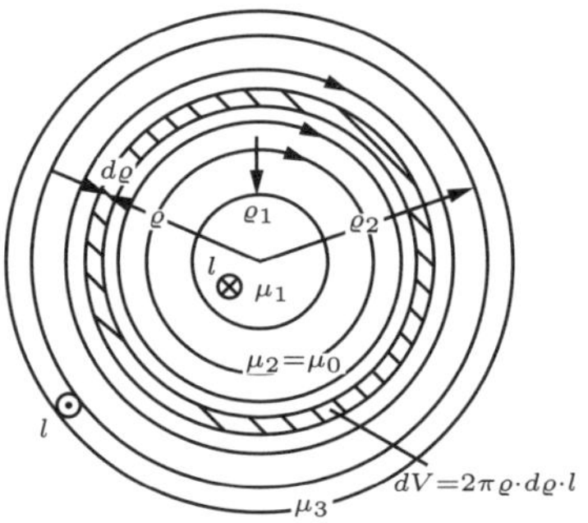

Bild 6.17 *Koaxialkabel: Selbstinduktivität.*

Für den Innenleiter erhält man mit dem aus Beispiel 5.5 bekannten H und Gl. (6.11):

$$W_1 = \frac{1}{2}\mu_1 \int H^2 dV \quad \text{mit} \quad dV = 2\pi\varrho \cdot d\varrho \cdot l\,,$$

$$W_1 = \frac{I^2 \mu_1 l}{2 \cdot 2\pi \varrho_1^4} \int_0^{\varrho_1} \varrho^3 d\varrho = \frac{\mu_1 I^2 l}{16\pi} .$$

Demnach ist wegen Gl. (6.36):

$$L_1' = \frac{\mu_1}{8\pi} .$$

Für den Luftraum zwischen Außen- und Innenleiter ergibt sich auf gleiche Weise mit dem nach Gl. (5.11) bekannten H:

$$W_2 = \frac{I^2 \mu_2 l}{2 \cdot 2\pi} \int_{\varrho_1}^{\varrho_2} \frac{d\varrho}{\varrho} = \frac{I^2 \mu_2 l}{2 \cdot 2\pi} \ln \frac{\varrho_2}{\varrho_1} .$$

Damit folgt

$$\boxed{L_2' = \frac{\mu_2}{2\pi} \ln \frac{\varrho_2}{\varrho_1}} . \qquad (6.38)$$

Auf die Bestimmung von L_3' wird hier verzichtet.

Die dem Luftraum zugeordnete Induktivität kann man auch über den Fluss ausrechnen:

$$\Phi_2 = \mu_2 \int_A H \, dA \text{ mit } dA = l d\varrho ,$$

$$\Phi_2 = \frac{\mu_2 I l}{2\pi} \int_{\varrho_1}^{\varrho_2} \frac{d\varrho}{\varrho} = \frac{\mu_2 I l}{2\pi} \ln \frac{\varrho_2}{\varrho_1} .$$

Mit $L' = \Phi / (I \cdot l)$ entsteht daraus das bereits vorliegende Ergebnis für L_2'.

Anmerkung:

Bei einem Vergleich von Gl. (3.35) mit Gl. (6.38) und von Gl. (3.38) mit Gl. (6.37) fällt auf, dass jeweils die Ausdrücke im Nenner mit denen im Zähler übereinstimmen. Damit folgt für das Produkt aus C' und L' das bemerkenswerte Ergebnis

$$C'L' = \varepsilon\mu ,$$

das auch für beliebige Leitungsanordnungen gültig ist. Das kann hier jedoch nicht bewiesen werden.

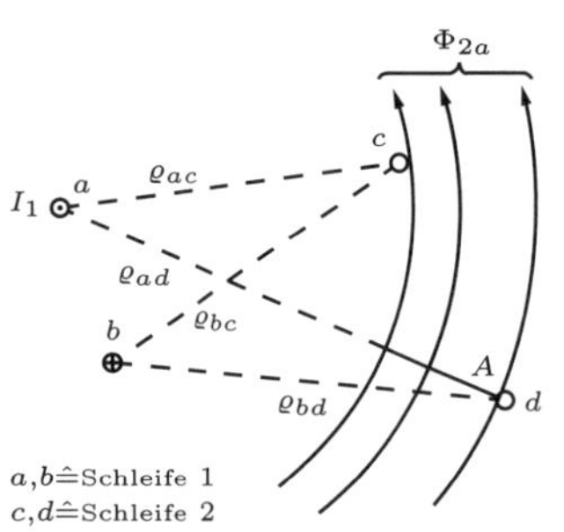

Bild 6.18 *Zwei Doppelleitungen: Gegeninduktivität.*

Zum Schluss soll die Gegeninduktivität zwischen den in Bild 6.18 skizzierten Doppelleitungen bestimmt werden. Zuerst ermittelt man den Beitrag Φ_{2a} des stromdurchflossenen Leiters a zum Gesamtfluss, wobei über die im Bild mit A bezeichnete Fläche integriert wird. Damit ist die gleiche Rechnung durchzuführen wie in Beispiel 5.7 und man erhält für den auf die Länge bezogenen Fluss:

$$\Phi'_{2a} = \frac{\mu_0 I}{2\pi} \ln \frac{\varrho_{ad}}{\varrho_{ac}} .$$

Entsprechend ist der Beitrag von Leiter b

$$\Phi'_{2b} = \frac{\mu_0 I}{2\pi} \ln \frac{\varrho_{bd}}{\varrho_{bc}}$$

und dann der Gesamtfluss (als Differenz der Teilflüsse, da diese die Schleife 2 nicht in gleicher Richtung durchsetzen):

$$\Phi'_{21} = \frac{\mu_0 I}{2\pi} \ln \frac{\varrho_{ad}\varrho_{bc}}{\varrho_{ac}\varrho_{bd}} .$$

Mit $\Phi'_{21} = M'i_1$ – analog zu Gl. (6.19) – wird

$$M' = \frac{\mu_0}{2\pi} \ln \frac{\varrho_{ad}\varrho_{bc}}{\varrho_{ac}\varrho_{bd}} . \tag{6.39}$$

Selbstinduktivitäten und im Allgemeinen auch Gegeninduktivitäten werden als positive Größen angesehen. Das ergibt sich bei der Herleitung zwangsweise, wenn man die Zählrichtungen des Flusses (Φ bzw. Φ_{21}) und des zugehörigen Stromes (I bzw. I_1) einander im Sinne der Rechtsschraubenregel zuordnet. Ist diese Zuordnung für bestimmte Zahlenwerte in der eben hergeleiteten Gleichung nicht gegeben, so erhält man für M einen negativen Zahlenwert.

6.4 Magnetische Feldkräfte

6.4.1 Die Berechnung von Kräften über die Energie

Es sollen jetzt Kräfte mit Hilfe des Prinzips der virtuellen Verschiebung bestimmt werden. Man geht ähnlich vor wie in Abschnitt 3.8.2. Ausgehend von der Anordnung nach Bild 6.19 und den Voraussetzungen, dass die Stromquelle einen konstanten Strom I liefert, die Leitungen widerstandsfrei sind, der rechts dargestellte senkrechte Leiterstab sich in x-Richtung reibungsfrei bewegen kann und schließlich der Übergangswiderstand zwischen dem Leiterstab und den waagerecht angeordneten Leiterschienen verschwindend klein sei.

Energie kommt in der skizzierten Anordnung in drei Formen vor: als magnetische Feldenergie W_m, als mechanische Energie W_{mech}, dargestellt durch die potentielle Energie des Gewichts G, und als elektrische Energie der Stromquelle W_e. Lässt man eine Verschiebung des Leiterstabes um dx nach rechts zu, wobei die Bewegung langsam erfolgen soll, so ändert sich die Gesamtenergie des Systems nicht:

$$dW_{\text{ges}} = d(W_e + W_{\text{mech}} + W_m) = dW_e + dW_{\text{mech}} + dW_m = 0.$$

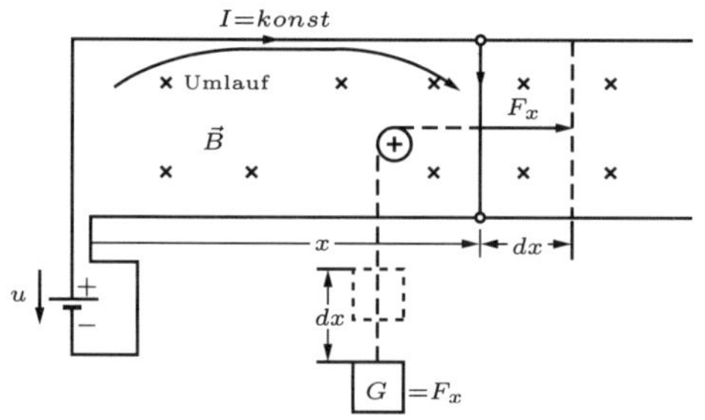

Bild 6.19 *Zur Herleitung der Kraft mit Hilfe des Prinzips der virtuellen Verschiebung bei I = konst.*

Mit der in Bild 6.19 festgelegten Zählrichtung für x ergibt sich eine Zunahme der mechanischen Energie:

$$dW_{mech} = F_x dx \,.$$

Auch die magnetische Energie $\frac{1}{2}LI^2$ erfährt eine Zunahme

$$dW_m = \frac{1}{2}I^2 dL \,,$$

da die Induktivität der Schleife sich vergrößert. I ist nach Voraussetzung konstant. Mit den hier eingeführten Richtungen von u und I muss die Energieänderung der Stromquelle als Abnahme aufgefasst werden, also wird (im Verbraucherzählpfeilsystem)

$$dW_e = -uI\,dt \,.$$

Wendet man jetzt das Induktionsgesetz auf einen Umlauf im Uhrzeigersinn an, so folgt bei Beachtung der Rechtsschraubenregel

$$-u = -\frac{d\Phi}{dt}$$

oder mit $\Phi = LI$:

$$u = I\frac{dL}{dt} \,.$$

Die Abnahme der elektrischen Energie wird also

$$dW_e = -I^2 dL \,.$$

Die Summe der drei als Zunahmen definierten Energieänderungen ergibt dann

$$F_x dx + \frac{1}{2}I^2 dL - I^2 dL = 0$$

oder

$$F_x = \frac{1}{2}I^2\frac{dL}{dx} \,.$$

Setzen wir für $\frac{1}{2}I^2 dL$ wieder dW_m, so lautet die Endformel

$$\boxed{F_x = \frac{dW_m^{(I)}}{dx}}\,. \tag{6.40}$$

Der hochgestellte Index (I) soll darauf hinweisen, dass bei der Herleitung der Formel ein konstanter Strom vorausgesetzt wurde.

Beispiel 6.3

Kraft auf Traverse eines Schalters

Die beiden Leiter einer nach links sehr langen Doppelleitung sind durch den in Bild 6.20 schraffiert dargestellten Leiter, bei dem es sich z. B. um die Traverse eines Schalters handeln kann, leitend miteinander verbunden. Welche Kraft wirkt auf die Traverse? (Voraussetzung: $\varrho_0 \ll d$).

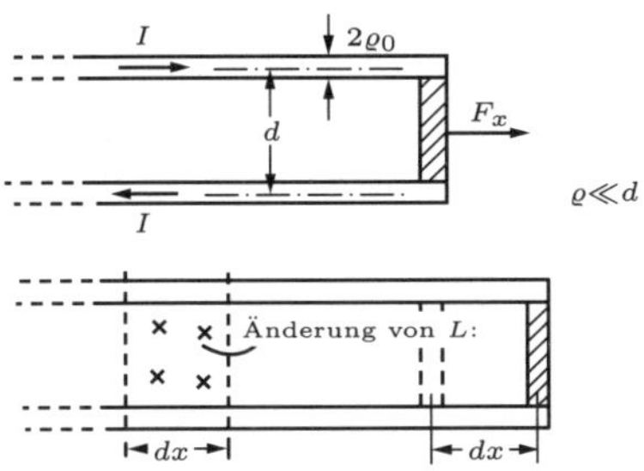

Bild 6.20 *Kraft auf Traverse eines Schalters.*

Lösung:

Die Kraft soll mit Gl. (6.40) berechnet werden:

$$F_x = \frac{dW_m^{(I)}}{dx} = \frac{d}{dx}\left(\frac{1}{2}LI^2\right) = \frac{1}{2}I^2\frac{dL(x)}{dx}.$$

Für $L(x)$ setzen wir

$$L(x) = L'\cdot x + K,$$

wobei L' der für die Doppelleitung hergeleitete Ausdruck nach Gl. (6.37) ist und K einen nicht von x abhängigen Korrekturterm bedeutet, der das Randfeld am rechten Leiterende erfasst.

Damit ergibt sich

$$F_x = \frac{1}{2}I^2 L' = \frac{\mu I^2}{2\pi}\ln\frac{d}{\varrho_0}.$$

6.4.2 Kräfte bei Elektromagneten

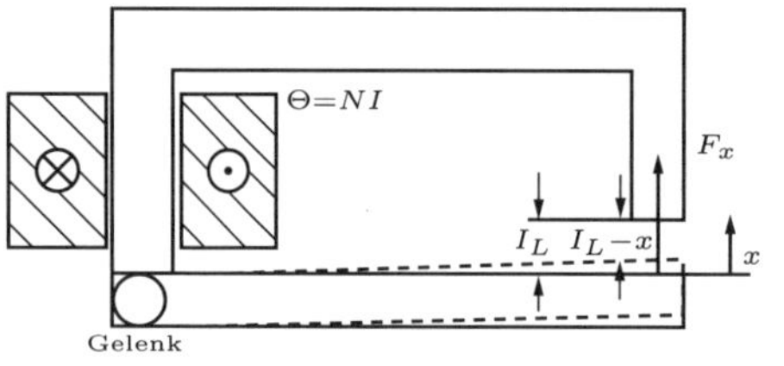

Bild 6.21 *Elektromagnet; Kraftberechnung.*

Betrachtet wird der in Bild 6.21 dargestellte magnetische Kreis, der als Teil eines Schaltrelais aufgefasst werden kann. Wie in Abschnitt 5.6.2 sollen vorgegeben sein: die Durchflutung $\Theta = N\,I$, die mittlere Länge des Eisenweges l_E, die Länge des Luftspalts l_L und der konstante Querschnitt A. Vernachlässigt wird wieder die Streuung. Somit gilt $B_E = B_L = B$. Die Kraft soll über die Energieänderung, also mit Gl. (6.40) berechnet werden. Gesucht ist ein Ausdruck für die gesamte magnetische Feldenergie, die hier aus zwei Anteilen besteht: der im Luftspalt und der im Eisen gespeicherten Energie. Mit Gl. (6.11) ergibt sich

$$W_m = A l_L \frac{1}{2}\frac{B^2}{\mu_0} + A l_E \frac{1}{2}\frac{B^2}{\mu_E} = \frac{(AB)^2}{2}\left(\frac{l_L}{\mu_0 A} + \frac{l_E}{\mu_E A}\right) = \frac{\Phi^2}{2}\left(\frac{l_L}{\mu_0 A} + \frac{l_E}{\mu_E A}\right) = \frac{\Phi^2}{2} R_{m\,\mathrm{ges}}\,.$$

Hierin ist der Fluss Φ durch die gegebene Größe Θ auszudrücken. Mit dem Ohmschen Gesetz des magnetischen Kreises gemäß Gl. (5.26) folgt

$$W_m = \frac{\Theta^2}{2}\frac{1}{\dfrac{l_L}{\mu_0 A} + \dfrac{l_E}{\mu_E A}} = \frac{\Theta^2}{2R_{m\,\mathrm{ges}}}\,.$$

Hierin kann l_L jetzt als Veränderliche aufgefasst werden. Mit der gewählten Zählrichtung (Bild 6.21) wird $l_L \to l_L - x$ und damit wegen Gl. (6.40), wenn μ_E als konstant angesehen wird:

$$F_x = \frac{\Theta^2}{2}\frac{\dfrac{1}{\mu_0 A}}{\left(\dfrac{l_L - x}{\mu_0 A} + \dfrac{l_E}{\mu_E A}\right)^2} = \frac{\Theta^2}{2}\frac{-1}{R_{m\,\mathrm{ges}}^2}\frac{dR_{m\,\mathrm{ges}}}{dx}\,.$$

Die Kraft für $x = 0$ erhält man mit Gl. (5.26)

$$\boxed{F_x = \frac{1}{2}\frac{\Phi^2}{\mu_0 A} = \frac{1}{2}\frac{B^2}{\mu_0}A}\,. \tag{6.41}$$

Daraus lesen wir für die Kraft pro Fläche ab:

$$\boxed{\frac{F_x}{A} = \frac{1}{2}\frac{B^2}{\mu_0}}\,. \tag{6.42}$$

Daraus lassen sich noch zwei weitere Ausdrücke (wie bei Gl. (6.11)) herleiten.

6.5 Die erste Maxwellsche Gleichung

Wendet man das Durchflutungsgesetz nach Gl. (5.14) auf den in Bild 6.22 skizzierten sog. offenen Stromkreis an, so erhält man kein eindeutiges Ergebnis. Man kann entweder die von der Randkurve L aufgespannte Fläche so legen, dass der Leiter, der den Strom i führt, geschnitten wird, oder man legt die Fläche zwischen die Kondensatorplatten. Im ersten Fall ist

$$\oint \vec{H}\, d\vec{s} = i,$$

im zweiten Fall hat man dagegen

$$\oint \vec{H}\, d\vec{s} = 0.$$

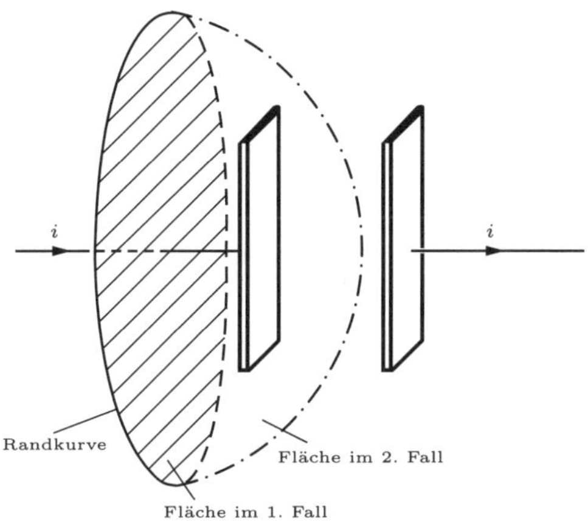

Bild 6.22 *Anwendung des Durchflutungssatzes auf offene Stromkreise.*

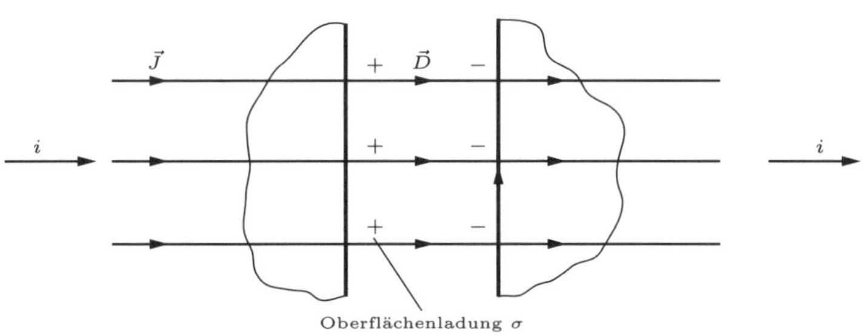

Bild 6.23 *Zur Einführung des Verschiebungsstromes.*

Diesen offensichtlichen Widerspruch gilt es jetzt aufzulösen. Um einen tieferen Einblick in die Verhältnisse zu gewinnen, betrachtet man den in Bild 6.23 skizzierten Ausschnitt aus dem Kondensator etwas genauer. Durch den Ladestrom, der hier durch die bezogene Größe $\vec{J}$ beschrieben ist, werden die Kondensatorplatten aufgeladen. Die auf die Fläche bezogenen Ladungen sind $+\sigma$ und $-\sigma$. Zwischen diesen Ladungen besteht ein elektrisches Feld zwischen den Kondensatorplatten, das in Bild 6.23 durch die Verschiebungsdichte $\vec{D}$ gekennzeichnet ist.

Die Verschiebungsdichte auf der Leiteroberfläche und die Flächenladung sind gemäß

$$D\,|_{Oberfläche} = \sigma \tag{6.43}$$

miteinander verknüpft. Andererseits ist die während der Zeit dt auf die Platten transportierte Ladung $dQ = i\,dt$. Beziehet man die Größen auf beiden Seiten dieser Gleichung auch auf die Fläche, so folgt

$$d\sigma = J\,dt \text{ oder } J = \frac{d\sigma}{dt}.$$

Wegen Gl. (6.43) ist dann weiter

$$J = \frac{dD}{dt}.$$

Da die beiden Feldgrößen an der Leiteroberfläche die gleiche Richtung aufweisen, kann man schreiben

$$\boxed{\vec{J} = \frac{\partial \vec{D}}{\partial t}}. \tag{6.44}$$

Die Ableitung nach der Zeit wird als partielle Ableitung gekennzeichnet, da im allgemeinen Fall die Verschiebungsdichte noch von den Ortskoordinaten abhängen kann.

In Gl. (6.44) steht auf der linken Seite die Dichte des Leitungsstroms. Die rechte Seite nannte Maxwell die Verschiebungsstromdichte. Seine Interpretation dieses Zusammenhangs ist: Der Strom fließt in den Zuleitungen und in den Kondensatorplatten als Leitungsstrom, zwischen den Platten als Verschiebungsstrom. Damit hat man es jetzt offensichtlich mit einem geschlossenen Stromkreis zu tun. Die Summe aus Leitungsstrom und Verschiebungsstrom nennt man den Gesamtstrom. Ersetzt man im Durchflutungsgesetz den Leitungsstrom durch den Gesamtstrom, so hat man

$$\boxed{\oint_L \vec{H}\,d\vec{s} = \int_A \left(\vec{J} + \frac{\partial \vec{D}}{\partial t} \right) d\vec{A}}, \tag{6.45}$$

und der am Anfang dieses Abschnitts genannte Widerspruch ist behoben. In dieser erweiterten Form nennt man das Durchflutungsgesetz die **erste Maxwellsche Gleichung.**

Die Hinzunahme des Verschiebungsstroms in Gl. (6.45) bedeutet, dass der Verschiebungsstrom genauso von einem Magnetfeld umgeben ist wie der Leitungsstrom. Dass diese Vorstellung zutrifft, wird von der Erfahrung bestätigt.

Stichwortverzeichnis